Mathematik im Vorderen Orient

Dietmar Herrmann

Mathematik im Vorderen Orient

Geschichte der Mathematik in Altägypten und Mesopotamien

 Springer Spektrum

Dietmar Herrmann
FH München
München, Deutschland

ISBN 978-3-662-56793-7   ISBN 978-3-662-56794-4   (eBook)
https://doi.org/10.1007/978-3-662-56794-4

Die Deutsche Nationalbibliothek verzeichnet diese Publikation in der Deutschen Nationalbibliografie; detaillierte bibliografische Daten sind im Internet über http://dnb.d-nb.de abrufbar.

Springer Spektrum
© Springer-Verlag GmbH Deutschland, ein Teil von Springer Nature 2019

Einbandabbildung: © Svist625/stock.adobe.com
Verantwortlich im Verlag: Annika Denkert

Springer Spektrum ist ein Imprint der eingetragenen Gesellschaft Springer-Verlag GmbH, DE und ist ein Teil von Springer Nature
Die Anschrift der Gesellschaft ist: Heidelberger Platz 3, 14197 Berlin, Germany

Vorwort

Dies ist, wie alle akademischen Studien, ein subjektives und persönliches Werk, geprägt durch Persönlichkeit, Familie, Institutionen und meine Sympathien für *les hommes obscures [die im Dunkel der Geschichte Stehenden],* die eine Stimme und ihre persönliche Rolle finden müssen in einem Machtgefüge, auf das sie keinen Einfluss haben (Aus dem Vorwort von R. B. Parkinson zu seinem Buch *Poetry and Culture in Middle Kingdom Egypt,* 2002).

Es ist an der Zeit, dass das überwältigende Schrifttum der altägyptischen und mesopotamischen Schreiber, die ja die *Schriftgelehrten* ihrer Zeit sind, endlich in deutscher Sprache lesbar wird, nachdem die Fachwelt nur noch englisch, ggf. französisch kommuniziert. Seit langem fehlt ein einführendes, illustratives Buch, das die Leserin bzw. den Leser teilhaben haben lässt an dem Wissensschatz, der zweitausend Jahre lang im Sand oder unter zerfallenen Ziegeln verborgen blieb und erst seit etwa 1850 neu entdeckt wird.

Diese Bestandsaufnahme ergänzt die beiden vorangegangenen Bände des Autors *Die antike Mathematik* und *Mathematik im Mittelalter,* die im selben Verlag erschienen sind. Das vorliegende Buch, mit gleicher Intention verfasst, bildet den Vorspann „Wie alles begann".

Ausführlich wird in der Einleitung zum Thema *Eurozentrismus* Stellung bezogen: Welche kulturelle Errungenschaften stammen von Griechen selbst? Was verdankt das Abendland dem Orient?

Machen Sie eine Zeitreise ins alte Ägypten! Da es keine Berufsmathematiker gab, waren die Schreiber zugleich für alle Kalkulationen zuständig. Sie erfahren alles Wissenswerte über die altägyptische Mathematik, die nur wenige Dokumente hinterlassen hat. Informativ werden die wichtigsten Papyri, Ostraka und Holztafeln besprochen und das soziokulturelle Umfeld der Schreiber mit vielen Quellenangaben beschrieben.

Entdecken Sie die Anfänge unserer Zivilisation in Mesopotamien! Der kaum überschaubare Umfang an mesopotamischen Tontafeln, der die Vielzahl von griechischen Dokumenten weit übertrifft, erlaubt nur eine kleine, aber exemplarische Auswahl von ca. 80 Tontafeln: Das breite Spektrum der babylonischen Mathematik erleben Sie beim Durchblättern dieses Buches. Staunen Sie über die älteste mathematische Tontafel! Durch etwa 150 Abbildungen werden wichtige Sachverhalte illustriert und

Fragestellungen veranschaulicht. Die Tafeln sind im Buch lexikografisch angeordnet, sodass sie leicht gefunden werden können.

Der Autor dankt dem Verlag, dass er das Buch komplett in Farbe herausgibt; ein besonderer Dank gebührt der Programmplanerin Frau Dr. Annika Denkert, die dem Projekt mit Rat und Tat zur Seite stand.

Vieles ist zu entdecken für Eigenstudium, Unterricht und Vorlesung. Der Autor wünscht angenehme Lektüre!

München   Dietmar Herrmann
im September 2018

Inhaltsverzeichnis

Einleitung

1.1 Ex oriente lux – ist die griechische Kultur nur Epigonentum?

Am Anfang war das Licht: *Fiat lux. Ex oriente lux?* Das Licht kommt aus dem Osten. Die Barbaren im Abendland traten aus dem Dunkel ihrer schriftlosen Geschichte und wurden erleuchtet von den Errungenschaften der östlichen Zivilisation, wie der Schrift der Phöniker und der Zeitmessung der Babylonier. Liegen die Ursprünge unserer Zivilisation tatsächlich im Osten? Und bedeutet dies, dass die abendländische Kultur eine Folge von orientalischen Errungenschaften ist und Griechenland nur ein Epigonentum?

Bis etwa vor 150 Jahren erschien es sinnvoll, vom *klassischen* Griechenland zu sprechen als einer autarken, genuinen Kultur, deren Erbe sich zunächst im Mittelmeerraum und Vorderen Orient, dann im lateinischen Westen ausgebreitet hat. Das Studium alter Schriften (auch der islamischen Übersetzungen), ließ in der Renaissance griechische Kultur ins Abendland erwachsen. Diese antike Vorbildkultur erschien im Licht des Originals als das Wahre, Schöne und Gute schlechthin. Auch die Entdeckung der indoeuropäischen Sprachverwandtschaft wurde interpretiert als Bestätigung einer europäischen Überlegenheit, etwa gegenüber den semitischen Sprachen.

Mit Beginn der systematischen Ausgrabungen in Ägypten und Mesopotamien (ab 1842) änderte sich das Bild. Dank der Entzifferung von Hieroglyphen und Keilschrift wurden die frühen Hochkulturen entdeckt, und die Geschichtsschreibung wurde um mehr als zwei Jahrtausende ergänzt. Als man dann noch zahlreiche Parallelen in Literatur und Mythologie entdeckte, stand die Rolle Griechenlands infrage; die Parallelen fanden sich auch in einer indoeuropäischen Sprache, wie dem Hethitischen. Auch aus den mathematischen Tontafeln wurde ersichtlich, dass die Mesopotamier bereits Jahrhunderte vor Pythagoras den nach ihm benannten Lehrsatz verwendet haben.

© Springer-Verlag GmbH Deutschland, ein Teil von Springer Nature 2019
D. Herrmann, *Mathematik im Vorderen Orient*,
https://doi.org/10.1007/978-3-662-56794-4_1

Außergriechischer Einfluss wurde von den Griechen durchaus anerkannt, Platon [Epinomis 987E] lässt den Athener sagen:

> … Denn darüber können wir uns trösten, dass Griechen alles, was sie von fremden Völkern empfingen, zu größerer Schönheit und Vollendung erhoben haben.

Zahlreiche Gelehrte untersuchten die griechische und vorderasiatische Literatur auf Parallelstellen. Einer dieser Gelehrten war der britische Sinologie-Professor Martin Litchfield West, der die Religion und Orphik der Griechen studierte und seine Edition der Ilias mit zahlreichen Kommentaren herausgab. Insbesondere sein Buch *Early Greek Philosophy and the Orient* (1971) zeigte eine so große Vielzahl von orientalischen Einflüssen auf, dass er den Griechen jegliche Originalität absprach. Die angesprochene Orphik war die religiöse Bewegung in Süditalien *(Magna Graecia)* zur Zeit der griechischen Kolonisation, die auf den sagenhaften Sänger Orpheus zurückgeht und die Gläubigen auf das Fortleben der Seele vorbereitet. Da die Idee von der Unsterblichkeit der Seele bzw. von der Seelenwanderung aus Asien stammt, ist die Orphik das ideale Thema zur Untersuchung auf asiatische Einflüsse. Der römische Philosoph Seneca (4–65 n. Chr.), Schüler des Lehrers Sotion, war ein Anhänger der Orphik und teilte in seinem Brief [Epistulae 108, 20] einige Ideen mit:

> Glaubst du nicht, es ist der Seele bestimmt, zu wandern von einem Körper zu nächsten, und das, was wir Tod nennen, ist nur ein Übergang? Glaubst du nicht, in Tieren, zahm oder wild, oder in den Fischen im Wasser kann eine Seele sein, die einst in einem Menschen lebte? Glaubst du nicht, dass nichts endet auf dieser Welt, sondern nur den Ort wechselt? Dass nicht nur die Himmelskörper vorgezeichneten Bahnen folgen, sondern auch die lebenden Wesen ihre Zyklen haben und die Seelen ihre Läufe?

Das *Handbuch Homer*[1] nennt drei besonders bemerkenswerte Übereinstimmungen zwischen griechischer und orientalischer Literatur:

- Freundschaft zwischen Achill und Patroklos ist ähnlich der zwischen Gilgamesch und Enkidu.
- Schachmattsetzen eines Gottes: Der 14. Gesangs der Ilias weist Parallelen zum Epos *Enuma elisch* auf.
- Die Beschreibung des Kampfes vor Troja ist ähnlich der des Assyrer-Königs Sanherib.

Die Beschreibungen, wie Enkidus Geist vor Gilgamesch bzw. Patroklos' Psyche vor Achilles erscheint, gleichen sich dermaßen, dass der Herausgeber von *Die vorsokratischen Philosophen*, Geoffrey Kirk, überrascht sagte: *almost irrestible.*

Eine weniger konträre Auffassung hat der deutsche Altphilologe Walter Burkert, der in seinem ersten Werk *Weisheit und Wissenschaft, Studien zu Pythagoras, Philolaos und*

---

[1]Rollinger, R.: Altorientalische Einflüsse auf homerische Epen. In: Handbuch Homer, S. 213–227.

Platon die Überlieferung von Pythagoras und den Pythagoreern als historisch wertlos erachtete. Später wandte er sich den Religions- und Mythologiestudien zu. Burkert fand in seinen Werken zahlreiche Analogien zwischen den Erzählungen der Ägypter und Griechen, dennoch akzeptierte er die besondere Rolle der Griechen. Er erkennt den Neuanfang der griechischen Philosophie und Entwicklung der deduktiven Mathematik an; er[2] schreibt:

> Insofern scheint das griechische Erbe mehr als Problematik denn als sicherer Besitz. Trotzdem besteht die Faszination der Anfänge. Dort aber haben wir keinen Anlass, die Griechen zu isolieren; trotzdem werden wir, selbst ohne es zu merken, immer wieder griechisch philosophieren, griechisch denken.

Am Ende seines Buchs (S. 133) resümiert Burkert:

> Die Griechen, waren keine „Kyklopen" in origineller Isolation. Zur Welt, die sie erfuhren, gehören auch die Pyramiden Ägyptens, die Mauern und Gärten von Babylon, die Magier samt Zoroastres [=Zarathustra]. Dass es sich dabei nicht nur um Projektionen von *mirages* [Erscheinungen wie Fata Morgana] handelt, dass konkrete Wechselbeziehungen zu fassen sind, dass historische Originalzeugnisse diesen Substanz verleihen, lässt sich zeigen. Der griechischen Kultur tut solche Sicht keinen Eintrag, sie lässt diese erst recht in ihrem mehrdimensionalen Reichtum erscheinen.

Bemerkenswert sind auch die Parallelen zwischen den griechischen Tierfabeln und ihren orientalischen Vorbildern, die Johannes Haubold[3] neben anderen Analogien in seinem Buch erwähnt. Verdienstvoll sind auch seine kritischen Kommentare über die Autoren West, Burkert und Bernal. Er bemerkt, im Gegensatz zu anderen Autoren, dass Vergleiche durchaus irreführen können. Haubold schreibt in der Einleitung zutreffend:

> Für moderne Leser nach Rilke ist es fast unvermeidbar – die Annäherung an Homer mit Gilgamesch im Hinterkopf. Das Gleiche galt nicht für die antiken Leser. Um es mit den Worten von Glenn Most zu sagen:
> „*Die Ähnlichkeiten zwischen der Ilias und Gilgamesch, zwischen der Theogonie des Hesiod und des babylonischen Enuma elisch sind offensichtlich und faszinierend, aber nur für uns: sie waren den Griechen unbekannt und für die Griechen überhaupt nicht interessant. Die verbindenden Texte bei Homer sind so kunstvoll und eigenständig, dass niemand auf die Idee kommt, nach Parallelen in der übrigen mesopotamischen Literatur zu suchen.*"

Härter ins Gericht geht der britische Sinologe Martin Bernal mit seinem dreibändigen Werk *Black Athena, The Afroasiatic Roots of Classical Civilization* (1987–2006), der beweisen will, die europäische und insbesondere deutsche Tradition habe, aus rassistischem Vorurteil heraus, den Ursprung der Kultur im bronzezeitlichen Ägypten unterdrückt; ferner hätte diese Tradition in der Zeit von 2100 bis 1100 v. Chr. *alle* kulturellen

---

[2]Burkert, W.: Die Griechen und der Orient, S. 78. C. H. Beck (2003).

[3]Haubold, J.: Greece and Mesopotamia – Dialogues in Literature, Cambridge University Press (2013).

Errungenschaften der Ägypter den Griechen zugeschrieben. Die griechische Athena sei
daher de facto eine Göttin der Ägypter. Auch habe die christliche Kirche alles afro-
asiatische Wissen als heidnische Philosophie unterdrückt. Er leugnet die indoeuropäische
Wanderung und ersetzt sie durch eine Kolonisation aus Ägypten und der Levante.

Die Bücher Bernals haben zu einer scharfen Auseinandersetzung unter den Gelehrten
geführt, die heute noch andauert. Leider wird die Diskussion unter dem Blickwinkel
„Out of Africa" geführt, das Bestreben der afro-asiatischen Bewegung, nicht nur den
Ursprung des homo erectus, sondern auch den Anfang aller Kultur in Afrika zu suchen.
Die europäische Meinung ist bestenfalls die des *stupid white man.* Da Alexandria geografisch zu Afrika gehört, wird das gesamte dort gesammelte Wissen als *afrikanisch* ver-
einnahmt.

Kurios ist besonders der Untertitel des Buchs *Fabrication of Ancient Greece 1785–*
1985, der impliziert, dass die griechische Kultur eine reine Erfindung eines preußischen Geschichtsschreibers sei! Tatsächlich hat es schon seit etwa 1770 in Europa
Unterstützung der griechischen Unabhängigkeitsbestrebungen vom Osmanischen
Reich gegeben. Als Griechenland 1832 unabhängig wurde, kannte die Griechenland-
begeisterung der europäischen Intellektuellen keine Grenze. All dies erlaubt auf keinen
Fall, den *Hellenismus* als europäische Erfindung hinzustellen! Der Name Hellenismus
wurde übrigens erst 1833 von Johann G. Droysen in seiner Alexander-Biografie geprägt.

Auch der Buchtitel selbst führt irre; er unterstellt, dass die Göttin Athene nur eine
Kopie der ägyptischen Göttin Neith gewesen sei. Ferner unterstellt er, ohne dies nachweisen zu können, dass die griechische Kultur afroasiatischen Ursprungs sei.

Ähnlich populär wie die Behauptungen Bernals sind in den USA die Thesen des amerikanischen Professors George M. James[4] (University of Arkansas), die in mehreren Auf-
lagen und Medien verbreitet werden:

a) Griechische Philosophie sei „gestohlene" ägyptische Philosophie. Pythagoras, Thales
   und Demokrit haben seiner Meinung nach in Ägypten studiert und dieses Wissen
   als ihr eigenes ausgegeben. Tatsächlich haben die Griechen überlegt, ob die Philosophie in Griechenland entstanden ist. Diogenes Laertios beginnt seine Philosophiegeschichte[5] mit den Worten (I, 1):

   Das philosophische Studium sei, so sagen einige Autoren, bei den Nichtgriechen entstanden.
   Denn bei den Persern hat es die Magier, bei den Babyloniern und Assyrern die Chaldäer
   […] gegeben, bei den Kelten und Galliern die Druiden und Heiligen Männer, wie Aristoteles in *Magikos* und *Sotion* in den *Diadochai 23* mitteilt. Die Ägypter hingegen behaupten,
   Hephaistos, Sohn des Nils, habe die Philosophie gegründet, der die Priester und Propheten
   vorstehen.

---

[4]James, G. M.: Stolen Legacy. A & D Books Floyd (1954).
[5]Diogenes Laertios: Leben und Lehre der Philosophen. Reclam, Stuttgart (1998)

An späterer Stelle (I, 3) korrigiert er sich:

Doch diese Leute machen sich etwas vor, wenn sie den Nichtgriechen die Leistungen der Griechen zuschreiben, die nicht nur die Philosophie, sondern auch die Bildung der Menschheit begründet haben.

b) Die Griechen hätten keine Zeit für Philosophie gehabt, da sie in der Zeit (499–337 v. Chr.) fortwährend in kriegerische Auseinandersetzungen verwickelt waren, wie den Perserkriegen und den innergriechischen Kämpfen. Außerdem sei ihnen die Philosophie fremd gewesen; sie hätten die Philosophen entweder zum Tode verurteilt (wie Sokrates) oder außer Landes gejagt (wie Aristoteles).

c) Aristoteles hätte sein Wissen aus der Bibliothek in Alexandria geholt, da Platon in naturwissenschaftlichen Fragen nicht kompetent war. Alexandria wurde erst 331 v. Chr. durch Alexander den Großen gegründet. Da Aristoteles (384–322) die Ausbildung des 16-jährigen Alexanders um 340 begann, kann er unmöglich sein Wissen aus Alexandria bezogen haben.

Exkurs: Alexander kannte die Homer-Stelle [*Odyssee* IV, 355 ff.] genau, die den Gründungsort beschreibt:

Vor des Ägyptos Strome; die Menschen nennen sie Pharos:
… Dort ist ein sicherer Hafen, allwo die Schiffer gewöhnlich
Frisches Wasser schöpfen, und weiter die Wogen durchsegeln.

Plutarch [*Vitae parallelae* 26, 3–10] berichtet von einem Traum Alexanders, in dem ihm ein würdevoller, grauhaariger Greis erschienen sei und die genannte Homer-Stelle rezitiert habe. Daraufhin gab Alexander seinem Baumeister *Deinkratos* den Befehl zur Bauplanung. Der Ausbau Alexandrias erfolgte erst, als der Diadoche Ptolemaios I Soter die Stätte zum Regierungssitz (bisher Theben) machte, seine Regierungszeit war 305 bis 283 v. Chr. Auch Gelehrte anderer Völker wurden in Alexandria angesiedelt. So berichtet *Aristeas* Judeos (ca. 180–145) in einem Brief von dem Vorhaben, die Septuaginta in Alexandria ins Griechische zu übersetzen. Der Name weist darauf hin, dass vermutlich 70 jüdische Gelehrte bei diesem Übersetzungsprojekt beteiligt waren.

d) Die Philosophie wurde in Memphis als Mythologie *(Egypt Mystery System)* erfunden; was man genau darunter verstehen soll, verschweigt der Autor. Nach seiner Meinung hätten die griechischen Truppen bei der Eroberung Ägyptens das ganze Land geplündert und mit den Büchern sich auch das Wissen angeeignet. Dass aus ägyptischer Mythologie die griechische Naturphilosophie entstanden ist, ist nicht denkbar; es ist ja gerade der Sinn der Naturphilosophie, das Naturgeschehen *ohne* Einwirkung von Göttern zu erklären. Ein Beispiel dafür ist die Ansicht Thales', einen Magnetstein als beseelt anzusehen (Diels-Kranz[6] DK II A1 und DK II A2 = Aristoteles *De Anima* [405 A]), da der Magnetismus noch unbekannt war. James übersieht die historischen Tatsachen vollends: Ägypten kann seine Kultur kaum nach Griechenland gebracht haben, da Ägypten bereits seit Jahrhunderten nicht mehr *autark* war und von fremden Mächten regiert wurde. Die Fremdherrschaft der Assyrer erfolgte in den Jahren 722 bis 660 v. Chr., die der Perser 525 bis 401 und 342 bis 332.

Die Auseinandersetzungen Ägyptens mit den Assyrern und Persern ist den Griechen nicht verborgen geblieben, da diese Herrschaften Kontrolle über das östliche Mittelmeer, auch über Zypern, ausübten und viele Inseln tributpflichtig wurden. 742 v. Chr. hatten die Assyrer die phönikischen Städte der Levante zerstört; unzerstört blieben nur die Kolonien, aus denen später Karthago hervorging.

Die Griechen selbst waren von den Ägyptern fasziniert, vom hohen Alter der Kultur, von der machtvollen Religion, die gewaltige Bauwerke wie die Pyramiden hervorbrachte. Teilweise betrachteten sie die ägyptische Kultur als Vorläufer ihrer eigenen. So hat Herodot (ca. 490/480–424 v. Chr.) ein deutliches Interesse an der Frage, mit welchen technischen Mitteln solche Bauten errichtet worden sind; er berichtet ausführlich über den Pyramidenbau [Historien II, 124–129]. Im Kapitel über den Totentempel des Amenemhat III. (19. Dynastie) in Fajum vergleicht Herodot [Historien II, 148] das Bauwerk, das er wegen der Vielzahl der Gänge als Labyrinth bezeichnet, mit den Bauten der Griechen und kommt dabei zu dem Ergebnis, dass die Griechen in ihrem Land nichts Vergleichbares aufzuweisen hätten:

> Wenn man in Griechenland die ähnlichen Mauerbauten und andere Bauwerke zusammennähme, so steckt in ihnen noch nicht so viel Arbeit und Aufwand wie in diesem einen Labyrinth. Dabei ist doch der Tempel in Ephesos und der auf Samos recht ansehnlich. Gewiss übertrafen schon die Pyramiden jede Beschreibung und jede von ihnen wog viele große Werke der Griechen auf; das Labyrinth aber überbietet sogar die Pyramiden.

Die Griechen erwiesen den ägyptischen Göttern Vorrang vor den ihren; sie hatten kein Problem damit, Osiris mit Dionysos, Imhotep mit *Asklepios oder Toth mit Hermes zu identifizieren. Aber die Auffassung von Religiosität war eine ganz andere. Es gab keine Kaste von Priestern; jeder Grieche konnte ohne fremde Hilfe im Tempel beten und Opfer bringen. Der Bau und die Finanzierung von Tempeln und Heiligtümern und die Einführung neuer Kulte war stets eine Entscheidung der Kommune bzw. der Polis.*

Auch sahen die Griechen in den Ägyptern die Erfinder der Schrift und der meisten Künste und glaubten den alten Erzählungen, dass viele griechische Denker wie Homer, Solon, Thales und Pythagoras Ägypten besucht und von dort ihre Ideen mitgenommen hätten. Auch Herodot bereiste nach eigenen Angaben Ägypten und den Vorderen Orient

---

[6]Diels, H., Kranz, W. (Hrsg.): Fragmente der Vorsokratiker Band 1, Weidmann'sche Verlagsbuchhandlung (Reprint 1992).

und kam bis nach Babylon. Neben seinen Reiseberichten schrieb er über Geografie, Architektur und Völkerkunde; daneben befasste er sich auch mit religiösen Riten, wie Opferbräuchen und Prozessionen, Orakelwesen, Vorzeichendeutung und astrologischen Schlussfolgerungen. Von ägyptischer Herkunft schien ihm auch die bei den Pythagoreern verbreitete Seelenwanderungslehre und die mit dem Dionysos-Kult verbundene Unterweltslehre. Überhaupt deutete Herodot eine ganze Reihe heimischer Kulte, ekstatischer Feste und Riten vorzugsweise als auswärtige Übernahmen diverser Herkunft.[7] Er legt damit die Grundlagen für die Fächer Geschichtsschreibung, Geografie und Völkerkunde. Cicero nannte ihn dafür *pater historiae.*

Seit dem Zusammenbruch der assyrischen Herrschaft hatten sich die Kontakte mit Griechen, insbesondere mit den Ioniern, intensiviert. Es begann mit Pharao *Psammetichos* I (664–610), dem Gründer der Dynastie aus Sais, der, auf Empfehlung eines Orakels, sich eine griechische Leibwache anheuerte und dafür Kontakte in Griechenland nützte. Ein Indiz dafür ist, dass griechische Soldaten Spuren von griechischen Graffiti in Abu Simbel (501 v. Chr.) hinterlassen haben. Der entstehende Handel wurde so bedeutend, dass König *Amasis* (570–526) sich gezwungen sah, den Warenverkehr zu kontrollieren. Dazu gestattete er den Griechen eine eigene Handelsniederlassung in Naukratis. Herodot [Hist. II, 178 ff.] schreibt darüber:

> Amasis ist auch ein Freund der Hellenen gewesen und hat manchen Hellenen viel Gutes erwiesen und so denn auch denen, die nach Ägypten kamen, die Erlaubnis gegeben, sich in der Stadt Naukratis niederzulassen, und die nicht den Wunsch hatten, sich niederzulassen, aber dort Seehandel zu treiben, denen verlieh er Landstücke, dass sie Altäre und heilige Bezirke für ihre Götter anlegen könnten […] Von alters her ist Naukratis der einzige Handelsort gewesen, und sonst gab es keinen in Ägypten.

Der Handel lässt sich nachweisen durch den Fund der berühmten Stele von Naukratis (380 v. Chr.), die für Gold, Silber, Bauholz und alle Waren, die über das griechische Meer (=Mittelmeer) kommen, eine zehnprozentige Steuer festschreibt.

Die Überlegenheit der griechischen Söldner war allen orientalischen Herrschern bekannt, insbesondere die des Heers der *Hopliten.* Dies waren Kämpfer, die mit Helm und Beinschienen, großen Schilden und überlangen Speeren in dicht gestaffelten Reihen (Phalanx-Stellung) kaum zu überwinden waren. Sie kämpften in den persischen Kriegen auf beiden Seiten. Einige Gelehrte sind der Meinung, dass die Bezahlung der Söldner die Einführung des Geldes in Griechenland beschleunigte. Während im Warenverkehr Tauschhandel möglich war, konnte man die Söldner nur mit wertvolleren Metallstücken entlohnen. Die ersten Münzen wurden in dem in Kleinasien gelegenen Lydien unter der

---

[7]Bichler, R., Rollinger, R.: Herodot, S. 56. Hildesheim (2000).

Herrschaft von König Krösus (590–541 v. Chr.) geprägt; nach der Eroberung durch die
Perser übernahmen diese das Münzwesen. Herodot (I, 94) schreibt:

> Die Lyder sind – unseres Wissens – die ersten auf der Welt gewesen, die Gold- und Silber-
> münzen geprägt und gebraucht haben.

Die lydischen Münzen bestanden aus Elektron – einer Mischung aus Silber und Gold,
die Gewichtseinheit *Stater* (griechisch στατήρ) betrug 14,1 g. Für den täglichen
Gebrauch sind Bruchteile bis zu 1/48 Stater verwandt worden. Ab 530 v. Chr. wird der
Stater durch das Tetradrachmon aus reinem Silber ersetzt.

Auch in der bildenden Kunst sind orientalische Einflüsse erkennbar. Der Archäologe
E. Homann-Wedeking[8] nennt in seiner Kunstgeschichte Griechenlands den Zeitabschnitt
(700–620) die *Orientalische Epoche,* der englische Professor J. Boardman[9] lässt diese
Epoche bereits um 800 v. Chr. beginnen. Ein bekannter Statuentyp dieser Zeit ist der
Kouros (griechisch κοῦρος). Dies ist eine überlebensgroße, nackte Jünglingsgestalt
(weibliches Pendant *Kore*), die starr nach vorne blickt. Ihre Arme liegen eng am Kör-
per an, die Fäuste sind geballt, sie steht mit beiden Sohlen am Boden, wobei ein Bein
leicht vorgestellt ist. Die *Kouroi* stellen Götter oder berühmte Männer dar. Neben der
Plastik lassen sich auch bei der Vasenmalerei und bei Kunstgegenständen orientalische
Einflüsse nachweisen. Abb. 1.1a zeigt eine griechische Kouros-Figur aus der Münchner
Glyptothek, ähnlich den Statuen der fünften Dynastie in Ägypten. In Abb. 1.1b sieht man
in einen Henkel in Form eines Greifs *(Protom),* der Teil eines großen Bronzekessels mit
sechs Henkeln ist; der Kessel wurde unter den Opfergaben des Zeus-Tempels in Olympia
gefunden.

Die Handelskontakte zwischen Griechen und Phönikern waren vielfältig; insbesondere haben die Griechen das Alphabet von den Phönikern gelernt. Seit Zerstörung
der minoischen-mykenischen Kultur war die Kenntnis der alten Linear B-Schrift (ent-
ziffert erst seit 1952) verloren gegangen. Herodot (V, 58) nennt die griechischen Buchstaben phönikisch φοινικήια αγράμματα und verbindet die Einführung der neuen
Schrift mit der Einwanderung von Kadmos, dem Sohn des sagenhaften phönikischen
Königs Agenor, nach Griechenland, um dort das Königreich Theben zu gründen:

> Diese mit [König] Kadmos nach Griechenland eingewanderten Phöniker [...] haben durch
> ihre dortige Ansiedlung viele Wissenschaften und Künste zu den Griechen gebracht, unter
> anderem auch die Schrift, die die Griechen, wie ich glaube, bis dahin nicht kannten. Nach-
> barn der Kadmier in den meisten Gegenden waren damals die Ionier. Diese übernahmen
> durch Unterweisung die Buchstaben von den Phönikern, bildeten sie im Gebrauch ein wenig
> um und nannten sie phönikische Buchstaben, was recht und billig war, denn die Phöniker
> hatten sie ja in Griechenland eingeführt.

---

[8]Homman-Wedeking, E.: Das Archaische Griechenland, Lexikonreihe Kunst der Welt, S. 34–78.
Holle (1975).
[9]Boardman, J.: Greek Art, World of Art, S. 52. Thames & Hudson (2016[V]).

Abb. 1.1   **a** Figur eines Kuros, **b** Henkel eines Bronzekessels in Form eines Greifs

Auch die Römer verfolgten die Entwicklung der Schrift. So schreibt Tacitus (ca. 55–120 n. Chr.) in seinen Annalen (XI, 14):

> Als erste stellten die Ägypter die Begriffe durch Figuren von Tieren dar; diese ältesten Denkmäler menschlicher Erinnerung sind noch in Steine geschnitten zu sehen; sie geben sich als Erfinder der Schrift aus. Von ihnen sollen die Phöniker, weil sie das Meer beherrschen, die Schrift nach Griechenland gebracht und Ruhm erlangt haben, als hätten sie erfunden, was sie nur übernommen haben.

Probleme gab es beim Einbeziehen der Vokale (A, E, I, O, U, Y) in das neue griechische Alphabet: Einen „o“-Laut nannten sie den „kleinen“ o-mikron (o), den anderen den „großen“ o-mega (ω), ähnlich wurde ein „e“-Laut bzw. ein „u“-Laut der „kurze“ genannt als e-psilon (ε) bzw. u-psilon (υ). Neu hinzugefügt wurden auch die Konsonanten phi (ϕ), psi (ψ) und chi (χ).

Auch der Einfluss ägyptischer Dichtkunst auf die Griechen wird bei Platon im Buch [Timaios 21 C] beschrieben. *Solon,* der Weise, erinnert sich an den greisen Dichter Amynandros:

> Wenigstens, Amynandros, wenn er die Dichtkunst nicht bloß als Nebensache betrieben, sondern, wie andere, seinen ganzen Fleiß auf sie verwandt und die Erzählungen, welche er aus Ägypten mit hierherbrachte, vollendet und nicht wegen der Unruhen [...] sich gezwungen gesehen hätte, sie liegen zu lassen, dann wäre nach meinem Dafürhalten, weder Homer noch Hesiod noch irgendein Dichter berühmter geworden als er.

Auch die Atlantis-Erzählung stammt nach Platon aus ägyptischer Quelle: Solon habe den Bericht über Atlantis von einem Priester aus Sais (im Nildelta) erhalten [Timaios 21E]. An späterer Stelle [Timaios 25D] wird der Untergang geschildert:

> Später jedoch, als ungeheure Erdbeben und Überschwemmungen eintraten, versank während eines einzigen schlimmen Tages und einer einzigen schlimmen Nacht eben sowohl das ganze zahlreiche streitbare Geschlecht bei euch unter die Erde, und ebenso verschwand die Insel Atlantis, indem sie unter das Meer versank.

Auch die Erfindung der Fabel (von Aristoteles in seiner Rhetorik λόγος genannt) schreiben die Griechen den Syrern zu. Der griechisch schreibende Fabeldichter Babrios[10] (um 100 n. Chr.) erwähnt in seinem Werk „Mythiamben" die Fabel sei

> eine Erfindung der alten Syrer, die voreinst lebten unter Ninos und Belos.

Die älteste griechische Fabel stammt aus dem epischen Lehrgedicht „Tage und Werke" des Dichters Hesiod (um 700 v. Chr.), dessen Fragmente Ähnlichkeit haben mit den „Sprüchen" des assyrischen Hofbeamten Achikar.

Nach Aristoteles [Metaphysik 891B] wurde die Mathematik in Ägypten erfunden:

> Erst als bereits alle derartigen Künste entwickelt waren, entdeckte man die Wissenschaften, die sich nicht allein auf die Lust und die Lebensnotwendigkeiten bezogen und das erstmals in den Gebieten, wo man sich Muße leisten konnte. Daher entstanden auch die mathematischen Wissenschaften in Ägypten, denn dort gestattete man dem Priesterstand, Muße zu pflegen.

Ähnlich äußert sich Platon in [Phaidros 274C]; dort lässt er Sokrates sprechen:

> Ich habe also vernommen, zu Naukratis in Ägypten sei einer dortigen alten Götter gewesen, dem auch der heilige Vogel, den sie Ibis nennen, eignete; der Dämon selbst aber habe den Namen Theut [=Toth]. Dieser habe zuerst Zahl und Rechnung erfunden, und Mathematik und Sternkunde, ferner Brettspiel und Würfelspiel, ja sogar die Buchstaben.

---

[10]Der kleine Pauly, Spalte 795. dtv.

Kurios ist die Bemerkung des Jamblichos von Chalkis (um 245–325 n. Chr.) in seiner Biografie *Pythagorica Vita:*

> Wie es kam, dass die Kenntnis der Geometrie an die Öffentlichkeit gelangte, das erklären die Pythagoreer so: Durch die Schuld eines der Ihren verloren die Pythagoreer ihr Geld [Gemeinschaftskasse]. Nach diesem Unglück beschloss man, ihm zu erlauben, mit der Geometrie Geld zu verdienen …

Nach einem Gespräch über die Nützlichkeit von Erfindungen [Phaidros 274D] lässt Platon sprechen:

> Als er aber an der Schrift war, sagte Theut: *Diese Kenntnis, o König, wird die Ägypter weiser und erinnerungsfähiger machen; denn als ein Hilfsmittel für das Erinnern sowohl als auch für die Weisheit ist sie erfunden.*

Schon Demokrit (460–371 v. Chr.), einer der Vorsokratiker, brüstete sich damit, dass

> kein Zeitgenosse ihn übertreffen könne, im Konstruieren von Linien in Figuren und im Beweisen von deren Eigenschaften, nicht einmal die *Harpedonaptae* [= Landvermesser] in Ägypten.

Isokrates (um 393 v. Chr.) berichtet:

> … die Älteren (unter den ägyptischen Priestern) setzten sie über die wichtigen Angelegenheiten, die jüngeren dagegen, überredeten sie, mit Hintansetzung des Vergnügens sich mit Sternenkunde, Rechenkunst und Geometrie zu beschäftigen.

Diodorus Siculus (um 60 v. Chr.) schreibt in seiner *Bibliotheca Historica* (I, 69) und (I, 81):

> Die Ägypter behaupten, von ihnen sei die Erfindung der Buchstabenschrift und die Beobachtung der Gestirne ausgegangen, ebenso seien von ihnen die Grundprinzipien der Geometrie, die meisten Künste erfunden und die besten Gesetze aufgestellt worden.
> Mit Geometrie und Arithmetik beschäftigen sie sich eifrig. Denn indem der Fluss jährlich das Land vielfach verändert, veranlasst er viele und mannigfache Streitigkeiten über die Grenzen zwischen den Nachbarn; diese können nun nicht leicht ausgeglichen werden, wenn nicht ein Geometer den wahren Sachverhalt durch direkte Messung ermittelt. Die Arithmetik dient ihnen in Haushaltungsangelegenheiten und bei den Lehrsätzen der Geometrie.

Theon von Smyrna († 132 n. Chr.) glaubt an die Erfindung der Arithmetik durch die Chaldäer [Lib. de. astro.]:

> Die Babylonier, Chaldäer und Ägypter suchten eifrig nach allerhand Grundgesetzen und Hypothesen, durch welche den Erscheinungen genügt werden könnte. Dies zu erreichen, versuchten sie dadurch, indem sie das früher Gefundene in ihre Überlegung einbezogen und über die zukünftigen Erscheinungen Vermutungen aufstellten, wobei die einen sich arithmetischer Methoden bedienten, wie die Chaldäer, die anderen konstruierender Methoden wie die Ägypter.

Proklos[11] Diadochus (412–485 n. Chr.) lässt in seinem Euklid-Kommentar die Geometrie von den Ägyptern erfahren:

> Wie nun bei den Phönikern aus Handel und Verkehr die Anfänge der genauen Kenntnis der Zahlen sich ergaben, so wurde auch bei den Ägyptern aus dem bezeichneten Grunde die Geometrie geschaffen. Thales aber pflanzte zuerst, nachdem er nach Ägypten gekommen, diese Wissenschaft nach Griechenland …

Außer der Tatsache, dass Heron einige Stammbrüche verwendet, finden sich wenige Hinweise auf eine Übernahme ägyptischer Ideen in der griechischen Mathematik. Klaudios Ptolemaios[12] dagegen findet das babylonische Bruchrechnen einfacher:

> Im Allgemeinen werden wir jedoch die Ansätze der Zahlen nach dem Sexagesimalsystem machen, weil die Anwendung der Brüche [im griechischen System] unpraktisch ist.

Das einzige Ergebnis ägyptischen Wissens, das sich nicht bei Euklid findet, ist die Formel des Pyramidenstumpfes. Ganz anders ist die Situation der babylonischen Mathematik; hier lassen sich zahlreiche Querverbindungen nachweisen, insbesondere bei Heron und Diophantos.

Auch die Entdeckung der Astronomie wird den Nichtgriechen zugeschrieben. Platon lässt in [Epinomis 986E–987A] den Athener erklären, warum die Entdeckung der Planeten durch einen Nichtgriechen erfolgt ist:

> Denn alle Gegenden, in denen man wegen der schönen Klarheit der Sommerzeit und an einem wolken- und regenlosen Himmel alle Gestirne stets, so zu sagen, unverschleiert erblickte – Gegenden wie Syrien und Ägypten – nährten diejenigen Menschen, welche zuerst den Himmel beobachteten. Von dort aus hat sich dann das, was sie Jahrtausende, was sie eine unendliche Zeit hindurch durch wiederholte Beobachtung erforscht haben, unter alle Völker und so auch zu uns verbreitet, und deshalb dürfen wir dasselbe auch getrost in unsere Gesetze aufnehmen.

Heron [II, 109] vermutet den Ursprung der Astronomie mehr in Babylonien:

> Daher [wegen der Neuvermessung nach Überschwemmung] lernten die Griechen die Kunst der Landvermessung; der Gebrauch von Sonnenuhr und Schattenstab, die 12-Stunden-Einteilung des Tags kam nach Griechenland aus Babylonien und nicht aus Ägypten.

Herodot [II, 4 und II, 82] schreibt:

> Als erste unter den Menschen haben die Ägypter das Jahr erfunden und es in 12 Monate aufgeteilt. Sie erzählen, die Sterne hätten sie auf diese Einteilung gebracht.

---

[11]Proklos, D., (Hrsg.) Steck M.: Euklid-Kommentar, S. 211. Deutsche Akademie der Naturforscher Halle (1945).

[12]Manitius, K. (Hrsg.): Des Claudius Ptolemäus Handbuch der Astronomie, Band 1, S. 25. Teubner (1912).

> Ferner ist von den Ägyptern auch zuerst festgestellt worden, welcher Monat und Tag den einzelnen Göttern heilig ist und welche Schicksale, welches Ende und welchen Charakter die an diesem oder jenem Tage Geborenen haben werden. Griechische Dichter haben diese Dinge ebenfalls übernommen. Und über Vorzeichen haben die Ägypter weit mehr herausgefunden als alle anderen Völker.

Nach Neugebauer[13] war die ägyptische Astronomie wenig entwickelt. Sie kannte nicht einmal die Tag- und Nachtgleiche; ferner ist im ganzen Schrifttum keine einzige Mond- oder Sonnenfinsternis erwähnt.

Wie die Schriften Homers beweisen, waren zu seiner Zeit bereits zahlreiche Sternbilder bekannt, die als Navigationshilfen dienten. Die Summe des griechischen Astronomiewissens findet man im Werk des in Alexandria wirkenden Ägypters Klaudios Ptolemaios (etwa 100–170 n. Chr.), der die 13 Bücher der Schrift *Mathematices syntaxeos* verfasst hat. Auf dem Weg einer arabischen Übersetzung erhielt das Werk den Namen *Megálē Syntaxis,* der später zu *Almagest* wurde. Das von Ptolemaios aufgestellte Weltbild, nämlich die Erde im Zentrum des Sonnensystems, wurde erst von Kopernikus korrigiert. Er selbst gibt im Almagest (III, 7) an, dass er seit der Regierung *Nabonassars* (747 v. Chr.) Kenntnis der babylonischen Beobachtungsdaten habe. Die wichtigsten Sternbildnamen des Tierkreises (*griech.* ζῳδιακός) gelangten über das hellenistische Ägypten ins Abendland; besonders eindrucksvoll sind die Himmelsdarstellungen im Tempel von *Dendera.* Nicht zuletzt wurde das Sexagesimalsystem bei der Stunden- und Minuteneinteilung übernommen.

Das astronomische Wissen des Orients wurde von den *Chaldäern* weitergetragen. So wurden die sternkundigen Berater oder Priester aus Mesopotamien in der Spätantike genannt, die ihre Kenntnis der Planetenbewegung zu astrologischen Zwecken, wie Wahrsagerei, Zauberei und Magie, verwandten, dieses Wissen aber strikt als Geheimnis bewahrten (Abb. 1.2). Diese Chaldäer sind nur namensverwandt mit dem ursprünglichen semitischen Volk der Chaldäer, die zwischen 1000 und 900 v. Chr. in die Gegend von Babylon eingewandert sind und sich im Laufe der Zeit mit den Babyloniern vermischt haben. Noch zu Zeiten des Geografen *Strabon* (*64 v. Chr.) sind die Namen der bedeutendsten mesopotamischen Astronomen bekannt: *Kidinnu* (Babylon/Borsippa), *Nab-remanni* (Uruk) und *Sudines* (Nippur).

Die ältesten medizinischen Schriften stammen aus Mesopotamien und Ägypten. Bereits der Gesetzeskodex des Hammurabi enthält zahlreiche rechtliche Regelungen für den Arztberuf. Aus Ägypten kennt man zahlreiche medizinische Papyri zur Frauenheilkunde. Herodot schreibt:

> Die Heilkunst ist aufgeteilt. Jeder Arzt behandelt nur eine bestimmte Krankheit, nicht mehrere, und alles ist voll von Ärzten. Da sind Ärzte für die Augen, für den Kopf, für die Zähne, für den Leib und für innere Krankheiten.

---

[13]Neugebauer, O.: Astronomy and History, Selected Essays, S. 177. Springer (1983).

Abb. 1.2 Chaldäische Priester
bei der Himmelsbeobachtung

Allein unter den Oxyrhynchus Papyri findet man etwa 30 medizinische Schriften. Über
die Existenz von Ärzten wird bereits bei Homer berichtet (Ilias XI, 833). Gegen Ende
des 5. Jahrhunderts v. Chr. entwickelt sich in Griechenland unter dem Einfluss der vorsokratischen Naturphilosophie die sogenannte rationale Medizin, die eng mit dem
Namen des *Hippokrates* von Kós verknüpft ist; das Schrifttum trägt den Namen *Corpus
Hippocraticum.*

Die märchenhafte Überlieferung der antiken Schriftsteller verdichtete sich zum Mythos
der Zivilisierung der europäischen Barbarei durch die Einflüsse aus Ägypten. Ein Wissen
von der Pracht der altägyptischen Pyramiden und Tempel war schon immer vorhanden,
auch vor Napoleon. Ganz anders die Kultstätten Mesopotamiens. Ihre Namen kannte man
zwar als Schauplätze biblischen Geschehens; ihre reale Existenz war Jahrtausende lang
unter tiefen Erdschichten verborgen und musste erst mühselig ausgegraben werden.

Aber woher kamen dann die Ureinwohner Kleinasiens und Osteuropas? Die von
Bernal propagierte Einwanderung aus dem Nahen Osten, sprich Ägypten-Levante, als
Ersatz für die indoeuropäische Einwanderung um 6100 v. Chr. aus dem Raum Anatolien-
Kaspisches Meer, kann der Autor nicht ernsthaft nachweisen. Eine neue Diskussion

eröffnet Harald Haarmann[14] mit seiner These der Einwanderung aus der eurasischen Steppe und dem Donauraum, diese Annahme scheint inzwischen für die Zeit um 2900 v. Chr. allgemein akzeptiert. Er beruft sich hier auf Ergebnisse der neueren Sprachforschung, die inzwischen ein ganzes Lexikon des vorgriechischen Sprachschatzes erstellt hat. Haarmann schreibt:

> Wörter im Deutschen wie *Keramik, Metall* und *Theater* klingen griechisch, weil die Griechen diese Ausdrücke verwendeten und an uns weitervermittelt haben. Diese lexikalischen Elemente gehören aber nach Haarmann nicht zum griechischen Erbwortschatz. Das heißt, diese Wörter haben keine Entsprechungen in anderen indoeuropäischen Sprachen, und sie sind auch keine Entlehnungen aus Sprachen des Nahen Ostens oder des Alten Orients.

Aus allen Wörtern vorgriechischer Herkunft haben die Griechen seiner Meinung nach zusammen mit dem indoeuropäischen Wortschatz eine ganz eigene Sprache erschaffen, deren Begriffsbildungen noch heute von Bedeutung sind. Man vergleiche Begriffe wie: *Psyche, Physis, Dynamik, Hybris* und viele andere.

Hier ist zu anzumerken, dass die von Haarmann propagierte „Schrift" aus dem Donauraum (mit ca. 700 Zeichen) noch keine allgemeine Anerkennung gefunden hat. Die Zeichen der Vinča-Kultur (Ort südlich von Belgrad) datiert er auf 5300 bis 3200 v. Chr., im Widerspruch zu der oben genannten Zeit. Es gibt bisher kein Artefakt mit einem zusammenhängenden Text aus diesen Zeichen. Auch vieles in seiner Theorie über die Herkunft des vorgriechischen Wortschatzes ist noch unklar. In der Einleitung seiner Universalgeschichte[15] verwirft er die Ansicht, dass die Schrift in Mesopotamien erfunden und über Phönizien nach Griechenland gekommen sei. Einen Vorbehalt gegen die Haarmannsche Theorie der Vinča-Schrift formuliert Martin Kruckenburg in der Neuauflage seines Buchs … *und sprachen das erste Wort.* Insbesondere erwähnt er die Kritik James Hookers[16] von 1992. Es reiche nicht aus, einzelne Zeichen anzugeben, es sei notwendig

> die innere Struktur der untersuchten Schriften zu berücksichtigen, insbesondere die Art, in der sie die gesprochene Sprache wiedergebe, und die Wechselbeziehungen zwischen den verschiedenen Arten von Zeichen.

Wie bisher dargestellt, haben die Griechen in vielen Fächern eine ganze Reihe von Anregungen aus dem Osten erfahren, aber sie machten etwas Eigenes daraus. Sie schafften, nach den Worten von Andreas Graeser (in seiner *Philosophie der Antike*), den

> wirkungsvollen Schritt auf dem Weg der Selbstbefreiung des menschlichen Geistes aus den Fängen der mythischen Weltsicht.

---

[14]Haarmann, H.: Wer zivilisierte die alten Griechen?, Marix (2017).
[15]Haarmann, H.: Universalgeschichte der Schrift, S. 17. Campus (1990).
[16]Hooker, J.: Early Balkan „Scripts" and the Ancestry of Linear A. Kadmos 31, S. 97–112 (1992).

Das griechische Selbstbewusstsein beruhte darauf, dass die Griechen im Prozess der Kulturwerdung nicht nur die Nehmenden waren, sondern auch eine eigene Leistung vollbracht haben, die in der Weiterentwicklung und Verbesserung der angeeigneten kulturellen Techniken lag. Neu bei den Griechen waren die Abhaltung der Olympischen Spiele, der Bau von Theatern und die Entwicklung des Dramas; das Amphitheater von Babylon ist erst eine Gründung der Seleukidenzeit. Ernst Sandvoss schreibt dazu in seiner Philosophiegeschichte:

> Den Griechen gelang, was Indern und Chinesen versagt blieb, die Entwicklung vom Mythos zum Logos, die Verbindung von kosmo- und anthropozentrischem Denken und die Entdeckung des Allgemeinen als unabdingbare Voraussetzung der Wissenschaft.

Johannes Renger[17] beendet sein Essay über die orientalischen Einflüsse mit den Worten:

> Eine Auseinandersetzung mit dem Thema Griechen und Orient zeigt, dass die beiden Zivilisationen ihre jeweils eigene Bedeutung für die gegenwärtige europäische Zivilisation haben. Beide haben bemerkenswerte Leistungen auf künstlerischem und intellektuellem, auf administrativem, rechtlichem und zivilisatorischem Gebiet entwickelt. Dabei hat es für die Griechen in all diesen Bereichen – in unterschiedlichem Maße – Einflüsse und Anregungen durch den Orient, der seit der Mitte des 4. Jahrtausends v. Chr. Hochkulturen mit einzigartigen Leistungen hervorgebracht hat, gegeben.

In manchen Wissenschaftsfächern, wie Astronomie, Mathematik, Gesetzgebung, Epik und Mythologie, haben die Griechen von Einflüssen aus dem Nahen Osten bzw. Vorderasien profitiert, aber sie machten sich diese Erkenntnisse zu eigen, vollendeten sie und setzten damit das *Maß* der Dinge:

> Ex oriente lux, ex occidente lex.

1.2   Zum Inhalt des Buchs

Die freundliche Aufnahme der bei Springer erschienenen Bände *Die antike Mathematik* (Griechenlands) und *Mathematik im Mittelalter* (einschließlich China, Indien und dem Islam) ermutigte den Autor, den vorliegenden Band über die Mathematik Altägyptens und Mesopotamiens zu verfassen. Ein Grund war der Wunsch, die großartigen Ergebnisse der altägyptischen und babylonischen Mathematik endlich auch in deutscher Sprache bekannt zu machen, da seit den Handreichungen von Kurt Vogel (1959) kein Buch auf Deutsch erschienen ist. Alle Papyri und Tontafeln werden anschaulich beschrieben und die zugrundeliegenden Algorithmen diskutiert. Das historische Vorgehen der Schreiber wird rekonstruiert, andernfalls eine moderne Lösung vorgeschlagen. Es ist verblüffend, welche

---

[17]Renger, J.: Griechenland und der Orient – der Orient und Griechenland oder zur Frage von Ex Oriente Lux, S. 32. Steiner (2008).

Vielfalt von Lösungsansätzen zu finden ist. Über 150 Bilder illustrieren diese mathematischen Dokumente und das soziokulturelle Umfeld der Schreiber.

Ein weiterer Anlass ist die Überwindung der herkömmlichen, antiquierten Geschichtsschreibung, die die Mathematik in Altgriechenland entstehen lässt, die mesopotamischen Beiträge geringschätzt und andere Kulturen, wie die islamische, nur als Vermittler ansieht. Diesen *Eurozentrismus* findet man noch mehrfach in der Literatur: Der bekannte Zahlentheoretiker Godfrey Hardy schreibt in seiner Autobiographie *A Mathematician's Apology* (1941):

> Die orientalische Mathematik mag eine interessante Kuriosität sein, aber die griechische Mathematik ist das Wahre. Die Griechen entwickelten als erste eine Sprache, die heutige Mathematiker verstehen können. [...] An Archimedes wird man sich noch erinnern, wenn Aischylos vergessen ist, denn Sprachen vergehen, aber mathematische Ideen niemals.

Ähnlich äußert sich Morris Cline in seinem Werk *Mathematics for the Nonmathematician* (1967) (S. 14):

> Beurteilt man sie aber mit anderen Maßstäben, dann sind ägyptische und babylonische Beiträge zur Mathematik praktisch unbedeutend. [...] Verglichen mit den Leistungen ihrer unmittelbaren Nachfolger, den Griechen, verhält sich die Mathematik der Ägypter und Babylonier, wie Kritzeleien von Kindern, die eben das Schreiben lernen, zu großer Literatur. [...] Ägyptische und babylonische Mathematik wird am besten als empirisch beschrieben und verdient kaum den Namen Mathematik angesichts dessen, was wir seit den Griechen als die Hauptmerkmale dieser Wissenschaft betrachten.

Kap. 1 befasst sich ausführlich mit dem Motto *Ex oriente lux,* das besagt, die abendländische Kultur habe man vom *Osten* übernommen. Vielfältige kulturelle Errungenschaften werden auf ihre vorderasiatische Herkunft untersucht und ihre Rezeption in Großgriechenland wird geschildert. Es wird dabei auf die wechselseitigen Beziehungen zwischen Griechentum und Ägypten bzw. Mesopotamien eingegangen, die u. a. mit der Übernahme der Schrift und der Zeitmessung für uns heute von Bedeutung sind. Zugleich wird Stellung genommen zu den in den Medien und in der Literatur immer aufdringlicher werdenden Bestrebungen, die gesamte griechische Kultur, wie sie sich in Alexandria – geografisch in Afrika liegend – darstellt, als afroasiatisches Erbe zu vereinnahmen. Ein weiterer Abschnitt berichtet von den Schwierigkeiten, die mesopotamische Mathematik *adäquat* mit modernen Mitteln darzustellen und den Problemen, die entstehen, wenn jeder Autor eine eigene Ausdrucksweise entwickelt.

Kap. 2 ist der Mathematik Altägyptens gewidmet. Die Darstellung wird eingebettet in eine Schilderung des soziokulturellen Umfelds. Eine kurzgefasste Geschichte Altägyptens (bis zur römischen Eroberung) liefert den historischen Rahmen der folgenden Kapitel. Grundlegend sind die Ausführungen zur altägyptischen Schrift und zu den verwendeten Schreibmaterialien. Ausführlich wird auf das Wirken der Schreiber und auf die von ihnen verfasste Literatur eingegangen. Ergänzend folgt ein Abschnitt über die vielfältige, teilweise kuriose Literatur, sodass sich der Leser bzw. die Leserin in die

Gedankenwelt Altägyptens einfühlen kann. In Abschn. 2.3 werden die Grundlagen der ägyptischen Mathematik gelegt. In ihren Schemata des Rechnens, insbesondere in ihrer besonderen Form der Bruchrechnung, haben die Ägypter ganz eigene Wege beschritten. Zudem ist ihre Kreisrechnung genauer als das babylonische Gegenstück.

Es folgt die Besprechung der wichtigsten altägyptischen Papyri, deren geringe Zahl nur einen knappen Einblick in die Mathematik am Nil gewährt. Einzig in seiner Art ist der berühmte Papyrus des Schreibers Ahmose, der mit einer Vielzahl von Nebenrechnungen Einblick in die Arithmetik bietet wie kein anderes Dokument; babylonische Tontafeln liefern überhaupt keine Nebenrechnungen.

Es ist ein seit langem schwelender Streit, ob die erhalten gebliebenen Dokumente wirklich die gesamte mathematische Erkenntnis widerspiegeln. Die in der griechischen Literatur vielfach erwähnten Besuche von Gelehrten in Ägypten wären nutzlos gewesen, wenn den griechischen Besuchern nur die Berechnung von Drei- bzw. Rechtecken geboten worden wäre. Die meisten Fachleute schätzen die Höhe der mathematischen Kenntnis nur gering ein. J. Friberg gesteht ihnen nur das Wissen *eines* rechtwinkligen Dreiecks (6; 8; 10) zu. Sicher zu Unrecht, denn die Ägypter haben die Pyramiden mit größter Präzision errichtet und auf ihren Bauplänen viele rechte Winkel konstruiert. Die mit modernster Satellitennavigationstechnik ermittelte Missweisung (gegen die Himmelsrichtungen) beträgt maximal drei Bogenminuten. Die Messwerte von Borchardt (1926) haben ergeben, dass die rechten Winkel an den Ecken der Cheops-Pyramide nur Abweichungen zeigen von $1''$ (NW), $58''$ (NO), $29''$ (SO) und $16''$ (SW), jeweils in Bogensekunden. Historisch interessant sind die dargestellten Papyri der Spätzeit; sie vermitteln uns, über welche mathematischen Vorkenntnisse Heron und Diophantos verfügt haben.

Kap. 3 behandelt die mesopotamische Mathematik. Die Fülle der überhaupt vorliegenden Dokumente ist beeindruckend, allein das Britische Museum verfügt über ein Magazin von über 130.000 Tontafeln. Man schätzt die Zahl der mathematisch relevanten Tontafeln auf etwa 2000 Stück. Es ist natürlich in diesem Rahmen nur eine exemplarische Auswahl von ca. 80 Tabletts möglich, die so gewählt sind, dass sie ein breites Spektrum der mesopotamischen Mathematik darstellen. Die Tabletts stammen aus allen wichtigen Sammlungen und Bibliotheken wie London, Paris, Berlin, Yale und Straßburg. Es werden hierbei insbesondere neuere Tontafeln besprochen, die zu Neugebauers Zeit noch nicht publiziert waren. Es handelt sich hier um Teile der spätedatierten Susa-Texte und der Sammlung Martin Schøyen, die einen einzigartigen Einblick in die mesopotamische Mathematik gewähren.

Der kurzen Schilderung der mesopotamischen Geschichte folgt eine Einführung in die babylonische Keilschrift und in die sumerischen Protoschriften. Wesentlich war der Schritt von Einzelsymbolen, wie Bierkrug und Schaf, zu einem konsistenten System von Zahlen und Einheiten. Amüsant sind die Berichte über sumerische Schulen und ihre Schreiber zu lesen. Auch hier soll eine Auswahl an mesopotamischer Literatur die lesende Person auf die Gedankenwelt Sumers und Akkads einstimmen; welthistorisch bedeutsam ist das Gilgamesch-Epos. Nach einem Abschnitt über die Rechentechniken werden wichtige Errungenschaften der babylonischen Mathematik behandelt.

Die besprochenen Tontafeln sind – wie bei Neugebauer – lexikografisch angeordnet, um leichter gefunden zu werden; damit kann das Buch auch als Nachschlagewerk verwendet werden. Möglich wäre es, wie es einige Autoren vorziehen, die Aufgaben nach Sachgebieten zu ordnen. Diese Betrachtungsweise vereinfacht zwar die Betrachtung von Parallelaufgaben, zerstört aber die Gesamtsicht als historisches Dokument und führt zu wenig Übersicht: Will man die Tafel BM 13901 studieren, muss man bei Jens Høyrup insgesamt 131(!) Bemerkungen im Fließtext und in den Fußnoten konsultieren! Eine weitere Anordnung wäre sehr interessant, wenn man alle Dokumente, die aus einer Schreibschule oder von einer Familie von Schreibern stammen, untereinander vergleichen könnte. Dies gelingt nur in einigen Fällen; von manchen Tafeln kennt man nicht einmal die geografische Herkunft.

Wichtig sind nach der Ära Neugebauer die durch J. Friberg und J. Høyrup bewirkten Neuinterpretationen. Zum einen wurde eine neue Art der Übersetzung mesopotamischer Texte eingeführt; zum anderen wurden viele Vorgehensweisen nunmehr rein geometrisch veranschaulicht mithilfe geeigneter Diagramme.

Fast alle babylonischen Aufgaben werden im Sexagesimalsystem gelöst, wie es sich für ein historisches Werk geziemt. Nur die Probleme werden zum leichteren Verständnis dezimal dargestellt, die entweder numerisch umfangreich sind oder große Tabellen erfordern. Auch die nicht immer einfach zu verstehenden Keilschrift- bzw. Papyrusaufgabentexte werden weitgehend im Wortlaut übernommen. Leserinnen und Leser, die Informationen über das Sexagesimalsystem suchen, werden auf Abschn. 3.3.1 verwiesen. Die Bemerkungen in Abschn. 2.3 und 3.4 werden als einführende Lektüre empfohlen. Wer selbst einmal die Rolle eines babylonischen Schreibers spielen will, findet im Epilog zu Kap. 3 einige Aufgaben zum Selbststudium.

Alle Übersetzungen aus dem Englischen, Französischen und Lateinischen stammen vom Autor, sofern keine andere Quelle angegeben ist. Ergänzungen und Auslassungen des Autors sind durch eckige Klammern markiert.

1.3 Über die Schwierigkeit, antike Mathematik darzustellen

Bis zur Mitte der 1970-er Jahre hatten die Mathematikhistoriker keine Bedenken, antike Mathematik in moderner Formelsprache darzustellen. In einer Reihe von Grundsatzartikeln verwahrte sich Sabetai Unguru (1975) gegen dieses *ahistorische* Vorgehen. Unguru, von rumänisch-israelitischer Abstammung, war erst nach einer Vielzahl von Studien auf drei Kontinenten zur Mathematikhistorie gekommen. Eine ausführliche

Schilderung seiner Ausführungen findet sich im Band *Antike Mathematik* des Autors; hier nur ein kurzes Zitat von Unguru aus seinem Artikel *On the Need to Rewrite the History of Greek Mathematics*[18]:

> Diese historiografische Auffassung, die sich hinter dem Begriff „geometrische Algebra" verbirgt, ist anstößig, naiv und historisch nicht haltbar. Historische Mathematiktexte unter dem Blickwinkel moderner Mathematik zu betrachten, ist die sicherste Methode, das Wesen der antiken Mathematik misszuverstehen, bei der philosophische Voreinstellungen und metaphysische Verflechtungen eine sehr viel grundlegendere und bedeutsamere Rolle gespielt haben als in der modernen Mathematik. Die Annahme, man könne automatisch und unterschiedslos auf jeden mathematischen Inhalt die moderne algebraische Symbolik anwenden, ist der sicherste Weg, die innewohnenden Unterschiede misszuverstehen, die in der Mathematik vergangener Jahrhunderte inbegriffen sind. Geometrie ist keine Algebra!

Der Assyriologe W. von Soden[19] hatte bereits ein Jahr zuvor geschrieben:

> Die Mathematikhistoriker setzen die babylonischen Ausrechnungen m. E. vorschnell in gewohnte Gleichungen um, noch dazu oft mit allgemeinen Zahlen, und werden dadurch der Andersartigkeit des mathematischen Denkens im alten Orient nur unzureichend gerecht.

Nach dem Urteil von Unguru darf der Begriff *Algebra* nicht auf das Rechnen der Babylonier und Griechen angewandt werden, ebenso wenig die moderne mathematische Symbolik. Dies schafft Probleme für die Autoren, da Leser und Leserinnen die moderne Formelsprache erwarten und daraus ihr Verständnis beziehen. Als Folge setzt Høyrup daher „Algebra" in Anführungszeichen; Friberg spricht stets von „metrischer Algebra", was an der Sachlage nichts ändert.

Wer die neolithische Mathematik mit moderner Symbolik darstellt, läuft Gefahr, nur das am antiken Vorgehen zu erfassen, das genau in das moderne Schema passt. Schon die moderne Nomenklatur geht am Problem vorbei; für altägyptische bzw. mesopotamische Rechner gibt es keine *Gleichung* und schon gar keine *Theorie der linearen Gleichungen.* Die mathematische „Fachsprache" darf nicht aus dem modernen Blickwinkel gesehen werden. Vielmehr ist hier die Entwicklung *diachron,* d. h. die historische Entwicklung der Sprache berücksichtigend, zu betrachten.

Das Lösen eines Problems, wie Papyrus Rhind #26: $x + \frac{1}{4}x = 15$, ist keinesfalls eine routinemäßige Aufgabe. Ein altägyptischer Rechner wird folgende Schritte vollziehen:

- Wahl eines passenden Probewertes im Sinne der Regula Falsi,
- Berechnung aller Terme des Probewertes,
- Vergleich mit dem Wert, der erreicht werden soll,

---

[18]Unguru S.: On the Need to Rewrite the History of Greek Mathematics, Archive for History of Exact Sciences, 67–114, Vol. 15, No. 1 (1975)

[19]Soden von W.: Sprache, Denken und Begriffsbildung im Alten Orient, Franz Steiner 1974.

- Berechnung des Skalierungsfaktors und entsprechendes Erweitern,
- Falls Brüche vorkommen, wird jeweils eine explizite Zerlegung in Stammbrüche notwendig,
- Verifikation des Ergebnisses.

Somit ist es klar, dass die moderne Umformung $x + \frac{1}{a}x = b \Rightarrow x = \frac{ab}{a+1}$ die ägyptische Methodik keinesfalls wiedergibt! Um auf die moderne Formelsprache zu verzichten, wird dort, wo es sich nicht vermeiden lässt, eine eigene Symbolik eingeführt. Jöran Friberg umschreibt die Symbole mit Worten ($sq \leftrightarrow$ Quadrat, $sqr \leftrightarrow$ Wurzel):

$$sq \, . \, (a + b) = sq \, . \, a + 2 \, . \, a \, . \, b + sq \, . \, b$$
$$sqr \, . \, 2 = appro \; 7/5$$

Jens Høyrup verwendet dazu geometrische Zeichen, wie Quadrate und Rechtecke (für Produkte):

$$4 \sqsubset \! \sqsupset (a, b) + \square(a - b) = \square(a + b)$$
$$\sqsubset \! \sqsupset (a + b, a - b) = \square(a) - \square(b)$$

Um der lesenden Person das Verständnis zu erleichtern, wird hier im Buch die moderne Formelschreibweise beibehalten; es wird jeweils darauf hingewiesen, dass dies nicht dem Original entspricht.

Ein zweites Bestreben ist die *konforme* Übersetzung. Da die Babylonier keine festen Standardbezeichnungen für die Rechenoperationen hatten, existieren jeweils mehrere Begriffe für die Rechenarten. Hier wird dann bei der Übersetzung ein Wort verwendet, das dem Original „am nächsten" kommt; tritt ein Wort mit demselben Wortstamm auf, so wird dies analog übersetzt. Die Frage bleibt, ob diese Etymologie dem Verständnis weiterhilft. Das „konforme" Bestreben führt soweit, dass man ernsthaft diskutiert, ob das Wort *triangle* (wörtlich *Drei-Winkel*) in einer englischen Übersetzung verwendet werden darf, wo doch die Babylonier gar keinen Winkelbegriff hatten! Ähnliches gilt im Altägyptischen: Es fehlt ein Fachwort für „Dreieck", das altägyptische Wort bedeutet etwa „spitz zulaufendes". Soll man deshalb auf die Verwendung von „Dreieck" verzichten?

Hier als Beispiel die Übersetzung einer altbabylonischen Tafel von drei Autoren in der **Publikationssprache:**

a) François Thureau-Dangin[20]
J'ai additionné la surface et (le côté de) mon carré : 45'
Tu poseras 1, l'unité. Tu fractionneras 1 en deux : 30'
Tu croiseras 30' et 30' : 15'
Tu ajouteras 15' à 45 ': 1'
C'est le carré de 1
Tu soustrairas 30', que tu as croisé, de 1 : 30', le côté du carré

---

[20]Thureau-Dangin, F.: L'origine de l'algèbre, Comptes-rendus des séances de l'année, Académie des inscriptions et belles-lettres, 84, 4, 300 f. (1940).

b) Jens Høyrup (LWS, S. 52)

J'ai joint la surface et le côté de mon carré : c'est 45'. 1, le *watsitum*,
tu poseras. La moitié de 1 tu couperas. Tu croiseras 30' et 30'.
15' et 45' tu accoleras : 1. 1 a pour côté 1. Le 30' que tu as croisé,
du coeur de 1 tu arracheras : 30' est le côté du carré.

The surface and my confrontation I have accumulated:
45' is it. 1, the projection, you posit. The moiety of 1 you break.
30' and 30' you make hold. 15' to 45' you append:
by 1, 1 is equalside, 30' which you have made hold in the inside of 1
you tear out: 30' the confrontation.

c) Jöran Friberg (AT, S. 35)

The field and my equalside I heaped, 45.
1, the going-out, you set.
The halfpart of 1 you break.
30 and 30 you make eat each other.
15 to 45 you add.
1 makes 1 equalsided.
30 that you made eat itself,
inside 1 you tear out.
30 is the equalside.

Hätten Sie auf Anhieb erkannt, dass es sich um dieselbe Aufgabe BM 13901 #1 handelt?

Auffällig ist hier die bewusste Abkehr vom aktuellen mathematischen Vokabular. Halbieren wird mit „break" oder „fractionner", Wurzelziehen mit „make equalsided", Seite mit „confrontation", die Hälfte mit „moietity" übersetzt. Vieles klingt schwer verständlich, wie „you make eat each other" oder „you tear out" bzw. „du coeur tu arracheras". Die sogenannte „wörtliche" Übersetzung ist zwar „näher am Text", aber dafür in der Regel nur schwer oder gar nicht verständlich, wie Jeremy Black[21] in einer Rezension zutreffend schreibt. Sie wurde von Annette Warner-Imhausen entdeckt und in die Einleitung (S. 16) ihres Buches *Ägyptische Algorithmen* übernommen:

> Diese Übersetzungen werden oft als *wörtlich* bezeichnet. Was normalerweise bedeutet, dass die englische (oder französische oder deutsche) Syntax verletzt wird, um in gewisser Weise die [Syntax] der ursprünglichen Sprache wiederzugeben; keinerlei Aufmerksamkeit wird der Verständlichkeit des Ergebnisses gewidmet. Die meisten wörtlichen Übersetzungen, die in Editionen von Keilschrifttexten erschienen sind, machen überhaupt keinen Sinn. Dem Philologen, der das Original verstehen kann, bieten sie keine Hilfe; gelegentlich dienen sie zur Erläuterung, wie der Herausgeber eine spezielle Syntax interpretiert – eine Information, die ohnehin in einen Kommentar gehört. Dagegen sind sie dem Gelehrten, der nicht Philologe ist und dem interessierten Laien nutzlos, da sie in der Sprache, in der sie geschrieben werden, selten verständlich sind.

---

[21]Black J.: Rezension zu J.S. Cooper, The Return of Ninurta to Nippur (Analecta Orientalia 52), Altorientalische Forschungen 27, 154–159 (1980).

Warner-Imhausen ergänzt hier: Die Kritik ist m. E. auf die Bearbeitung ägyptischer Texte übertragbar.

J. Høyrup[22] gibt ausführlich Auskunft, welche Übersetzungen er für die Grundrechenarten wählt und warum er „konform" übersetzt:

a) Addition: to append, to accumulate, to join, heaping.
b) Subtraktion: to tear out, cutting off, comparison.
c) Multiplikation: steps of (5 steps of 6 = 30), to raise, to make hold, to repeat.

Konformes Übersetzen wird gegenstandslos, wenn das Original die Begriffe nicht einhält: Die Tafel BM 15285 #23 unterscheidet eine Seite nicht von einer Fläche.

Auch wird versucht, die gewohnte Zahldarstellung zu vermeiden; leider hat jeder Autor dabei eine eigene Schreibweise für Zahlen entwickelt. Høyrup schreibt die Dezimalzahlen ganz neu mit dem Stellenwert als Index, der jeweilige Dezimalbruch findet sich in der linken Spalte (dies ist die berühmte Aufgabe Papyrus Rhind #79):

7	7
4_t9	49
3_h4_t3	343
$2_{th}3_t1$	2031(!)
$1_{tth}6_{th}8_h7$	16.807
$1_{tth}9_{th}6_h7$	19.067

Die Aufgabe #37 des Papyrus Kairo zeigt einen Kreis mit einbeschriebenem Quadrat, daneben eines der entstehenden Segmente. Høyrup beschriftet die Quadratseite und die Segmentsehne wie folgt (s. linke Spalte):

$2_t1\overline{5}6_t$	$21\,\overline{5}\,60$
$43'\,2_t\,\overline{1_h2_t}$	$4\,\overline{3}\,20\,\overline{120}$

Im Text wird die Einerstelle (60^0) nach F. Thureau-Dangin durch eine hochgestellte Null markiert, die anderen Stellen werden durch Apostrophe verschiedener Richtung gekennzeichnet (s. linke Spalte).

21```15``23°6`	21,15,0,23;06

[22]Høyrup, J.: Old Babylonian „Algebra", and What It Teaches Us about Possible Kinds of Mathematics, Contribution to the ICM Satellite Conference Mathematics in Ancient Times, Kerala School of Mathematics (Preprint Sept 2010).

Friberg beschriftet die Umzeichnungen der Tontafeln wie folgt (s. linke Spalte):

53°21°44°2	5,32,14,42

Es ist schade, dass diese Autoren sich nicht auf eine einheitliche Schreibweise – wie die von Neugebauer – einigen können. Neugebauer trennt Sexagesimalstellen mit Komma und markiert die Kommastelle der Zahl mittels Semikolon. Der Vergleich mit den oben genannten Zahldarstellungen zeigt die Einfachheit dieser Schreibweise, die auch im Buch Anwendung findet.

Als Neugebauer in den 1930-er Jahren neue Tafeln (wie VAT 8512) entdeckte, deren Probleme nur mit erheblichem algebraischen Aufwand zu lösen waren, hatte er Bedenken, ob diese vertieften algebraischen Kenntnisse den Babyloniern zu eigen waren. Daher schlug er 1935 vor, die Geometrie von Buch II des Euklid als geometrische Übersetzung der babylonischen Ergebnisse zu interpretieren. Diese These wurde eine Zeit lang akzeptiert, bis man ab 1970 erkannte, dass das Konzept der griechischen Mathematik völlig anders geartet ist als das der arithmetischen „Algebra" der babylonischen Probleme! Diese Texte lösen Aufgaben und finden konkrete Zahlen, während Euklid in Buch II Lehrsätze beweist, die geometrische Identitäten zwischen Flächen beinhalten.

Damit stellte sich die Frage, wie die babylonische „Algebra" und die Spuren alter Kenntnis aus der Feldvermessung, die sich bei Heron finden, zu erklären sind. Hier hakten Høyrup und Friberg mit den von ihnen konzipierten Diagrammen ein. Nach ihrer Meinung sind ihre Diagramme zu Problemen wie „Zur Fläche habe ich die Seite addiert und 45 erhalten", ähnlich zum Diagramm aus Euklid (II, 6). Høyrup schreibt „Es fehle hier nur die Diagonale, die nur zur Konstruktion dient". Gemeint ist die Diagonale des Rechtecks, die die Flächengleichheit zweier Ergänzungsparallelogramme zeigt; dies ist eine Untertreibung, da bei Euklid diese Flächengleichheit Teil des Beweises ist.

Nach Meinung von Friberg ist die Geometrie von Euklid II die Umformung einer Technik, die wir zuerst aus den altbabylonischen Tafeln kennen. Dies scheint momentan der Status quo der mathematischen Rezeption zu sein, obwohl kein einziges ihrer Diagramme auf einer Tontafel gefunden wurde und sie reine *externe* Interpretation sind. Høyrup (2017) schreibt vorsichtiger:

> Die Idee ist nicht unproblematisch; Euklid löste beispielsweise keine Probleme, sondern erstellte Konstruktionen und bewies Lehrsätze. Die geometrische Interpretation der altbabylonischen Technik, andererseits, scheint für diese Hypothese zu sprechen.

Aus den altbabylonischen Tafeln wählte er 10 verschiedene Aufgabenstellungen zur Rechteckbestimmung aus, bei denen eine Linearkombination von Seite und Fläche vorgegeben ist; diese nennt er *Riddles*. Er fährt fort[23]:

> Wenn man die Lehrsätze Euklid II, 1–10 mit der Liste der Riddles vergleicht, macht man eine unerwartete Entdeckung: alle 10 Lehrsätze können direkt mit einer der 10 Riddles in

---

[23]Høyrup J.: Algebra in Cuneiform, S. 112, Edition Open Access Berlin 2017.

Verbindung gebracht werden – sie zeigen, dass *die naiven Methoden der Riddle-Tradition gerechtfertigt werden können durch den besten theoretischen Standard aus Euklids Tagen* [Kursivsetzung von Høyrup].

Schreibt man in *ahistorischer* Weise die Euklidischen Flächenumformungen in Buch II, 1–10 als algebraische Identitäten, so sieht man verschiedene Formen des Distributivgesetzes und der binomischen Regeln:

$$(1): ab + ac + ad + \cdots = a(b + c + d + \cdots)$$

$$(2): (a + b)^2 = (a + b)a + (a + b)b$$

$$(3): (a + b)a = a^2 + ab$$

$$(4): (a + b)^2 = a^2 + 2ab + b^2$$

$$(5): ab + \left(\frac{a - b}{2}\right)^2 = \left(\frac{a + b}{2}\right)^2$$

$$(6): (a + b)b + \frac{1}{4}a^2 = \left(\frac{a}{2} + b\right)^2$$

$$(7): a^2 + b^2 = 2ab + (a - b)^2$$

$$(8): 4ab + (a - b)^2 = (a + b)^2$$

$$(9): a^2 + b^2 = 2\left(\frac{a + b}{2}\right)^2 + 2\left(\frac{a - b}{2}\right)^2$$

$$(10): b^2 + (a + b)^2 = 2\left(\frac{a}{2}\right)^2 + 2\left(\frac{a}{2} + b\right)^2$$

Es ist also nichts Ungewöhnliches, wenn man bei einer Umformung mit quadratischen Termen auf eine dieser 10 Beziehungen trifft. Genau dieses Vorgehen aber widerspricht der Auffassung von Sabetai; es gibt keine geometrische Geometrie bei den Griechen! Im Prinzip geschieht hier das, was Neugebauer schon in den 1930-er Jahren postuliert hat, aber als Erklärung nicht ausreicht.

Eleanor Robson ist überzeugt von den Diagrammen:

Kein solches Diagramm hat auf den Tontafeln selbst überlebt, aber ihr Gebrauch kann durch wortwörtliche Interpretation der angewandten Operationen erschlossen werden.

Eine kritische, aber treffende Stellung nimmt Christine Proust[24]. Sie schreibt in ihrer Kritik zu Høyrups Buch LWS:

Høyrups geometrische Interpretation dieses Problems ist sicher genial, aber bevor sie als plausibles Paradigma für die altbabylonische Mathematik (der quadratischen Probleme) akzeptiert werden kann, sind noch zwei Barrieren zu überwinden: Die erste Manko

---

[24]Proust, Chr.: Hoyrup (2002), Présentation et critique de Lengths, Widths, Surfaces (LWS) avec notamment l'étude par Høyrup du problème 1 de la tablette BM 13901, Éducmath (2007).

ist das Fehlen eines direkten Beweises: Es sind keine Diagramme der beschriebenen Art auf einer altbabylonischen Mathematik-Tontafel bekannt. Høyrup behandelt diese Frage direkt in einem kurzen Abschnitt von LWS (S. 103-107) und akzeptiert, dass - mit wenigen Ausnahmen - *die Texte niemals Zeichnungen enthalten, die veranschaulichen, was in der Prozedur vor sich geht.* Dem gegenüber enthalten einige Texte Diagramme, die im Zusammenhang mit der Aussage des Problems stehen. Zur Verteidigung seiner Interpretation weist Høyrup auf das Fehlen von Diagrammen bei den anderen geometrischen Problemen und auf die Tatsache, dass wenn die Diagramme gezeichnet sind, nicht maßstabsgetreu oder winkeltreu sind. Das heißt, die existierenden Diagramme kodieren Informationen in einer Weise, die nicht unserem naiven Verständnis entspricht. Hinzu kommt, dass Verfahrensdiagramme Löschungen und die Bewegung von Linien erfordern. Dieser dynamische Stil ist mehr geeignet für eine Skizze im Sand, die leicht gelöscht werden kann, im Gegensatz zu einer dauerhaften Zeichnung auf einer Tontafel. Es ist bedauerlich, dass wir über keine Dokumente oder archäologische Beweise verfügen, die diese Art der Schriftpraxis beschreiben.

Festzustellen bleibt: Das Verwenden von Euklidischen Diagrammen, um mesopotamische Vorgehensweisen zu erklären, ist ein *Anachronismus.*

Literatur

Bär J.: Frühe Hochkulturen an Euphrat und Tigris, Theiss Verlag o. J.

Bernal M.: Black Athena, New Brunswig 1987

Bichler R., Rollinger R.: Herodot, Hildesheim 2000

Boardman J.: Greek Art, Thames & Hudson World of Art[5] 2016

Burkert W.: Babylon – Memphis – Persepolis, Eastern Contexts of Greek Culture, Harvard University Press 2004

Burkert W.: Die Griechen und der Orient, C. H. Beck 2003

Burkert W.: The Orientalizing Revolution, Harvard University Press[3] 1997

Diels H., Kranz H. (Hrsg.): Fragmente der Vorsokratiker Band 1, Weidmann'sche Verlagsbuchhandlung Reprint 1992

Diogenes Laertios: Leben und Lehre der Philosophen, Reclam Stuttgart 1998

Haarmann H.: Wer zivilisierte die alten Griechen? Marix 2017

Haubold J.: Greece and Mesopotamia – Dialogues in Literature, Cambridge University Press 2013

Haubold J.: Greece and Mesopotamia, Dialogues in Literature, CHS Research Symposion, Durham University 30. April 2001

Heinen H.: Geschichte des Hellenismus, C. H. Beck 2003

Herodot: Neun Bücher zur Geschichte, Marix 2011

Holzberg N.: Die Antike Fabel, Wissenschaftliche Buchgesellschaft[3] 2012

Homman-Wedeking E.: Das Archaische Griechenland, Lexikonreihe Kunst der Welt, Holle 1975

Høyrup J.: How to transfer the conceptual structure of Old Babylonian mathematics: Solutions and inherent problems, S. 395, im Sammelband Imhausen & Pommering (2011)

Imhausen A., Pommering T. (Eds.): Writings of Early Scholars in the Ancient Near East, Egypt, Rome, and Greece, de Gruyter 2011

James G. M.: Stolen Legacy, A & D Books Floyd 2014

Manitius K. (Hrsg.): Des Claudius Ptolemäus Handbuch der Astronomie, Band 1, Teubner 1912

Nunn A.: Der Alte Orient, Wissenschaftliche Buchgesellschaft 2012

Proklos, Steck M. (Hrsg.): Euklid-Kommentar, Deutsche Akademie der Naturforscher Halle (1945)

Proust, Chr.: Hoyrup (2002), Présentation et critique de Lengths, Widths, Surfaces (LWS) avec notamment l'étude par Høyrup du problème 1 de la tablette BM 13901, Éducmath (2007)

Rengakos A., Zimmermann B. (Hrsg.): Homer-Handbuch, Metzler 2011

Renger J.: Griechenland und der Orient – der Orient und Griechenland oder zur Frage von Ex Oriente Lux, Steiner 2008

Rollinger R.: Altorientalische Einflüsse auf homerische Epen, im Sammelband Rengakos & Zimmermann

Unguru S.: On the Need to Rewrite the History of Greek Mathematics: Archive for the History of Exact Sciences 15 (1975)

Welwei K.-W.: Die griechische Frühzeit, C. H. Beck² 2007

West M.L.: Hesiod – Theogony, Oxford University Press 1966

Mathematik in Altägypten

Im Text verwendete Abkürzungen:

VG   Vorgriechische Mathematik (Vogel)

2.1 Prolog

> Ägypten ist ein Geschenk des Nils (Herodot).

Das oben genannte bekannte Zitat ist verkürzt, genau heißt es:

> Ägypten, soweit es die Griechen zu Schiff befahren, ist für die Ägypter neugewonnenes Land und ein Geschenk des Flusses (Hist. II, 5, 1).

Der Name[1] Αἴγυπτος *(Aigyptos)* stammt aus dem Griechischen; er leitet sich ab von der Stadt Memphis *(Tempel der Macht Ptahs)* und wurde dann auf das ganze Land übertragen. Bei Homer wird der Name auch für den Fluss Nil verwendet (Odyssee XVII, 427). Nach Herodot (II, 18) sind dies die Bewohner nördlich von Elephantine, die auch Nilwasser trinken (ähnlich auch bei Strabon XVII, 789). Die Bedeutung des Nils als „Lebensader" zeigt die Karte von Ägypten (Abb. 2.1).

---

[1]Der kleine Pauly, Lexikon der Antike, Spalte 166. dtv (1979).

© Springer-Verlag GmbH Deutschland, ein Teil von Springer Nature 2019
D. Herrmann, *Mathematik im Vorderen Orient*,
https://doi.org/10.1007/978-3-662-56794-4_2

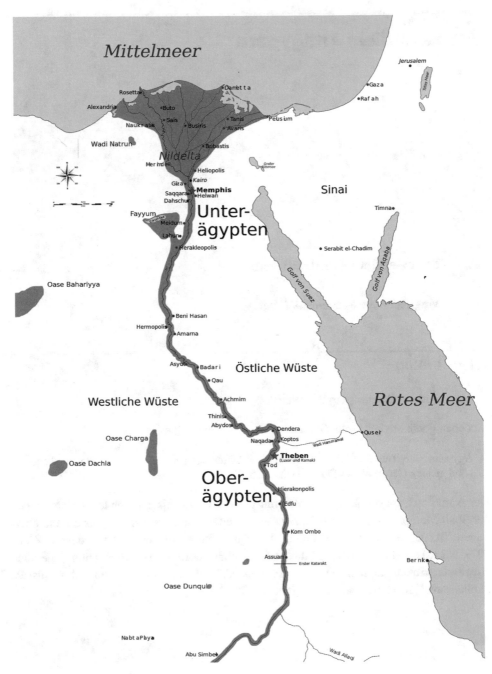

Abb. 2.1 Karte von Ägypten

Abb. 2.2 Die Narmer-Palette

2.1.1 Kleine Geschichte Altägyptens

Die Geschichte Ägyptens teilt man ein in die vorgeschichtliche Phase, das Alte, Mittlere, Neue Reich, die Spätzeit und die griechisch-römische Epoche. Die geschichtliche Zeit beginnt mit dem Gebrauch der Schrift um 2900 v. Chr. Um 3400 bis 3100 v. Chr. gibt es zwei Reiche, Ober- und Unterägypten, die von König Narmer (Menes) vereinigt werden **(Altes Reich)**. Die Identität Narmer-Menes ist nicht ganz geklärt. Die grundlegende Herrscherliste von 31 Dynastien stammt von dem Priester *Manetho,* der wahrscheinlich zur Zeit Ptolemaios' II. (285–246 v. Chr.) lebte; sie findet sich in seinem Werk *Aegyptiaca (griech.* Αἰγυπτιακά).

Der Bericht von Manetho, der Turiner Papyrus und die Königsliste von Abydos stimmen darin überein, dass der erste König Menes heißt. Anderseits lässt die Darstellung auf der bekannten *Narmer*-Palette (Kairo) (Abb. 2.2) auf den Königsnamen „Narmer" schließen, da der abgebildete Herrscher beide Kronen trägt, sowohl die Oberägyptens ⍟ als auch die Unterägyptens ⍦.

Diese Vereinigung der beiden Reiche hatte später für alle Herrscher einen sehr hohen Symbolwert. Während der 1. bis 3. Dynastie (δυναστεῖα = Herrschaft) bildet sich der charakteristische ägyptische Stil. Als Grundlage der geistigen und staatlichen Entwicklung diente damals die Vorstellung des Pharaos als Gott, für dessen Leben nach

Abb. 2.3 Pyramiden von Gizeh

dem Tod gesorgt werden muss. Unter Pharao Djoser (3. Dynastie) beginnt der Bau der Pyramiden aus Stein; er selbst ist in der von Schreiber-Architekt *Imhotep* entworfenen Stufenpyramide von Sakkara bestattet. In der 4. Dynastie erreicht der Pyramidenbau unter den Herrschern Cheops, Chephren und Mykerinos bei Gizeh ihren Höhepunkt (Abb. 2.3).

Zu dieser Zeit wird eine neue Religionsbewegung propagiert, die den Sonnengott Re (Re-Aton) von Heliopolis ins Zentrum setzt. Neben Re-Aton werden auch den Gottheiten *Ptah* in Memphis, *Thot* in Hermopolis und dem Totengott *Osiris* neue Kulturstätten gebaut. Abb. 2.4 zeigt den (späteren) Tempel Memnonium (mit einem auffälligen Fehler in der Perspektive), der Teil der riesigen Tempelanlage Ramses' III in Thebens ist. Der Verlust der religiösen und politischen Zentralgewalt führt zum Zusammenbruch des Staates am Ende des Alten Reichs (2257 v. Chr.). Nicht mehr die Administratoren des alten Adels, sondern die Beamten der 42 Gaue übernehmen nun die Kontrolle über das Land.

In der folgenden, geistig fruchtbaren **Ersten Zwischenzeit** wird das Reich in den zwei Zentren Theben und Herakleopolis verwaltet (9.–10. Dynastie). Neben den Pyramidentexten und Totenbüchern entstehen eine Vielzahl von literarischen Werken, die die allgemeine Krisenstimmung, die Willkür der Beamten und den Wunsch nach einem starken König wiedergeben.

In der 12. Dynastie kommt es, von Theben aus, wieder zu einer Zentralisierung der Staatsmacht (**Mittleres Reich**). Es werden große Befestigungsanlagen im Ostdelta und am 2. Katarakt gebaut, ferner riesige Tempelanlagen in *Karnak*. Unter Sesostris III.

Abb. 2.4 Tempel Memnonium (Ramses II) in Theben

gewinnt Ägypten Einfluss in Nubien (Goldbergwerke), Handelswege nach Sinai, Punt, Kreta und Byblos werden ausgebaut. Kultur und Handel sorgen für einen Aufschwung und Machtzuwachs in Ägypten. Aus dieser Zeit sind bekannte mathematische Texte erhalten: der Papyrus Moskau, die mathematische Lederrolle, die Kahun-Papyri und die Kairoer Holztafeln.

Amenemhet I. (12. Dynastie) versucht die alte strenge Ordnung, wie die Beschränkung der persönlichen Freiheit und Abschaffung des persönlichen Eigentums, wiederherzustellen. Infolge der resultierenden innenpolitischen Wirren wird um 1650 das Eindringen der *Hyksos* (ägyptisch *hyk-sos* = Hirtenkönige), einer Völkergruppe von hurritischen und semitischen Stämmen, begünstigt. Die Hyksos bilden eine Oberschicht und passen sich der überlegenen Kultur der Ägypter an. Chronologisch wird diese Epoche als **Zweite Zwischenzeit** bezeichnet. Aus dieser Periode stammt der berühmte Papyrus Rhind, der nach eigenen Angaben auf ein Dokument des mittleren Reiches zurückgeht.

Um 1570 gelingt es dem Pharao Ahmose, die Hyksos zu vertreiben und das **Neue Reich** zu gründen. Unter den Nachfolgern Amenophis I. und Thutmosis I. wird Ägypten zur führenden Großmacht. Es werden erfolgreiche Feldzüge bis zum Euphrat und bis nach Nubien (3. Katarakt) geführt. Die größte Machtentfaltung wird unter der Königin Hatshepsut erreicht. 1475 gelingt Thutmosis III. die Zerschlagung der gegen Ägypten gerichteten syrisch-palästinischen Koalition bei Meggido; der Kampf ist als „Schlacht aller Schlachten" zum Inbegriff für die Apokalypse geworden *(Armageddon)* [Offenbarung 16, 16]. Mit dem Einsatz von Söldnerheeren und Kampfwagen wird Phönizien und Palästina erobert. Unter seinem Nachfolger Amenophis III. kommt es zu einem regen Diplomaten- und Handelsverkehr mit den Nachbarstaaten Babylonien, Kreta, Zypern und Assyrien. Aus dem Neuen Reich sind keine rein mathematischen Papyri überliefert.

Amenophis IV., Gatte der Nofretete, führt unter Androhung von Gewalt eine neue monotheistische Religion ein: die Verehrung des Sonnengottes Aton. Abb. 2.5 zeigt die Amarna-Tafel mit dem Ehepaar mit drei Mädchen unter den segnenden Strahlen Atons. Der Pharao selbst nimmt den Namen Echnaton an. Nach seinem Tod kommt es zu einer Gegenreaktion, die versucht, die religiösen Neuerungen rückgängig zu machen. Sein Sohn Tutanchamun stirbt in jungen Jahren; ein General übernimmt die Regentschaft. Die Diplomaten- und Handelssprache ist das Akkadische, wie man an den Tontafeln der Korrespondenz von Amarna sieht. Einer der Amarna-Briefe, den der babylonische König

Abb. 2.5 Armana-Platte

Kadashman-Enlil I. an den Pharao Amenophis II adressiert hat, zeigt, dass der diplomatische Geschenkeaustausch nicht immer zur Zufriedenheit aller ausfiel:

> Was meine Tochter betrifft, wegen der du mir geschrieben hast: Sie ist eine heiratsfähige Frau geworden. Entsende eine Delegation, um sie abzuholen! Früher schickte mein Vater einen Boten zu dir und es vergingen nur wenige Tage bis zur Antwort. Du hast den Boten eilends mit einem schönen Geschenk zurückgeschickt. Nachdem ich dir erneut einen Boten gesandt habe, ließ deine Antwort sechs Jahre auf sich warten! Und als einziges Geschenk – in sechs Jahren – hast du mir 30 Minen Gold geschickt, das wie Silber aussieht!

Die Könige der 19.-20. Dynastie, Sethos I. und Ramses II. kämpfen erfolgreich gegen die Hethiter in der Schlacht von *Kadesch*. Während der Regierungszeit seines Nachfolgers Merenpath fand gemäß der Bibel [Exodus 12] der Auszug der Israeliten aus Ägypten statt. Seine Siegesstele von ca. 1220 v. Chr. bestätigt nur seinen Sieg über die Israeliten, nicht jedoch die Gefangennahme. Ramses III. gelingt es, Ägypten gegen die gefährlichen Angriffe libyscher Stämme und der sogenannten Seevölker zu verteidigen. Der Begriff *Seevölke*r wurde erst später von Gaston Maspero (1846–1916) geprägt. Die Herkunft dieser Seevölker ist nicht geklärt; sie stammen vermutlich aus dem östlichen Mittelmeerraum. Diese Invasion führte teilweise zur vollständigen Zerstörung einiger griechischer, kretischer und hethitischen Siedlungen. Eine Inschrift an der Außenwand von Medinet Abu berichtet im Jahr 1176 v. Chr.:

> Die Seevölker beschlossen auf ihren Inseln sich zu verschwören: [...] Kein Land konnte ihren Waffen widerstehen: Hatti [Hethiter], Qadi, Karkemisch, Arzawa und Alashia [Zypern], alle wurden auf einmal vernichtet. Sie errichteten ihr Kriegslager in Amurru [Levante]. Dort vertrieben sie die Einwohner und zerstörten das Land, als hätte es niemals existiert. Sie kamen heran und zogen gegen Ägypten [...]. Ihre Konföderation vereinte die Stämme: die Peleset, Tjeker, Scherden, Danuna und Weschesch. Sie eroberten die Länder bis zum Rand des Erdkreises ...

Der Papyrus Harris I (vermutlich Grabbeigabe Ramses' III) hat eine besondere Bedeutung für die Forschung, beschreibt er doch 30 Regierungsjahre des Pharaos, darunter auch seine Militärchronik gegen die Seevölker. Im Papyrus Harris I, 76.9–11 steht:

> Ich erweiterte die Grenzen Ägyptens nach allen Richtungen. Ich trieb diejenigen zurück, die – aus ihren Ländern kommend – diese überschritten. Ich tötete die Danuna, die von ihren Inseln gekommen waren; die Tjeker und Peleset wurden zu Asche verbrannt, die Scherden und Weschesch vom Meer waren alle auf einmal niedergestreckt, als hätten sie nie existiert, und als Kriegsgefangene nach Ägypten gebracht, so zahlreich wie der Sand am Flussufer. Ich siedelte sie in Garnisonen an, die in meinem Namen erobert waren, zahlreich wie Kaulquappen [*Schriftzeichen für Hunderttausende*] waren ihre Sippschaften. Ich versorgte sie alle mit Gewändern, Getreide aus den Kornmagazinen jedes Jahr.

Hier wird erwähnt, dass einige Seevölker ihre Familien mitbrachten. Es ging hier also nicht um kurzzeitige Eroberungen, sondern um eine gewaltsame Landnahme. Die erwähnten Peleset werden in der Literatur gemeinhin mit den in der Bibel erwähnten

Philister identifiziert, nach denen übrigens Palästina (griech. παλαιστίνη) benannt ist; auch die Tjeker sind später in der Levante ansässig.

Es ist eine neue Tendenz, die Angriffe der Seevölker zu verharmlosen, wie es in einem Artikel[2] der Zeitschrift *Spektrum* geschieht. Natürlich sind die in den Tempelinschriften genannten Zahlen von getöteten Feinden oder Kriegsgefangenen stark übertrieben. Die archäologischen Ausgrabungen aber haben die Zerstörung der genannten fünf Reiche bestätigen können, außer im Fall von Karkemisch; dies ist aber kein Gegenbeweis. Der Artikel geht vereinfachend davon aus, dass nur Ramses III im Jahr 1177 v. Chr. gegen die Seevölker kämpfen musste. Die Angriffe erfolgten jedoch mehrfach, schon gegen einen seiner Vorgänger Merenpath, Sohn des Ramses II.

Es steht fest, dass in der Zeit um 1200 v. Chr. an zahlreichen Orten innerhalb von zwei Jahrzehnten Katastrophen im östlichen Mittelmeerraum und in der Levante stattgefunden haben; ein Ereignis, wie der Einfall der Seevölker, bietet eine einfache Erklärung. Hinzu kommt, dass Dokumente gefunden wurden, die die Eroberung Ugarits 1185 durch die Seevölker bestätigen (Astour 1965). So bittet König Ammurapi von Ungarit den König von Alashia (=Zypern) um Hilfe: „Feindliche Schiffe kamen, brannten meine Städte nieder und zerstörten mein Land." Ammurapi weiß nicht, dass Alashia schon dem Erdboden gleichgemacht ist. Eine gelungene Darstellung der Seevölkerproblematik findet sich bei David Kaniewski[3] u. a.; aus dieser Quelle stammt auch Abb. 2.6. Auch der Krieg um Troja könnte hier eine ganz andere Deutung erfahren.

In der Ramessidenzeit werden riesige Tempelanlagen gebaut in Karnak, Luxor, Medinet Habu; die Außenmauern des letztgenannten Tempels zeigen in riesigen Bildern die verschiedenen Phasen des Kampfes gegen die Seevölker: Mobilmachung, Land- und Wasserschlachten, Gefangennahme, Vorführung der Gefangenen vor Amun (Abb. 2.7). Im Inneren gelingt es jedoch nicht, den Staat auf eine neue Grundlage zu stellen, sodass die wirtschaftlichen Schwierigkeiten überhand nehmen. Dies führt mit der 21. Dynastie zur faktischen Teilung des Landes; Ägypten zerfällt in den Herrschaftsbereich Theben und in die Stadtstaaten in Mittelägypten und im Delta.

Die Spätzeit: Ägypten wird zum Angriffsziel für nubische wie assyrische Eroberungen. Nachdem nubische Herrscher um 730 und um 715 ganz Ägypten besetzt hatten, wurden sie 671 von dem Assyrer Assarhaddon vertrieben. Diese assyrische Herrschaft konnte sich wegen anhaltender nubischer Angriffe nicht konsolidieren. Während einer Schwächephase Assyriens konnte der Gaufürst Psammetich I. die Macht an sich reißen und das Reich einigen. Die von ihm gegründete 25. Dynastie war die letzte machtvolle Periode Ägyptens. Er gestattet die Gründung der griechische Handelssiedlung Naukratis im Nildelta. Unter Ahmose II (griech. *Amasis*) werden die Kontakte zu Griechenland verstärkt; er spendet erhebliche Mittel zur Erneuerung griechischer

---

[2]Jesse, M. Millek: Seevölker, Sturm im Wasserglas, spektrum.de/artikel/1431429.

[3]Kaniewski, D, Van Campo, E, Van Lerberghe, K, Boiy, T, Vansteenhuyse, K, et al.: The Sea Peoples, from Cuneiform Tablets to Carbon Dating (2011) PLoS ONE 6(6): e20232.

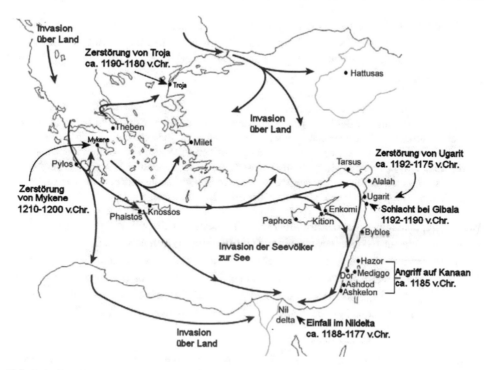

Abb. 2.6 Landkarte zum Einfall der Seevölker

Abb. 2.7 Wandbild von Medinet Habu: Kampf gegen die Seevölker (Umzeichnung)

Heiligtümer. Er fördert die Ansiedlung griechischer Kaufleute und nimmt dafür verstärkt Steuern ein. Griechische Söldner bilden seine Leibwache. Ein angestrebtes Bündnis mit Lydien und Samos scheitert am Einschreiten der Perser. Herodot (Historien II, 176 ff.) schreibt über ihn:

> Amasis ist es auch, der den Ägyptern das folgende Gesetz gab: Jahr für Jahr muss jeder Ägypter dem Aufseher des Gaus anzeigen, wovon er lebt, und wer das nicht tut und keinen rechtschaffenen Lebensunterhalt nachweist, wird mit dem Tode bestraft. Solon, der Athener, übernahm dies Gesetz aus Ägypten und gab es den Athenern. Die bedienen sich seiner fort und fort, denn es ist ein untadliges Gesetz. Amasis ist auch ein Freund der Hellenen gewesen und hat manchen Hellenen viel Gutes erwiesen und so auch denen, die nach Ägypten kamen, die Erlaubnis gegeben, sich in der Stadt Naukratis niederzulassen.

Nach einer bekannten Anekdote von Plutarch ist Amasis derjenige Pharao, dem Thales seine Methode zur Höhenmessung einer Pyramide mittels Schattenwurf erklärt. Der Pharao kann 568 noch einen Angriff des babylonischen Königs Nebukadnezar II. abwehren, sein Sohn Psammetich III. aber wird vom Perserkönig Kambyses II geschlagen; Ägypten wird ab 525 v. Chr. persische Provinz. Die persischen Könige lassen sich als Pharaonen krönen und fördern die ägyptische Kultur. Die Inschrift der Stele des Leibarztes Udjahor-resnet berichtet:

> Der große Fürst Kambyses, der Herr aller Fremdländer, kam nach Ägypten […]. Er war der große Herrscher von Ägypten, der große Fürst aller Fremdländer. […] Seine Majestät übertrug mir das Amt des *Oberarztes* […] Er befahl mir, nach Ägypten zu gehen, um die Anlagen des „Haus des Lebens" wiedereinzurichten, nachdem sie zerfallen waren. […] Ich stattete diese aus mit allem Personal, lauter Söhne von angesehen Männern, keine Armen darunter […] Ich stattete sie aus mit allen nützlichen Dingen und mit allem, was ihnen gemäß den Schriften von früher, erforderlich erschien.

Der Bericht Herodots, dass Kambyses II eigenhändig den heiligen Stier Apis getötet und mit 50.000 Mann die Oase Siwa geplündert habe, scheint historisch nicht verbürgt. Nachfolger Kambyses' wird Darius I. Das Weltreich der Perser zerfällt durch den Angriff Alexanders des Großen; die ägyptische Provinz ergibt sich 330 kampflos. Nach Alexanders Tod wird das eroberte Gebiet unter seinen Heerführern (Diadochen) aufgeteilt, Ägypten und Syrien erhält Ptolemaios I. Soter. Er macht Alexandria zum blühenden Handelszentrum. Es folgen mehrere Diadochenkämpfe, die die Ptolemäer gegen die Nachfolger von Seleukos *(Seleukiden)* führen müssen. Die Herrschaft der Ptolemäer endet mit Ptolemaios XII und Ptolemaios XIII, dem Gatten bzw. Bruder von Kleopatra VII, die sich vermutlich 30 v. Chr. durch Selbstmord der Rache Octavians entzieht.

In römischer Zeit ist Ägypten persönliches Eigentum des Kaisers, der als seinen Statthalter einen *praefectus Aegypti* einsetzt. Wie die Griechen bewundern die Römer die Kultur Ägyptens. Ein prächtiges Nil-Mosaik aus der Römerzeit (Praeneste, heute Palestrina) schildert die vielfältige Natur und Bauwerke Ägyptens (Abb. 2.8); vermutlich waren hier griechische Künstler am Werk, denn alle dargestellten Tiere werden mit ihrem griechischen Namen genannt.

Abb. 2.8 Römisches Nil-Mosaik (Praeneste)

Der Niedergang der griechischen Kultur, politische Wirren (Eingreifen des König-reichs Palmyra) und religiöse Eiferer (gegen das Heidentum) führen zur schnellen Akzeptanz des Christentums in Ägypten und Entwicklung der koptischen Religion. Die in byzantinischer Zeit ausbrechenden Glaubenskämpfe und die daraus resultierende religiöse Trennung von Byzanz machten es den Arabern 638 n. Chr. leicht, Ägypten zu erobern.

2.1.2 Die Anfänge der Ägyptologie

Erst der napoleonische Feldzug von 1798 gegen Ägypten öffnet das Land wieder der Wissenschaft. Das Besondere an diesem Feldzug war, dass neben Soldaten auch 175 (!) Ingenieure und Naturwissenschaftler teilnehmen, unter ihnen der bekannte Mathematiker Gaspard Monge und der Chemiker Claude Louis Berthollet. So kann Napoleon Bona-parte im Angesicht der Pyramiden seinen Soldaten die berühmte Ansprache halten:

> *Soldats, du haut de ces pyramides, quarante siècles vous contemplent* ... (Soldaten, von der Spitze der Pyramiden blicken 40 Jahrhunderte auf euch herab).

Zum Ruhme Frankreichs sollen die Soldaten die Überreste des pharaonischen Ägyptens finden, das Bonaparte als „die Wiege der Wissenschaften und Künste der gesamten Menschheit" bezeichnet. Vivant Denon, den Napoleon später zum Chef des Louvre ernennt, erzählt, wie er in der Nachhut der Truppen reitet, die den Mameluken des Rebellen Murad Bey hinterherjagen:

> Wir durchqueren ein Land, das, außer dem Namen nach, bei den Europäern praktisch unbekannt war; folglich war alles wert aufgezeichnet zu werden. Die meiste Zeit fertige ich meine Bilder auf den Knien an. Einige musste ich sogar im Stehen machen und andere sogar auf dem Pferderücken …

Im Fort St. Julien der Stadt Rosette (heute Raschid im Nildelta) findet der französische Artillerieoffizier Boussard den berühmten Stein aus schwarzem Basalt. Er enthält fragmentarisch 14 Zeilen Hieroglyphen, 32 Zeilen demotische und 54 Zeilen griechische Schrift (Abb. 2.9).

Schon bald wendet sich das Kriegsglück; Bonaparte lässt seine Truppen im Stich, es fehlt an Nachschub und Munition, Seuchen kommen auf. Die Flotte von Admiral Nelson bereitet der französischen Marine 1802 eine herbe Niederlage in Abukir (bei Alexandria). Bei der Kapitulation beschlagnahmen die Engländer alle Schiffsladungen als Kriegsbeute. Die wissenschaftliche Kommission der Franzosen weigert sich jedoch, ihre schriftlichen Unterlagen an die Engländer auszuliefern, eher würden sie diese verbrennen. Daher lassen die Engländer die Schriftstücke passieren, konfiszieren aber alle Artefakte. So gerät der Rosette-Stein als Kriegsbeute ins Britische Museum statt in den Louvre.

Es ist das Verdienst Napoleons, 1802 die Veröffentlichung der künstlerischen und wissenschaftlichen Ausbeute der Ägyptenexpedition veranlasst zu haben. Über 400 Kupferstecher arbeiten fast 20 Jahre lang an der berühmten Sammlung *Description de l'Égypte,* bestehend aus 10 großformatigen Folianten und zwei Dokumentationsbänden. Das Werk stellt eine neuartige Synthese aus Ethnographie, Naturkunde und Geographie dar; es dokumentiert mehr als 3000 Bilder, davon 837 Kupferstiche großen Formats. Einen dieser farbigen Kupferstiche zeigt das Memnonium, Teil der großen Tempelanlage in Theben (vgl. Abb. 2.4). Die Herausgabe der Sammlung dauert insgesamt 30 Jahre und stellt die Geburtsstunde der Ägyptologie als eigene Wissenschaft dar. Die Edition ist von unschätzbarem Nutzen, da viele der dort beschriebenen Altertümer seitdem beschädigt oder zerstört sind.

Auch die Engländer wollen nicht nachstehen: Der englische Forscher J. Gardener Wilkinson besucht von 1823 bis 1833 alle damals bekannten altägyptischen Bodendenkmale, kopiert unter schwierigen Umständen systematisch alle Inschriften und Bilder von Grab- und Tempelwänden, die er erreichen kann. 1837 publiziert er das vierbändige Werk *Manners and Customs of Ancient Egypt;* zusammen mit dem später erscheinenden zweibändigen Werk *Modern Egypt and Thebes* stellen diese bis heute die umfassendste Dokumentation über Ägypten in englischer Sprache dar.

Abb. 2.9 Der Stein von Rosette

Der Stein von Rosette eröffnet die Möglichkeit der Schriftentzifferung, die dann Jean-François Champollion (Abb. 2.10) 1822 gelingt. Konkurrent ist der berühmte Physiker Thomas Young, einer der Entwickler der Wellenlehre nach Young-Fresnel. Dieser beschäftigt sich ebenfalls mit Hieroglyphen, ist aber weniger erfolgreich. Die Inschrift des Rosette-Steins stellt sich als ein Dekret von 196 v. Chr. für Ptolemaios V. Epiphanes heraus; sie ist zugleich in hieroglyphischer, demotischer und griechischer Schrift verfasst. Hier ein Ausschnitt aus dem Priesterdekret Ptolemaios V.:

Da Ptolemaios V., der glänzende, gütige Gott, Sohn des Königs Ptolemaios IV. und der Königin Arsinoë III., hat immer viel Gutes für die Tempel Ägyptens getan; da sein Herz zu den Göttern freundlich war, hat er viel Silber und Getreide für die Tempel gespendet. [...] Er hat viel getan, um in Ägypten wieder Ruhe zu schaffen und die Tempel zu festigen. Er machte dem ganzen Heer Geschenke. Die Steuern und Abgaben, die noch anstanden, hat er

Abb. 2.10 Briefmarke (Frankreich) von J.-F. Champollion

vermindert oder erlassen. Die dem König zustehenden Restbeträge vom ägyptischen Volk
hat er ebenfalls aufgehoben. Die inhaftierten Männer und die, auf denen schon lange Zeit
eine Klage lastete, hat er freigesprochen.

Die Berichte Napoleons und die Entzifferung der Hieroglyphen lösen in ganz Europa
eine wahre Begeisterung für Ägypten aus. Diplomaten und begüterte Sammler kaufen
ägyptische Kunstgegenstände im großen Stil auf. Zahlreiche Grabungen dienen mehr
der Schatzsuche als der archäologischen Forschung; sie bilden heute den Grundstock
der berühmten ägyptischen Sammlungen in London, Paris, Turin und Bologna. Auch die
Obelisken werden exportiert: Von den insgesamt 21 noch stehenden Obelisken befinden
sich nur noch 4 in Ägypten.

Auch Deutschland will nicht nachstehen: Auf Empfehlung Alexanders von Hum-
boldt entsendet Kaiser Friedrich Wilhelm IV. 1842 eine wissenschaftliche Expedition
nach Ägypten, Nubien und in den Nordsudan, die drei Jahre lang unter der Führung des
Ägyptologen Richard Lepsius (1810–1884) die archäologischen Überreste des Niltals
erfasst. Die Ergebnisse wurden 1849 bis 1859 in dem 18-bändigen Werk *Denkmäler aus
Ägypten und Äthiopien* mit 800 Farbtafeln publiziert. Einen farbigen Kupferstich aus
dem Lepsius-Tafelwerk zeigt Abb. 2.11.

Adolf *Ermann* (1854–1937) ist ein Sprachforscher. Auf ihn geht die Herausgabe
eines fünfbändigen Wörterbuchs der ägyptischen Sprache zurück, das zwischen 1926
und 1931 herausgegeben wird. Sein Schüler Kurt *Sethe* verfasst eine zehnbändige Edition der Pyramidentexte und der „Urkunden des ägyptischen Altertums". Ein anderer Schüler ist der Regierungsbaumeister Ludwig Borchardt (1863–1938), der in Kairo
den Sammlungskatalog des Ägyptischen Museums herausgibt. Bis 1928 leitet er das
„Deutsche Archäologische Institut" in Kairo. Sehr erfolgreich sind seine Ausgrabungen
in Amarna und Heliopolis, wichtig auch seine publizierten Papyri, unter anderem eine
Gehaltsliste eines Tempels und die Verpflegungsliste eines Hofstaats.

THEBEN
MEMNONIA.

Abth. I. Bl. 90.

Säulen aus der Halle des Tempels Ramses II.

Abb. 2.11 Säulen des Memnoniums (Lepsius-Tafelwerk)

Die erste Veröffentlichung ägyptischer mathematischer Texte erfolgt 1877 durch August *Eisenlohr.* Er publizierte eine Übersetzung[4] des Papyrus Rhind unter der Benutzung von Kopien, die er aus London mitbringt. Eine eigene Herausgabe des Papyrus gelingt dem British Museum erst 1898. Eine erste gültige Edition liefert Peet 1923, die inzwischen zum Standardwerk des Textes geworden ist. Eine weitere Ausgabe erfolgt durch Arnold B. Chace (1927) und (1929). Die aktuelle Ausgabe des Papyrus Rhind stammt von Gay Robbins und Charles Shute (1987) und zeigt den Papyrus nach einer Restaurierung mit Farbfotografien.

Eine Herausgabe der Lederrolle, die gemeinsam mit dem Papyrus Rhind ins Britische Museum gelangt, erfolgt 1927 durch Stephen R.K. Glanville, nachdem sie erst 1926 entrollt worden war.

Ebenfalls 1898 werden die Kahun-/Lahun-Papyri von Francis L. Griffith publiziert. 1900 und 1902 veröffentlichte Hans Schack-Schackenburg die beiden Fragmente des Papyrus Berlin 6619. Eine Edition der beiden Kairoer Holztafeln (CG 2S367 und 25368) erfolgt durch Daressy 1901 und 1906; die dazu notwendigen mathematischen Korrekturen liefert erst 1923 Thomas E. Peet.

Wichtig wird auch die Herausgabe des Papyrus Moskau durch Wasili W. Struve (1930). Die verdienstvolle Herausgabe der späten Papyri in demotischer Schrift erfolgt durch Richard A. Parker 1972 in seiner Schrift *Demotic Mathematical Papyri.*

Grundlegende Arbeiten liefert Otto Neugebauer 1926 in seiner Dissertation *Die Grundlagen der ägyptischen Bruchrechnung.* Auch die Doktorarbeit von Kurt Vogel (1929) *Die Grundlagen der ägyptischen Arithmetik in ihrem Zusammenhang mit der 2/n-Tabelle des Papyrus Rhind* hat das Thema Bruchrechnung. Vogel wird besonders populär durch seine beiden Handreichungen *Vorgriechische Mathematik* (1959).

Die erste Gesamtdarstellung der ägyptischen Mathematik wird 1931 durch Peet gegeben. Eine populäre Gesamtdarstellung *Mathematics in the Time of the Pharaohs* gelingt dem Mathematikhistoriker Richard J. Gillings 1972. Maurice Caveing ist der Verfasser eines dreibändigen Werks, dessen erster Band Ägypten gewidmet ist; er heißt *Essai sur le savoir mathématique dans la Mésopotamie et l'Egypte anciennes.*

Eine Quellensammlung der ägyptischen Mathematik in vier geplanten Bänden wird 1999 von Marshall Clagett zusammengestellt. Das Standardwerk *Mathematics in Ancient Egypt* (2016) stammt von Annette Warner-Imhausen; es wird unter ihrem Mädchennamen Imhausen publiziert. Das Buch geht aus ihrer Doktorarbeit *Ägyptische Algorithmen* (2003) in deutscher Sprache hervor. Von ihr stammt auch das Kapitel „Egyptian Mathematics" im Sammelband Katz (2007).

---

[4]Eisenlohr, A.: Ein mathematisches Handbuch der alten Ägypter, Hinrich's Buchhandlung, Leipzig (1877).

2.2   Schrift und Literatur in Altägypten

Von allen Welten, die der Mensch erschaffen hat,
ist die der Bücher die Gewaltigste
(H. Heine).

2.2.1   Die Schrift

Über die Bedeutung der Schrift schreibt Prof. J. Searle (zitiert nach MacGregor[5]):

Die Schrift ist von essenzieller Bedeutung für das, was wir als menschliche Zivilisation
bezeichnen. Sie verfügt über ein schöpferisches Potenzial, das möglicherweise gar nicht
intendiert war […]. Es sind vor allem zwei Bereiche, in denen sie für die gesamte Menschheitsgeschichte einen absolut entscheidenden Unterschied bedeutet. Der eine ist das komplexe Denken. Bei dem, was man mithilfe des gesprochenen Wortes machen kann, gibt
es eine Grenze. Höhere Mathematik etwa oder auch nur komplexere Formen der philo-
sophischen Argumentation sind unmöglich, wenn man sie nicht irgendwie aufschreiben und
lesen kann. […] Aber genauso wichtig ist ein zweiter Aspekt: Wenn man etwas aufschreibt,
hält man nicht nur etwas fest, was bereits existiert, sondern schafft neue Entitäten – Geld,
Unternehmen, Regierungen, komplexe Formen von Gesellschaft. Für sie alle ist die Schrift
unabdingbare Voraussetzung.

Die altägyptischen Hieroglyphen gehören zu den ältesten Schriften der Menschheit.
Es ist noch nicht entschieden, wo im Vorderen Orient die Schrift erfunden worden ist.
Möglicherweise hat Günter Dreyer[6] mit seiner Dokumentation über die Ausgrabungen
der prädynastischen Königsgräber in *Abydos* den Nachweis erbracht, dass die frühes-
ten Hieroglyphen schon 150 Jahre vor den ältesten sumerischen Piktogrammen (Proto-
schrift) in Gebrauch waren. Die frühen Schriften in Mesopotamien und Ägypten sind
sicher unabhängig voneinander entstanden. Während die frühesten mesopotamischen
Tontafeln ausschließlich kaufmännische Texte enthalten, diente nach Ansicht einiger
Forscher die ägyptische Schrift von Anfang an historischen und religiösen Zwecken. H.
Müller-Karpe[7] schreibt:

In Ägypten erwuchs die Erfindung der Schrift aus dem neuen Geschichtsbewusstsein,
das in der Zeit um 3000 v. Chr. mit der Gründung des Einheitsreiches und des Königtums
zusammenhing, und gab ihrerseits ihm den adäquaten Ausdruck.

---

[5]MacGregor, N. (Hrsg.): Eine Geschichte der Welt in 100 Objekten, S. 130. C. H. Beck (2011).

[6]Dreyer, G.: Umm el-Qaab I: das prädynastische Königsgrab U-j und seine frühen Schriftzeugnisse, Philipp von Zabern (1998).

[7]Müller-Karpe, H.: Handbuch der Vorgeschichte Band II, S. 331. München (1966).

Miriam Lichtheim[8], bekannte Autorin eines dreibändigen Standardwerks zur altägyptischen Literaturgeschichte sieht den Ursprung auch im Religiösen:

> Die Merkliste für die Opfergaben wurde immer länger bis zu dem Tag, an dem ein erfinderischer Geist erkannte, dass ein kurzes *Gebet für Gaben* ein wirksamer Ersatz für die unhandliche Liste wäre. Sobald das Gebet, das eventuell schon vorher in gesprochener Form existiert hat, schriftlich fixiert war, diente es als Basis zur Formulierung von Grabtexten und Inschriften. In ähnlicher Weise wurde die immer länger werdende Liste der Beamtentitel und -Aufgaben mit Leben erfüllt; als die Phantasie anfing, diese mit Erzählungen zu füllen, wurde die Autobiographie geboren.

Anderer Meinung ist W. Schenkel, *die Schrift habe als Hilfsmittel für eine ordnungsgemäße Verwaltung gedient*. Die Ägyptologin R. David schreibt im *Handbook to Life in Ancient Egypt* (S. 193):

> Der Hauptzweck des Schreibens war nicht das Dekorative, und es war auch ursprünglich nicht zu literarischen und kaufmännischen Zwecken gedacht. Die wichtigste Funktion war ein Mittel bereitzustellen, mit dem gewisse Vorstellungen und Ereignisse *materialisiert* werden konnten. Die Ägypter glaubten, wenn etwas der Schrift anheimgegeben sei, könne man es wiederholt geschehen machen mit Hilfe der Magie.

K. Zauzich[9] erklärt, warum es nicht zu einer alphabetischen Schrift gekommen ist:

> Man kann sich fragen, warum die Ägypter eine so komplizierte Schrift mit mehreren Hunderten von Zeichen entwickelt haben, wenn sie doch ihr „Alphabet" nützen konnten, um das Lesen und Schreiben wesentlich zu vereinfachen. Dieses erstaunliche Faktum hat wahrscheinlich eine historische Erklärung: Die ein-konsonantischen Zeichen wurden erst „entdeckt", als die anderen Zeichen bereits in Gebrauch waren. Seitdem war das Schriftsystem fest verankert und konnte aus religiösen Gründen nicht aufgegeben werden. Hieroglyphen wurden angesehen als wertvolles Geschenk von Toth, dem Gott der Weisheit. Das Nicht-mehr-Verwenden dieser Zeichen und das Ändern des ganzen Systems wäre sowohl als Sakrileg wie auch als großer Verlust angesehen worden, abgesehen von der Tatsache, dass die überlieferten alten Texte mit einem Schlag bedeutungslos geworden wären.

Der sakrale Aspekt manifestiert sich auch im Namen, nicht so in Mesopotamien. Nur die Ägypter nannten ihre Schrift *Gottesworte* 𓊹𓏤. Das Autorenpaar Cancik-Kirschbaum[10] und Kahl schreibt:

> Die bereits aus dem 3. Jahrtausend v. Chr. bekannte Bezeichnung der Hieroglyphen als Gotteswort setzt die Hieroglyphenschrift in ein direktes Abhängigkeitsverhältnis zu den

---

[8]Lichtheim, M.: Ancient Egyptian Literature Volume 1, S. 3. University of California Press (1975).

[9]Zauzich K.: Hieroglyphs without Mystery: An Introduction to Ancient Egyptian Writing, University of Texas Press, (S. 4), 1992.

[10]Cancik-Kirschbaum E., Kahl J.: Erste Philologien, Mohr Siebeck, (S. 336), 2018.

Göttern [...] Aber auch die im Buch Toth[11] geschilderte Entstehung der Hieroglyphen deutet auf einen göttlichen Schöpfungsakt [...]

Die ägyptische Schrift durchlief in ihrer langen Geschichte vier Stadien:

- Die älteste ist die Schrift, die von den Griechen **Hieroglyphen** (griech. $\iota\varepsilon\rho\acute{o}\varsigma$ = heilig, $\gamma\lambda\tilde{v}\varphi\tilde{\iota}\varsigma$ = Kerbe) genannt wurde und seit prädynastischen Zeiten (etwa 3400 v. Chr.) besteht. Frühe Formen der Hieroglyphen zeigen die Jahrestäfelchen im Grab des U-j und die Kriegskeulen des Skorpion-Königs und des Königs Narmer. Die jüngste Hieroglypheninschrift findet sich am Tempel Philae von 396 n. Chr.
- Parallel zur den Hieroglyphen wurde eine vereinfachte kursiv geschriebene Schrift für Alltagszwecke entwickelt, die **hieratisch** (griech. $\iota\varepsilon\rho\alpha\tau\iota\kappa\acute{o}\varsigma$ = priesterlich) genannt wird. Da die hieratischen und hieroglyphischen Zeichen sich weitgehend entsprechen, ist es möglich, hieratische Texte in Hieroglyphen zu transliterieren.
- Ab der 26. Dynastie wurde aus einer Variante des Hieratischen die **demotische Schrift.** Die Schrift wird von Herodot (II, 36) die *volkstümliche* (griechisch $\gamma\rho\acute{\alpha}\mu\mu\alpha\tau\alpha$ $\delta\eta\mu o\tau\iota\kappa\alpha$) genannt. Sie wurde bis zur Einführung des Christentums verwendet.
- Ab dem 2. Jahrhundert n. Chr. entwickelte sich die **koptische Schrift,** die das griechische Alphabet und einige Sonderzeichen verwendet. Sie wurde bis zum 12. Jahrhundert benutzt, bis sie durch das Arabische abgelöst wurde. Die koptischen Christen verwenden heute noch ihre Sprache für liturgische Zwecke. Der Name *koptisch* leitet sich von dem griechischen Word *aiguptios* ab. Der Name wurde verkürzt zu *guptios* und von den Arabern *qopt* genannt, woraus schließlich *coptos* wurde.

Die demotische Schrift wird von Diodorus Siculus (I, 81) *die gewöhnliche* (griechisch $\delta\eta\mu\acute{\omega}\delta\eta\varsigma$) genannt:

> Die Priester lehren ihre Söhne zweierlei Schrift, die sogenannte heilige (Hieroglyphen) und die, welche man die gewöhnliche nennt. Mit Geometrie und Arithmetik beschäftigen sie sich eifrig. [...] Die Arithmetik dient ihnen bei Haushaltsangelegenheiten und bei den Lehrsätzen der Geometrie.

Die Entwicklung der vier Schriften zeigt Abb. 2.12.

Die Hieroglyphen verwenden zwar einzelne Bilder, sind aber keine Bilderschrift wie das Chinesische. Den Zeichen wurden bestimmte Silben zugeordnet, die aus 1 bis 3 Konsonanten

---

[11]Janow R., Zauzich K. Th.: The conversations in the House of Life, Harrassowitz 2014, S. 131.

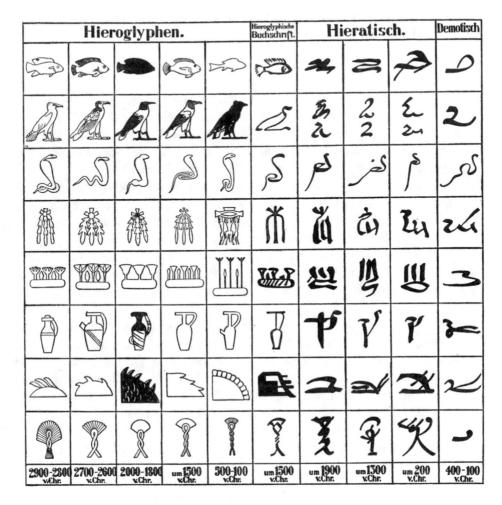

Abb. 2.12 Entwicklung der ägyptischen Schrift

gebildet werden. Da das Ägyptische aus der *hamito-semitischen* Sprachfamilie stammt, gibt
es keine Vokale (Selbstlaute). Die Schriftzeichen können auftreten u. a. als:

- Ideogramme (die Bilder selbst),
- Konsonantenzeichen (Silben mit 1–3 Konsonanten),
- Determinative (Klassifizierer, nicht gesprochen).

Hinzu kommen noch weitere Bedeutungen für Präpositionen, Geschlecht, Singular-Plural
usw.

Ideogramme werden durch einen zusätzlichen Strich gekennzeichnet; sie kommen
daher einer Bilderschrift nahe. Das Zeichen ⌒ wird als Ideogramm geschrieben als ⊤

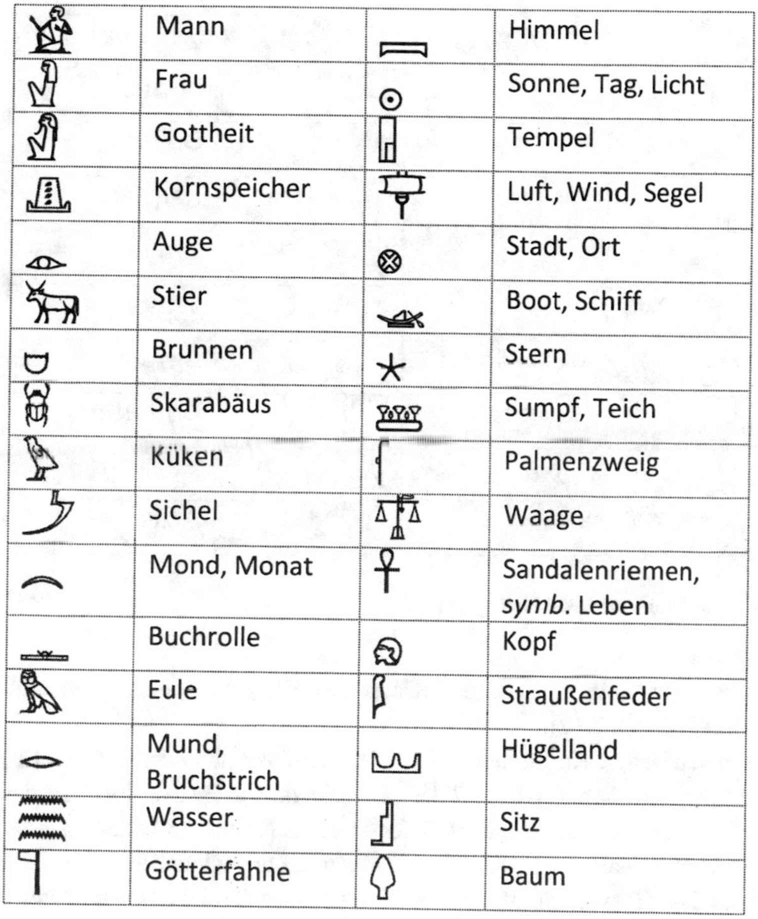

	Mann		Himmel
	Frau		Sonne, Tag, Licht
	Gottheit		Tempel
	Kornspeicher		Luft, Wind, Segel
	Auge		Stadt, Ort
	Stier		Boot, Schiff
	Brunnen		Stern
	Skarabäus		Sumpf, Teich
	Küken		Palmenzweig
	Sichel		Waage
	Mond, Monat		Sandalenriemen, *symb.* Leben
	Buchrolle		Kopf
	Eule		Straußenfeder
	Mund, Bruchstrich		Hügelland
	Wasser		Sitz
	Götterfahne		Baum

Abb. 2.13 Einige wichtige Hieroglyphen

„Mund", als Konsonantenzeichen wird es als „r" gelesen; gleichzeitig stellt es einen Bruchstrich dar. Einige wichtige Hieroglyphen zeigt Abb. 2.13.

Einige Kombinationen von Zeichen mit ihrer Bedeutung sind in Abb. 2.14 zu sehen.

Die einkonsonantischen Zeichen werden oft nicht korrekt als ägyptisches Alphabet bezeichnet. Diese Zeichen sind in Abb. 2.15 dargestellt.

Daneben gibt es zwei- bis vierkonsonatische Zeichen (Abb. 2.16).

Champollion wusste, dass nichtägyptische Namen stets mit einkonsonantischen Zeichen geschrieben wurden. Dies ermöglichte ihm, durch den Vergleich zweier Königsnamen einige Zeichen zu entziffern. Er verglich die Kartusche des Ptolemaios

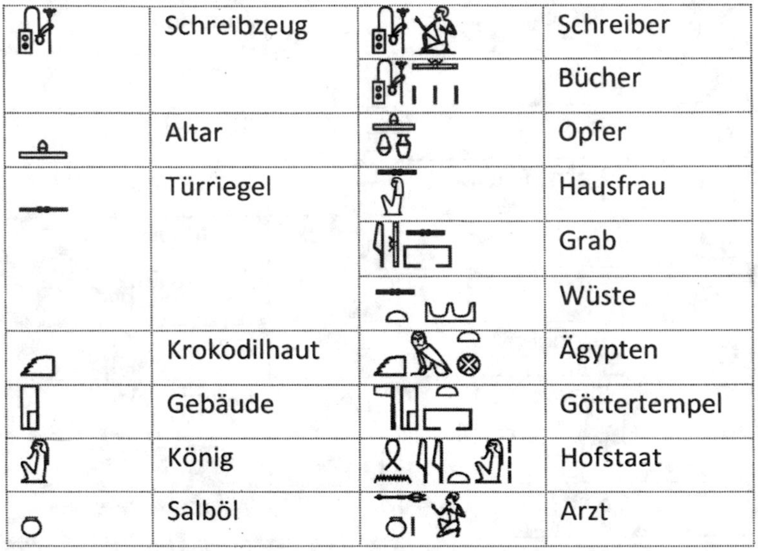

⟨Schreibzeug⟩	Schreibzeug	⟨Schreiber⟩	Schreiber
		⟨Bücher⟩	Bücher
⟨Altar⟩	Altar	⟨Opfer⟩	Opfer
⟨Türriegel⟩	Türriegel	⟨Hausfrau⟩	Hausfrau
		⟨Grab⟩	Grab
		⟨Wüste⟩	Wüste
⟨Krokodilhaut⟩	Krokodilhaut	⟨Ägypten⟩	Ägypten
⟨Gebäude⟩	Gebäude	⟨Göttertempel⟩	Göttertempel
⟨König⟩	König	⟨Hofstaat⟩	Hofstaat
⟨Salböl⟩	Salböl	⟨Arzt⟩	Arzt

Abb. 2.14 Kombinationen von Hieroglyphen

(III.) vom Rosette-Stein und die der Kleopatra (VII.) von einem Obelisken (*griech.* ὀβελός = Spieß) (Abb. 2.17).

Der Vergleich beider Kartuschen zeigt: Die übereinstimmenden Ikonen 1 bzw. 5 stellen das „P" dar, die Ikonen 4 bzw. 2 das „L", die Ikonen 3 bzw. 4 stellen das „O" dar. Die doppelt auftretende Ikone 6 bzw. 9 der zweiten Kartusche bedeuten „A", das Zeichen 1 der oberen Kartusche „K". Das Zeichen 2 der ersten Kartusche „T"; dagegen kennzeichnet das „T" von Nr. 10 das Femininum. Das Oval 11 ist ein Determinativ für eine Königin. Die Ikone 6 des ersten Königsnamens entspricht etwa dem „Y" oder „J", Zeichen 5 dem „M", Ikone 7 ist das „S", mit dem (fast) alle griechischen Männernamen enden.

Die Ägypter verwendeten ein dezimales System ohne Stellenwert. Die Zehnerpotenzen haben die Zahldarstellung, wie sie in Abb. 2.18 gezeigt wird.

Abb. 2.19 stellt einige Brüche und zwei Bruchzerlegungen dar.

Ein Produkt und eine Division wird vorgeführt in Abb. 2.20.

Eine frühe Form der Zahlzeichen zeigt der Knauf der schon erwähnten Kriegskeule des Königs Narmer. Man erkennt in der mittleren Zeile links den König sitzend, auf einem mehrstufigen Podest unter einer Balustrade; er trägt die Krone des eroberten Unterägyptens und wird beschützt von der Geiergöttin *Nechbet*. Vor ihm sitzt in einer

Abb. 2.15 Einkonsonantische Zeichen („ägyptisches Alphabet")

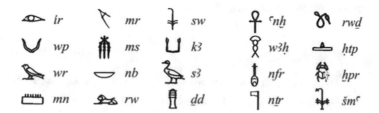

Abb. 2.16 Zwei- und dreikonsonantische Zeichen

ΠΤΟΛΕΜΑΙΟΣ

ΚΛΕΟΠΑΤΡΑ

Abb. 2.17   Kartuschen der Königsnamen „Ptolemaios" und „Kleopatra"

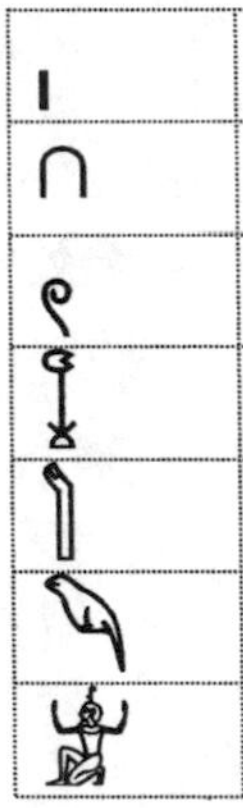

	Strich	1
∩	Schlinge	10
ℓ	Seilrolle	100
	Lotusblüte	1000
	Zeigefinger	10.000
	Kaulquappe	100.000
	Göttin	1.000.000

Abb. 2.18   Tabelle der Zehnerpotenzen

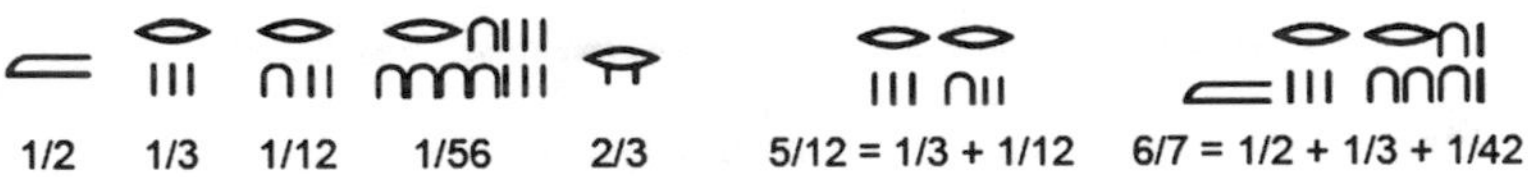

1/2   1/3   1/12   1/56   2/3   5/12 = 1/3 + 1/12   6/7 = 1/2 + 1/3 + 1/42

Abb. 2.19   Beispiele für Bruchdarstellungen

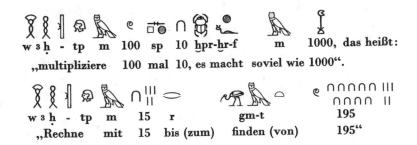

w ꜣ ḥ - tp   m   100   sp   10   ḫpr-ḫr-f   m   1000, das heißt:

„multipliziere   100 mal 10, es macht soviel wie 1000".

w ꜣ ḥ - tp   m   15   r   gm-t   195

„Rechne   mit   15   bis (zum)   finden (von)   195"

Abb. 2.20   Multiplikation und Division in Hieroglyphen

Abb. 2.21   Keulenkopf des Königs Narmer (Umzeichnung)

Sänfte vermutlich sein Sohn. An ihnen vorbei zieht eine Gruppe von gefangenen Soldaten, die aufgrund ihres Aussehens wohl drei verschiedenen Volksgruppen angehören
(Abb. 2.21).

In der unteren Zeile liest man: 400.000 Stiere, 1.422.000 Ziegen und 120.000 Kriegs-
gefangene. Diese Anzahlen an Tieren und Menschen sind, wie alle Angaben über Kriegsbeute, sicher stark übertrieben. Der Name Narmer taucht zwar in keiner geschriebenen
Königsliste auf, jedoch auf dem Tonsiegel des Königs Qa'a, gefunden in Abydos. Als
Silben gelesen ergibt sich „nr" (Wels) und „mr" (Meißel), vokalisiert als „Nar-mer".
Prinzipiell ist möglich, dass die beiden Schriftzeichen als Ideogramm zu lesen sind. Eine
ausführliche Diskussion findet sich bei Thomas C. Heagy.[12]

2.2.2   Die Schreiber

An der Spitze des Sozialgefüges Altägyptens befanden sich (neben dem Pharao) der Hofstaat, die Oberpriester und die obersten Beamten. Es folgen die Gruppe der Soldaten,
der Schreiber, der Händler und Kaufleute, der Handwerker und schließlich der Bauern
und Sklaven. Nach den Reformen der 5. Dynastie wurde die Familie des Pharaos von
allen Verwaltungsarbeiten befreit; die Angehörigen der Königsfamilie sollten nicht mehr
durch Tagesgeschäfte behelligt werden. Als Folge musste die Verwaltungsarbeit in die
Hände von Beamten gelegt werden, die eine Ausbildung zum Schreiber absolviert hatten.

---

[12]Heagy, Th. C.: Who was Narmer? Archéo-Nil 24, 59–92 (Januar 2014).

Der ranghöchste Beamte war der *Wesir,* der zugleich Oberaufseher der königlichen Schatzkammer, oberster Richter, oberster Wirtschaftsplaner und Leiter des Archivs war. Aus den Grabinschriften von *User* und *Rachmire* (18. Dynastie) kennen wir die 26 Dienstvorschriften des Wesirs. Darunter findet man:

- (§ 1) Tagesrapport beim Pharao gemeinsam mit dem Schatzmeister,
- (§ 2) Führung des Strafregisters,
- (§ 9) Testamentsvollstreckungen,
- (§ 11) Überprüfung der Feldvermessungen,
- (§ 21) Wirtschaftsaufsicht, Überwachung der Privilegien bei Bodenschätzen (auch Steinbrüchen) und Warentransporten,
- (§ 22) Entgegennahme von Beschwerden,
- (§ 26) Vertretung des Pharaos bei dessen Abwesenheit.

Einen ägyptischen Schreiber in typischer Haltung zeigt Abb. 2.22. Die Statue des Schreiber-Priesters Henka (4. Dynastie) trägt eine Inschrift am Sockel:

Henka, Vorsteher der Pyramiden des Snofru, ist einer der 10 Großen von Oberägypten.

In bildlichen Darstellungen sind Schreiber an dem Schriftzeichen „Schreibzeug" zu erkennen. Die Hieroglyphe zeigt eine Palette für zwei Farben und eine Binse.

Abb. 2.22 Statue des
ägyptischen Schreibers Henka

Die Schulen für Schreiber wurden meist in Verbindung mit einem Hofstaat oder einem Tempel geführt; den Tempeln waren meist Bibliotheken, Werkstätten und Landgüter angeschlossen. Die Autorin Rosalie David[13] schreibt über die „Haus des Lebens" genannten Schulen:

> Das *Haus des Lebens* war wohl Teil des Tempelbezirks und diente als Bibliothek, Skriptorium und Lehranstalt, an denen sakrale Texte entworfen, gespeichert und gelehrt wurden. Ebenfalls wurden medizinische und magische Texte kopiert und gesammelt. Über die Organisation und Verwaltung solcher Schulen ist nur wenig bekannt […]. Wichtige Häuser kennt man aus Tell al-Amarna, Edfu und Abydos.

Die Grabstele eines Mannes mit Namen Bak-en-chons berichtet von seinem langwierigen Berufsweg, bis er das Amt des Hohepriesters des Amun erlangte:

> Ich war vier Jahre lang Knabe am Haus der Schriften im Tempel der Mut und elf Jahre oberster Vorsteher des Stalls von König (Men-maat-Re) Sethos, dann vier Jahre Priester des Amun, dann zwölf Jahre Gottvater, 15 Jahre dritter Prophet, 12 Jahre zweiter Prophet des Amun, schließlich dessen Oberpriester.

Die älteste Autobiographie aus der Zeit der 3. Dynastie berichtet von *Methen,* einem Mann von edler Geburt. Er begann als Schreiber in einem Nahrungsdepot. Dort wurde er fortgebildet und erhielt das Amt eines lokalen Gouverneurs und untergeordneten Richters. Durch eine Reihe von Beförderungen wurde er nacheinander Vorsteher einer großen Stadt, eines Bezirks im Nildelta, eines Gebietes um die Fayum-Oase und schließlich eines ganzen Gaues. Am Ende konnte er sich freuen, wie ein Gedicht sagt: *über den Erwerb eines eigenen Grundstücks von zwei Morgen mit Bäumen, Obstgarten und einem kleinen See.*

Ein ausgebildeter Schreiber hatte die Möglichkeit, sich zum Priester oder Arzt weiterzubilden. Mitglied der Priesterschaft zu werden war schwierig. Der jeweilige Gaufürst bzw. der König hatte das Recht, einen Kandidaten zum Priester zu ernennen. Da Priester meist verheiratet waren, ging das Amt jedoch oft auf den ältesten Sohn über; außerdem gehörten die Priester zur reichen Oberschicht, die – von Steuern befreit – ungern ihre Einkünfte aufteilten.

Die Verwaltungsarbeit eines Tempelbezirks konnte sehr umfangreich sein. Dies zeigt eine Tempelinschrift aus der Regierungszeit Ramses III:

> Der Besitz des Amun-Tempels von Karnak umfasste insgesamt 433 Obstgärten, 421.000 Stück Vieh, 65 Dörfer, 83 Schiffe und 46 Werkstätten mit Hunderten von Hektar Ackerland und einer Gesamtzahl von 81.000 Arbeitskräften.
> Der Tempel des Ra in Heliopolis verfügte über 64 Obstgärten, 45.544 Stück Vieh, 103 Dörfer, 3 Schiffe und 5 Werkstätten mit ca. 12.700 Mitarbeitern. Alle Aufseher der Güter und Getreidespeicher sowie die Schreiber und Soldaten sind verpflichtet, den Hohepriestern ihres Tempels Bericht zu erstatten.

---

[13]David, R.: Handbook to Life in Ancient Egypt, S. 203. Oxford University Press (2007).

Auch Kindern der unteren Schichten gelang es u. U. Schreiber zu werden, wie die autobiografische Grabinschrift des Hohepriesters *Onurismose* (19. Dynastie) zeigt:

> Ich war wacker schon als entwöhntes Baby, geschickt als Kind, erfahren als Knabe, kundig
> als Armer. Ich war ein Armer, der in die Schule aufgenommen wurde, ohne jegliche Unre-
> gelmäßigkeit, einer der hinsieht und es findet. […] Später diente ich als Dolmetscher für
> jedes Ausland vor meinem Herrn …

Für die sozial schwachen Schüler war die Schulausbildung hart:

> Du hast auch mich gesehen: Als ich in deinem Alter war, verbrachte ich mein Leben in
> Gefangenschaft [=Schule!]. Sie haben mir auf die Glieder geschlagen. Sie verbrachten
> drei Monate mit mir. Ich war eingesperrt im Tempel, während mein Vater und meine Mutter
> auf dem Feld waren, und auch meine Geschwister. Sie entließen mich erst, als meine Hand
> geschickt genug war [zum Schreiben] und ich der Beste meiner Gefährten war.

Der prominenteste Schreiber war *Imhotep,* der Baumeister und Wesir des Pharao Djoser
(erster König der 3. Dynastie) war. Neben der berühmten Stufenpyramide von Sakkara
beaufsichtigte Imhotep auch den Bau des Tempels von *Edfu,* der später von den Ptole-
mäern erneuert worden ist. Imhotep ist der älteste, namentlich bekannte altägyptische
Gelehrte, der historisch belegt ist. Im Mittleren Reich wird er als Baumeister und Arzt
verehrt und in verschiedenen Lebenslehren zitiert. Während der Seleukidenzeit wurde
ihm ein eigener Tempel (bei Memphis) geweiht und er erlangte den Status einer Gottheit
der Weisheit, Magie und der Medizin.

Das Lernen der Schrift war nicht einfach; es gab im Mittleren Reich etwa 750 Hieroglyphen, später etwa 5000. Die 750 Zeichen sind in dem Standardwerk von Alan H.
Gardiner[14] katalogisiert. Der internationale Zeichensatz *Unicode* enthält 1055 Hieroglyphen in der Nummerierung 13000H bis 1341FH. Ein Großteil der Übungen für
angehende Schreiber bestand aus dem Kopieren und Interpretieren der Weisheitslehren
früherer Schreiber. So lehrte man die Schüler nebenbei auch Tugendhaftigkeit, Anstand
und Ausdauer, Respekt und Gehorsam gegenüber den Lehrern und Eltern.

In der Lehre für König *Merikare* wird die Jugend dazu aufgerufen, den Vorgängern
nachzueifern:

> Ahme deine Väter und deine Vorväter nach! Erfolgreich arbeiten kann man nur, wenn man
> ihre Taten kennt. Ihre Worte sind ja erhalten in ihren Schriften; schlage sie auf und lies und
> eifere den Weisen nach! Ein Meister werden kann nur ein Wissender.

Die Papyri *Anastasi,* die sich heute im Britischen Museum befinden, stammen aus der
Sammlung des in Griechenland geborenen Giovanni Anastasi, der von 1828 bis 1857 als
schwedischer Konsul in Ägypten weilte. In dieser Zeit baute er eine immense Sammlung

---

[14]Gardiner, A. H.: Egyptian Grammar. Being an Introduction to the Study of Hieroglyphs, Oxford
(1994).

von Papyri auf, die er direkt von den Einheimischen in Sakkara oder Theben kaufte. Allein 8000 Papyri verkaufte er an die holländische Regierung, im Jahr 1839 etwa 1800 an das Britische Museum, die restliche Sammlung wurde in Paris versteigert. Bekannt sind die in London lagernden Papyri Anastasi I-V aus der Ramessidenzeit, die (wegen der Mehrfachbeschriftung) ganz unterschiedliche Themen behandeln.

Der Papyrus *Anastasi III* enthält die Ermahnung eines Offiziers der Streitwagentruppe an seinen Sohn:

> Du, Schreiber, sei nicht faul, sonst wirst du geschlagen werden … Bereite dich vor auf das Amt eines Rates, dann wirst du es im Alter erreichen! Erfolgreich ist ein Beamter, der in seinen Ämtern erfahren ist; er spricht Beförderungen aus. Sei ausdauernd bei deiner täglichen Arbeit, dann wirst du sie beherrschen. Sei keinen einzigen Tag faul, sonst wird man dich schlagen. *Das Ohr eines Jungen sitzt auf seinem Rücken*; er hört erst dann richtig zu, wenn man ihn schlägt. Pass auf und hör zu, was ich dir sage; es wird dir noch nützlich sein.

Die Papyri *Chester Beatty* I bis XII sind Teil einer Sammlung von medizinischen und biblischen Papyri, die 1931 von dem amerikanischen Sammler Chester Beatty erworben wurden und heute in der gleichnamigen Bibliothek in Dublin und von der Universität von Michigan verwahrt werden. Der Papyrus *Chester Beatty V* aus der Ramessidenzeit zählt recto die Vorzüge des Schreiberamts auf:

> Werde ein Schreiber— behalte das in deinem Gedächtnis,
> und dein Name wird ebenso erhalten bleiben.
> Schriftrollen sind wirkungsvoller als ein gravierter Stein
> oder ein dauerhaftes Grab.
> Sie dienen als Kapellen und Mausoleen,
> im Geist dessen, der seinen Namen gibt.
> Ein Name im Gedächtnis der Menschen wird im Jenseits wirken.
>
> Der Mensch geht zugrunde, sein Leib wird zu Staub:
> Wenn all' seine Verwandten gestorben sind,
> werden die Schriften beim Lesen an ihn erinnern.
> Schriftrollen bewirken mehr als ein Bau
> oder eine Kapelle im Totenreich,
> besser als ein Haus oder eine Stele im Tempel.

Ähnlich ist auf dem Papyrus *Chester Beatty IV* (verso) vermerkt:

> Begib dich zu einem Großen, damit er dich wegen deines Charakters liebgewinne und mit Aufträgen ausschicke, dem sein Herz vertraut […]. Sei ihm nützlich wie ein Hausdiener, werde wie sein eigener Sohn […].
> Jene gelehrten Schreiber seit der Zeit derer, die nach den Göttern kamen, die die Zukunft vorhersagten, die sind solche geworden, deren Name in Ewigkeit dauern […]. Sie haben sich Erben geschaffen in Gestalt von Büchern und Lehren, die sie verfasst haben. Sie schufen sich die Papyrusrolle als Vorlesepriester, den Schreibgriffel als ihr „Kind", die Steinfläche als ihre „Frau". Groß und Klein wurden ihnen so zu Schülern, aber der Beamte, der ist ihrer aller Oberhaupt.

Der Papyrus Lansing (8, 7–9, 1) würdigt das Schreiberamt:

> Siehe, ich unterrichte dich und stärke deinen Körper, damit du die Schreiberpalette frei-
> halten kannst, um zu veranlassen, dass du ein Vertrauter des Königs wirst, um zu ver-
> anlassen, dass du die Schatzkammern und Getreidespeicher öffnest, um zu veranlassen, dass
> du Getreide vom Schiff am Eingang des Getreidespeichers in Empfang nimmst, und um
> zu veranlassen, dass du die göttlichen Opfergaben an Festtagen ausgibst, in feine Kleider
> gewandet, mit Pferden, während dein Boot auf dem Nil wartet ...

Der Papyrus *Sallier* I, 6, 10–11 preist ähnlich die Vorzüge des Schreiberamts:

> Werde Schreiber! Das rettet dich vor Abgaben, es schützt dich vor jeglicher körperlichen
> Arbeit, es bewahrt dich vor [der Arbeit mit] der Hacke und anderem Ackergerät. Du musst
> keinen Korb tragen und keine Ruder bedienen.

Die wichtige Rolle der Schreiber bei der Ernte zeigt Abb. 2.23 aus dem Grab des Ober-
aufsehers *Menna*. In der oberen Hälfte sieht man links die Vermessung der Felder unter
Aufsicht Mennas (im weißen Gewand mit Schreibgerät), rechts werden ihm Essen und
Getränke dargeboten werden; das Bild des Esels (oder Affen?) ist zerstört. Im unteren
Teil steht Menna unter einer Balustrade (erkennbar an seinem Zeremoniestab), während
acht Schreiber den Ertrag des Getreides abschätzen und notieren.

Abb. 2.23 Wandbild aus dem Grab des Menna

Der Papyrus Anastasi V (zitiert nach Saggs[15]) warnt Schüler vor anderen Berufen:

Du hast dich für die Arbeit auf den Feldern entschlossen und vernachlässigst die Texte. Ist dir bewusst, wie es den Bauern geht, wenn die Ernte taxiert wird? Die Raupen haben die Hälfte des Korns gefressen, das Nilpferd das, was übrigblieb. Es gibt Mäuse in den Feldern und ein Heuschreckenschwarm ist gekommen. Das Rindvieh frisst ebenso wie die Vögel [...]. Was übrig bleibt, um auf den Dreschboden zu landen, damit machen sich Diebe auf und davon [...].

Nun kommt der Schreiber an Land und will den Ernteertrag registrieren. Seine Mannschaft trägt lange Schlagstöcke, die Nubier [als Polizisten] schwingen Knüppel. Sie sagen: Übergib das Getreide! [Der Bauer sagt:] Es gibt keines mehr. Sein Körper wird gestreckt und geschlagen. Er wird gefesselt und ins Wasserloch geworfen. Er wird kopfüber eingetaucht. Seine Frau wird vor seinen Augen gefesselt, seine Kinder sind gefesselt. [...] Die Nachbarn haben sie im Stich gelassen und sind geflohen [...].

Aber der Schreiber muss die Abrechnung für jedermann machen. Für ihn gibt es keine Steuern, er erfüllt sein Soll durch seine Schreibtätigkeit.

Lass mich sagen, wie es den Soldaten ergeht [...]. Lass mich sagen, wie er nach Syrien marschiert, über die Berge steigt, dabei sein Brot und Wasser auf dem Rücken trägt wie ein Esel seine Last. Sein Getränk ist fauliges Wasser [...]. Wenn er dann zurückkehrt nach Ägypten, ist er angeschlagen wie ein wurmstichiges Holz, krank und bettlägerig. Oh, Schreiber, vergiss die Idee, dass es dem Soldaten bessergeht als dem Schreiber!

Mahnung an einen Schreiber (nach G. Burkard[16]):

Sei kein geistloser Mann, der keine Erziehung hat! Man verbringt die ganze Nacht, indem man dich belehrt, und den Tag, indem man dich unterrichtet; aber du hörst auf keine Belehrung und machst, was du willst! Selbst der Affe versteht Worte und den bringt man aus Nubien herbei! Man unterrichtet Löwen und dressiert Pferde: aber dich weiß man nicht einzuordnen unter alle Menschen! Beachte das!

Erhebend ist das Lob, das ein Schüler seinem Lehrer Amenemope spendet:

Du [Herr] mögest dauern und Nahrung haben jeden Tag! Mögest du fröhlich sein, möge es dir täglich gut gehen, und mögest du millionenfach gepriesen sein! Freude und Vergnügen mögen immer bei dir sein, deine Glieder mögen gesund sein; mögest du von Tag zu Tag jünger werden und kein Leid dir beschieden sein! [...] Mögest du 110 Jahre auf Erden verbringen, indem dein Leib stark ist! [...] Möge dich der Herr der Götter den Herren des Totenreichs empfehlen! [...] Für den einzig Trefflichen, den wahrhaft Vertrauenswürdigen, den außerordentlich von seinem Gott Toth Gepriesenen, den Schreiber Amenemope!

Wenige Informationen besitzen wir über weibliche Schreiber. Ein Ostrakon aus Deir el-Medina (18. Dynastie) berichtet von einer Prinzessin-Priesterin *Seshat,* die einen Stab

---

[15]Saggs H.W.F.: Civilization before Greece and Rome, S. 102–103, Yale University Press 1989.

[16]Burkard, G.: Schule und Schulausbildung im Alten Ägypten, Festschrift zum 375-jährigen Bestehen des Jesuitenkollegs Humanistisches Gymnasium Kronberg-Gymnasium Aschaffenburg, S. 23–36 (1995).

Abb. 2.24 Die Schreiberinnen (**a**) Seshat und (**b**) Takushit

von Schreiberinnen um sich sammelte, um diese zu unterrichten. Sie muss eine hochrangige Person gewesen sein, da ihr Bild auf der Rückseite der sitzenden Statue von
Ramses II im Amun-Tempel von Luxor eingemeißelt ist (Abb. 2.24a). Ihr Kopfschmuck,
der fünf- oder siebenzackige Stern mit Baldachin wurde zu einer Hieroglyphe ⚚; sie
selbst wurde später als Göttin der Schreibkunst (neben Toth) angesehen. Ein Halbrelief
zeigt sie – zwischen Ptolemaios IV und Horus stehend – an einer Wand des Isis-Tempels
von Philae, ein weiteres Bild von ihr existiert am Tempel Medinet Habu. Sie scheint eine
Art Registratur betrieben zu haben, denn es existiert eine von *Champollion* gefundene
Tempelinschrift mit dem Hinweis:

> Dies ist die Bibliothek von Seshat der Großen, das Haus der Aufzeichnungen der Isis.

Aus der Ptolemäerzeit stammt die Prinzessin-Priesterin *Takushit;* ihre bemerkenswerte
Grabstatue aus Elektron wurde erst 1880 südlich von Alexandria gefunden und befindet
sich in Athen (Abb. 2.24b). Sie war die Tochter eines Gaufürsten Akanuasa, der dem
Pharao Pianhi untergeordnet war. Einen Überblick über die soziale Rolle der Frauen,
speziell der Priesterinnen, innerhalb der Gesellschaft liefert Martin Stol.[17]

Vom Fach müssen auch die beiden bekannten weiblichen Wesire gewesen sein: Nebet
wirkte am Hof von Pepi I (6. Dynastie), Königin Cleopatra I Syra gehörte zum Hofstaat
Ptolemaios V.

---

[17]Stol, M.: Women in the Ancient Near East, S. 555. de Gruyter (2016).

Abb. 2.25 Wandbild aus dem Grab des Nebamun

2.2.3   Die Schreibmaterialien

Papyrus

Im alten Ägypten war Papyrus das am meisten verbreitete Schreibmaterial. Die Pflanze selbst, mit botanischem Namen *Cyperus papyrus,* fand sich in der Antike in großer Zahl in zahlreichen Gewässern und ist auf vielen Bildern selbst Gegenstand der Darstellung. Abb. 2.25 zeigt ein Fragment des Wandgemäldes aus dem Grab des Schreibers Neba-mun (um 1400 v. Chr.); er ist mit Familienbegleitung in einem Papyrusdickicht auf der Vogeljagd (mit Krummholz). Die Wandmalereien des Grabes wurden 1821 entfernt; die Wände wurden dabei so beschädigt, dass nur elf Fragmente ins Britische Museum ver-bracht werden konnten; das Grab konnte seitdem nicht wiedergefunden werden.

Der Name Papyrus[18] ist nur im Griechischen belegt, dürfte aber auf das ägyptische Wort *papuro* (das Königliche) zurückgehen, da der Pharao vermutlich ein Monopol auf die Herstellung innehatte. Von dem Namen leitet sich auch unser Wort *Papier* her. Die Hieroglyphen für den Papyrus bzw. dessen Staude sind ⌐ bzw. ⚘; Letztere ist zugleich Ikone für das Nildelta.

Die bis zu vier Meter hohen Stängel des Papyrus können etwa die Dicke eines Arms erreichen und werden knapp über der Wasserlinie abgeschnitten, die dünne grüne Rinde wird entfernt und in die gewünschte Größe geteilt. Ein erster Bericht stammt von Theophrast (371–287 v. Chr.), der im Auftrag von Aristoteles eine Botanik verfasste. Auch Plinius d. Ä. berichtet darüber in seiner Naturgeschichte (*Hist. Nat.* XIII, 71–83).

Das innere Mark wird in dünne, aber möglichst breite Schichten von Fasern zerlegt (lat. *in praetenues sed quam latissimas philyras*). Die Fasern werden parallel zu einer Schicht angeordnet; eine zweite Schicht wird im rechten Winkel darübergelegt. Anschließend werden die Schichten mit Wasser angefeuchtet, sehr stark gepresst, getrocknet und mit Elfenbein oder einer glatten Muschel glatt gerieben. Der ausgepresste und getrocknete Pflanzensaft sorgt zusammen mit einem Klebstoff für den Zusammenhalt der Schichten. Je nach Länge erhält man nach dem Trocknen einzelne Blätter; mit einem Kleber konnten nachträglich ganzen Rollen montiert werden.

Die Lage, auf der die Fasern horizontal verlaufen, wurde meist zuerst beschriftet; in der Fachsprache heißt diese Seite *recto,* die Rückseite *verso.* Diese Begriffe haben sich auch auf die Pergamenthandschriften des Mittelalters übertragen. In frühen Zeiten wurden Papyri nur einseitig genutzt; als später Schreibmaterial knapp wurde, wurden alte Papyri beidseitig beschriftet. Ein bekanntes Beispiel stellen die von Chester Beatty gesammelten Papyri dar, die nach der Zeitenwende von koptischen Mönchen mit Fragmenten der Bibel neu beschriftet wurden. Zum Beschreiben diente eine schwarze und rote Tusche, aus Ruß und Ocker hergestellt. Als Schreibgerät diente ein durch Kauen pinselartig zerfaserter Binsenstängel.

Es war möglich, die Tusche nach dem Schreiben mit einem feuchten Lappen wegzuwischen und den Papyrus neu zu beschriften. Ein solcher mehrfach verwendeter Papyrus wird *Palimpsest* genannt. Auch dieser Begriff wurde später auf mehrfach benutzte Pergamente ausgedehnt, bei denen die ursprüngliche Beschriftung mit einem scharfen Messer weggekratzt wurde.

Aus den Stängeln der Papyruspflanze fertigte man Boote, Seile, Körbe und Sandalen. Herodot berichtet, dass die alten Ägypter den Papyrussaft auch tranken und die süßen unteren Teile der Stängel von den ägyptischen Kindern gekaut wurden. Das größte Problem des Papyrus war dessen Haltbarkeit. Wie jedes organische Material konnte der Papyrus bei Feuchtigkeit zerfallen; nur in einer trockenen Umgebung, wie dem Wüstenklima, konnte sich ein Papyrus erhalten.

---

[18]Der kleine Pauly, Lexikon der Antike, Spalte 496, dtv (1979).

Etwa um 800 v. Chr. hatte sich die Kunde vom Schreiben auf Papyrus verbreitet und war zusammen mit den Schriftzeichen der Phöniker nach Griechenland gelangt. Vermutlich um 600 v. Chr. gelangte dieses Wissen – vom Wirtschaftszentrum Milet aus – auf dem Handelswege zunächst an die griechischen Kolonien am Schwarzen Meer und in Süditalien, später an alle Mittelmeervölker, so auch an die Etrusker und Römer. Durch die schriftliche Fixierung war man nicht mehr auf die mündliche Überlieferung angewiesen, wie es zuvor bei der Weitergabe von Heldenliedern und Sagen der Fall war. Die beiden Epen *Illias* und *Odyssee* mit ihren etwa 28.000 Versen, die unter dem Namen Homers nunmehr auf Papyrusrollen verbreitet wurden, inspirierten Dichter in ganz Griechenland in den folgenden Jahrhunderten zu eigenen Werken.

Eine Knappheit oder ein Embargo von Papyrus ließ ein Konkurrenzprodukt entstehen: Es war vermutlich König Eumenes I von Pergamon (263–241 v. Chr.), der die Herstellung von Pergament vorangetrieben hat. Papyrus war bis zum 2. Jahrhundert n. Chr. verbreitet, bis er endgültig vom Pergament verdrängt wurde. Plinius (*Hist. Nat.* XIII, 68) schätzt den Wert des Papyrus als Kulturträger hoch ein:

Denn auf dem Gebrauch des Papyrus beruht am meisten die menschliche Kultur, auf jeden Fall die Erinnerung.

An späterer Stelle erwähnt er seinen Papyruslieferanten *(Fannii sagex officina)* und berichtet von der großen Lebensdauer der Papyri in Rom:

Durch diese Bearbeitung erhalten die Schriftdenkmäler eine lange Dauer. Fast zweihundert Jahre alte Schriften von der Hand des Tiberius und des Gaius Gracchus habe ich bei Pomponius Secundus, dem gefeierten Dichter und Bürger, gesehen; die Handschriften Ciceros, des göttlichen Augustus und Vergils aber sehen wir heute noch häufig.

Eine bekannte Fundgrube von Papyri ist eine antike Müllkippe, die nahe dem Ort *Oxyrhynchus* (Ägypten) gelegen ist. Dieser Ort war zur Zeit der Ptolemäer bekannt, da im Tempel der Stör (griechisch ὀξύρυγχος = Stör) verehrt wurde und dem Ort den Namen gab (Strabon XVII, § 40). Die Fundgrube wurde 1897 von den britischen Ägyptologen B. P. Grenfell und A. S. Hunt ausgegraben. Sie waren in der Nähe von el-Bahnasa, das einst ein christliches Zentrum gewesen war, auf der Suche nach frühen biblischen Handschriften. Innerhalb von drei Jahren konnten sie 280 Kisten mit Papyri füllen. Darunter fanden sich Schriftstücke unter anderen mit Gedichten der griechischen Dichterin Sappho und einem Satyrspiel des Sophokles. Der bekannteste Fund enthielt Fragmente von Jesusworten, die später als apokryphes *Thomas-Evangelium* zusammengesetzt wurden. Das 2006 publik gemachte *Judas-Evangelium* wurde schon in den 1970er-Jahren entdeckt; der Händler hatte nicht den erhofften Gewinn erzielen können.

Abb. 2.26 zeigt den Papyrus *Oxyrhynchus* I, 29 aus der Schøyen Collection (um 100 n. Chr.), der den Lehrsatz *Euklid* II, 5 darstellt. Die Fundergebnisse erscheinen seit 1898 in der Reihe *The Oxyrhynchus Papyri*. Bis 2011 wurden 76 Bände mit 5100 Texten publiziert, dies sind etwa ein Prozent des Bestandes. Im Jahr 2016 ist Band 82 erschienen.

Abb. 2.26 Papyrus Oxyrhynchus I, 29

Besonders interessant ist der berühmte Fund in der sogenannten *Villa dei Papiri* in Herculaneum, die beim Vesuvausbruch (79 n. Chr.) zerstört wurde und bisher unbekannte Texte enthielt. Der Besitzer war kein geringerer als ein Onkel von G. Julius Caesar. Infolge der Hitze wurden die Papyri unter Luftabschluss karbonisiert; man hofft, dass es gelingt, die Papyri zu entrollen und mittels Multispektralverfahren wieder lesbar zu machen.

Die größte Länge hat der berühmte Papyrus Harris I mit ca. 40 m; er beschreibt 30 Regierungsjahre von Ramses III. Für die praktische Nutzung ist dies eher unhandlich, hier bilden Formate bis allenfalls 5 bis 6 m die Regel. Diese Formate waren auch für den Umfang der meisten antiken Bücher maßgeblich, wie sie in der Bibliothek von *Alexandria* aufbewahrt wurden. Den ältesten Papyrus, allerdings unbeschrieben, fand man in einem Grab aus der 1. Dynastie (3032–2853 v. Chr.). Der älteste Papyrus mit Schriftzeichen stammt aus der 4. Dynastie und wurde 2013 entdeckt. Der jüngste erhaltene Papyrus ist ein arabischer Text aus dem Jahr 1087 n. Chr.

Ostraka

Als *Ostrakon* (griechisch ὄστρακον) wird eine bemalte Scherbe von Tongefäßen oder ein Stück eines Kalksteins bezeichnet; die Mehrzahl heißt Ostraka. Als jederzeit verfügbares, handliches Material diente es anstelle des teuren Papyrus im gesamten Altertum zum Aufzeichnen von kurzen Notizen, Abrechnungen und Skizzen aller Art. Entweder wurde der Text eingeritzt oder mit Farbe geschrieben. Ist die Darstellung eine Zeichnung, so handelt es sich meist um eine Art von Graffiti (vgl. Abb. 2.27). Die meisten

Abb. 2.27 Ostrakon mit Zeichnung einer Prozession mit Barke

Ostraka hat man in Deir el-Medina gefunden; dort befanden sich die Bauhütten der Künstler und Handwerker, die im *Tal der Könige* tätig wurden. Die Vermutung, dass Ostraka billiges Material für Schreibschüler waren, hat sich nicht bestätigt. Viele Ostraka aus Deir el-Medina sind fehlerfrei und somit von ausgebildeten Schreibern erstellt worden; vielleicht dienten sie als billige Kopie von teuren Papyri für jedermann. Einige dieser Scherben enthalten Volumenberechnungen, die sich beim Aushub von Gräbern ergeben. Es gibt aber nur wenige publizierte Ostraka mit mathematischem Inhalt.

Leinen
Schriftstücke auf Leinen sind in der Regel Briefe an Verstorbene, an den Todesgott Osiris oder Amulette. Es handelt sich hier meist um religiöse Literatur.

Holz
In einigen Fällen haben sich auch mathematische Texte auf Holztafeln erhalten, wie die Tafeln Kairo CG 25367 und 25368, die bei Akhmim gefunden wurden. Beide Holztafeln enthalten eine Liste von Bediensteten eines Pharaos und Umrechnungen in Horus-Augen-Brüche. Eine ausführliche Darstellung gibt Hana Vymazalova[19] von der Universität Prag.

---

[19]Vymazalova, H.: The wooden tablets from Cairo: The Use of the grain unit *hqat* in ancient Egypt, Archiv Orientální Vol. 70 (2002).

Leder

Es sind nur wenige Schriftstücke auf Leder erhalten. Eine bekannte Schrift ist die mathematische Lederrolle EMLR, die im Britischen Museum (BM 10250) aufbewahrt wird. Die bekannteste historische Lederrolle ist wohl die Große Jesaja-Rolle, die als eine von sieben Schriftrollen im Februar 1947 in der Qumranhöhle 1Q von Beduinen gefunden wurde.

2.2.4   Literatur über Schreiber

Im Papyrus Anastasi V (22, 6 ff.) des Neuen Reiches schreibt ein Vater:

> Ich habe Dich zur Schule geschickt mit anderen Kindern der Großen, damit Du unterrichtet werdest und erzogen zu diesem Amte, das vorwärtsbringt. Ich will die Art des Schülers schildern, wenn es um ihn heißt: „Wach auf Deinem Platz! Deine Bücher liegen schon bereit." Leg Hand an deine Kleidung […]. Du legst Deine Aufgaben täglich planmäßig vor. Sei nicht faul! […] Sie sagen berechne: 3 und 3. Du führst die Berechnung durch. Du verstehst bei anderen Dingen die Bedeutung einer Papyrusrolle. […] Du beginnst, ein Buch zu lesen, indem zu rechnest und dabei still bist. Lass keinen Laut hören aus deinem Munde! Schreibe mit der Hand und lies mit dem Mund! Frage und werde dessen nicht müde! […] Sei nicht träge, verbringe keine Zeit mit Müßiggang. Folge den Plänen Deines Lehrers. Höre seine Lehre, werde ein Schreiber! Lerne vom Verhalten Deines Lehrers.

Die *Lehre des Ani* kennt man aus verschiedenen Papyri der Ramessidenzeit, die nicht alle aus derselben Region stammen. Dies zeigt, dass solche Inhalte überregional bekannt waren. Der Text von Ani ist mit 422 Zeilen der umfangreichste aller Erziehungslehren; ungewöhnlich in der ägyptischen Literatur ist die Form eines Zwiegesprächs, das der Schreiber Ani mit seinem Sohn *Chonsu-hotep* führt. Hier ein Ausschnitt (zitiert nach Brunner[20]):

> Beherrsche Dich, einem Beamten zu schaden, indem Du eine geheime Nachricht weitergibst, die er in seinem Haus ausgesprochen hat […].

> Stelle Zeugen nach der Opferhandlung auf, wenn Du sie zum ersten Male ausführst. Wenn man dann kommt, um Deinen Erwerb zu überprüfen, lass Dich in die Liste eintragen […].

> Alles, was Du sagst wird ausgeführt, wenn Du in den Schriften Bescheid weist. Dringe ein in die Schriften, gib sie in Dein Herz, dann wird alles, was Du sagst, Wirkung haben. In welches Amt auch immer ein Schreiber berufen wird, er soll die Schriften befragen. Der Vorsteher des Schatzamtes hat keinen Sohn, der Kanzler keinen Erben: Der Minister holt sich einen Schreiber wegen seiner Fähigkeiten.

---

[20]Brunner, H.: Die Weisheitsbücher der Ägypter, S. 205. Artemis & Winkler (1998).

Ein von einem Mann namens Cheti, auch Dua-Cheti genannt, für seinen Sohn Pepi verfasster Papyrus beschreibt den Beruf des Schreibers als besonders angenehm; jeder Schriftkundige könne danach ein schönes Leben führen, würde geachtet und hätte niemals Sorgen. Andere Berufe werden dagegen in möglichst negativem Licht geschildert. Sie seien mit schweren Plagen verbunden, und die Menschen, die diese Berufe ausübten, würden ihres Lebens nicht froh. Da man zahlreiche Kopien des Textes aus der Ramessidenzeit gefunden hat, ist anzunehmen, dass er allgemein in den Schulen als Schreibvorlage und zur Erbauung gedient hat (Brunner, S. 159 ff.):

> Ich habe die Geprügelten [Schüler] gesehen. Setze Du Dein Herz hinter die Bücher! Denn ich habe auch die beobachtet, die man von der körperlichen Arbeit befreit hat [...]. Merke Dir immer, was auch am Ende des Buches Kemit steht: *Ein Schreiber auf irgendeinem Posten des Staates, der leidet keine Not.* Er verwendet seinen Verstand für die anderen. Geht er dann nicht zufrieden nach Hause? Ich kenne keinen Beruf, der dem des Schreibers darin ähnlich wäre. Bald wirst Du ihn über alles lieben und seine Vollkommenheit erkennen. Der Beruf des Schreibers ist doch der höchste aller Berufe, es gibt nicht seinesgleichen auf Erden. Kaum ist der Schreibschüler etwas gewachsen, da grüßt man ihn schon, auch wenn er noch ein Kind ist. Er führt wichtige Aufträge aus, und noch bevor er aus der Schule entlassen wird, kleidet er sich schon in einen [Erwachsenen-]Schurz.

Unter *Kemit* versteht man einen Musterbrief für Schreiber, der wie zu Schulungszwecken über Generationen hinweg überliefert wurde. In der Lehre des *Cheti* folgt eine umfangreiche, satirisch überhöhte Beschreibung über die Mühsal von 16 verschiedenen handwerklichen Berufen, die hier nicht alle zitiert werden können. Hier drei Ausschnitte:

> Der Wäscher wäscht am Flussufer, nahe bei den Krokodilen. „Geh fort, Vater, vom fließenden Wasser", sagen sein Sohn und seine Tochter, „mit diesem Beruf kann man noch weniger zufrieden sein als mit anderen Berufen." Selbst sein Essen ist mit Schmutz vermischt, es ist kein Glied an ihm sauber. Ihm wird auch das blutige Gewand einer menstruierenden Frau gegeben. Er weint, wenn er den ganzen Tag die Wäschekeule in der Hand hat. Man ruft ihm zu: „Schmutzige Wäsche! Komm schnell her! Es quillt schon über den Rand."
>
> Ich spreche Dir auch noch von dem Maurer: Seine Nieren sind krank, da er draußen im Winde sein muss. Er mauert ohne Bekleidung, sein „Schurz" ist ein Strick für den Rücken und eine Schnur für den Hintern. Seine Kräfte sind geschwunden vor Steifheit, weil er allerlei Dreck kneten muss. Er isst sein Brot mit den Fingern, obwohl er sie nur einmal am Tag waschen kann.
>
> Ich spreche Dir auch noch vom Fischer – er ist elender dran als alle anderen Berufe. Seine Arbeit findet auf dem Fluss statt, der durchsetzt ist mit Krokodilen. Wann dann die Zeit der Abrechnung kommt, dann wird er klagen, denn niemand hat ihm gesagt: „Das Krokodil lauert dort!", und so hat ihn die Furcht vor ihm blind gemacht. Wenn er hinausgeht aufs fließende Wasser, dann sagt er [nur]: „So Gott will."

Die Lehre fährt fort mit den Worten:

> Siehe, nicht gibt es einen Beruf ohne Vorgesetzten, außer den Schreiber, denn der ist [selbst] Vorgesetzter. Wenn Du schreiben kannst, so ist das für dich besser als die Berufe, die ich dir vorgeführt habe. Wenn Du schreiben kannst, so wird das für Dich besser sein, als alle die Berufe, die ich Dir vorgestellt habe.

Abb. 2.28 Wandbild aus dem Grab des Nebamun und Ipuki

In der englischen Literatur wird die Lehre von Cheti als *Satire of the Trades* (Satire über Handwerker) bezeichnet. Man wird davon ausgehen können, dass hier weniger andere Berufe verächtlich gemacht werden sollen, als vielmehr der Stand der Schreiber hervorgehoben werden soll.

Einen Blick in eine königliche Künstlerwerkstatt wirft Abb. 2.28. Das Wandbild stammt aus dem Grab des Nebamun und Ipuki (um 1380 v. Chr.). Links sitzt Nebamun als Oberaufseher, gekennzeichnet durch ein Bündel Lotusblumen. Links in der oberen Reihe werden Goldringe abgewogen, rechts oben werden die Symbole *djed* (Dauer) ▮ und *tayt* (Schutz) ▯ aus Holz geschnitzt und nach dem Vergolden in ein Regal gestellt. In der unteren Reihe rechts werden Gefäße aus Gold und Kupfer gehämmert und eine Sphinx verziert, weiter rechts Kästchen geschreinert. Der fertige Schmuck wird unten links dem Oberaufseher präsentiert.

Aus einer Schreibtafel (Brüssel E 580) aus der Ramessidenzeit (Brunner, S. 398):

> Der Gottvater und Schreiber der Gottesbücher des Osiris, Hori,
> er sagt zu dem Schreiber Paser der Neschmet-Barke […]
> Begibt dich nicht in die Gewalt deines Herzens,
> damit du nicht zu einem Toren werdest.
> Wenn es zu dir sagt: „Vergnüge dich!",
> dann sagt du [gleich]: „Einverstanden!"
> Hüte dich davor, immer rein und raus zu laufen,
> konzentriere dich auf die Bücher.
> Der Schreiber ist der vorderste seiner Altersgenossen,
> er steht an der Spitze aller Berufe.

Die Lehre des *Haremhab* enthält die Warnung vor Bestechlichkeit:

> Verbrüdert euch nicht mit anderen! Nehmt keine Geschenke von anderen an! Seht, jeder von euch, der sich mit einem anderen einlässt, der sei für euch einer, der gegen die [Göttin] Maat unrecht handelt. […] Was aber irgendeinen Bürgermeister oder Priester angeht, von dem man Folgendes hört: „Er sitzt, um Recht zu sprechen im Gerichtshof, der zum Richten

eingerichtet worden ist, und behandelt einen Verbrecher wie einen Unschuldigen!", so wird das für ihn zu einem großen und todeswürdigen Verbrechen.

Neben dem Schreibunterricht wurde in der Schule auch Mathematik gelehrt, denn jeder Beamte musste in der Lage sein, Abrechnungen durchzuführen. Da mehrere Papyri mit Rechenaufgaben erhalten sind, wissen wir heute, dass die Schüler neben den Grundrechenarten auch das Rechnen mit Brüchen erlernten. Letztere Rechenart entwickelten die Ägypter, unabhängig von Mesopotamien, mithilfe von Stammbrüchen auf ihre ganz eigene Weise. Ferner übten sie das Berechnen von Flächen und Körpern, was für Bauvorhaben von großer Bedeutung war.

Der für Schreiber zuständige Gott war Thoth 𓅝, der meist mit einem Ibis-, seltener mit einem Paviankopf abgebildet wird. In ihm sahen die Ägypter den Erfinder des Rechnens und Schreibens, der diese Künste an die Menschen weitergegeben hatte; daher galt er auch als Gott der Weisheit. Eine besondere Rolle spielt er in den Totenbüchern, wo er Buch führt über das Leben des Verstorbenen. Das *Totenbuch des Ani* wurde von Wallis Budge[21] herausgegeben, wobei die Transliteration in Hieroglyphen erfolgt. Textteile des standardisierten Totenbuchs, die bei Ani fehlen, wurden ergänzt.

2.2.5   Literatur in Altägypten

Die Ägypter haben zum ersten Mal sprachliche Informationen bildlich in ihren Hieroglyphen fixiert. H. Brunner[22] schreibt dazu:

> Selbst wenn im Zweistromland die Literatur auf ähnliche Zeiten zurückgehen sollte, ist eine Beeinflussung so gut wie ausgeschlossen, womit die Feststellung der Erstmaligkeit für Ägypten bestehen bleibt. Sämtliche anderen Völker der alten Welt – einschließlich der Israeliten oder Griechen – konnten auf Vorliegendes zurückblicken. Die Ägypter mussten sich ein solches Fundament selbst schaffen.

Es beginnt mit den *Pyramidentexten* der 4. Dynastie, die als Sammelnamen für alle Texte dienen, die sich im Inneren von Pyramiden, Grabkammern, Vorräumen und Grabstelen befinden. Es handelt sich hier um die ältesten bekannten religiösen Texte, die von Priestern gestaltet wurden: Reinigungs-, Opfer-, Weihritualen und Götterbeschwörungen, aber auch um Verwünschungen gegen künftige Grabräuber. Folgende Inschrift findet sich an der Westmauer der Pyramide Pepi I (Inschrift 442[23]), die den Pharao zum Stern erhebt:

> Wahrlich, dieser große Mann ist gefallen,
> der in Nedyt [Sterbeort Osiris'] darnieder lag.

---

[21]Budge, E.A. Wallis: The Egyptian Book of Dead, Dover Publications (Reprint 1967).

[22]Brunner, H.: Grundzüge einer Geschichte der altägyptischen Literatur, S. IX. Wiss. Buchgesellschaft Darmstadt (1986).

[23]Lichtheim, M.: Ancient Egyptian Literature, Volume I, S. 44. University of California (1975).

Deine Hand hat Re gehalten,
dein Haupt ist erhoben von den zwei Enneaden [alle 9 Hauptgötter].
Er ist erschienen als Orion,
wie auch Osiris als Orion erschien, [...].
Der Himmel empfing dich und Orion.
Dunkelheit gab Leben dir wie auch Orion
Wer lebt, lebt auf göttlichem Befehl, du sollst leben!
Du sollst mit Orion im Osten aufgehen.
Du sollst mit Orion im Westen untergehen.
Sothis der dritte, ohne Thron, wird dein Führer auf den Himmelspfaden sein.

Im Alten Reich finden sich bereits autobiografische Inschriften und erste Reiseberichte. Die Verehrung der Pharaonen schlägt sich bald in wundersamen Erzählungen nieder, so auch im *Märchen von König Cheops;* vier Prinzen erzählen von der übernatürlichen Geburt dreier Königskinder. Die Erzählung findet sich auf dem Papyrus Berlin 3033 (Mittleres Reich), der noch vier weitere Fabeln enthält und damit die älteste Märchensammlung der Welt darstellt. Märchen und Wundererzählungen, besonders über Tiere, waren populär in Ägypten; als Tierfabeln finden sie sich wieder in der griechischen und arabischen Literatur. Der Papyrus wurde um 1820 von dem britischen Abenteurer Henry Westcar in Ägypten erworben. Ein Artikel des *National Geographic Magazine* von 1913 enthüllte das kuriose Schicksal des Papyrus. Er befand sich nach dem Tod von Westcar unrechtmäßig in den Händen des preußischen Gelehrten K. *Lepsius,* der Anlass hatte, seinen Besitz zu verheimlichen. Erst nach dem Tod Lepsius' konnte der Ägyptologe Adolf Erman den Papyrus von Lepsius' Sohn erwerben und nach der Publikation dem Berliner Museum übergeben.

Aus der ersten Zwischenzeit stammen die ersten Götterhymnen; Höhepunkt der Hymnen ist der Sonnengesang von Echnaton (18. Dynastie), mit dem der Psalm 104 einige Ähnlichkeiten zeigt. Der Sonnenhymnus des Echnaton (hier ein Ausschnitt) ist ein Höhepunkt der ägyptischen Lyrik:

Schön erscheinst du im Horizonte des Himmels, du lebendige Sonne, die das Leben bestimmt!
Du bist aufgegangen im Osthorizont und hast jedes Land mit deiner Schönheit erfüllt.
Schön bist du, groß und strahlend, hoch über allem Land.
Deine Strahlen umfassen die Länder bis ans Ende von allem, was du geschaffen hast.
Du bist Re, wenn du ihre Grenzen erreichst und sie niederbeugst für deinen geliebten Sohn.
Fern bist du, doch deine Strahlen sind auf Erden;
du bist in ihrem Angesicht, doch unerforschlich ist dein Lauf [...]

Gehst du unter am Westhorizont, ist die Erde in Finsternis, in der Verfassung des Todes.
Die Schläfer in der Kammer, verhüllt sind ihre Köpfe, kein Auge sieht das andere.
Ihre Habe wird ihnen unter den Köpfen weg gestohlen, und sie merken es nicht.
Jedes Raubtier ist aus seiner Höhle herausgekommen, alle Schlangen beißen.
Finsternis breitet sich aus, die Erde liegt in Schweigen:
ihr Schöpfer ist untergegangen im Lichthorizont.

Die reichliche Literatur des Mittleren Reiches berichtet über diese Zwischenzeit: soziale Unruhen *(Klagen des Ipuwer)*, Hoffnung auf ein neues Reich *(Prophezeiung des Neferti)*, Depressionen *(Gespräch eines Mannes mit seiner Seele Ba)* und die Rechtlosigkeit *(der beredte Oasenmann)*. Der ersterwähnte Text ist voller Melancholie:

> Mit wem soll ich heute sprechen?
> Niemand erinnert sich der Vergangenheit.
> Niemand gibt heute das Gute dem zurück, der gut zu ihm war.
> Mit wem soll ich heute sprechen?
> Es gibt keine Gerechten mehr,
> die Erde ist den Ungerechten ausgeliefert
> Mit wem soll ich heute sprechen?
> Ich beuge mich unter dem Elend.
> Ich habe keinen Freund, dem ich mich anvertrauen könnte.
> Der Tod ist heute vor mir, wie wenn ein Kranker sich wohl fühlt,
> wie wenn man nach einer Krankheit auf die Straße geht.
> Der Tod ist heute vor mir wie der Duft des Weihrauchs,
> wie man sich bei gutem Wind am Steuer eines Schiffes fühlt.
> Der Tod ist heute vor mir wie ein Lichtblick im Himmel,
> wie wenn ein Mensch sich nach seinem Zuhause sehnt
> nach vielen Jahren der Gefangenschaft.

Die letzterwähnte Geschichte ist eine der frühesten Rahmenerzählungen:

Der Bauer Khun-Anup aus der Salzoase Wadi Natrun will eine Vielzahl von Waren, wie Getreide und Felle, zum Markt nach Ahnas bringen. Auf dem Weg dahin wird er von einem geldgierigen Beamten Nemtynakht festgehalten und seiner Ware beraubt. Der Bauer beschwert sich beim Magistrat Rensi über diese Ungerechtigkeit, zunächst ohne Erfolg. Als man die Beredsamkeit des Mannes erkennt, meldet man dies dem Pharao. Auf Befehl dessen wird der Bauer neun Tage im Ungewissen gelassen; täglich schüttet der Bauer sein Herz aus und hat am Ende – völlig erschöpft – alle denkbaren Klagen [in lyrischer Sprache] vorgebracht. Als Rensi die gesammelten Klagen zum König bringt, lässt man Khun-Anup Gerechtigkeit widerfahren und er wird ausgiebig entschädigt durch den Besitz von Nemtynakht. Die Geschichte ist ein Plädoyer für Gerechtigkeit und zugleich Parabel auf den Nutzen der Beredsamkeit.

Das Mittlere Reich zeigt die größte Blüte der Literatur. Unter der Vielzahl der aufgefundenen Erzählungen sei die berühmte Geschichte von *Sinuhe* erwähnt:

Er wird später Hofbeamter und Diener der Prinzessin Nefru sein, der Gattin des kommenden Pharaos Sesostris I. Dieser weilt auf einem Feldzug in Libyen, als dessen Vater Amenemhet I einem Attentat des Generals Harim zum Opfer fällt. Sinuhe, Mitglied des Hofstaats, flieht aus Angst außer Landes, weil er fürchtet, in die Auseinandersetzung um die Thronfolge verstrickt zu werden. Er wird in Retenu (Palästina) von dem Beduinenführer Amunenschi freundlich aufgenommen. Als er in einem Zweikampf gegen einen Syrer dessen Leben rettet, macht Amunenschi ihn zu seinem Schwiegersohn und zum Befehlshaber seiner Truppen. Trotz seines Wohlstandes und Gründung einer Familie in der Fremde sehnt sich Sinuhe nach Ägypten zurück. Ein Brief von Sesostris, der von seinem Ruhm erfahren hat, ruft ihn zurück. Sinuhe weiß aber nicht, ob man ihm seine unrühmliche Flucht verzeihen wird. Der Empfang beim Pharao ist alles andere als freundlich, man verspottet ihn sogar wegen seines Bartes und seiner fremdländischen Kleidung. Erst ein Lied der Königskinder stimmt den Pharao gnädig und er wird wieder am Hofstaat aufgenommen: *So lebte ich in der Gunst des Königs, bis der Tag des Hinscheidens kam …*

Nichts illustriert den Niedergang der ägyptischen Staatsmacht in der Zeit nach den Ramessiden so sehr wie die *Geschichte des* Wenamun. Sie findet sich nur auf dem Papyrus Moskau 120, der ebenso wie der Papyrus Moskau von W. S. Golenischew erworben wurde:

Wenamun, ein Beamter des Amun-Tempels in Theben, wird im Auftrag des Oberpriesters Herihor nach Byblos geschickt, um dort Zedernholz für die Barke des Amun-Re zu beschaffen. Er gerät in eine Auseinandersetzung mit dem Seevolk der Tjeker, bei der ihm seine Geldmittel gestohlen werden. Mittellos kommt er nach Byblos, wo er erst nach einem Orakelspruch angehört wird. Da die Zahlungen der Ägypter für das Holz lange Zeit ausbleiben, muss er sich allerlei Spott anhören. Schließlich kann er seinen Auftrag erfüllen, jedoch kommt er bei seiner Heimkehr wieder in Konflikt mit den Tjekern und muss fliehen. Auf der Flucht gerät er in einen Sturm und landet in Alasija (Zypern). Die Erzählung endet hier, da der Papyrus unvollständig ist. Die Erzählung ist so kunstvoll gestaltet, dass sie anfangs als dokumentarischer Reisebericht gelesen wurde.

Zu erwähnen sind auch die Zeugnisse der Dichtkunst. Dazu gehören neben den schon erwähnten Hymnen auch die Lieder und Spruchdichtungen. Bekannt ist das *Lied an den Nil* (Ausschnitt, 19. Dynastie):

> Preis dir, O Nil, der aus der Erde entspringt
> und herbeikommt, um Ägypten zu ernähren.
> Der die Fluren bewässert, die Re geschaffen hat
> um alles Vieh zu ernähren.
> Der die Wüste tränkt, die fern vom Wasser ist;
> sein Tau ist es, der vom Himmel fällt […]

Oder das *Lied an den Obstgarten* (Papyrus Turin 1966) aus der Zeit des Neuen Reichs: Eine Frau hat in ihrer Jugend einen Maulbeer-Feigenbaum gepflanzt; dieser fordert sie auf, ein Fest zu feiern:

> Lasst sie [die Diener] kommen mit der Ausrüstung,
> Sie werden herbeibringen alle Sorten von Bier,
> Brote in allen Arten,
> Gemüse und Getränke von gestern und heute,
> Jede Frucht zur Freude!
> Komm und verbring den Tag voller Glück,
> wie auch morgen und den Tag danach,
> alle Tage in meinem Schatten sitzend.
> Ihr Freund sitzt zu ihrer Rechten,
> während sie ihn trunken macht
> und seinen Worten folgt […]
> Ich bin verschwiegen, werde nicht erzählen,
> was ich gesehen habe, kein Wort!

Aus dem Papyrus Chester Beatty I stammt der Zyklus von 7 Gedichten *Sprüche der gro-*
ßen Herzensfreude; er ist ein Wechselgesang zwischen zwei Liebenden. Hier ein Ausschnitt von Gedicht (1):

> Die Geliebte ist einzigartig, ohne ihresgleichen,
> schöner als alle lebenden Frauen.
> Siehe, sie ist wie der aufgehende Sirius,
> der am Beginn eines glücklichen Jahres erscheint.
> Sie strahlt Vollkommenheit aus und strotzt vor Gesundheit.
> Der Glanz ihrer Augen ist schimmernd.
> Ihre Lippen sprechen sanft, kein Wort zu viel.
> Sie hat einen hohen Hals und milchige Brüste,
> ihr Haar glänzt wie Lapislazuli.
> Gold ist nichts im Vergleich mit Ihrem Arm,
> ihre Finger sind wie Lotosblüten.
> Ihr Gesäß ist rund, ihre Taille schmal
> wie auch ihre Oberschenkel,
> alles unterstreicht ihre Schönheit [...]

Es folgt ein Ausschnitt aus Gedicht (7):

> Wenn die Ärzte zu mir kommen,
> helfen ihre Medikamente meinem Herzen nicht.
> Auch der Heilpriester kennt keine Medizin
> Meine Krankheit wird nicht erkannt.
>
> Die Botschaft: „Siehe, sie kommt" beleben mich,
> ihr Name richtet mich auf,
> das Kommen und Gehen der Boten
> beflügelt mein Herz.
>
> Wertvoller als alle Arzneien ist mir die Geliebte,
> nützlicher als alle magischen Rezepte.
> Ihr Dasein ist mein Amulett,
> sehe ich sie, so werde ich gesund [...]

Das folgende Gedicht aus dem Ostrakon DM 1266 erzählt von einem Mann, dessen
Geliebte sich am anderen Ufer befindet:

> Meine Geliebte ist jenseits, am anderen Ufer,
> und der Strom ist zwischen uns.
> Die Flut ist reißend zu dieser Jahreszeit,
> und das Krokodil lauert auf der Sandbank.
>
> Dennoch bin ins Wasser gestiegen, um die Flut zu durchwaten,
> und mein Herz ist mutig im Kanal.
> Wie eine Maus fand ich das Krokodil,
> die Flut war wie eine Furt unter meinen Füssen.

Es ist ihre Liebe, die mich stark macht,
Sie wird eine Beschwörung des Wassers für mich sprechen,
ich sehe das Herz meiner Geliebten,
wie sie genau vor mir stehen wird.

Spezielle Lieder sind die sogenannten *Harfnerlieder,* die sich kritisch mit dem Toten-
kult auseinandersetzen. Das Harfnerlied[24] des Königs *Antef* (Papyrus Harris 500) ist hier
gekürzt:

[…] Die Götter der Vergangenheit ruhen in den Pyramiden;
die noblen Herren sind begraben in ihren Gräbern.
Jene, die solche Gräber bauten, ihre Stätte ist nicht mehr;
was ist mit ihnen geschehen?

Ich habe die Worte gehört des *Imhotep* und des *Hordjedef,*
deren Sprüche noch in aller Munde sind.
Wo sind ihre Stätten? Ihre Mauern sind zerfallen,
sie haben keinen Ort mehr, als wären sie niemals gewesen.

Keiner kommt von dort zurück, um von seinem Zustand,
und von seinem Verderben zu berichten
um unsere Pein im Herzen zu beruhigen,
bis auch wir eilen zu dem Ort, wohin sie gegangen sind.

[…] Folge deinem Herzen und such dein Glück,
tu was dein Herz befiehlt, solange du bist auf Erden,
bis jener Tag der Totenklage zu dir kommt.
Der Hartherzige [Osiris] hört ihr Weinen nicht,
Ihre Trauer holt niemanden zurück aus der Unterwelt!

Der Begriff des Harfnerlieds findet sich auch in der deutschen Klassik bei Goethe und
Uhland; von Ersterem stammt das bekannte *Lied des Harfners:* „Wer nie sein Brot mit
Tränen aß …".

Die am häufigsten gefundene Literaturart sind die Totenbücher, die jeder Ägypter
für seine Reise ins Jenseits benötigte. War er begütert, so ließ er es entweder speziell
anfertigen oder kaufte es vorgefertigt, wobei nur noch sein Name eingesetzt wurde. Von
den Totenbüchern muss es Tausende von Exemplaren gegeben haben. Besonders gut
erhaltene Totenbücher sind die *Papyri des Nu* bzw. *Ani* (18. bzw. 19. Dynastie), die sich
heute im Britischen Museum befinden. Der Papyrus war ursprünglich über 20 m lang
und umfasst 133 Kapitel des Totenbuchs. Hier ein Ausschnitt:

Heil euch, erhabene Götter, die ihr
in der lichten Halle von Wahrheit und Gerechtigkeit weilt! […]
Lasst mich vor euch erscheinen,

---

[24]Wilkinson, T.: Writings from Ancient Egypt, S. 226 f. Penguin Books (2016).

denn ich habe nie Betrug noch andere Sünden begangen.
Falsches Zeugnis habe ich nie abgelegt [...].
Hungrigen gab ich Brot und den Durstigen Wasser.
Nackte versah ich mit Kleidern, Schiffbrüchigen schenkte ich ein Boot.
Den Göttern weihte ich Gaben [...].
Lasst aus eurem Munde mich hören: „Komme in Frieden, o Seele.
Die du hier angekommen, nahe in Frieden".

Die Totenbücher des Neuen Reichs sind bereits so standardisiert, dass alle vorkommenden Kapitel einheitlich nummeriert werden können. Kap. 145 beschreibt die 21 Tore des Jenseits, die der Verstorbene auf dem Weg zu Osiris durchqueren muss. Kap. 168 führt die 12 Grüfte des Jenseits auf, in denen 42 Gottheiten des Jenseits über die Toten als Richter herrschen. Die Seele des Verstorbenen wird aufgerufen, um Rechenschaft über die Taten im Leben abzulegen. Das Herz des Verstorbenen wird von Anubis auf der „Waage der Gerechtigkeit" gewogen, Toth führt Buch darüber: Ist das Herz leichter als die weiße Feder der Maat, so wird der Verstorbenen zum ewigen Leben zugelassen, andernfalls von einem ungeheuren Monster Ammut, einem Mischwesen aus Löwe, Nilpferd und Krokodil, aufgefressen; die Seele hörte auf zu existieren. Dieses im Jenseits „Nicht-mehr-zu-existieren" war die größte Sorge der alten Ägypter.

Die Abb. 2.29 aus dem Totenbuch des Ani (um 1240 v. Chr.) zeigt links den falkenköpfigen Horus, der Ani in demütiger Haltung zu Osiris führt. In der Mitte sieht man Ani als Greis kniend (mit grauem Haar); über ihm sind seine Weihgaben zu sehen. Rechts im Bild befindet sich Osiris in einem Schrein.

Die Rolle des Osiris erklärt sich aus dem Schöpfungsmythos, dessen älteste Version aus Heliopolis stammt, die etwas abweicht von den Versionen aus Theben, Memphis und Hermopolis. Als das Urgewässer zurückwich und den Nil zurückließ, entsprang aus einem Ei der Sonnengott Amun-Re, der vier Kinder zeugte. Diese waren die Götter *Schu* (Luft) und seine Gattin *Tefnut* (Feuchte), ferner *Geb* (Erdgott) und *Nut* (Himmelsgöttin).

Abb. 2.29 Aus dem Totenbuch des Ani

Geb und Nut wiederum erzeugten vier Kinder: *Osiris* und *Isis, Seth* und *Nephtys*. Letztere begehrte Osiris und zeugt mit ihm – in der Gestalt von Isis – das Kind *Anubis*. Der betrogene Seth will sich an Osiris rächen und trachtet ihm nach dem Leben. Durch eine List kann Seth Osiris in einen Sarg einsperren. Die schwangere Isis bringt ihr Kind *Horus* auf die Welt und setzt es in einem Korb auf dem Nil aus. Nach langer Suche findet Isis ihren Gatten Osiris wieder und kann ihn nach dem Einbalsamieren mittels Zaubersprüche wieder zum Leben erwecken. Aber Seth tötet Osiris erneut und lässt seinen Leichnam in Stücke zerhacken und diese im ganzen Land verteilen. Da sich nicht alle Leichenteile wiederfinden, kann Osiris nicht wiederbelebt werden und verbleibt im Jenseits als Totengott. Als Horus erwachsen geworden ist, zieht er gegen Seth zu Felde. Es kommt zu einem Zweikampf zwischen ihnen, wobei es Seth gelingt, seinem Gegner ein Auge auszustechen. Mutter Isis kann das Auge des Horus (Hieroglyphe ℞) wieder heilen; es wird unter dem Namen *Udjat* zum Symbol für Heilung und Unversehrtheit. Nach langen Kämpfen fällt die Herrschaft über Ägypten an Horus.

2.3   Zur Rechentechnik Altägyptens

2.3.1 Multiplikation

Die ägyptische Multiplikation beruht auf dem Prinzip der summierten Verdopplung. In der ersten Spalte werden, beginnend mit der Eins, die Zweierpotenzen monoton steigend eingesetzt, solange der erste Faktor unterschritten ist. In der zweiten Spalte wird der zweite Faktor des Produkts entsprechend verdoppelt. In der ersten Spalte sucht man diejenigen Zweierpotenzen, deren Summe den ersten Faktor ergeben; diese werden markiert. Die zugehörigen Vielfachen des zweiten Faktors liefern summiert das gesuchte Produkt. Als Beispiel dienen die Aufgaben 41×25 bzw. 117×48.

\1	25
2	50
4	100
\8	200
16	400
\32	800
	1025
\1	48
2	96
\4	192
8	384

\16	768
\32	1536
\64	3072
	5616

Die Ergebnisse schreibt man meist in die letzte Zeile, hier 1025 bzw. 5616. Die erste Produktbildung verläuft folgendermaßen:

$$41 \times 25 = (32 + 8 + 1) \times 25 = 32 \times 25 + 8 \times 25 + 1 \times 25 = 800 + 200 + 25 = 1025$$

Bei einigen Tafeln aus Senkerah (2000 v. Chr.) wurde das Produkt mithilfe von Quadrattafeln bestimmt:

$$ab = \frac{(a+b)^2 - (a-b)^2}{4} \quad \therefore \quad ab = \frac{(a+b)^2 - a^2 - b^2}{2}$$

Als Beispiel diene alternativ:

$$6 \times 3 = \frac{9^2 - 3^2}{4} = \frac{81 - 9}{4} = 18 \quad \therefore \quad 6 \times 3 = \frac{9^2 - 6^2 - 3^2}{2} = \frac{81 - 36 - 9}{2} = 18$$

Die Multiplikation mit Brüchen verläuft analog dem ganzzahligen Rechnen: Hier ein Beispiel eines Produkts mit einem Bruch ist $24 \times 16\frac{1}{3} = 392$. Die Stammbrüche werden nach einem Vorschlag von Neugebauer mit einem Querstrich oberhalb dargestellt: $\overline{3} = \frac{1}{3}; \overline{5} = \frac{1}{5}; \overline{\overline{3}} = \frac{2}{3}$.

1	$16\,\overline{3}$
2	$32\,\overline{\overline{3}}$
4	$65\,\overline{3}$
\8	$130\,\overline{\overline{3}}$
\16	$261\,\overline{3}$
	392

In dem demotischen Papyrus BM 10520 #3 wird die ganzzahlige Multiplikation bereits über dezimale Stufenzahlen durchgeführt:

$$13 \times 17 = (10 + 3)(10 + 7) = 10^2 + 3 \cdot 10 + 10 \cdot 7 + 3 \cdot 7$$

Rechne 13 mal 17!
Nimm 10 mal 100, macht 100.
Nimm 3 mal 10, macht 30.
Nimm 7 mal 10, macht 70.
Nimm 3 mal 7, macht 21.
Addiere alles zusammen, macht 221.
Du sollst sagen: 221.

Russische Bauernmultiplikation

Verwandt mit dem besprochenen Verfahren, aber nicht identisch, ist der Algorithmus *Russische Bauernmultiplikation* für ganze Zahlen. Hier wird der erste Faktor fortgesetzt ganzzahlig halbiert, der zweite jeweils verdoppelt. Alle Zeilen werden gestrichen, in denen die erste Spalte eine *gerade* Zahl zeigt. Merkspruch dazu ist: *Gerade Zahlen bringen Unglück.* Die Summe der verbleibenden Zahlen der zweiten Spalte liefert das gesuchte Produkt. Hier die beiden oben behandelten Produkte:

41	25
~~20~~	~~50~~
~~10~~	~~100~~
5	200
~~2~~	~~400~~
1	800
	1025

117	48
~~58~~	~~96~~
29	192
~~14~~	~~384~~
7	768
3	1536
1	3072
	5616

Der Algorithmus lässt sich mithilfe der Programmverifikation der Informatik beweisen, hier in Form eines (lauffähigen) *Python*-3.5-Programms:

```python
# russian_peasant.py
a = int(input("1.Faktor? "))
b = int(input("2.Faktor? "))
# Vorbedingung (a >= 0) and (b >= 0)
x, y, s = a, b, 0
# Zusicherung s+x*y=a*b
while x > 0:
 if x % 2 == 1: s = s + y
 y = y * 2
 x = x // 2
 # Invariante (s+x*y=s+(x/2)*(2y)=a*b) and (x > 0)
print("Produkt=", s)
# Nachbedingung (s+x*y=a*b) and (x=0) => s=a*b
```

Setzt man die Eingabewerte (a, b) gleich (x, y), so gilt mit $s = 0$ die Vorbedingung $s + x \cdot y = a \cdot b$. Diese Bedingung bleibt erhalten (*Schleifeninvariante* genannt), wenn ein gerades x halbiert und y verdoppelt wird. Ist x allerdings ungerade, so geht bei der ganzzahligen Division eine Einheit verloren. Daher muss in diesem Fall ein Summand y addiert werden. Die Wiederholungsanweisung (while $x > 0$) endet, wenn $(x = 0)$ ist. Aus der Nachbedingung folgt damit: $s + \underbrace{x}_{=0} \cdot y = a \cdot b \Rightarrow s = a \cdot b$. Damit ist formal bewiesen, dass die Variable s das Produkt liefert.

Die erste Produktbildung verläuft hier folgendermaßen:

$$41 \times 25 = (40 + 1) \times 25 = 20 \times 50 + 1 \times 25 = 10 \times 100 + 1 \times 25 = 5 \times 200 + 1 \times 25$$
$$= (4 + 1) \times 200 + 25 = 4 \times 200 + 1 \times 200 + 25 = 2 \times 400 + 200 + 25$$
$$= 1 \times 800 + 200 + 25 = 1025$$

Høyrup[25] nennt die russische Bauernmultiplikation zu Unrecht ein naives (*unsophisticated*) Verfahren. Der Algorithmus ist *clever* (im Sinn der Informatik *effizient*), da er eine Multiplikation auf eine Summe zurückführt, was auch der Vorteil des logarithmischen Rechnens ist.

Hier das Beispiel eines Produkts des Bruchs $\left(8\,\overline{\overline{3}}\,\overline{6}\,\overline{18}\right)$ mit sich selbst. Wir verwenden die Abkürzung RMP #42 für die Aufgabe 42 des Rhind-Papyrus.

1	$8\,\overline{\overline{3}}\,\overline{6}\,\overline{18}$
2	$17\,\overline{\overline{3}}\,\overline{9}$
4	$35\,\overline{2}\,\overline{18}$
$\backslash 8$	$71\,\overline{9}$
$\backslash \overline{3}$	$5\,\overline{\overline{3}}\,\overline{6}\,\overline{18}\,\overline{27}$
$\overline{3}$	$2\,\overline{\overline{3}}\,\overline{6}\,\overline{12}\,\overline{36}\,\overline{54}$
$\backslash \overline{6}$	$1\,\overline{3}\,\overline{12}\,\overline{24}\,\overline{72}\,\overline{108}$
$\backslash \overline{18}$	$\overline{3}\,\overline{9}\,\overline{27}\,\overline{108}\,\overline{324}$
	$79\,\overline{108}\,\overline{324}$

Es ergibt sich $\left(8\,\overline{\overline{3}}\,\overline{6}\,\overline{18}\right)^2 = \left(79\,\overline{108}\,\overline{324}\right)$.

Ebenfalls aus dem RMP stammt die Aufgabe:

$$\left(1 + \frac{1}{6} + \frac{1}{12} + \frac{1}{114} + \frac{1}{228}\right) \times \left(1 + \frac{1}{3} + \frac{1}{4}\right)$$

[25]Høyrup, J.: Investigation of an Early Sumerian Division Problem, Historia Mathematica 9, 34 (1982)

Der Schreiber multipliziert aus nach dem Distributivgesetz:

$$\left(1 + \frac{1}{6} + \frac{1}{12} + \frac{1}{114} + \frac{1}{228}\right) + \left(\frac{1}{3} + \frac{1}{18} + \frac{1}{36} + \frac{1}{342} + \frac{1}{684}\right) + \left(\frac{1}{4} + \frac{1}{24} + \frac{1}{48} + \frac{1}{456} + \frac{1}{912}\right)$$

Addition der Brüche mit einstelligem Nenner liefert $\left(1 + \frac{1}{2} + \frac{1}{4}\right)$. Zu addieren sind noch:

$$\frac{1}{12} + \frac{1}{114} + \frac{1}{228} + \frac{1}{18} + \frac{1}{36} + \frac{1}{342} + \frac{1}{684} + \frac{1}{24} + \frac{1}{48} + \frac{1}{456} + \frac{1}{912}$$
$$\mathbf{76} \quad \mathbf{8} \quad \mathbf{4} \quad \mathbf{50\tfrac{2}{3}} \quad \mathbf{25\tfrac{1}{3}} \quad \mathbf{2\tfrac{2}{3}} \quad \mathbf{1\tfrac{1}{3}} \quad \mathbf{38} \quad \mathbf{19} \quad \mathbf{2} \quad \mathbf{1}$$

Im Papyrus stehen unter der Summe eine Reihe rot geschriebener Zahlen. Inspektion ergibt, dass es sich hier um die Vielfachen auf den Hauptnenner 912 handelt. Addition der roten Zahlen ergibt 228; diese Summe ist damit $\frac{228}{912} = \frac{1}{4}$. Addition von oben $\left(1 + \frac{1}{2} + \frac{1}{4}\right)$ ergibt die gesuchte Summe 2.

2.3.2 Division

Kann die Division nicht auf die Multiplikation mit dem Kehrwert zurückgeführt werden, so muss die Division explizit durchgeführt werden. Bei der ganzzahligen Division werden in der ersten Spalte die Zweierpotenzen, beginnend mit der Eins, fortlaufend verdoppelt, in der zweiten Spalte der Divisor. Man sucht nun in der zweiten Spalte alle Vielfachen des Divisors, deren Summe den Dividenden ergibt; falls die Division nicht ganzzahlig verläuft, müssen auch Bruchteile in Betracht gezogen werden. Die entsprechende Summe der ersten Spalte liefert das Ergebnis der Division. Hier die ganzzahligen Beispiele $63 \div 7 = 9$ und $117 \div 9 = 13$:

\1	7
2	14
4	28
\8	56
	63

\1	9
2	18
\4	36
\8	72
	117

Hier eine Division mit Rest $19 \div 8$:

1	8
\2	16
$\overline{2}$	4
\$\overline{4}$	2
\$\overline{8}$	1
	19

Es gilt somit $19 \div 8 = 2\,\overline{4}\,\overline{8}$.

Beispiel einer Division $(7 \div 15)$ mit Verwendung des Kehrwerts von 2/15:

$$\frac{2}{15} = \frac{1}{30} + \frac{1}{10} = \frac{1}{9} + \frac{1}{45}$$

Es ergibt sich:

$$7 \div 15 = 7 \times \overline{15} = (4 + 2 + 1) \times \overline{15} = 4 \times \overline{15} + 2 \times \overline{15} + 1 \times \overline{15}$$

Das Vierfache des Bruchs $4 \times \overline{15}$ wird hier erreicht durch Verdoppelung von $2 \times \overline{15}$.

$$\Rightarrow 7 \div 15 = \left(\frac{1}{15} + \frac{1}{5} \right) + \left(\frac{1}{9} + \frac{1}{45} \right) + \frac{1}{15} = \overline{5}\,\overline{9}\,\overline{10}\,\overline{30}\,\overline{45}$$

Bei Aufgabe RMP #7 wird folgendes Produkt gesucht und ausgerechnet:

$$\left(1 + \frac{1}{2} + \frac{1}{4} \right) \times \left(\frac{1}{4} + \frac{1}{28} \right) = \frac{1}{4} + \frac{1}{28} + \frac{1}{8} + \frac{1}{36} + \frac{1}{16} + \frac{1}{112}$$

Der Papyrus erweitert die rechte Seite mit 28:

$$7 + 1 + 3\frac{1}{2} + \frac{1}{2} + 1\frac{1}{2}\frac{1}{4} + \frac{1}{4} = 14$$

Das gesuchte Produkt ist damit $\frac{14}{28} = \overline{2}$. Es folgt die Division $2 \div 23$.

1	23
$\overline{3}$	$15\,\overline{3}$
$\overline{\overline{3}}$	$7\,\overline{\overline{3}}$
$\overline{6}$	$3\,\overline{2}\,\overline{3}$
\$\overline{12}$	$1\,\overline{2}\,\overline{4}\,\overline{6}$
\$\overline{276}$	$\overline{12}$

Die Zwölfteilung ergibt hier $\left(1\,\overline{2}\,\overline{4}\,\overline{6}\right) < 2$. Es fehlt noch $2 - \left(1\overline{2}\,\overline{4}\,\overline{6}\right) = \overline{12}$. $\frac{1}{12}$ von $\frac{1}{23}$ ist $\frac{1}{276}$. Somit folgt:

$$\frac{2}{23} = \overline{12}\,\overline{276}$$

Dieses Ergebnis zeigt auch die 2/n-Tabelle des RMP.

Es folgen zwei Beispiele zur Division von Brüchen.

a) Gesucht ist $2 \div \left(1\,\overline{3}\,\overline{4}\right)$:

\1	$1\,\overline{3}\,\overline{4}$
$\overline{\overline{3}}$	$1\,\overline{18}$
$\overline{3}$	$2\,\overline{36}$
\$\overline{6}$	$4\,\overline{72}$
\$\overline{12}$	$8\,\overline{144}$

Die markierte Summe der rechten Spalte ergibt $\frac{95}{48} < 2$, es fehlt also noch $\frac{1}{48}$. Fortführen liefert dazu:

\$\overline{228}$	$\overline{144}$
\$\overline{144}$	$\overline{72}$

Es ergibt sich somit $2 \div \left(1\,\overline{3}\,\overline{4}\right) = 1\,\overline{6}\,\overline{12}\,\overline{114}\,\overline{228}$. Die Probe für die markierte Summe der rechten Seite zeigt den Dividenden

$$1\,\overline{3}\,\overline{4}\,\overline{4}\,\overline{72}\,\overline{8}\,\overline{144}\,\overline{144}\,\overline{72} = 1\,\overline{2}\,\overline{3}\,\overline{8}\,\overline{36}\,\overline{72} = 2$$

b) $100 \div 7\,\overline{2}\,\overline{4}\,\overline{8}$ aus einer Nebenrechnung von RMP #70:

1	$7.\overline{2}\,\overline{4}\,\overline{8}$
2	$15\,\overline{2}\,\overline{4}$
\4	$31\,\overline{2}$
\8	63
\$\overline{\overline{3}}$	$1\,\overline{2}\,\overline{4}\,\overline{6}$
$\overline{63}$	$\overline{8}$
\$\overline{42}\,\overline{126}$	$\overline{4}$

Die Summe $\left(31\,\overline{2} + 63 + 1\,\overline{2}\,\overline{4}\,\overline{6}\right)$ ist $99\frac{3}{4}$, es fehlt noch $\frac{1}{4}$. Zeile 6 ist die Umkehrung der Zeile 4, dort findet man $\frac{1}{8}$. Also muss $\overline{63}$ halbiert werden, macht $\overline{126}$. Ergebnis ist somit:

$$100 \div \left(7\,\overline{2}\,\overline{4}\,\overline{8}\right) = 12\,\overline{\overline{3}}\,\overline{42}\,\overline{126}$$

Abb. 2.30 Das Horus-
Auge und die zugeordneten
Stammbrüche

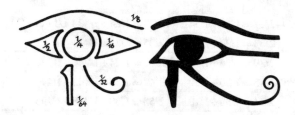

2.3.3 Zerlegung in Stammbrüche

Die Ägypter kannten Brüche nur als Stammbrüche; d. h. Brüche mit Zähler Eins.
Stammbrüche, deren Nenner eine Zweierpotenz ist, sind spezielle Horus-Augen-Brüche
(Abb. 2.30). Sie werden meist bei der Aufteilung von Getreide verwendet. Brüche klei-
ner als $\frac{1}{64}$ werden in der Einheit *ro* ausgedrückt, dabei gilt $\frac{1}{320} = 1\,ro$.
Ein Beispiel einer solchen Zerlegung ist:

$$\frac{1}{10} = \frac{1}{10} \cdot \frac{64}{64} = \frac{60+4}{640} = \frac{6}{64} + \frac{4}{640} = \frac{2+4}{64} + \frac{2}{320} = \frac{1}{16} + \frac{1}{32} + 2ro$$

Für die häufig vorkommenden Brüche $\frac{2}{3}$ und $\frac{3}{4}$ hatten die Ägypter ein spezielles Symbol.
Alle anderen Brüche mussten daher als Summe von Stammbrüchen dargestellt werden.
Da sie kein Summenzeichen kannten, schrieben sie die Brüche (additiv) nebeneinander,
wobei sich die verwendeten Stammbrüche nicht wiederholen durften. Zwei Beispiele
sind:

$$\frac{9}{10} = \overline{\overline{3}}\,\overline{5}\,\overline{30} = \frac{2}{3} + \frac{1}{5} + \frac{1}{30}$$

$$\frac{2}{19} = \overline{12}\,\overline{76}\,\overline{114} = \frac{1}{12} + \frac{1}{76} + \frac{1}{114}$$

Für Teilungsaufgaben liefert eine Zerlegung eines Bruchs eine „gerechte" Teilung. Sollen beispielsweise 7 Brote auf 10 Leute verteilt werden, so erhält jeder 2 gleich große
Stücke, nämlich ein halbes Brot und ein Fünftel.

$$\frac{7}{10} = \frac{5+2}{10} = \frac{1}{2} + \frac{1}{5}$$

Für die Brüche $\frac{2}{n}$ ($n \bmod 2 = 1$) hatten die Ägypter fertige Tabellen; hier die vollständige
2/n-Tabelle aus dem Papyrus Rhind (RMP):

2/3 = 1/2 + 1/6	2/5 = 1/3 + 1/15	2/7 = 1/4 + 1/28
2/9 = 1/6 + 1/18	2/11 = 1/6 + 1/66	2/13 = 1/8 + 1/52 + 1/104
2/15 = 1/10 + 1/30	2/17 = 1/12 + 1/51 + 1/68	2/19 = 1/12 + 1/76 + 1/114
2/21 = 1/14 + 1/42	2/23 = 1/12 + 1/276	2/25 = 1/15 + 1/75

$2/27 = 1/18 + 1/54$	$2/29 = 1/24 + 1/58 + 1/174 + 1/232$	$2/31 = 1/20 + 1/124 + 1/155$
$2/33 = 1/22 + 1/66$	$2/35 = 1/30 + 1/42$	$2/37 = 1/24 + 1/111 + 1/296$
$2/39 = 1/26 + 1/78$	$2/41 = 1/24 + 1/246 + 1/328$	$2/43 = 1/42 + 1/86 + 1/129 + 1/301$
$2/45 = 1/30 + 1/90$	$2/47 = 1/30 + 1/141 + 1/470$	$2/49 = 1/28 + 1/196$
$2/51 = 1/34 + 1/102$	$2/53 = 1/30 + 1/318 + 1/795$	$2/55 = 1/30 + 1/330$
$2/57 = 1/38 + 1/114$	$2/59 = 1/36 + 1/236 + 1/531$	$2/61 = 1/40 + 1/244 + 1/488 + 1/610$
$2/63 = 1/42 + 1/126$	$2/65 = 1/39 + 1/195$	$2/67 = 1/40 + 1/335 + 1/536$
$2/69 = 1/46 + 1/138$	$2/71 = 1/40 + 1/568 + 1/710$	$2/73 = 1/60 + 1/219 + 1/292 + 1/365$
$2/75 = 1/50 + 1/150$	$2/77 = 1/44 + 1/308$	$2/79 = 1/60 + 1/237 + 1/316 + 1/790$
$2/81 = 1/54 + 1/162$	$2/83 = 1/60 + 1/332 + 1/415 + 1/498$	$2/85 = 1/51 + 1/255$
$2/87 = 1/58 + 1/174$	$2/89 = 1/60 + 1/356 + 1/534 + 1/890$	$2/91 = 1/70 + 1/130$
$2/93 = 1/62 + 1/186$	$2/95 = 1/60 + 1/380 + 1/570$	$2/97 = 1/56 + 1/679 + 1/776$
$2/99 = 1/66 + 1/198$	$2/101 = 1/101 + 1/202 + 1/303 + 1/606$	

Frühe Papyri wie der Papyrus Kahun IV.2 enthalten dieselben Zerlegungen von 2/3 bis 2/21, spätere weichen davon ab.

Von der Vielzahl der Zerlegungsmethoden sollen im Folgenden einige vorgestellt werden. Es stellt sich jedoch heraus, dass es *keinen* universellen Algorithmus gibt, der alle Zerlegungen des RMP erklären kann.

Die **Methode (1)** verwendet die Identität:

$$\frac{1}{n} = \frac{1}{n+1} + \frac{1}{n(n+1)}$$

Für ungerade Nenner erhält man daraus das Zweifache:

$$\frac{2}{n} = \frac{1}{\frac{n+1}{2}} + \frac{1}{\frac{n(n+1)}{2}}$$

Dies zeigt speziell:

$$\frac{2}{3} = \frac{1}{\frac{3+1}{2}} + \frac{1}{3\frac{3+1}{2}} = \frac{1}{2} + \frac{1}{6} \quad \therefore \quad \frac{2}{7} = \frac{1}{\frac{7+1}{2}} + \frac{1}{7\frac{7+1}{2}} = \frac{1}{4} + \frac{1}{28}$$

Beide Zerlegungen finden sich im RMP.

Für den Zähler 3 lassen sich Brüche vereinfachen, wenn der Nenner gleich 2 *mod* 3 ist:

$$\frac{3}{n} = \frac{1}{\frac{n+1}{3}} + \frac{1}{\frac{n(n+1)}{3}} \Rightarrow \frac{3}{5} = \frac{1}{\frac{5+1}{3}} + \frac{1}{\frac{5(5+1)}{3}} = \frac{1}{2} + \frac{1}{10}$$

Methode (2) beruht auf der Identität:

$$\frac{2}{pq} = \frac{1}{\frac{p(p+q)}{2}} + \frac{1}{\frac{q(p+q)}{2}}$$

Hier lassen sich die rechtsstehenden Brüche vereinfachen, wenn beide Faktoren des Nenners ungerade sind. Als Beispiele gelten:

$$\frac{2}{15} = \frac{1}{\frac{3(3+5)}{2}} + \frac{1}{\frac{5(3+5)}{2}} = \frac{1}{12} + \frac{1}{20} \quad \therefore \quad \frac{2}{21} = \frac{1}{\frac{3(3+7)}{2}} + \frac{1}{\frac{7(3+7)}{2}} = \frac{1}{15} + \frac{1}{35}$$

Beide Ergebnisse sind nicht im RMP enthalten.

Methode (3) nutzt die Identität: $2 = 1 + \frac{1}{2} + \frac{1}{3} + \frac{1}{6}$. Damit gilt:

$$\frac{2}{n} = \frac{1}{n} + \frac{1}{2n} + \frac{1}{3n} + \frac{1}{6n}$$

Speziell für $n = 101$ liefert dies im RMP:

$$\frac{2}{101} = \frac{1}{101} + \frac{1}{202} + \frac{1}{303} + \frac{1}{606}$$

Methode (4) wurde von F. Hultsch (1895) gefunden und von E. Bruins bestätigt. Sie geht aus von der Gleichung:

$$\frac{2}{p} - \frac{1}{q} = \frac{2q-p}{pq} \Rightarrow \frac{2}{p} = \frac{1}{q} + \frac{2q-p}{pq}$$

Wählt man den Zähler q geeignet und zerlegt den Zähler $(2q - p)$ passend in Summanden, so kann gekürzt werden. Zwei Beispiele, die eine Zerlegung aus dem RMP liefern:

$$\frac{2}{19} = \frac{1}{12} + \frac{24 - 19}{12 \cdot 19} = \frac{1}{12} + \frac{3+2}{12 \cdot 19} = \frac{1}{12} + \frac{1}{76} + \frac{1}{114}$$

$$\frac{2}{39} = \frac{1}{26} + \frac{52 - 39}{26 \cdot 39} = \frac{1}{26} + \frac{13}{26 \cdot 39} = \frac{1}{26} + \frac{1}{78}$$

Methode (5) findet sich bei Leonardo von Pisa in seinem Buch *Liber abaci* als *regula in disgregatione partium numerorum*. Sie besteht darin, vom gegebenen Bruch einen möglichst großen Stammbruch abzutrennen und das Verfahren mit der Differenz so lange fortzusetzen, bis ein Stammbruch erscheint. Ein solcher schnell zum Ziel kommender Algorithmus wird gierig (engl. *greedy*) genannt. J. J. Sylvester entdeckte das Verfahren neu und bewies, dass jeder echte Bruch durch diesen Algorithmus zerlegt werden kann.

Beweis des gierigen Verfahrens:

Es sei $\frac{p}{q}$ ein echter Bruch mit $p, q \in \mathbb{N}$ mit $0 < p < q$. Wegen $\frac{p}{q} < 1 \Rightarrow \frac{q}{p} > 1$ kann die größte natürliche Zahl n gewählt werden, die kleiner ist als $\frac{q}{p}$. Es folgt:

$$n < \frac{q}{p} \Rightarrow np < q \Rightarrow np - q < 0 \tag{1}$$

Damit wird der Stammbruch $\frac{1}{n+1}$ abgetrennt. Der Rest ist

$$\frac{p}{q} - \frac{1}{n+1} = \frac{p(n+1) - q}{q(n+1)}$$

Dieser Rest ist kleiner als $\frac{p}{q}$. Auch die Differenz der Zähler wird kleiner; dies sieht man mit (1):

$$[p(n+1) - q] - p = pn + p - q + p = pn - q < 0$$

Ist der neue Zähler größer als Eins, so wird das Verfahren wiederholt und ein neuer Stammbruch abgespalten. Da die natürlichen Zahlen nach unten beschränkt sind, endet das Verfahren spätestens beim Zähler 1; der entsprechende Bruch beendet die Reihe der Stammbrüche.

Als Beispiel dient der Bruch $\frac{7}{17}$. Wegen $\frac{17}{7} = 2\frac{3}{7} > 2$ kann der Stammbruch $\frac{1}{2+1}$ entfernt werden. Es folgt $\frac{7}{17} - \frac{1}{3} = \frac{4}{51}$. Die Wiederholung liefert $\frac{51}{4} = 12\frac{3}{4} > 12$. Damit wird der Stammbruch $\frac{1}{13}$ abgetrennt. Die Differenz ist $\frac{4}{51} - \frac{1}{13} = \frac{1}{663}$. Letzterer Bruch ist bereits ein Stammbruch; somit gilt die Zerlegung:

$$\frac{7}{17} = \frac{1}{3} + \frac{1}{13} + \frac{1}{663}$$

Weitere Zerlegungen für den Zähler 2 folgen; in runden Klammern steht die zugehörige Variante des RMP:

$$\frac{2}{29} = \frac{1}{15} + \frac{1}{435} = \left(\frac{1}{24} + \frac{1}{58} + \frac{1}{174} + \frac{1}{232} \right)$$

$$\frac{2}{37} = \frac{1}{19} + \frac{1}{703} = \left(\frac{1}{24} + \frac{1}{111} + \frac{1}{296} \right)$$

Wie man sieht, liefert der gierige Algorithmus weniger Summanden, dafür größere Nenner. Der Papyrus scheint hier kleinere Nenner vorzuziehen. Ein extremes Beispiel bietet $\frac{5}{121}$, dafür hat Ian Stewart mithilfe des gierigen Algorithmus folgende Zerlegung gefunden:

$$\frac{5}{121} = \frac{1}{25} + \frac{1}{757} + \frac{1}{763309} + \frac{1}{873960180913} + \frac{1}{1527612795642093418225}$$

Einfacher wäre:

$$\frac{5}{121} = \frac{1}{33} + \frac{1}{121} + \frac{1}{363} = \frac{1}{33} + \frac{1}{99} + \frac{1}{1089}$$

Nach Stewart haben Computerexperimente gezeigt, dass der gierige Algorithmus auch mit geraden Nennern funktioniert.

Methode (6): Für Nenner *0 mod 3* findet Neugebauer folgende Identität:

$$\frac{2}{n} = \frac{1}{2n} + \frac{3}{2n}$$

Hier ergeben sich die Zerlegungen, die mit dem RMP übereinstimmen:

$$\frac{2}{15} = \frac{1}{30} + \frac{1}{10} \quad \therefore \quad \frac{2}{21} = \frac{1}{42} + \frac{1}{14}$$

Methode (7): Analog gibt Neubauer für Nenner *0 mod 5* folgende Identität an:

$$\frac{2}{n} = \frac{1}{3n} + \frac{5}{3n}$$

Hier ergeben sich die Zerlegungen, die sich nicht im RMP finden (diese in Klammern):

$$\frac{2}{35} = \frac{1}{105} + \frac{1}{21}\left(= \frac{1}{30} + \frac{1}{42}\right) \quad \therefore \quad \frac{2}{45} = \frac{1}{135} + \frac{1}{27}\left(= \frac{1}{30} + \frac{1}{90}\right)$$

Die von Neugebauer behauptete Gültigkeit gilt also nicht.

Methode (8) findet sich in RMP #61:

2/3 zu machen von einem Stammbruch: Wenn dir gesagt wird, was ist 2/3 von 1/5, so mache es zweimal und sechsmal.

Dies ist so zu interpretieren: Für den Stammbruch *x* wird das 2/3-Fache zerlegt durch:

$$\frac{2}{3}x = \frac{1}{2}x + \frac{1}{6}x$$

Diese Form kann auf alle durch 3 teilbaren Nenner verwendet werden. Beispiele sind:

$$\frac{2}{15} = \frac{2}{3} \cdot \frac{1}{5} = \frac{1}{2} \cdot \frac{1}{5} + \frac{1}{6} \cdot \frac{1}{5} = \frac{1}{10} + \frac{1}{30}$$

$$\frac{2}{21} = \frac{2}{3} \cdot \frac{1}{7} = \frac{1}{2} \cdot \frac{1}{7} + \frac{1}{6} \cdot \frac{1}{7} = \frac{1}{14} + \frac{1}{42}$$

$$\frac{2}{39} = \frac{2}{3} \cdot \frac{1}{13} = \frac{1}{2} \cdot \frac{1}{13} + \frac{1}{6} \cdot \frac{1}{13} = \frac{1}{26} + \frac{1}{78}$$

Alle Zerlegungen von $\frac{2}{n}$ ($n \bmod 3 = 0$) stimmen mit den Resultaten von Methode (5) überein.

Methode (9): Eisenlohr (S. 33) gibt noch folgende Zerlegungen an

$$\frac{2}{n} = \frac{1}{ab} + \frac{1}{an} + \frac{1}{bn} \quad \therefore \quad \frac{2}{n} = \frac{1}{abc} + \frac{1}{an} + \frac{1}{bn} + \frac{1}{cn}$$

Multiplizieren mit *ab* bzw. *abc* liefert:

$$\frac{2ab}{n} = 1 + \frac{b}{n} + \frac{a}{n} \Rightarrow n = 2ab - (a + b)$$

$$\frac{2abc}{n} = 1 + \frac{ab}{n} + \frac{bc}{n} + \frac{ac}{cn} \Rightarrow n = 2abc - (ab + bc + ac)$$

Eisenlohr findet die Darstellungen:

$$17 = 2 \cdot (3 \cdot 4) - (3 + 4) \quad \therefore \quad 43 = 2 \cdot (2 \cdot 3 \cdot 7) - (2 \cdot 3 + 3 \cdot 7 + 2 \cdot 7)$$

Die zugehörigen Zerlegungen sind tatsächlich im RMP enthalten:

$$\frac{2}{17} = \frac{1}{12} + \frac{1}{51} + \frac{1}{68} \quad \therefore \quad \frac{2}{43} = \frac{1}{42} + \frac{1}{68} + \frac{1}{129} + \frac{1}{301}$$

Nicht im Papyrus findet sich die Zerlegung für $29 = 2 \cdot 2 \cdot 3 \cdot 5 - (2 \cdot 3 + 3 \cdot 5 + 2 \cdot 5)$. Diese ergibt:

$$\frac{2}{29} = \frac{1}{30} + \frac{1}{58} + \frac{1}{87} + \frac{1}{145}$$

Eisenlohr begründet dies, dass hier eine abweichende Zerlegung benutzt wurde:

$$4 \times 29 = 2 \cdot 2 \cdot 6 \cdot 8 - (2 \cdot 6 + 6 \cdot 8 + 2 \cdot 8)$$

Dies liefert nach der Division durch 4:

$$\frac{2}{29} = \frac{1}{24} + \frac{1}{58} + \frac{1}{174} + \frac{1}{232}$$

Methode (10): Im Grab des *Senenmut*, des Architekten des Tempels Deir el-Bahari in Theben, finden sich verschiedene Ostraka. Dieser Tempel wurde unter der Herrschaft des weiblichen Pharaos Hatshepsut (1520–1480 v. Chr.) errichtet. Das *Ostrakon 153* des Metropolitan Museum of Art (New York) berechnet $\frac{2}{7}$ wie folgt:

Es erweitert den Bruch zu $\frac{6}{21}$. Der neue Zähler wird zerlegt in $6 = 3\frac{1}{2} + 1\frac{1}{2} + 1$; damit folgt:

$$\frac{2}{7} = \frac{6}{21} = \frac{1}{21} \times \left(3\frac{1}{2} + 1\frac{1}{2} + 1\right) = \frac{3\frac{1}{2}}{21} + \frac{1\frac{1}{2}}{21} + \frac{1}{21} = \frac{1}{6} + \frac{1}{14} + \frac{1}{21}$$

Der RMP zeigt hier $\frac{2}{7} = \frac{1}{4} + \frac{1}{28}$. Das Ostrakon liefert ferner die Zerlegung für 4/7:

$$\frac{4}{7} = \frac{12}{21} = \frac{1}{21} \times \left(10\frac{1}{2} + 1\frac{1}{2}\right) = \frac{10\frac{1}{2}}{21} + \frac{1\frac{1}{2}}{21} = \frac{1}{2} + \frac{1}{14}$$

Die Methode des Ostrakon 153 kann analog fortgesetzt werden:

$$\frac{3}{7} = \frac{9}{21} = \frac{1}{21} \times \left(5\frac{1}{4} + 3 + \frac{3}{4}\right) = \frac{5\frac{1}{4}}{21} + \frac{3}{21} + \frac{\frac{3}{4}}{21} = \frac{1}{4} + \frac{1}{7} + \frac{1}{28}$$

$$\frac{5}{7} = \frac{15}{21} = \frac{1}{21} \times \left(10\frac{1}{2} + 3 + 1\frac{1}{2}\right) = \frac{10\frac{1}{2}}{21} + \frac{3}{21} + \frac{1\frac{1}{2}}{21} = \frac{1}{2} + \frac{1}{7} + \frac{1}{14}$$

$$\frac{6}{7} = \frac{18}{21} = \frac{1}{21} \times (14 + 3 + 1) = \frac{14}{21} + \frac{3}{21} + \frac{1}{21} = \frac{2}{3} + \frac{1}{7} + \frac{1}{21}$$

Methode (11) ist eine Variation des gierigen Verfahrens, wobei nicht der größtmögliche Teilbruch gewählt wird. Abtrennen des Bruchs $\frac{1}{k}$ liefert die Zerlegung

$$\frac{2}{n} = \frac{1}{k} + \frac{2k - n}{nk}; k \geq \frac{n+1}{2}$$

Kann der Bruch gekürzt werden bzw. gilt hier $k = \frac{n+1}{2}$, so hat man eine Zerlegung in zwei Teilbrüche gefunden, andernfalls muss ein neuer Bruch abgespalten werden. Als Beispiel sei der Nenner $n = 35$ gewählt. Mögliche Werte sind $k \in \{18, 19, \ldots, 34\}$. Wählt man $k = 30$, so findet man den Eintrag des RMP

$$\frac{2}{35} = \frac{1}{30} + \frac{2 \cdot 30 - 30}{30 \cdot 35} = \frac{1}{30} + \frac{1}{42}$$

Unter den Zeilen des Papyrus befinden sich Hilfszahlen, die meist in roter Tinte geschrieben wurden:

2/35	$\overline{30}$	$\overline{42}$
6	7	5

Vogel (S. 11) vermutet, dass der Schreiber hier an den „Hauptnenner" 210 denkt. Es gilt nämlich:

$$\frac{1}{35} = \frac{6}{210} \quad \therefore \quad \frac{1}{30} = \frac{7}{210} \quad \therefore \quad \frac{1}{42} = \frac{5}{210}$$

Methode (12) nach Arnt Brünner[26]: Abschließend eine Verallgemeinerung der Methode (1), die erlaubt die Gesamtheit aller Zerlegungen von $\frac{2}{n}(n \bmod 2 = 1)$ in zwei Stammbrüche zu bestimmen. Zunächst gilt:

$$\frac{2}{n} = \frac{1}{a} + \frac{1}{b} = \frac{a+b}{ab} \Rightarrow \frac{2ab}{n} = a + b \in \mathbb{N} \Rightarrow n|(ab)$$

Wenn der Nenner n ein Teiler des Zählerprodukts ab ist, gibt es eine Darstellung mit $k \in N$

$$ab = kn \Rightarrow b = \frac{kn}{a}$$

Einsetzen liefert:

$$\frac{2}{n} = \frac{1}{a} + \frac{1}{b} = \frac{1}{a} + \frac{a}{kn} = \frac{kn + a^2}{akn} \Rightarrow 2 = \frac{kn + a^2}{ak} \Rightarrow a = k \pm \sqrt{k(k-n)}$$

---

[26]www.arndt-bruenner.de/mathe/scripts/aegyptischedarstellung.htm [31.03.2015].

Die rechte Seite kann nur ganzzahlig sein, wenn der Radikand $k(k - n)$ein Quadrat r^2 ist. Auflösen nach $k > 0$ ergibt:

$$k = \frac{n \pm \sqrt{n^2 + 4r^2}}{2} \underset{t=2r}{\Rightarrow} k = \frac{n + \sqrt{n^2 + t^2}}{2}$$

Auch hier muss der Radikand ein Quadrat sein: $n^2 + t^2 = s^2 \Rightarrow n^2 = s^2 - t^2$. Das Quadrat des Nenners muss somit als Differenz zweier Quadrate darstellbar sein. Mit einer Faktorisierung in zwei Terme folgt:

$$n^2 = s^2 - t^2 = pq \Rightarrow s = \frac{p+q}{2}; \ t = \frac{p-q}{2}$$

Dies zeigt die Rechnung:

$$s^2 - t^2 = \left(\frac{p+q}{2}\right)^2 - \left(\frac{p-q}{2}\right)^2 = \frac{p^2 + 2pq + q^2 - p^2 + 2pq - q^2}{4} = pq = n^2$$

Alle Zerlegungen von n^2 in ein Produktpaar lassen sich der Primzahlzerlegung entnehmen. Wir wählen als Beispiel: $n = 45 = 3^2 \times 5 \Rightarrow n^2 = 2025 = 3^4 \times 5^2$. Die folgende Tabelle zeigt das Vorgehen:

p	q	$t = \frac{p-q}{2}$	$r = \frac{t}{2}$	k	$a = k - r$	$b = k + r$
2025	1	1012	506	529	23	1035
675	3	336	168	192	24	360
405	5	200	100	125	25	225
225	9	108	54	81	27	135
135	15	60	30	60	30	90
81	25	28	14	49	35	63
75	27	24	12	48	36	60

Es ergeben sich die sieben Zerlegungen:

$$\frac{2}{45} = \frac{1}{23} + \frac{1}{531} = \frac{1}{24} + \frac{1}{360} = \frac{1}{25} + \frac{1}{225} = \frac{1}{27} + \frac{1}{135}$$
$$\frac{2}{45} = \frac{1}{30} + \frac{1}{90} = \frac{1}{35} + \frac{1}{63} = \frac{1}{36} + \frac{1}{60}$$

Der RMP enthält die fünfte der sieben Zerlegungen.

Methode (13): Interessant ist noch die Zerlegungsmethode eines allgemeinen Bruchs $\frac{a}{b}$ mit $ggT(a, b) = 1$ als diophantische Gleichung. Dies sei am Beispiel $\frac{13}{42}$ gezeigt. Zu lösen ist die Gleichung:

$$13x + 42y = 1 \Rightarrow x = 13; y = -4$$

Nach Division durch $13 \cdot 42 = 546$ erhält man die Darstellung:

$$13 \cdot 13 - 42 \cdot 4 = 1 \Rightarrow \frac{13}{42} = \frac{1}{546} + \frac{4}{13}$$

Es bleibt 4/13 zu zerlegen. Aus $\left(4x + 13y = 1 \Rightarrow x = 10; y = -3\right)$ folgt

$$4 \cdot 10 - 13 \cdot 3 = 1 \Rightarrow \frac{4}{13} = \frac{1}{130} + \frac{3}{10}$$

Nun ist 3/10 an der Reihe. Mit $\left(3x + 10y = 1 \Rightarrow x = 7; y = -2\right)$ ergibt sich:

$$3 \cdot 7 - 10 \cdot 2 = 1 \Rightarrow \frac{3}{10} = \frac{1}{70} + \frac{2}{7}$$

Schließlich liefert $\left(2x + 7y = 1 \Rightarrow x = 4; y = -1\right)$

$$2 \cdot 4 - 7 \cdot 1 = 1 \Rightarrow \frac{2}{7} = \frac{1}{28} + \frac{1}{4}$$

Rückwärtseinsetzen zeigt:

$$\frac{13}{42} = \frac{1}{4} + \frac{1}{28} + \frac{1}{70} + \frac{1}{130} + \frac{1}{546}$$

Erwähnt sei hier noch die Vermutung von *Erdös-Strauss*, die besagt, die Zerlegung eines Bruchs $\frac{4}{n}$ kommt (höchstens) mit drei Stammbrüchen aus:

$$\frac{4}{n} = \frac{1}{a} + \frac{1}{b} + \frac{1}{c}$$

Bis $n < 10^{14}$ wurde hier noch kein Gegenbeispiel gefunden. Eine ausführliche Diskussion findet sich bei L. J. Mordell[27] und R. K. Guy[28]. Dieselbe Vermutung für Brüche der Form $\frac{5}{n}$ hat W. Sierpinski 1956 ausgesprochen.

Bemerkung: Neben dem RMP finden sich mehrere Schriften zur Zerlegung von Brüchen:

- Die Kahun- bzw. Lahun-Papyri (Ergebnisse wie RMP),
- die EMLR enthält Zerlegungen der Brüche 1/n,
- Die Akhmim-Holztafel behandelt speziell die Zerlegungen mit $\left\{\frac{1}{3}; \frac{1}{7}; \frac{1}{10}; \frac{1}{11}; \frac{1}{13}\right\}$ und Horus-Augen-Brüchen.

[27]Mordell, L. J.: Diophantine Equations, S. 287–290. Academic Press (1969).

[28]Guy, R.K.: Unsolved Problems in Number Theory, S. 87–93. Springer (1981).

2.3.4 Lineare Gleichungssysteme

K. Vogel (VG I) unterscheidet drei Methoden zur Auflösung linearer Gleichungen.

1) In Aufgabe RMP #30 heißt es in moderner Form:

$$\frac{2}{3}x + \frac{1}{10}x = 10$$

Der Papyrus ermittelt den Kehrwert $\left(\overline{3}\,\overline{10}\right)^{-1} = 1\,\overline{5}\,\overline{10}\,\overline{230}$. Die Division $10 \div \left(\overline{3}\,\overline{10}\right)$ wird

als Produkt $10 \times \left(1\,\overline{5}\,\overline{10}\,\overline{230}\right)$ ausgeführt. Dies liefert $x = \left(10 + 2 + 1 + \overline{23}\right) = 13\,\overline{23}$.

2) Das Problem RMP #24 lautet in moderner Schreibweise:

$$x + \frac{x}{7} = 19$$

Der Papyrus addiert zunächst $1 + 7 = 8$, dann dividiert er $19 \div 8 = 2\,\overline{4}\,\overline{8}$. Die 7 wird mit dem Quotienten multipliziert:

$$x + \frac{x}{7} = x\left(1 + \frac{1}{7}\right) = \frac{x}{7} \cdot 8 = 19 \Rightarrow \frac{x}{7} = 19 \div 8 \Rightarrow x = 7 \times \left(2\,\overline{4}\,\overline{8}\right) = 16\,\overline{2}\,\overline{8}$$

Als Erklärung wird hier oft die *Regula falsi* verwendet. Dabei wird anfangs $x = 7$ gesetzt. Die linke Seite liefert damit 8, also den Bruchteil $\frac{8}{19}$ der rechten Seite. Somit muss der Ansatz ($x = 7$) mit $\frac{19}{8}$ multipliziert werden. Dies gibt schließlich $7 \times \frac{19}{8}$.

K. Vogel erklärt den Vorgang so: Die gesuchte Größe wird in Gedanken in 7 Teile geteilt. Ein Siebentel dazu macht 8 Teile, was insgesamt 19 ergibt. Jedem Anteil entspricht somit $19 \div 8 = \left(2\,\overline{4}\,\overline{8}\right)$. Die gesuchte Größe ist genau das Siebenfache davon.

3) Aufgabe RMP #27 ist in moderner Form gegeben:

$$\left(x + \frac{2}{3}x\right) - \frac{1}{3}\left(x + \frac{2}{3}x\right) = 10$$

Der Rechengang des Papyrus ist unvollständig. Vielleicht wird im Kopf gerechnet: $\frac{5}{3}x$ vermindert, um $\frac{1}{3}$, macht $1\frac{1}{9}x$. Es wäre also die Division $10 \div \left(1\overline{9}\right)$ auszuführen, dafür wird das Produkt $10 \times \left(1 - \overline{10}\right)$ ausgeführt mit dem Ergebnis $x = 10 - 1 = 9$.

K. Vogel interpretiert dies so: Die linke Seite liefert $1\frac{1}{9}x$. Um auf $\frac{9}{9}x$ zu kommen, muss man beiderseits ein Zehntel abziehen, also links $\frac{1}{9}x$ und rechts 1. Dies ergibt $x = 9$. Vogel

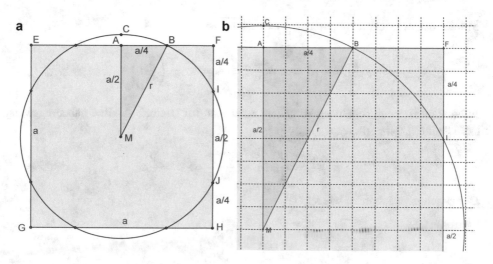

Abb. 2.31 Interpretation der Kreisfläche nach Engels

nennt dies die „arabische" Methode. A. B. Chace interpretiert dies als *Regula falsi* mit dem Ansatz $x = 9$.

Wie man den Beispielen entnimmt, war das Rechnen mit „linearen" Gleichungen, wie man das modern nennt, für altägyptische Schreiber keine triviale Sache.

A) Die Kreisfläche

RMP #50 „Gegeben ein rundes Feld vom Durchmesser 9 *khet*. Was ist seine Fläche?"

Der Papyrus rechnet: „Nimm 1/9 des Durchmessers weg; es bleibt 18. Multipliziere 8 mal 8; es ergibt 64. Das ist die Fläche von 64 *setat* Land."

In der Literatur finden sich zahlreiche Ansätze, die die hier verwendete ägyptische Näherungsformel für die Kreisfläche erklären.

1) Interpretation nach Engels[29]

Engels legt das Quadrat der Seite a so über den Kreis, dass die Schnittpunkte jede Quadratseite im Verhältnis 1:2:1 teilen (Abb. 2.31a). Dieses Quadrat soll dem Kreis flächengleich sein; es wird mit einem 16×16 Gitter unterlegt.

Das Dreieck $\triangle ABM$ hat damit die Seiten $|AM| = \frac{a}{2}$, $|AB| = \frac{a}{4}$ und $|BM| = r$, wobei r der Kreisradius ist (Abb. 2.31b). Bei Kenntnis des Pythagoras ergibt sich dann

$$r = \frac{d}{2} = \sqrt{\left(\frac{a}{4}\right)^2 + \left(\frac{a}{2}\right)^2} = \frac{\sqrt{5}a}{4}$$

---

[29]Engels, H.: Quadrature of the Circle in ancient Egypt, Historia Mathematica 4, 137–140 (1977).

Mit der babylonischen Näherung $\sqrt{5} = \sqrt{2^2 + 1} \approx 2 + \frac{1}{4} = \frac{9}{4}$ folgt

$$\frac{d}{2} = \frac{9}{16}a \Rightarrow a = \frac{8}{9}d \Rightarrow A = a^2 = \left(\frac{8}{9}d\right)^2$$

Interessant ist noch folgendes Vorgehen: Setzt man im Dreieck $\triangle ABM$ näherungsweise $|MB| \approx |MC|$, dann gilt:

$$r = \frac{d}{2} = \frac{9}{8}|MA| = \frac{9}{8} \cdot \frac{a}{2} \Rightarrow d = \frac{9}{8}a$$

Der zugehörige Inhalt ist wieder:

$$A = a^2 = \left(\frac{8}{9}d\right)^2$$

Mit der angegebenen Näherung des Dreiecks $\triangle ABM$ kann auf die Kenntnis des Pythagoras-Satzes verzichtet werden!

2) Interpretation nach Vogel (VG I, S. 66)

Setzt man nach Vogel den gesuchten Kreis flächengleich dem Achteck (vgl. Abb. 2.32a), so folgt mit $d = 9$ für die gesuchte Fläche:

$$A = d^2 - 4 \times \frac{d}{2} = 81 - 4 \times \frac{9}{2} = 63 \approx 64 = \left(\frac{8}{9}d\right)^2$$

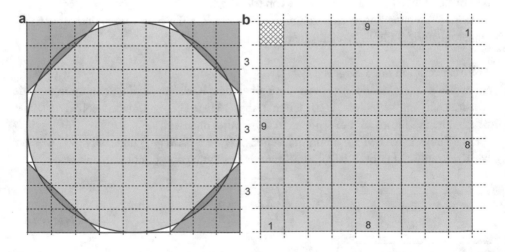

Abb. 2.32 Interpretation der Kreisfläche nach Gillings

Das Achteck hat die Fläche von 7 der 9 Teilquadrate des großen Quadrats, daher könnte man eigentlich die Formel $A = \frac{7}{9}(d)^2$ erwarten. Thomas Eric Peet[30] schreibt darüber:

> Die beste Errungenschaft der Ägypter im Bereich der zweidimensionalen Geometrie ist unzweifelhaft ihre gute Näherung der Kreisfläche. Sie quadrierten 8/9 seines Durchmessers mit dem Resultat $\frac{256}{81}r^2$, wobei r der Radius ist. Vergleicht man das mit unserer Formel πr^2, so erhalten wir die sehr gute Approximation $\pi \approx \frac{256}{81}$, was für praktische Zwecke ausreichend genug ist. Wir haben keine Ahnung, wie sie dieses Resultat gefunden haben; die Notation als quadratischer Term spricht für eine grafische Lösung.

Der Vergleich einver Kreisfläche vom Durchmesser 9 *khet* mit dem umbeschriebenen Quadrat wird in einer vorhergehenden Aufgabe RMP #49 geführt. Berechnet werden hier die Flächen zu 64 bzw. 81 *setat*.

3) Interpretation nach Gillings

R. J. Gillings ersetzt – wie Kurt Vogel – den Kreis in einem 9×9-Gitter durch ein Achteck, das aus dem Quadrat vier Dreiecke der Fläche $4\frac{1}{2}$ Kästchen aus den Ecken schneidet (Abb. 2.32a). Die ausgeschnittene Fläche von 18 Kästchen wird nun mittels zwei Streifen in Form eines Winkelhakens in das Quadrat gelegt (Abb. 2.32b). Da sich die beiden Streifen in einem Gitterkästchen überschneiden, beträgt seine Fläche nunmehr 17 Kästchen. Für die Kreisfläche bleiben damit ($81 - 17 = 64$) Kästchen. Da die Quadratseite gleich dem Durchmesser d ist, liefert diese Näherung den Kreisinhalt

$A = \frac{64}{81}d^2 = \left(\frac{8}{9}d\right)^2.$

4) Interpretation von Robins und Shute

G. Robins und C. Shute[31] haben folgenden Vorschlag gemacht. Zunächst wird ein Kreis in ein 8×8-Quadrat so eingezeichnet, dass je zwei Schnittpunkte (einer Seite) den Abstand 4 haben (vgl. Abb. 2.33). Betrachtet man Kreis und Quadrat näherungsweise als flächengleich, so kann man im Gitter ein rechtwinkliges Dreieck mit den Katheten 8 und 4 einzeichnen. Die Hypotenuse ist dann der Durchmesser, und es gilt:

$$d = \sqrt{8^2 + 4^2} = \sqrt{80} \approx 9$$

Daraus folgt: Die Kreisfläche ist näherungsweise gleich dem Quadrat, dessen Seite $\frac{8}{9}$ des Durchmessers ist.

---

[30]Peet, E. T.: Mathematics in Ancient Egypt, Bulletin of the John Rylands Library, **15**(2), S. 434 (1931).

[31]Robins G., Shute, Ch.: The Rhind Mathematical Papyrus: An Ancient Egyptian Text, S. 45. British Museum Publications, London (1987).

Abb. 2.33 Interpretation der Kreisfläche nach Robins und Shute

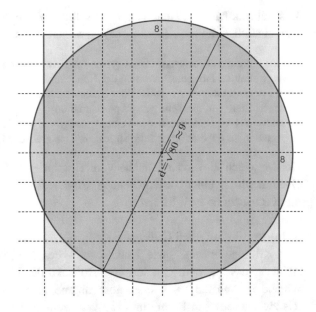

Abb. 2.34 Interpretation der Kreisfläche nach Gerdes

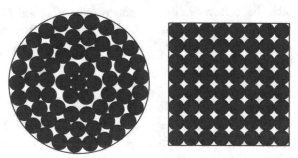

5. Interpretation von Gerdes

P. Gerdes[32] ist einer der führenden Verfechter der Ethnomathematik, die den Ursprung der Mathematik in Afrika suchen. So sucht er nach einer Erklärung der Kreisfläche, die auch von einem Laien experimentell gefunden werden kann. Er fand heraus, dass 64 Einheitskreise in ein Quadrat der Länge 8 und in einen Kreis vom Durchmesser 9 einbeschrieben werden können (Abb. 2.34).

Somit ist die Kreisfläche vom Durchmesser 9 näherungsweise gleich 8^2. Die zugehörige Quadratseite ist das $\frac{8}{9}$-Fache des Durchmessers, der Inhalt ist damit:

$$A = \left(\frac{8}{9}d\right)^2$$

---

[32]Gerdes, P.: Three alternative methods of obtaining the ancient Egyptian formula for the area of a circle, Historia Mathematica 12, 267 (1985).

Das Problem RMP 50 hat noch einen Vorgänger:

RMP #48 „Vergleiche die Kreisfläche mit dem umschriebenen Quadrat (Durchmesser 9)."
Der Papyrus quadriert 8 für die Kreisfläche bzw. 9 für das umschriebene Quadrat.

Bemerkung In späteren demotischen Schriften werden auch babylonische Formeln der Kreisberechnung verwendet. Ist d der Kreisdurchmesser, so findet man im Papyrus Kairo #36d folgende Beziehungen für den Umfang U bzw. die Fläche A eines Kreises:

$$U = 3d \quad \therefore \quad A = \frac{1}{12}U^2$$

B) Zylinderberechnung
Die Aufgaben #41–43 des Papyrus Rhind bereiten Probleme, da der Schreiber hier nicht korrekt mit den Einheiten 4 *hekat* und 100 *hekat* umgeht.

RPM #41 „Finde den Inhalt eines Kornspeichers vom Durchmesser 9 und der Höhe 10 (*Ellen*)."

Nimm 1/9 von 9, ergibt 1, Rest ist 8. Multipliziere 8 mit 8, macht 64. Multipliziert mit 10, ergibt 640 *(Kubikellen)*. Addiere die Hälfte dazu, macht 960 *(khar)*. Teile durch 20, ergibt 48. Was an 4*hekat* hineingeht: 4800 *hekat*.

Dieses Vorgehen entspricht der Formel $V = Ah = \left(\frac{8}{9}d\right)^2 h$. Der Rauminhalt wird noch in die Volumeneinheit 1 *khar* umgerechnet; es entspricht 1 *Kubikelle* = 1,5 *khar*. Es ergibt sich $640 \times 1\,\overline{2} = 960$ *khar*.

RMP #42 „Finde den Inhalt eines Kornspeichers vom Durchmesser 10 und von der Höhe 10 (*Ellen*)."
Der Papyrus rechnet:

Nimm $\overline{9}$ von 10, ergibt $1\overline{9}$.
Rest ist $8\,\overline{3}\,\overline{6}\,\overline{18}$.
Quadriert macht $79\,\overline{108}\,\overline{324}$.
Multipliziert mit 10 ergibt $790\,\overline{18}\,\overline{27}\,\overline{54}\,\overline{81}$.
Multipliziert mit $1\overline{2}$ liefert $1185\,\overline{6}\,\overline{54}$.

Der gesuchte Rauminhalt ist damit $790\,\overline{18}\,\overline{27}\,\overline{54}\,\overline{81}$ *Kubikellen* oder $1185\,\overline{6}\,\overline{54}$ *khar*.

RMP #43 „Finde den Inhalt eines Kornspeichers vom Durchmesser 8 und Höhe 6 (*Ellen*)."

Hier wird nicht zuvor das Volumen in *Kubikellen* berechnet, sondern direkt in *khar*. Durch einen Vergleich mit dem Papyrus *Kahun* IV, 3 konnte H. Schack-Schackenberg (1899) den Rechengang erklären. Der verbesserte Algorithmus lautet:

Addiere zum Durchmesser ein Drittel.

Multipliziere dies mit sich selbst.

Multipliziere mit zwei Drittel der Höhe.

R. J. Gillings (S. 150) leitet dies wie folgt her:

$$\left(d - \overline{9}\,d\right) \times \left(d - \overline{9}\,d\right) \times h \times \left(1\,\overline{2}\right)$$

$$= \left(\overline{3}\,\overline{6}\,\overline{18}\right)d \times \left(\overline{3}\,\overline{6}\,\overline{18}\right)d \times h \times \left(1\,\overline{2}\right)$$

$$= \left(\overline{3}\,\overline{6}\,\overline{18}\right)d \times \left(1\,\overline{2}\right) \times \left(\overline{3}\,\overline{6}\,\overline{18}\right)d \times \left(1\,\overline{2}\right) \times h \div \left(1\,\overline{2}\right)$$

$$= \left(1\,\overline{4}\,\overline{12}\right) \times \left(1\,\overline{4}\,\overline{12}\right) \times d \times d \times h \times \left(\overline{\overline{3}}\right)$$

$$= \left(1\,\overline{3}\right) \times \left(1\,\overline{3}\right) \times d \times d \times h \times \left(\overline{\overline{3}}\right)$$

$$= \left(d + \overline{3}\,d\right) \times \left(d + \overline{3}\,d\right) \times \overline{\overline{3}}\,h$$

Damit ergibt sich die skalierte Volumenformel eines Zylinders (skaliert auf Einheit *khar*):

$$V_{khar} = \frac{2}{3}h\left(\frac{4}{3}d\right)^2$$

Damit lassen sich die Rechnungen (in moderner Schreibweise) vereinfachen:

RMP #41: $V_{khar} = \frac{2}{3}h\left(\frac{4}{3}d\right)^2 = \frac{20}{3}\left(\frac{4}{3}\cdot 9\right)^2 = 960\ (khar)$

RMP #42: $V_{khar} = \frac{2}{3}h\left(\frac{4}{3}d\right)^2 = \frac{20}{3}\left(\frac{4}{3}\cdot 10\right)^2 = 1185\frac{5}{27}\ (khar)$

RMP #43: $V_{khar} = \frac{2}{3}h\left(\frac{4}{3}d\right)^2 = \frac{12}{3}\left(\frac{4}{3}\cdot 8\right)^2 = 455\frac{1}{9}\ (khar)$

Die Probleme beim Umrechnen von *hekat* setzen sich bei den quaderförmigen Getreidespeichern in den Aufgaben #44–46 fort.

C) Berechnung eines Kegelstumpfes

Neugebauer[33] gibt auch ein Beispiel einer Wasseruhr in Form eines Kegelstumpfes. Der Papyrus in griechischer Sprache stammt aus Oxyrhynchus (um 200 n. Chr.), den Namen des Papyrus nennt er nicht.

---

[33]Neugebauer, O.: Geometrie der ägyptischen mathematischen Texte, im Sammelband: Quellen und Studien zur Geschichte der Mathematik, Astronomie und Physik, Band 1, S. 439–441. Springer (1931).

Abb. 2.35 Beispiel einer
Kegelstumpfberechnung

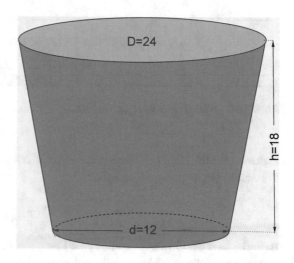

Konstruktion einer Wasseruhr: Das Obere des Kegelstumpfes (?) macht [24] Finger,
der Boden 12 Finger, die Tiefe 18 Finger (Abb. 2.35).

Gegeben sind also der große Durchmesser $D = 24$, der kleine Durchmesser $d = 12$
und die Höhe $h = 18$ des Kegelstumpfes, jeweils in Fingerbreiten. Der Papyrus rechnet
in moderner Form gemäß:

$$V = \frac{h}{12}\left[\frac{3}{2}(D + d)\right]^2$$

Nimmt man den Faktor 3 als Näherung für π, so lässt sich der Term schreiben als:

$$V = \frac{h}{4\pi}U_m^2 \quad \therefore \quad U_m \approx \pi\frac{D + d}{2}$$

Hier wird der mittlere Umfang U_m gesetzt als Produkt des Mittelwerts aus den beiden
Durchmessern mit der Kreiszahl. Das Volumen wird hier gebildet aus dem Produkt von
Höhe und der mittleren Querschnittsfläche des Kegelstumpfes:

$$A_m = \frac{U^2}{4\pi} \approx \frac{U^2}{12}$$

Das Ende des Papyrus ist nicht erhalten. Das Ergebnis der Näherungsformel wäre
$U_m = 54$ Fingerbreiten und das Volumen (in Kubik-Fingerbreiten):

$$V = 4374$$

Abb. 2.36 Modell einer königlichen Elle

Zahlenbeispiel Mit 1 Fingerbreite $= 1/28$ Königselle $= 1{,}87\ cm$ ist das Volumen der Wasseruhr (in modernen Einheiten):

$$V = \frac{\pi}{12}\left[D^2 + Dd + d^2\right]h = 31{,}1l$$

Befindet sich die Öffnung (Radius $r = 1\ mm$) am Boden, so beträgt der Ausfluss bei konstanter Nachfüllung (Schwerpunktshöhe hier $\frac{17}{28}\ h$):

$$F = \pi r^2 \sqrt{\frac{17}{28}\,gh} = 4{,}45 cm^3/s$$

Vernachlässigt man die interne Reibung, so fließen in einer Stunde somit aus:

$$F \cdot 1\,h = 3600\,s \cdot 4{,}45\frac{cm^3}{s} = 16{,}0l$$

2.3.5 Metrologie in Altägypten

Hier ein Überblick über die wichtigsten altägyptischen Einheiten (nach Corinna Rossi[34]).

1. Längeneinheiten:
   a) Die (königliche) *Elle* ist eine Standardeinheit für Bauwerke, Länge 52,30 *cm*.
   b) Die (kleinere) *Elle* hat die Länge von etwa 45 cm und entspricht dem Maß eines Unterarms.
   c) Fuß $\approx 9\ cm$.
   d) 1 Handbreite $= 1/7$ der königlichen *Elle* $= 1/6$ der kleineren *Elle*.
   e) 1 Fingerbreite $= 1/4$ Handbreite.
   f) 1 *khe*t (Rute oder Klafter) $= 100$ *Ellen*.
   g) 1 *remen* $= 5$ Handbreiten.

Abb. 2.36 zeigt das Negativbild einer königlichen *Elle* aus der Zeit des Pharaos Amenhotep (1559–1539 v. Chr.), aufbewahrt im Louvre.

---

[34]Rossi, C.: Architecture and Mathematics in Ancient Egypt, S. 61. Cambridge University Press (2006[II]).

2. **Flächeneinheiten:**
   a) 1 *ta* = 1 *Elle* × 100 *Ellen* wird eine Hundert-*Elle* genannt; die Ägypter hatten keine Bezeichnung für das Quadrat einer Einheit.
   b) 1 *setat* = 1 Quadrat-*khet* = 10.000 Quadrat-*Ellen* = 100 Hundert-*Ellen*.
   c) 1 *remen* = 50 Quadrat-*Ellen*.
3. **Raumeinheiten:**
   a) *deny* = 1 Kubik-*Elle*
4. **Getreideeinheiten:**
   a) *khar* (Sack) = 10 *hekat*
   b) *Vierfach-hekat* (4*hekat*) = 4 *hekat*
   c) *hekat* (Scheffel) = 4,8 L
   d) *hinu* = 1/10 *hekat*
   e) *ro* = 1/320 *hekat*
5. **Gewichte:**
   a) $1\ deben \approx \begin{cases} 13{,}6\,g\ Gold = 27{,}3\,g\ Silber \\ \quad 91\,g\ (Neues\ Reich) \end{cases}$

   Es gab ferner noch die Einheit Kupfer-deben; sie dient zur Umrechnung beim Tauschhandel. Ein Sack Mehl entsprach etwa 8 Kupfer-deben, ein Esel 30, ein Rind 120.
   b) *shenaty* = 1/12 *deben*.

2.4 Der Papyrus Rhind (RMP)

Der Papyrus (BM 10057/58) wurde in Theben in den Ruinen eines kleinen Gebäudes in der Nähe des Ramesseums (Gedächtnistempel Ramses' II) bei einer Raubgrabung gefunden (Abb. 2.37). Er wurde 1858 zusammen mit einer Lederrolle von dem schottischen Anwalt Henry Rhind in Luxor gekauft. Rhind, der sich aus Gesundheitsgründen in den Wintermonaten der 1850-er Jahre in Ägypten aufhielt, war ein Kenner von ägyptischen Fundstücken geworden. Nach seinem Tod 1865 verkaufte sein Testamentsvollstrecker den Papyrus an das Britische Museum. Beim Aufwickeln zeigte sich, dass der Papyrus aus zwei Teilen bestand. Der amerikanische Händler Edwin Smith hatte 1862 in Luxor einen Papyrus gekauft und ihn an das Brooklyn Museum New York abgegeben. Dem späteren Übersetzer Thomas Peet gelang es, den New Yorker Papyrus als das fehlende Zwischenstück der beiden Londoner Teile zu identifizieren. Der Papyrus war ursprünglich ca. 30 cm hoch und etwa 5 m breit. Es gibt noch einen weiteren Papyrus (BM 10188) mit dem Namen Rhind; dieser erzählt die ägyptische Schöpfungsgeschichte. Er war ein Geschenk, das H. Rhind bei seiner letzten Ägyptenreise vom britischen Konsul in Luxor erhielt.

Abb. 2.37 Papyrus Rhind

Der Papyrus RMP stammt von dem Schreiber *Ahmose* (früher Ahmes gelesen). Er beginnt mit den Worten:

> Richtige Methode des Rechnens zum Eindringen in alle Dinge und zur Erkenntnis aller Mysterien und dunklen Geheimnisse. Dieses Buch wurde geschrieben im Jahre 33, im vierten Monat der Überschwemmungsjahreszeit unter seiner Majestät, dem König von Ober- und Unterägypten A-user-Re, mit Leben versehen, in Anlehnung an eine ältere Schrift aus der Zeit des Königs von Ober- und Unterägypten Ne-maet-Re. Ahmose hat die Abschrift angefertigt.

Das Dokument ist also datiert auf das Regierungsjahr 33 des Hyksos-Königs *Apophis* (1493–1481 v. Chr.) und ist die Kopie eines (verlorenen) Textes aus der Zeit des Pharaos *Amenemhat* III der 12. Dynastie. Das Werk stellt ein Kompendium der mathematischen Kenntnisse dar, über die ein Schreiber und Hofbeamter um 1550 v. Chr. verfügen sollte.

Die früheste Erwähnung des Papyrus erfolgte von C. A. Bretschneider[35] in seiner 1870 erschienenen Geschichte der Geometrie. Die erste Publikation des Papyrus erfolgte 1877 durch A. Eisenlohr[36], der eine nichtautorisierte Kopie aus dem Britischen Museum verwendete. 1898 erschien ein Faksimile des Papyrus, herausgegeben durch das Britische

---

[35]Bretschneider, C. A.: Geometrie und die Geometer vor Euklid, S. 19. Teubner, Leipzig (1870).

[36]Eisenlohr, A.: Ein Mathematisches Handbuch der Alten Ägypter. Hinrich's Buchhandlung, Leipzig (1877).

Museum. Weitere Publikationen erfolgten von T. E. Peet[37] (1923), A. B. Chace[38] (1927), und M. Clagett[39] (1999). Eine neuere Ausgabe mit Farbbilddokumentation stammt von G. Robins[40] und C. Shute (1987).

A. Chace schreibt im Vorwort seiner Übersetzung:

> Ich wage es vorzuschlagen, dass, wenn jemand gefragt würde, welche einfache Fähigkeit des menschlichen Intellekts am klarsten den Grad einer Zivilisation eines Volkes wider-spiegeln würde, die Antwort wäre: Die Fähigkeit der lückenlosen Argumentation und dass diese Fähigkeit am besten durch die mathematische Geschicklichkeit bestimmt werde, die von den Mitgliedern des Volkes an den Tag gelegt wird. Gemessen an diesem Maßstab zeigte das ägyptische Volk im neunzehnten Jahrhundert v. Chr. einen hohen Grad an Zivilisation.

Prof. Clive Rix (zit. nach MacGregor[41]) schreibt über die Bedeutung des RMP:

> Hätten wir freilich den Rhind-Papyrus nicht, so wüssten wir herzlich wenig darüber, wie ägyptische Mathematik aussah. Die Algebra ist durch und durch das, was wir als lineare Algebra bezeichnen, also aus linearen Gleichungen bestehend. Es gibt ein paar arithmeti-sche Progressionen, die etwas komplexer sind. Auch die Geometrie ist sehr grundsätzlicher, einfacher Art. Ahmose erklärt, wie man die Kreisfläche und die Dreiecksfläche berechnet. Doch in dem Papyrus findet sich nichts, was einen Realschulabsolventen in Unruhe ver-setzen würde, und das meiste ist noch weniger weit entwickelt.

Über den Vergleich der Mathematik in Ägypten bzw. Babylon um 1550 v. Chr. schreibt E. Robson:

> Über die Babylonier wissen wir deutlich besser Bescheid, denn sie schreiben auf Tontafeln, und anders als der Papyrus hält sich Ton im Boden mehrere tausend Jahre lang sehr gut. Was die ägyptische Mathematik angeht, verfügen wir über sechs, maximal 10 schriftliche Zeug-nisse, und das umfassendste ist ohne Zweifel der Rhind-Papyrus.

---

[37]Peet, Th. E.: The Rhind Mathematical Papyrus, British Museum 10057 and 10058. London University Press, Liverpool (1923).

[38]Chace, A. B., Archibald, R. C.: The Rhind Mathematical Papyrus, British Museum 10057 and 10058, Vol. 1. Mathematical Association of America, Oberlin (1927).

[39]Clagett, M.: Ancient Egyptian Science, A Source Book. Volume 3: Ancient Egyptian Mathematics. American Philosophical Society (1999).

[40]Robins, G., Shut, Ch.: The Rhind Papyrus, an ancient Egyptian Text. British Museum, London (1897).

[41]MacGregor, N.(Hrsg.): Eine Geschichte der Welt in 100 Objekten, S. 147. C. H. Beck (2011).

Überblick über den RMP

Aufgaben	Inhalt
1–6	Teilungsaufgaben unter 10 Leuten
7–20	Produkte von Brüchen
21–23	Beispiele zur Subtraktion
24–27	Lineare Gleichungen mittels Regula falsi
28–29	Zahlen erraten (nach Gillings)
30–38	Lineare Gleichungen (vermischt)
39–40, 64	Arithmetische Folge und Reihen
41–46	Volumina von Getreidespeichern
48–55	Ebene Geometrie
55–60	Pyramidenaufgaben
47, 61, 61B, 62	Verschiedenes zur Bruchrechnung
63, 65, 68	Proportionale Verteilungen
66–67, 82–84	Verteilung von Tierfutter
69–78	*Pefsu*-Aufgaben
79	Geometrische Reihe
80–81	Horus-Augen-Brüche
85–87	Verschiedenes, meist unklar

2.4.1 Arithmetik im Papyrus Rhind (RMP)

1) Haufen (*Aha-*)Rechnungen

RMP #24 „Ein Haufen und sein Siebentel ergibt 19.“
Moderne Schreibweise ist: $x + \frac{x}{7} = 19$.

Historische Lösung „Nimm 7, so ergibt sich $7\left(1\frac{1}{7}\right) = 8$. Gesucht ist das Vielfache von 8, das 19 ergibt.“

1	8
2	16
$\overline{2}$	4
$\overline{4}$	2
$\overline{8}$	1
$2\,\overline{4}\,\overline{8}$	19

Die Division $19 \div 8$ liefert $\left(2\frac{1}{4}\frac{1}{8}\right)$. Mit diesem Wert muss 7 vervielfacht werden:

1	$2\,\overline{4}\,\overline{8}$
2	$4\,\overline{2}\,\overline{4}$
4	$9\,\overline{2}$
7	$16\,\overline{2}\,\overline{8}$

Der Haufen ist somit $\left(16\frac{1}{2}\frac{1}{8}\right)$. Hier wird die *Regula falsi* mit 7 als Probewert verwendet.

RMP #26 „Ein Haufen, vermehrt um 1/4, ergibt 15."

In moderner Schreibweise ist die Gleichung $x + \frac{x}{4} = 15$ zu lösen. Moritz Cantor ging davon aus, dass der Papyrus modern rechnet: Division durch 5 und anschließende Multiplikation mit 4 liefert $x = 12$. Peet kritisiert Cantors Interpretation und erklärt den Rechengang mittels Regula falsi. Für den Probewert 4 ergibt $\left(x + \frac{x}{4}\right) = \left(4 + \frac{4}{4}\right) = 5$. Der Skalierungsfaktor ist damit $15/5 = 3$, multipliziert mit 4, ergibt er das Ergebnis 12.

RMP #27 „Ein Haufen, vermehrt um 1/5, ergibt 21."

Moderne Form ist: $x + \frac{x}{5} = 21$.

Nimm 5 als Probewert, ein Fünftel davon ergibt 1. Addiere 1 zu 5, ergibt 6, dies zeigt $\left(1\,\overline{5}\right) \times 5 = 6$. Gesucht das Vielfache von 6, das 21 ergibt: $21 \div 6 = 3\,\overline{2}$. $\left(3\,\overline{2}\right) \times 5 = \left(17\,\overline{2}\right)$. Der Papyrus macht hier noch die Probe. Es wird berechnet $\left(17\,\overline{2}\right) \times \overline{5} = \left(3\,\overline{2}\right)$ und $\left(17\,\overline{2}\right) + \left(3\,\overline{2}\right) = 21$.

RMP #30 „Ein Haufen, sein 2/3 und 1/10 ergibt 10."

Moderne Schreibweise ist: $\frac{2}{3}x + \frac{1}{10}x = 10$.

Gesucht ist das Vielfache von $\left(\frac{2}{3}\frac{1}{10}\right)$, das 10 ergibt. Das 13-fache ergibt $\left(\frac{2}{3}\frac{1}{10}\right) \times 13 = \left(9\frac{2}{3}\frac{1}{5}\frac{1}{10}\right)$, es fehlt ein 1/30 auf 10. Als Versuchszahl dient 30; das Vielfache ergibt $\left(\frac{2}{3}\frac{1}{10}\right) \times 30 = 23$. Daraus folgt $\frac{1}{30} = \left(\frac{2}{3}\frac{1}{10}\right)\frac{1}{23}$. Die gesuchte Lösung ist daher $\left(13\frac{1}{23}\right)$.

Die komplizierteste *Aha*-Rechnung ist:

RMP #31 „Ein Haufen und sein 2/3, 1/2 und 1/7 ergibt 33."

In moderner Form gilt: $x + \frac{2}{3}x + \frac{1}{2}x + \frac{1}{7}x = 33$.

Hier ergibt sich das Ergebnis $\left(14\,\overline{4}\,\overline{56}\,\overline{97}\,\overline{194}\,\overline{388}\,\overline{679}\,\overline{776}\right)$, Lösung analog zu RMP #33.

RMP #32 „Ein Haufen und sein 1/3 und 1/4 ergibt 2.“

Gesucht ist das Vielfache von $\left(1\,\tfrac{1}{3}\,\tfrac{1}{4}\right)$, das 2 ergibt.

1	$1\,\overline{3}\,\overline{4}$
$\overline{\overline{3}}$	$1\,\overline{18}$
$\overline{3}$	$2\,\overline{36}$
$\overline{6}$	$4\,\overline{72}$
$\overline{12}$	$8\,\overline{144}$

Als Probezahl dient hier 144 mit dem Doppelten 288. Wendet man die gegebenen Brüche auf 144 an, so ergibt sich:

1	144
$\overline{3}$	48
$\overline{4}$	36
$1\,\overline{3}\,\overline{4}$	228

Die obigen Anteile von 144 ergeben (228; 152; 76; 38; 19) mit der Summe 285; es fehlen somit 3 Teile auf 288. Da $\left(1\,\tfrac{1}{3}\,\tfrac{1}{4}\right) \times 144 = 228$ wird die erste Tabelle fortgeführt:

$\overline{228}$	$\overline{144}$
$\overline{114}$	$\overline{72}$

Daraus folgt das Ergebnis zu $\left(1\,\tfrac{1}{6}\,\tfrac{1}{12}\,\tfrac{1}{114}\,\tfrac{1}{228}\right)$. Der moderne Ansatz ist $x + \tfrac{1}{3}x + \tfrac{1}{4}x = 2$ mit der Lösung $x = 1\tfrac{5}{19}$.

RMP #33 „Ein Haufen und sein 2/3, 1/2 und 1/7 ergibt 37.“

Gesucht ist das Vielfache von $\left(1\,\tfrac{2}{3}\,\tfrac{1}{2}\,\tfrac{1}{7}\right)$, das 37 ergibt:

1	$1\,\overline{\overline{3}}\,\overline{2}\,\overline{7}$
2	$4\,\overline{3}\,\overline{4}\,\overline{2}\,\overline{8}$
4	$9\,\overline{6}\,\overline{14}$
8	$18\,\overline{3}\,\overline{7}$
16	$36\,\overline{\overline{3}}\,\overline{4}\,\overline{2}\,\overline{8}$

Hier ist die Regel $\frac{2}{7} = \bar{4}\,\overline{28}$ aus der 2/n-Tabelle benützt worden. Die Summe der daneben notierten Zahlen in roter Tinte legt die Probezahl 42 nahe. Anwenden der gegebenen Bruchteile auf 42 zeigt:

1	42
$\bar{3}$	28
$\bar{2}$	21
$\bar{4}$	$10\,\bar{2}$
$\overline{28}$	$\bar{2}$
$\bar{3}\,\bar{4}\,\overline{28}$	40

Die Summe $\left(\bar{3}\,\bar{4}\,\overline{28}\right)$ liefert hier 40, es fehlt 2 auf 42 oder $\frac{1}{21}$. Da $\left(1\,\bar{3}\,\bar{2}\,\bar{7}\right) \times 42 = 97$, muss fortgeführt werden:

$\overline{97}$	$\overline{42}$
$\overline{56\,679\,776}$	$\overline{21}$

Beim letzten Schritt ist die Regel $\frac{2}{97} = \overline{56\,679\,776}$ verwendet worden. Ergebnis ist also $\left(16\,\overline{56\,679\,776}\right)$. Moderne Lösung ist:

$$\left(1 + \frac{2}{3} + \frac{1}{2} + \frac{1}{7}\right)x = 37 \Rightarrow x = 16\frac{2}{97}$$

2) Verteilungsprobleme

Die ersten 6 Aufgaben im RMP verteilen {1; 2; 6; 7; 8; 9} Laibe Brot an 10 Männer. Als Beispiel dient:

RMP #6 „Verteile 9 Laibe Brot auf 10 Männer."

Der Papyrus gibt ohne Begründung $\left(\bar{\bar{3}}\,\bar{5}\,\overline{30}\right)$ an und macht die Probe: $10 \times \left(\bar{\bar{3}}\,\bar{5}\,\overline{30}\right) = 9$. Die (nicht enthaltene) Division bestätigt das Ergebnis:

1	10
$\bar{3}$	$3\,\bar{3}$
$\backslash\bar{\bar{3}}$	$6\,\bar{\bar{3}}$
$\backslash\bar{5}$	2
$\overline{10}$	1
$\backslash\overline{30}$	$\bar{3}$
	9

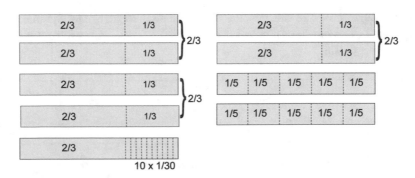

Abb. 2.38 Verteilung von Broten nach RMP #6

Jeder erhält somit den Anteil $\left(\overline{\overline{3}}\,\overline{5}\,\overline{30}\right)$, die zugehörige grafische Lösung zeigt Abb. 2.38.

RMP #39 „100 Laibe Brot werden verteilt auf 10 Männer, dabei sollen 50 Brote auf 4 Männer und 50 Brote auf 6 Männer verteilt werden. Wie groß ist die Differenz der Anteile?"

Der Papyrus sucht das Vielfache von 4, das 50 ergibt, es folgt $50 \div 4 = 12\,\overline{2}$. Ebenfalls wird das Vielfache von 6 gesucht, das 50 ergibt, dies liefert $50 \div 6 = 8\,\overline{3}$. Die 4 Personen erhalten je $12\,\overline{2}$ Brote, die 6 je $8\,\overline{3}$ Brote. Die Differenz der Brotrationen wird zu $\left(12\,\overline{2}\right) - \left(8\,\overline{3}\right) = \left(4\,\overline{6}\right)$ bestimmt.

RMP #40 „100 Laibe Brot sollen so auf 5 Männer verteilt werden, dass 1/7 der drei größten Anteile gleich ist den zwei kleinsten."

Die historische Lösung geht (ohne Erklärung) von der Annahme $d = 5\,\overline{2}$ aus. Die Anteile sind dann $\{23;\,17\,\overline{2};\,12;\,6\,\overline{2};\,1\}$ mit der Summe 60. Damit die Anteilsumme 100 wird, müssen die Anteile um den Faktor $\frac{100}{60} = 1\,\overline{3}$ erweitert werden.

Moderne Lösung: Ist h der größte Summand, so ergibt sich die Darstellung der Reihe zu $(h;\,h - d;\,h - 2d;\,h - 3d;\,h - 4d)$. Dies liefert das System

$$4h + 10d = 100 \quad \therefore \quad \frac{1}{7}(3h - 3d) = 2h - 7d$$

Ergebnis ist: $h = 38\frac{1}{3};\, d = 9\frac{1}{6}.$ Die gesuchte Verteilung ist damit $\left\{38\,\overline{\overline{3}};\,29\,\overline{6};\,20;\,10\,\overline{\overline{3}}\,\overline{6};\,1\,\overline{\overline{3}}\right\}.$

Doch wie kommt der Schreiber auf die Differenz $(5\,\overline{2})$? Luca Miatello[42] bietet dafür folgende Erklärung:

a) Statt dem Originalwert 100 wird der falsche Ansatz 60 benützt.
b) Mittels der vorhandenen Bruchteilrechnung für 1/7 werden die Anteile $60 \div 8 = (7\,\overline{2})$ für die Zweiergruppe und $(7\,\overline{2}) \times 7 = (52\,\overline{2})$ für die Dreiergruppe ermittelt.
c) Die fiktive Gleichverteilung $\frac{60}{5} = 12$ (Stück) wird bestimmt.
d) Dies macht in der Dreiergruppe 36 Stück.
e) Es wird die Differenz der Mittel berechnet: $(52\,\overline{2}) - 36 = (16\,\overline{2})$.
f) $(16\,\overline{2})$ wird dividiert durch 3, dies ist die Anzahl der Differenzen in $(a_3;\, a_3 + d;\, a_3 + 2d)$. Es ergibt sich $(16\,\overline{2}) \div 3 = (5\,\overline{2})$. Dies ist der gesuchte Ansatz.

Miatello nennt diese Art der Zwischenrechnung *embedded sub-algorithm*.

RMP #63 „700 Laibe Brot werden verteilt auf 4 Männer in der Proportion $\frac{2}{3}, \frac{1}{2}, \frac{1}{3}, \frac{1}{4}$. Lass mich wissen den Anteil von jedem?"

Der Papyrus addiert die Verhältnisse: $\overline{\overline{3}} + \overline{2} + \overline{3} + \overline{4} = (1\,\overline{2}\,\overline{4})$. Das zugehörige Vielfache, das 1 ergibt, ist $(\overline{2}\,\overline{14})$. Im Papyrus steht:

Der Haufen ist 700.
$(\overline{2}\,\overline{14})$ davon ergibt 400.
$\overline{\overline{3}}$ von 400 ist $266\,\overline{3}$.
$\overline{2}$ von 400 ist 200.
$\overline{3}$ von 400 ist $133\,\overline{\overline{3}}$.
$\overline{4}$ von 400 ist 100.
Summe ist 700.

RMP #64 „Wenn dir gesagt wird, teile 10 *hekat* Gerste auf 10 Männer auf, sodass die Differenz der Anteile je $\frac{1}{8}$ ist, wie viel erhält jeder?"

Der Papyrus rechnet:

Nimm den Mittelwert 1 *hekat*. Nimm 1 von 10, es bleibt 9. Die Differenz durch 2 geteilt ergibt $\overline{16}$. Vervielfache mit 9, dies macht $\overline{2}\,\overline{16}$. Addiere dies zum Mittelwert. Subtrahiere davon je $\overline{8}$ für jeden Mann. Das ergibt die Folge:

$(1\,\overline{2}\,\overline{16};\ 1\,\overline{4}\,\overline{8}\,\overline{16};\ 1\,\overline{4}\,\overline{16};\ 1\,\overline{8}\,\overline{16};\ 1\,\overline{16};\ \overline{2}\,\overline{4}\,\overline{8}\,\overline{16};\ \overline{2}\,\overline{4}\,\overline{16};\ \overline{2}\,\overline{8}\,\overline{16};\ 1\,\overline{4}\,\overline{8}\,\overline{16};\ \overline{2}\,\overline{16};\ \overline{4}\,\overline{8}\,\overline{16})$

Man beachte, dass hier nur Brüche des Horus-Auges auftreten, also Stammbrüche mit Zweierpotenzen im Nenner.

---

[42]Miatello, L.: The difference 5 1/2 in a problem of rations from the Rhind mathematical papyrus, Historia Mathematica 35, 277–284 (2008).

Dies kann wie folgt in moderner Schreibweise interpretiert werden: Betrachtet man eine arithmetische Reihe mit dem ersten Term a, der Differenz d und n Summanden, so gilt für die Summe $S = n\left[a + \frac{1}{2}(n-1)d\right]$. Ist l der letzte Term der Reihe, so lautet die Summenformel $S = n\left[l - \frac{1}{2}(n-1)d\right]$. Umformen ergibt für den letzten Term:

$$\frac{S}{n} = l - \frac{1}{2}(n-1)d \Rightarrow l = \frac{S}{n} + (n-1)\frac{d}{2}$$

Diese Form gibt den Rechengang des Papyrus wieder: Zum Mittelwert $\frac{S}{n}$ wird das Produkt aus halber Differenz und der Anzahl der Differenzen $(n-1)$ addiert. Von diesem letzten Wert l werden nun sukzessive neunmal $\overline{8}$ subtrahiert. K. Vogel (VG I, S. 57) ist der Meinung, dass dies auch ohne die exakte Formel erklärt werden kann: Wenn man das letzte Glied aus $l = a + (n-1)d$ erhält, dann auch aus dem mittleren Wert m durch $l = m + (n-1)\frac{d}{2}$.

RMP #65 „100 Laibe Brot werden verteilt auf 10 Männer, von denen der Bootsmann, Aufseher und der Torwächter den doppelten Anteil erhalten."

Historische Lösung

> Addiere zur Anzahl 10 die Zahl 3 der Männer mit doppelten Anteil, macht 13. Vervielfache 13 so, dass sich 100 ergibt, macht $7\,\overline{3}\,\overline{39}$. Dies ist der einfache Anteil für sieben Leute, drei erhalten das Doppelte $15\,\overline{3}\,\overline{26}\,\overline{78}$.

Hier werden nicht die Anteile $3 \times \frac{2}{13}$ und $7 \times \frac{1}{13}$ berechnet. Vielmehr werden drei fiktive „Zählpersonen" eingeführt, die zugehörige Gleichverteilung ermittelt und die benötigten Anteile aufsummiert.

3) Pefsu-Probleme

Pefsu (auch *pesu* gelesen) ist ein gemeinsames Qualitätsmaß für Brot und Bier, da beide auf Getreidebasis erzeugt werden. Es ist definiert als 1 *pefsu* = (Anzahl der Laibe Brot bzw. Krüge Bier)/Anzahl *hekat* des verwendeten Getreides. Der Aufgabentyp ist häufig, RMP und MMP enthalten je 10 Stück.

RMP #71 „Von einem Krug *des*-Bier wird ¼ weggeschüttet und durch Wasser ersetzt. Was ist der *pefsu* des verdünnten Biers?"
Der Papyrus rechnet in die Einheit *besha* um:

> 1 Krug des-Bier entspricht ½ *hekat*. Nimm 1/4 Krug weg, also 1/8 *hekat*, so bleibt 1/4 1/8 *hekat*. Vervielfacht man 1/4 1/8 so, dass sich 1 ergibt, folgt 2 2/3 (*hekat*). Dies ist das gesuchte *pefsu*.

RMP #72 „Angenommen, dir wird gesagt, 100 Laibe von *pefsu* 10 sollen umgetauscht werden in Laibe von *pefsu* 45."

Finde, um wie viel 45 10 übertrifft, es ist 35. Vervielfache 10 so, dass sich 35 ergibt; es ist $3\frac{1}{2}$. Multipliziere 100 mit, es macht 350. Addiere 100 dazu, es ergibt 450. Dies ist die Zahl der Laibe mit *pefsu* 45, gleichwertig mit 10 *hekat* Mehl. Der Papyrus rechnet hier:

$$n_1 = 100 \cdot \frac{35}{10} + 100 \cdot \frac{10}{10} = 100 \cdot 3{,}5 + 100 = 450$$

Moderne Lösung: Sind n_1, n_2 bzw. p_1, p_2 die Anzahlen bzw. die *Pefsu*zahlen, so gilt:

$$\frac{n_1}{n_2} = \frac{p_2}{p_1} \Rightarrow n_2 = n_1 \frac{p_2}{p_1} = 100 \cdot \frac{45}{10} = 450$$

RMP #74 „1000 Laibe von *pefsu* 5 sollen umgetauscht werden, die Hälfte in Laibe von *pefsu* 10, die andere Hälfte in Laibe von *pefsu* 20."

Historischer Rechengang 1000 Laibe von *pefsu* 5 erfordern 200 *hekat*, letztere halbiert ergeben 100 *hekat*. Multipliziere 100 mit 10, macht 1000, dies ist die Zahl der Laibe mit *pefsu* 10. Multipliziere 100 mit 20, ergibt 2000, dies ist die Zahl der Laibe mit *pefsu* 20.

Moderne Lösung Sind n_2, n_3 die gesuchten Anzahlen mit *pefsu* $p_2 = 10$ bzw. $p_3 = 20$, so folgt:

$$n_2 = n_1 \frac{p_2}{p_1} = 500 \cdot \frac{10}{5} = 1000 \quad \therefore \quad n_3 = n_1 \frac{p_3}{p_1} = 500 \cdot \frac{20}{5} = 2000$$

RMP #76 „1000 Laibe von *pefsu* 10 sollen umgetauscht werden in Laibe von *pefsu* 20 und in gleicher Zahl in Laibe von *pefsu* 30."

Der Papyrus rechnet: Für Laibe der ersten Art, *pefsu* 20, ergeben $\overline{20}$ *hekat* 1 Laib. Für Laibe der zweiten Art, *pefsu* 30, ergeben $\overline{30}$ *hekat* 1 Laib. Damit liefern $\overline{20}\,\overline{30} = 12$ *hekat* 2 Laibe, je einen von beiden Arten. 1 *hekat* ergibt dann 24 Laibe, je 12 von beiden Arten. Die Menge Mehl, die für 1000 Laibe von *pefsu* 10 gebraucht wird, ist 100 *hekat*. Multiplizieren von 100 mit 12 ergibt 1200, dies ist die gesuchte Anzahl von Laiben beider Art.

Nach R. Gillings gibt es eine elegante moderne Lösung: Das geometrische Mittel von 20 und 30 ist $\frac{2 \cdot 20 \cdot 30}{20 + 30} = 24$. Damit liefern 1000 Laibe von *pefsu* 10 genau $1000 \cdot \frac{24}{10} = 2400$ Laibe, bei gleicher Anzahl also je 1200. Auch RMP #74 lässt sich mit dem arithmetischen Mittel $\frac{10 + 20}{2} = 15$ ermitteln. Hier ergeben sich $1000 \cdot \frac{15}{5} = 3000$ Laibe, die im Verhältnis 1:2 geteilt werden.

4) Weitere Probleme

RMP #28 „Ein Haufen und 2/3, 1/3 weggenommen, macht 10. Was ist der Haufen?"

Der Papyrus rechnet: Nimm $\overline{10}$ davon, es ergibt 1, Rest 9. $\overline{\overline{3}}$ davon, nämlich 6, wird addiert. Summe ist 15,$\overline{3}$ davon ist 5. 5 geht weg, es bleibt 10.

Während Chace sich keinen Reim aus dem Text machen konnte, liefert Gillings eine Interpretation als „Zahlen erraten". Er betrachtet das Beispiel: Die zu erratende Zahl sei 54. $\frac{2}{3}$ davon dazu addiert, ergibt $54 + 36 = 90$. Ein Drittel davon weggenommen, verbleibt 60. Diese Zahl wird dem Fragesteller genannt. Dieser subtrahiert $\frac{1}{10}$ der genannten Zahl und erhält die zu erratende Zahl 54. Im Papyrus ist an die Zahl 9 gedacht, $\frac{2}{3}$ addiert ergibt 15. Dieses, um $\frac{1}{3}$ vermindert, liefert $10 \cdot \frac{1}{10}$ davon subtrahiert, ergibt die gesuchte Zahl 9.

Erklärung von Gillings in moderner Schreibweise: Sei x die unbekannte Zahl. $\frac{2}{3}$ davon addiert, ergibt $\frac{5}{3}x$. $\frac{1}{3}$. weggenommen, verbleibt $\frac{2}{3} \cdot \frac{5}{3}x = \frac{10}{9}x$. Subtrahiert man $\frac{1}{10}$ davon, ist der Rest $\frac{9}{10} \cdot \frac{10}{9}x = x$, also die zu erratende Zahl. In moderner Form geschrieben, löst der Papyrus die Gleichung:

$$\left(x + \frac{2}{3}x\right) - \frac{1}{3}\left(x + \frac{2}{3}x\right) = 10 \Rightarrow x = 9$$

Die Zahl muss durch 3 teilbar sein. Die Interpretation von Gillings scheint weitgehend akzeptiert. Man vergleiche dazu den Artikel von Newman[43], Einwände hat nur M. Clagett (1999, S. 54). Warner-Imhausen behandelt RMP 28 und RMP 64 nicht.

RMP #29 „Ein Haufen, 2/3 hinzu, 1/3 hinzu und 2/3 weg, ergibt [10]."

Der Rechengang des Papyrus ist zunächst unklar, da der Anfang unleserlich ist. Peet nimmt an, dass die Versuchszahl 27 ist. Damit gilt $\left(27 + \frac{2}{3} \cdot 27\right) = 45$. Ein Drittel addiert ergibt $\left(45 + \frac{45}{3}\right) = 60$. Um zwei Drittel vermindert, liefert das $\left(60 - \frac{2}{3} \cdot 60\right) = 20$. Da sich 10 ergeben soll, muss die Hälfte genommen werden: Der Haufen ist also $\left(13\,\overline{2}\right)$.

In moderner Schreibweise folgt damit:

$$\left(x + \frac{2}{3}x\right) + \frac{1}{3}\left(x + \frac{2}{3}x\right) - \frac{2}{3}\left[\left(x + \frac{2}{3}x\right) + \frac{1}{3}\left(x + \frac{2}{3}x\right)\right] = 10 \Rightarrow x = 13\frac{1}{2}$$

Naheliegend ist auch hier, dass ein Zahl-erraten-Problem vorliegt. Es gilt:

$$\left(x + \frac{2}{3}x\right) + \frac{1}{3}\left(x + \frac{2}{3}x\right) - \frac{2}{3}\left[\left(x + \frac{2}{3}x\right) + \frac{1}{3}\left(x + \frac{2}{3}x\right)\right] = \frac{27}{20}x = x\left(1 + \frac{7}{20}\right)$$

---

[43]Newman, J.: The Rhind Papyrus, Scientific American, 24–27 (August 1952).

Daher muss zu der genannten Zahl das $\frac{7}{20}$-fache addiert werden; es gilt wie oben:

$$x = 10 + \frac{7}{20} \cdot 10 = 13\frac{1}{2}$$

RMP #34 „Ein Haufen, sein ½ und sein ¼, addiert ergeben 10. Was ist der Haufen?"
In moderner Form gilt: $x + \frac{x}{2} + \frac{x}{4} = 10$.
Der Papyrus sucht das Vielfache von $\left(1\,\overline{2}\,\overline{4}\right)$, das 10 ergibt. Lösung ist $\left(5\,\overline{2}\,\overline{7}\,\overline{14}\right)$.

RMP #61 enthält eine Multiplikationstabelle für Brüche:

2/3 von 2/3 ist 1/3 1/9	
1/3 von 2/3 ist 1/6 1/18	
2/3 von 1/3 ist 1/6 1/18	
2/3 von 1/6 lst 1/12 1/36	
2/3 von 1/2 ist 1/3	
1/3 von 1/2 ist 1/6	
1/6 von 1/2 ist 1/12	
1/12 von 1/2 ist 1/24	
1/9 von 2/3 ist 1/18 1/54	1/9:2/3 davon ist 1/18 1/54
...	
1/5:1/4 davon ist 1/20	
1/7:2/3 davon ist 1/14 1/42	
1/7:1/2 davon ist 1/14	
1/11:2/3 davon 1/22 1/66	1/3 davon ist 1/33
1/11:1/2 davon ist 1/22	1/4 davon ist 1/44

RMP #61b findet sich im Kapitel Bruchzerlegung.

RMP #62 Beispiel zur Berechnung des Wertes verschiedener Metalle. „Wenn man dir gesagt, ein Beutel enthält Gewichte an Gold, Silber und Blei, gekauft für 84 *shaty*. Welchen Wert hat jedes der wertvollen Metalle, wenn 1 *deben* Gold 12 *shaty*, 1 *deben* Silber 6 *shaty* und 1 *deben* Blei 3 *shaty* kosten?"

Historische Lösung

Addiere alle Metallwerte für 1 *deben*, dies macht 21 *shaty*. Multipliziere 21 so, dass sich 84 ergibt, Vielfaches ist 4. Tue das: Multipliziere 12 mit 4, macht 48 für das Gold. Multipliziere 6 mit 4, macht 24 für das Silber. Multipliziere 3 mit 4, macht 12 für das Blei. Multipliziere 21 mit 4, macht 84 alles zusammen.

Der Papyrus setzt hier gleiche Gewichte der Metalle voraus, jedes Gewicht ist 4 *deben*. 1 *deben* ist im Neuen Reich eine Gewichtseinheit von ca. 91 *g*. *Shaty* bedeutet eigentlich

Abb. 2.39 Wandbild aus dem Grab des Nebamun

Ring und wird hier als Geldeinheit aufgefasst. J. Perepelkin[44] interpretiert die Aufgabe so, dass die Metalle in Form von Ringen vorliegen. Für 1 *deben* Gold würde man also 12 Ringe, für 1 *deben* Silber 6, für 1 *deben* Blei 3 Ringe erhalten.

RMP #66 „10 *hekat* Fett werden für ein Jahr ausgegeben; wie groß ist die Tagesration?"

Der Papyrus rechnet *hekat* in die Einheit *ro* um: 1 *hekat* = 320 *ro*. 10 hekat ergeben dann 3200 *ro,* dividiert durch die Tageszahl 365 ergibt $\left(8\,\overline{\overline{3}}\,\overline{10}\,\overline{2190}\right)$ *ro,* das Ergebnis $\overline{64}$ *hekat* $3\,\overline{\overline{3}}\,\overline{10}\,\overline{2190}$ *ro.* Die Tagesration ist somit $\overline{64}$ *hekat* $3\,\overline{\overline{3}}\,\overline{10}\,\overline{2190}$ *ro.*

RMP #67 „Ein Hirte ist gekommen mit 70 Rindern. Über die Rinder dieses Hirten wird gesagt: Wie klein ist die Zahl(?) der Rinder, die du gebracht hast. Wie zahlreich (?) sind deine Rinder? Der Hirte sagte: $\overline{3}$ von $\overline{3}$ habe ich dir gebracht, du wirst finden, dass ich vollständig geliefert habe."

Das Beispiel kann als Berechnung eines Tributs angesehen werden: Wie viele Rinder sind in einer Herde, wenn 2/3 von 1/3 70 Tiere ausmachen, die als Tribut an den Herdenbesitzer geschuldet werden. Der Papyrus rechnet den Anteil $\overline{\overline{3}} \times \overline{3} = \overline{6}\,\overline{18}$. Davon wird das Vielfache

———————————
[44]Perepelkin, J. J.: Die Aufgabe Nr. 62 des mathematischen Papyrus Rhind. In: Neugebauer, S. 108–111 (1929).

ermittelt, das 1 liefert, das zugehörige Inverse ist $4\,\overline{2}$. Das Produkt $70 \times 4\,\overline{2}$ ergibt 315. Die ganze Herde umfasst also 315 Tiere, 70 davon sind als Tribut abzuliefern.

Die Abb. 2.39 zeigt das Vorführen einer Rinderherde, oben bei der Steuereintreibung, unten beim Handel oder bei einer Tributzahlung. Das Bildfragment stammt aus dem schon erwähnten Grab des Nebamun. Wie ein Dekret des Pharaos *Haremhab* (Karnak) festgelegt hat, mussten die Rinder – zur Festlegung der Viehsteuer – jährlich gezählt und mit einem Brandzeichen versehen werden. Falls ein Rind verendete, musste der Eigentümer das Fell aufbewahren bis zur nächsten Steuerschätzung.

RMP #68 „Vier Aufseher haben 100 4*hekat* Getreide erhalten. Die Mannschaften der Aufseher umfassen 12, 8, 6 und 4 Leute. Wie viel hat jeder Aufseher erhalten?"

Peet schreibt hier in der Angabe von 4-fach *hekat* (4 hekat), rechnet aber mit *hekat*. Da 30 Leute insgesamt 100 *hekat* erhalten, ergibt sich für jeden $3\frac{1}{3}$ Der Papyrus rechnet hier mit Horus-Augen-Brüchen $\left(3\frac{1}{4}\frac{1}{16}\frac{1}{64}\ hekat\ 1\frac{2}{3}ro\right)$. Der erste Aufseher erhält das Zwölffache: $12 \times \left(3\frac{1}{4}\frac{1}{16}\frac{1}{64}\ hekat\ 1\frac{2}{3}ro\right) = 40\ kekat$, der zweite das Achtfache $\left(26\frac{2}{3}\right)$ *hekat*, der dritte das Sechsfache (20) *hekat*, schließlich der vierte das Vierfache $\left(13\frac{1}{3}\right)$ *hekat*. Durch das Rechnen mit Horus-Augen-Brüchen wird der Rechengang unnötig aufwändig.

RMP #79 Der Papyrus schreibt:

Häuser	7
Katzen	49
Mäuse	343
Ähren	2301(!)
Fläche	16.807
Gesamt	19.607

Dies lässt sich interpretieren als: Es gibt 7 Häuser, in jedem leben 7 Katzen. Jede Katze fängt 7 Mäuse, von denen jede 7 Kornähren gefressen hat. Jede Ähre benötigt die Fläche 7 (*hekat*). Von wie vielen Dingen ist hier die Rede?

Der Papyrus summiert die Potenzen $7 + 49 + 343 + 2401 = 2800$ und berechnet $2801 \times 7 = 19607$. Der letzte Schritt erinnert an die Rekursionsformel der geometrischen Reihe:

$$S_n = \sum_{i=1}^{n} 7^i \quad \therefore \quad S_{n+1} = (1 + S_n) \times 7$$

Die moderne Formel der geometrischen Reihe bestätigt das Ergebnis:

$$S_5 = 7 \times \frac{7^5 - 1}{7 - 1} = 7 \times \frac{16806}{6} = 19607$$

Warner-Imhausen (2016, S. 80) spricht den Altägyptern die Kenntnis der Summenformel ab.

Die Aufgabe wurde auch von Leonardo von Pisa in sein Werk *Liber Abaci* übernommen in der Form:

> Sieben alte Weiber gehen nach Rom;
> jede von ihnen führt sieben Esel mit sich;
> auf jedem Esel sind sieben Säckchen;
> in jedem Säckchen sind sieben Brote;
> und jedes Brot hat sieben Messerchen;
> und jedes Messerchen hat sieben Scheiden.
> Was ist die Summe aller erwähnten Dinge?

Dies erinnert an den berühmten englischen Kindervers, der aber noch einen Clou enthält:

> As I was going to St. Ives,
> I met a man with seven wives
> Each wife had seven sacks,
> Each sack had seven cats,
> Each cat had seven kits:
> Kits, cats, sacks and wives
> How many were going to St. Ives?

In der Münchner Handschrift Clm 14684 aus dem 14. Jahrhundert findet sich diese geometrische Reihe mit Fürsten, Besitztümern, Städten, Häusern, Betten und Soldaten.

Für viele Autoren ist die Ähnlichkeit ein Beweis, dass die ägyptische Aufgabe ins Abendland gewandert ist. Dies muss aber nicht zwingend der Fall sein; festzustellen ist, dass die Zahl 7 schon immer eine besondere Rolle gespielt hat.

RMP #80 Die Aufgabe berechnet die Bruchteile der Einheit *hinu* in Brüchen des Horus-Auges; dabei gilt 1 *hekat* = 10 *hinu*. Es ergibt sich die Tabelle:

Hekat	Hinu
1	10
$\bar{2}$	5
$\bar{4}$	$2\,\bar{2}$
$\bar{8}$	$1\,\bar{4}$
$\overline{16}$	$\bar{2}\,\bar{8}$
$\overline{32}$	$\bar{4}\,\overline{16}$
$\overline{64}$	$\bar{8}\,\overline{32}$

RMP #81 Hier wird die Tabelle von RMP 80 erweitert. Zu den gegebenen Bruchteilen von *hekat* wird die Zerlegung in Horus-Auge-Anteilen und in *hinu*-Bruchteilen geliefert. Hier ein Ausschnitt mit fehlerhaftem Rechengang:

Hekat	Horus-Auge	Ro	Hinu
$\overline{3}$	$\overline{2}\,\overline{8}\,\overline{32}$	$3\overline{3}$	$6\overline{\overline{3}}$
$\overline{2}$	$\overline{2}$		5
$\overline{3}$	$\overline{4}\,\overline{16}\,\overline{64}$	$1\overline{3}$	$3\overline{3}$
$\overline{4}$	$\overline{4}$		$2\overline{2}$
$\overline{5}$	$\overline{8}\,\overline{16}$	4	2
$\overline{6}$	$\overline{8}\,\overline{32}$	$3\overline{3}$	$1\overline{\overline{3}}$
$\overline{8}$	$\overline{8}$		$1\overline{4}$

RMP #82B

> Futtermenge für Mastgänse:
> Zum Füttern pro Tag von 10 Gänse 1 1/4 *hekat*
> das macht in 10 Tagen 12 1/2 *hekat*.
> in 40 Tagen 50 *hekat*.
> Das dafür benötigte Getreide in Doppel-*hekat* ist: $23\,\overline{4}\,\overline{16}\,\overline{64}$ und $1\,\overline{\overline{3}}$ *ro* (?)

Abb. 2.40 zeigt den Gänsefries aus dem Grab des Nefermaat und Itet (Meidum), eines der ältesten Gräber (um 2600 v. Chr.) einer Privatperson. Der Papyrus endet (nach Aufgabe 85) mit den kuriosen Worten:

> Fange das Ungeziefer und die Mäuse, [vertilge] das Unkraut und die Spinnen, bitte Gott Ra um Wärme, Wind und hohes Wasser.

Peet erklärt diesen Text damit, dass Ahmose seine Arbeit – einer spontanen Eingebung folgend – mit einem geläufigen Spruch abgeschlossen habe.

2.4.2 Geometrie im Papyrus Rhind (RMP)

Hier werden die geometrischen Probleme des RMP behandelt, die keine Kreisteile betreffen; diese werden im Abschn. 2.3.5 behandelt.

Abb. 2.40 Wandbild aus dem Grab des Nefermaat und Itet

Wie es schon bei den geometrischen Aufgaben RMP #41–#43 Problem mit der Umrechnung *hekat↔ khar* gegeben hat, gibt es auch hier bei RMP #41–#47 Einheiten-Probleme. K. Vogel übersetzt *hekat* mit *Scheffel*.

RMP #44 „Beispiel eines quaderförmigen Getreidespeichers, Länge $a = 10$, Breite und Höhe 10. Welches Maß an Getreide geht hinein?"

„Multipliziere 10 mal 10, macht 100. Multipliziere 100 mal 10, macht 1000. Nimm ½ von 1000 macht 500. Ergebnis ist 1500 khar. Nimm 1/20 von 1500 ist 75, was an 4hekat in ihn hineingeht: Getreide 7500 hekat."

Formelmäßig führt das auf:

$$V = a^3 \frac{3}{2} \frac{1}{20} = 75(4\,hekat)$$

Es gilt offenbar 1 *khar* = 2/3 Kubikellen. Die Umrechnung würde bedeuten, dass ein Vierfach-*hekat*, abgekürzt *4hekat,* gleich 100 *hekat* und eine Kubik-*Elle* gleich 7,5 *hekat* wäre! *Der Schreiber hat sich hier völlig mit den Einheiten vertan.* Milo Gardner ist der Meinung, dass der Schreiber in den Aufgaben RMP #41–#47 die Einheiten 4*hekat* und (100 *hekat*) verwechselt. Unklar ist, warum sich in der Literatur kaum ein Hinweis darauf erfolgt. Warner-Imhausen erwähnt zwar RMP #44, geht aber darauf nicht ein.

Die Umkehrung wird versucht in der folgenden Aufgabe:

RMP #45 „Ein quaderförmiger Getreidespeicher hat das Volumen 7500 4*hekat* Getreide. Was ist seine Dimension?"

Es wird 75 × 20 berechnet, macht 1500, davon 1/10 macht 150, 1/10 von 1/10 ergibt 15, 2/3 von (1/10 von 1/10) macht 10.

Es wird also gerechnet gemäß der Formel:

$$a = \frac{V}{100} \cdot 20 \cdot \frac{2}{3} = 10$$

Dies ist aber sinnlos, da der Faktor Hundert im Nenner nichts anderes ist als die Grundfläche a^2. Diese aber setzt das Ergebnis als bekannt voraus. Neugebauer schätzt, dass diese Aufgabe (und die folgenden) ein Einschub eines späteren Kopisten ist.

RMP #46 „Ein quaderförmiger Getreidespeicher hat das Volumen 2500 4*hekat* Getreide. Was ist seine Dimension?"

Der Rechengang ist noch abstruser, er übernimmt einfach die Grundfläche 100 von der vorhergehenden Aufgabe. Da das gegebene Volumen 1/3 des dortigen ist, ergibt sich ein Drittel $a = 3\frac{1}{3}$ Die Maße wären damit $\left(3\frac{1}{3};\ 10;\ 10\right)$ *Ellen.*

RMP #47 „Wenn der Schreiber zu dir sagt, lass mich wissen das Ergebnis, wenn 100 4*hekat* durch 10 dividiert werden und seine Vielfachen in einem quader- oder zylinderförmigen Getreidespeicher."

In dieser Aufgabe versucht der Schreiber die Bruchteile 1/10 bis 1/100 von 100 4*hekat* in Horus-Augen-Brüchen zu berechnen – entgegen der Fragestellung.

Die Divisionsliste lautet nach Chace:

1/10 = 10 4*hekat*
1/20 = 5 4*hekat*
1/30 = (3 1/4 1/16 1/64) 4*hekat* (1 2/3) *ro*
1/40 = 2 1/2 4*hekat*
1/50 = 2 4*hekat*
1/60 = (1 1/2 1/8 1/32) 4*hekat* (3 1/3) *ro*
1/70 = (1 1/4 1/8 1/32 1/64) 4*hekat* (2 1/14 1/21 1/42) *ro* (!)
1/80 = 1 1/4 4*hekat*
1/90 = (1 1/16 1/32 1/64) 4*hekat* (1/2 1/18) *ro*
1/100 = 1 4*hekat*

Der Zahlentheoretiker Milo Gardner[45], der beim Militär als Kryptoanalytiker ausgebildet worden ist, ist der Meinung, die Werte 1/60; 1/70; 1/90; 1/100 seien fehlerhaft. Ein Kommentar anderer Autoren steht noch aus.

Nach Robbins und Shute (S. 40) ist der angegebene Wert 100/70 falsch, richtig ist:

$$\frac{100}{70} = \left(1 + \frac{1}{4} + \frac{1}{8} + \frac{1}{32} + \frac{1}{64}\right) + \left(\frac{1}{2} + \frac{1}{7}\right) ro$$

RMP #52 „Wenn dir jemand sagt, was ist die Fläche des abgeschnittenen, dreieckigen Feldes mit der Länge 20 *khet,* Seite 6 *khet* und der Schnittlinie 4 *khet?*"

„Addiere die Seite zur Schnittlinie, ergibt 10. Nimm ½ von 10, ergibt 5, um es zum Rechteck zu machen. Multipliziere 20 mit 5, ergibt 100 *(setat)*. Die Fläche ist 10 Zehn-*setat.*"

Das gleichschenklige Trapez mit den Parallelseiten 6 bzw. 4 und den Schenkeln 20 wird ersetzt durch ein Rechteck (5,20).

Die Flächeneinheit 1 Quadrat-*khet* heißt *setat*; 1 Zehn-*setat* entspricht 10 *setat*. Nach K. Vogel kann die Einheit *khet* übersetzt werden mit *Rute*.

Bei den Aufgaben **RMP #53/#54** gibt es ein Problem. Warner-Imhausen[46] schreibt, dass dieser Text von früheren Bearbeitern als zwei verschiedene Aufgaben interpretiert worden ist, zum Beispiel bei A. Eisenlohr, auf den auch die Nummerierung des RMP zurückgeht. Dabei wurde der Anfang des Textes, der die Aufgabenstellung und zwei Rechnungen enthält, als #54 gezählt, die diesem Text folgende Skizze und die dahinterstehenden Rechnungen als #53. Bei einer derartigen Einteilung des Textes ist die Interpretation von RMP #54 problemlos, die von RMP #53 aber nur zu einem kleinen Teil überhaupt möglich und mit dazu notwendigen Verbesserungen und Ergänzungen verbunden. Ein innerer Zusammenhang zwischen beiden Teilen ist nicht zu erkennen, der

---

[45]Gardner, M.: http://planetmath.org/RMP47AndTheHekat [12.01.2018].
[46]Warner-Imhausen, A.: Ägyptische Algorithmen, S. 80. Harrasowitz, Wiesbaden (2003).

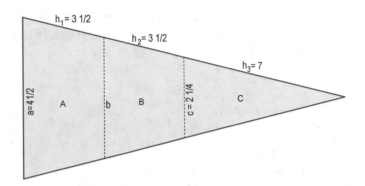

Abb. 2.41 Zur Aufgabe RMP #53

Text ist verdorben. Auch Robbins und Shute schreiben, #53 sei unverständlich *(incomprehensible).*

Hier die Interpretation von Friberg (UL, S. 46):

RMP #53 Gegeben ist ein gleichschenkliges Dreieck der Basis 4½ und Schenkellänge 14. Wie verhalten sich die Teilflächen des Dreiecks? (Abb. 2.41).

Das Dreieck wird durch zwei Parallelen zur Grundlinie in zwei gleichschenklige Trapeze (Flächen A, B) und ein Dreieck (Fläche C) zerlegt.

Beide Parallelen scheinen je eine Seitenhalbierende zu sein, sodass die Schenkel halbiert bzw. geviertelt werden: $h_1:h_2:h_3 = 3\frac{1}{2}:3\frac{1}{2}:7$. Die Basis ist mit 6 beschriftet; der Papyrus rechnet aber mit $a = 4\frac{1}{2}$. Die rechte Parallele setzt er $c = 2\frac{1}{4}$. Nach Friberg scheint der Schreiber eine Dreiteilung der Fläche im Verhältnis $A:B:C = 50:30:8$ angestrebt zu haben; erreicht hat er nur $50:30\frac{1}{4}:7\frac{1}{2}\frac{1}{4}\frac{1}{8}$.

Rechnet man mit einem rechtwinkligen Dreieck, so folgt für die Dreiecksfläche an der Spitze:

$$C = \frac{1}{2} \cdot 2\frac{1}{4} \cdot 7 = 7\frac{1}{2}\frac{1}{4}\frac{1}{8}$$

Die Flächen A und B können weder als Differenz von Dreiecken noch als Trapeze an die Werte 50 bzw. 30 angenähert werden.

Friberg ändert daher die *Fragestellung.* Er gibt das obige Flächenverhältnis bzw. den Wert $h_3 = 7$ vor und ermittelt daraus die Flächenteilung. Friberg bestimmt zunächst den Ähnlichkeitsfaktor f der Teildreiecke zu:

$$f = \frac{2\frac{1}{4}}{7} = \frac{9}{28} = \frac{1}{4}\frac{1}{14}$$

Für die Flächensummen ergibt sich:

$$B + C = 30\frac{1}{4} + 7\frac{1}{2}\frac{1}{4}\frac{1}{8} = 38\frac{1}{8} \quad \therefore \quad A + B + C = 38\frac{1}{8} + 50 = 88\frac{1}{8}$$

Abb. 2.42 Zur Aufgabe RMP
#56

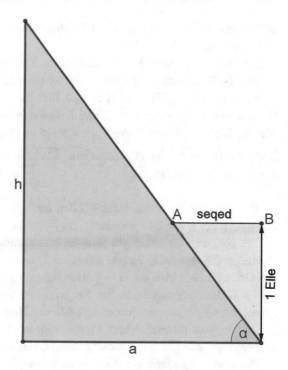

Damit gilt:

$$b^2 = (B+C)2f = 38\frac{1}{8} \cdot 2 \cdot \frac{9}{28} = 24\frac{1}{2}\frac{1}{112} \Rightarrow b \approx 5$$

Die Seite b wurde stark gerundet. In gleicher Weise kann die Basis bestimmt werden:

$$a^2 = (A+B+C) \cdot 2 \cdot \frac{9}{28} = 56\frac{1}{2}\frac{1}{7}\frac{1}{112} \Rightarrow a \approx 7\frac{1}{2}$$

Die Schenkellänge s ergibt sich zu:

$$s = \frac{a}{f} = 7\frac{1}{2} \cdot \frac{28}{9} = 23\frac{1}{3}$$

Die beiden folgenden Probleme sind analog:

RMP #54 Welche zwei gleichen Flächen können aus 10 Feldern genommen werden, wenn ihre Summe 7 *setat* ist?

Der Papyrus rechnet: Multipliziere 10 um 7 zu erhalten, ergibt $(\overline{2}\,\overline{5})$. Antwort ist: $\frac{1}{2}\frac{1}{5}$ *setat* $7\frac{1}{2}$ 1-Ellenstreifen, der Papyrus schreibt fälschlich $\frac{1}{2}\frac{1}{8}$ *setat* $7\frac{1}{2}$ 1-Ellenstreifen.

RMP #55 Welche zwei gleichen Flächen können aus 5 Feldern genommen werden, wenn ihre Summe 3 *setat* ist?

Der Papyrus rechnet: Multipliziere 5 um 3 zu erhalten, ergibt $(\overline{2}\,\overline{10})$. Antwort ist: $\frac{1}{2}\frac{1}{10}$ *setat* 101-Ellenstreifen, der Papyrus schreibt fälschlich $\frac{1}{2}$ *setat* 101-Ellenstreifen.

Nach Chace (S. 95) handelt es sich hier um gewöhnliche Divisionen. Die Ägypter können, seiner Meinung nach, keine Divisionen mit einheitenbehafteten Größen durchführen. Die Division in Zahlen wäre $3 \div 5 = (\overline{2}\,\overline{10})$, alternativ $3 \div 5 = (\overline{3}\,\overline{30})$ wie in RMP #4. Das heißt, das Fünffache von $(\overline{2}\,\overline{10})$ *setat* ist 3 *setat,* in Einheiten als ½ *setat* 10 1-Ellenstreifen geschrieben.

RMP #56 Eine Pyramide ist 250 *Ellen* hoch, die Basisseiten sind 360 *Ellen*. Welche Neigung *(seqed)* hat die Pyramide?

Die Neigung im modernen Sinn ist unabhängig von speziellen Einheiten. Hat eine Pyramide die Basisseite $2a$ und die Höhe h, so ist die Neigung einer Seitenfläche gegen die Grundfläche gleich $\cot \alpha = \frac{a}{h}$. Der Ägypter misst in *Höhe von 1 Elle* die Lotlänge $|AB|$ von der Neigungsfläche zur Senkrechten. Werden beide Strecken in Handbreiten gerechnet, so gilt *seqed* $=7\cot\alpha$, da 1 *Elle* $=7$ Handbreiten gilt (Abb. 2.42).

Der Papyrus rechnet: Nimm ½ von 360, macht 180. Vervielfache 250 so, dass sich 180 ergibt, macht $(\overline{2}\,\overline{5}\,\overline{50})$. Umrechnen in Handbreiten liefert $7 \times (\overline{2}\,\overline{5}\,\overline{50}) = (5\,\overline{25})$.

Die moderne Rechnung liefert mit $2a = 360$; $h = 250$:

$$seqed = 7\cot\alpha = 7\frac{a}{h} = \frac{7 \cdot 180}{250} = 5\frac{1}{25}$$

Zum Vergleich die Cheops-Pyramide (in ihren ursprünglichen Maßen) $2a = 440$; $h = 280$ (jeweils in *Königsellen*):

$$seqed = 7\frac{a}{h} = 7 \cdot \frac{220}{280} = 5\frac{1}{2}$$

Das „Neigungsdreieck" der Cheops-Pyramide ist somit bestimmt durch das Kathetenpaar $\left(7; 5\frac{1}{2}\right)$. Der Neigungswinkel (einer Seite) der Cheops-Pyramide ist damit

$$7\cot\alpha = 5{,}5 \Rightarrow \alpha = 51{,}84°$$

RMP #57 „Der *seqed* einer Pyramide ist 5 Handbreiten 1 Finger [je Elle] und die Basisseite 140 Ellen. Welche Höhe hat die Pyramide?"

„Dividiere 1 (Elle) durch das Doppelte der *seqed*, das 10 ½ ist. Vervielfache 10 ½ so, dass es 7 ergibt; 7 ist 2/3 von 10 ½. 2/3 von 140 macht 93 1/3. Das ist die Höhe der Pyramide."

Moderne Rechnung ist:

$$h = \frac{7a}{seqed} = \frac{7 \cdot 70}{5\frac{1}{4}} = 93\frac{1}{3}$$

RMP #58 „Eine Pyramide ist 93 $\overline{3}$ Ellen hoch, die Basisseiten sind 140 Ellen. Welche Neigung (*seqed*) hat die Pyramide?"

Der Papyrus rechnet: Nimm ½ von 140, macht 70. Vervielfache 93 1/3 so, dass sich 70 ergibt, macht $\left(2\,\overline{4}\right)$ Ellen. In Handbreiten ergibt sich $7 \times \left(2\,\overline{4}\right) = \left(5\,\overline{4}\right)$. Die Neigung (*seqed*) ist 5 Handbreiten 1 Finger.

Dies ist die Umkehrung von RMP #57.

RMP #59 „Eine Pyramide ist 8 Ellen hoch, die Basisseiten sind 12 Ellen. Welche Neigung (*seqed*) hat die Pyramide?" [Ergebnis wie RMP #58].

RMP #60 „Ein Obelisk (?) ist 30 Ellen hoch, die Basisseiten sind 15 Ellen. Welche Neigung (*seqed*) hat der Obelisk?"

Der Papyrus gibt $\left(\overline{4}\right)$ an, er vergisst den Faktor 7. Ergebnis ist $7 \cdot \overline{4} = \left(1\,\overline{2}\,\overline{4}\right)$.

2.5 Der Papyrus Moskau (MMP)

Der mathematische Papyrus Moskau ist einer der Papyri, die von Wladimir S. *Golenischew* 1892/93 auf einer seiner zahlreichen Ägyptenreisen aufgekauft wurden. Der Papyrus wurde gefunden in Dra Abu el-Naga bei Theben von einem Ausgräber namens Ab del-Rasul, einem der Brüder, die das Sammelgrab von 40 Königsmumien bei Deir el-Bahari (in der Nähe von Theben) entdeckt haben. Der russische Ägyptologe unternahm insgesamt 60 Ägyptenreisen, auf denen er selbst keine eigenen Grabungen durchführte.

Der Papyrus ist 5,44 m lang und nur 8 cm breit, wird etwa auf das Jahr 1850 v. Chr. datiert und ist neben dem Papyrus Rhind und den Kahun-Papyri eine der wichtigsten historischen Quellen für die altägyptische Mathematik. Der Papyrus MMP ist etwa so alt wie die Lederrolle ELMR und ungefähr 150 Jahre älter als der Papyrus RMP. Golenischew übergab 1912 den Papyrus – zusammen mit seiner kompletten Ägypten-Sammlung – an die russische Zarenregierung, die ihm dafür eine ewige Rente zusicherte; dies berichtet er auf Französisch:

> … avec toute ma collection, à Moscou, contre une rente viagère que le Gouvernement Russes' était engagé de me payer, ma vie durant.

Er hatte Pech, denn nach der russischen Oktoberrevolution 1917 verweigerten die Bolschewiki jegliche Zahlung oder Entschädigung. Der Papyrus, zunächst nach seinem Käufer genannt, kam ins Puschkin-Museum für bildende Künste (Moskau) und erhielt die Inventarnummer 4876. Eine erste Publikation erfolgte 1917 durch Boris A. Turajew, einem Konservator des Museums, mit der sensationellen Feststellung:

Aufgabe 14: Löse das Problem des Pyramidenstumpfs, das sich nicht bei Euklid findet.

Eine vollständige Übersetzung lieferte 1930 Wassili Wassiljew Struwe[47] in deutscher Sprache. Die erste vollständige englische Übersetzung wurde 1999 von Marshall Clagett[48] publiziert.

Der Papyrus enthält 25 mathematische Aufgaben, die nicht wie beim RMP thematisch geordnet sind. Die Professorin Gabriele Höber-Kamel sieht den MMP als eine Art „Prüfungsarbeit" und untermauert diese Hypothese einerseits mit der, im Vergleich zu anderen mathematischen Papyri, relativ geringen Aufgabenanzahl und andererseits durch die Zusatzbemerkung hinter den Aufgaben: „Du hast [es] recht gefunden." Der Papyrus ist berühmt geworden, da er zwei Probleme enthält, die sich nicht in anderen Rollen finden:

- MMP #10: Volumen eines Halbzylinders (?),
- MMP #14: Pyramidenstumpf.

2.5.1 Arithmetik im Papyrus Moskau

MMP #3

„Wenn jemand zu dir sagt: Mache einen Schiffsmasten aus einem Stamm aus Zedernholz von 30 *Ellen*. Welche Länge hat der Schiffmast, wenn er $\frac{1}{3}$ und $\frac{1}{5}$ des Zedernstammes ist?"

Der Papyrus berechnet $\left(\frac{1}{3}\,\frac{1}{5}\right) \times 30$ und erhält 16 *Ellen*.

MMP #6

Die Aufgabe ergibt in moderner Schreibweise:

$$\frac{3}{4}x^2 = 12$$

Die Gleichung wird gelöst durch Multiplikation mit dem Kehrwert $\frac{4}{3}$:

$$x^2 = \frac{4}{3} \cdot 12 \Rightarrow x = 4$$

MMP #11

Wenn jemand zu dir sagt: Die Produktion (?) eines Mannes bei [der Erstellung von] Holzwürfeln (?) ist 100 [Stück] mit Kante (?) 5. Er hat aber Holzwürfel mit Kante 4 [Handbreiten] gebracht.

Du rechnest 5 mal 5, macht 25. Du rechnest 4 mal 4, ergibt 16. Du dividierst 25 durch 16, macht $1\,\overline{2}\,\overline{16}$. Du multiplizierst dies mit 100, ergibt $156\,\overline{4}$. Was du gefunden hast, ist recht.

[47]Struwe, W. W., Turajew B.: Mathematischer Papyrus des Staatlichen Museums der Schönen Künste in Moskau. Springer, Berlin (1930).

[48]Clagett, M.: Ancient Egyptian Science: A Source Book, Vol. 3: Ancient Egyptian Mathematics. American Philosophical Society, Philadelphia (1999).

Der Schreiber geht nicht vom gleichen Holzvolumen aus, sondern von gleicher Fläche. In moderner Schreibweise ergibt sich:

$$100 \times 5^2 = x \cdot 4^2 \Rightarrow x = 100 \cdot \left(\frac{5}{4}\right)^2 = 156\frac{1}{4}$$

#12 ist ein typisches Beispiel der insgesamt 11 Pefsu-Aufgaben.

MMP #12

> Wenn jemand zu dir sagt, 13 *hekat* oberägyptisches Getreide
> sind umzurechnen in 18 Krüge Bier, wie das Dattelersatz-Bier.
> Siehe 1 Krug Dattelersatz-Bier entspricht 2 1/6.
> Rechne du mit 2 1/6 um 13 zu finden;
> beachte, die 13 (als einfache Zahl) ist die Summe von *10-hekat* und 3 *hekat*.
> 6 [*pefsu*] ist das Resultat.

MMP #19

> Ein Haufen, $\frac{1}{2}$ addiert, 4 addiert, ergibt 10.
>   Berechne, um wie viel 10 die 4 übersteigt, es ist 6. Welches Vielfache von $1\overline{2}$ ergibt 1, es ist $\overline{\overline{3}}$. Rechne $\overline{\overline{3}}$ von 6, macht 4. Das ist der Haufen, du hast recht gefunden.

Der Rechengang (in moderner Schreibweise) scheint wie folgt:

$$\left(1\,\overline{2}\right)x + 4 = 10 \Rightarrow \left(1\,\overline{2}\right)x = 6 \Rightarrow x = 6 \div \left(1\,\overline{2}\right) = 6 \times \overline{\overline{3}} = 4$$

Die Gleichung wird direkt gelöst; die *Regula falsi* wird nicht benützt.

MMP #23

„Wenn jemand zu dir sagt: Ein Schuhmacher kann pro Tag 10 Paare Sandalen ausschneiden, fertigstellen kann er aber nur 5 Paar. Wie viele Paare kann er ausschneiden und fertigstellen?"

Der Rechengang kann wie folgt interpretiert werden: Die Zahl der ausgeschnittenen und gefertigten Paare ist 15. Dafür benötigt der Schuster 1 Tag zum Ausschneiden und 2 Tage zur Fertigung, Resultat 3 Tage. Suche das Vielfache von 3 auf 10, es ist $3\frac{1}{3}$. Dies ist die Anzahl der Paare, die er an einem Tag ausschneiden und fertigen kann.

Moderne Lösung: Pro Paar benötigt er $\frac{1}{10}$ Tag zum Ausscheiden bzw. $\frac{1}{5}$ Tag zum Fertigstellen. Damit gilt:

$$\left(\frac{1}{10} + \frac{1}{5}\right)x = 1 \Rightarrow x = 3\frac{1}{3}$$

Eine einfache Überlegung ist: Der Schuster kann 10 Sandalen an einem Tag zuschneiden und an zwei weiteren 10 fertigen. Insgesamt hat er an 3 Tagen 10 Stück gefertigt; dies ergibt 3 1/3 am Tag.

MMP #25

„Ein Haufen, zusammen mit dem Doppelten, ergibt 9".

Berechne die Summe mit dem Doppelten, ergibt 3. Erweitere auf 9, ergibt 3. Du hast es recht gefunden."

Ausgehend von der einfachen Anzahl 1 berechnet der Papyrus das $(2 + 1)$-Fache, ergibt 3. Vervielfache so, dass sich 9 ergibt, das macht 3.

2.5.2 Geometrie im Papyrus Moskau

MMP #4 ($=$ RMP #51)

Die Fläche eines Dreiecks ist gegeben durch die „Mündung" 4 Ruten *(khet)* und die „Grenze" 10 Ruten (Abb. 2.43).

An der Wortwahl erkennt man, dass das Dreieck gleichschenklig gedacht ist. Struve bemerkte, dass Dreiecke stets „auf der Seite liegend" gezeichnet werden; daher ist wohl „Mündung" als Basis zu interpretieren. Die Ägypter hatten keine Bezeichnung für „Höhe". Der Papyrus rechnet die Fläche nach $(4 \div 2) \times 10 = 20$. Man könnte darin die Formel „halbe Grundlinie X Höhe" erkennen. Die Halbierung spricht dafür, dass die Ägypter bei einem Dreieck stets das umbeschriebene Rechteck im Sinn gehabt haben. Dieses hat die Fläche 4×10, das Dreieck somit die Hälfte.

MMP #6

Die Fläche ist 12 *(setat)*, $(\frac{1}{2} \frac{1}{4})$ der Länge ist die Breite.

Dividiere 1 durch $\overline{2}\,\overline{4}$ es macht $1\,\overline{3}$. Multipliziere 12 mit $1\,\overline{3}$, macht 16. Berechne die Seite, ergibt 4 für die Länge. Sein $\overline{2}\,\overline{4}$ ergibt 3 für die Breite.

In moderner Form ist zu lösen: $x \cdot y = 12 \quad \therefore \quad y = \left(\frac{1}{2} + \frac{1}{4}\right)x$

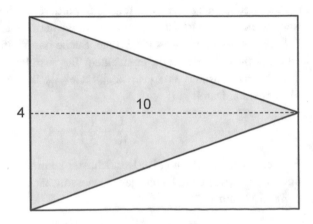

Abb. 2.43 Zur Aufgabe
MMP #4

Abb. 2.44 Zur Aufgabe
MMP #6

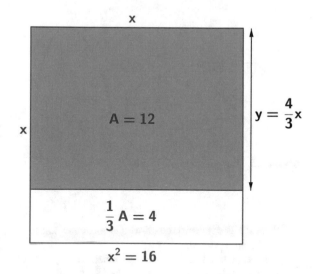

Der Papyrus rechnet vermutlich: $(\overline{2}+\overline{4})x^2 = 12 \Rightarrow x^2 = (1+\overline{3})\cdot 12 = 16 \Rightarrow x = 4$
$\therefore \quad y = 3$

Hier gilt $(\overline{2}+\overline{4})^{-1} = (1+\overline{3})$.

Eine weitere Interpretation liefert K. Vogel (VG I, S. 64): Ergänzt man das Rechteck zum Quadrat über der Länge, so wird durch die Division $1 \div (\overline{2}+\overline{4}) = \frac{4}{3}$ ermittelt, wie oft die Breite in die Länge hineinpasst (Abb. 2.44).

MMP #7

„Wenn jemand zu dir sagt: Ein Dreieck der Fläche 20 *setat,* wobei $\left(\frac{1}{3}\frac{1}{15}\right)$ der Länge (Basis) für die Breite (Höhe) gegeben ist. Was ist Länge und Breite?"

Historische Lösung: Verdopple die Fläche, macht 40. Das Vielfache von $\left(\frac{1}{3}\frac{1}{15}\right)$, das 1 ergibt, ist [der Kehrwert] $\left(2\frac{1}{2}\right)$. Nimm 40 $2\frac{1}{2}$ mal, ergibt 100. Nimm die Quadratwurzel, macht 10. Das $\left(\frac{1}{3}\frac{1}{15}\right)$-fache von 10 liefert 4. Länge und Höhe sind somit 10 bzw. 4.

Die berühmteste Aufgabe des MMP ist #10, die eine gekrümmte Fläche berechnet. Leider ist der verwendete Begriff unbekannt. Hinzu kommt noch das Problem, dass nur ein Parameterwert gegeben ist; für einen Rotationskörper etwa erwartet man zwei Angaben, Radius und Höhe. Viele namhafte Gelehrte wie Struwe[49], Peet[50], Neugebauer[51] und B. L. van der Waerden haben sich an der Diskussion beteiligt.

---

[49]Struve, W. W.: Mathematischer Papyrus des Museums in Moskau, Quellen-Studien zur Gesch. d. Math. [A] 1, 157 (1930).

[50]Peet, T. E.: A problem in Egyptian geometry, J. Egypt. Archeol. 17, 100 (1931).

[51]Neugebauer, O.: Vorgriechische Mathematik, S. 136. Berlin (1934).

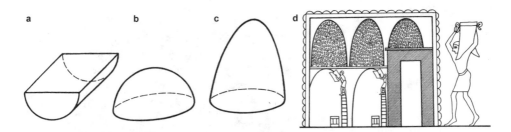

Abb. 2.45 Zur Aufgabe MMP #10

MMP #10

Wenn dir gesagt wird, ein Korb (?) mit einer Öffnung von $\left(4\,\overline{2}\right)\left[4\,\overline{2}\right]$ als Seite, lass mich seine Fläche wissen.

Du rechnest $\overline{9}$ von 9, denn was einen Korb (?) anbelangt, so ist er die Hälfte eines (?), es ergibt 1. Du rechnest $\overline{9}$ von 8, macht $\left(\overline{3}\,\overline{6}\,\overline{18}\right)$. Du rechnet den Rest von $\left(\overline{3}\,\overline{6}\,\overline{18}\right)$ auf 8, macht $\left(7\,\overline{9}\right)$. Du rechnest $\left(7\,\overline{9}\right)$ mal $\left(4\,\overline{2}\right)$, ergibt 32. Dies ist die Fläche, du hast es recht gefunden.

Nach van der Waerden[52] berechnet der Papyrus den Term:

$$A = 2\left(1 - \frac{1}{9}\right)^2 \left(4\frac{1}{2}\right)^2$$

Der Term $\left(1 - \frac{1}{9}\right)^2$ stellt gemäß RMP #50 die ägyptische Näherung von $\frac{\pi}{4}$ dar. Fasst man $\left(4\,\overline{2}\right)$ als Durchmesser d auf, so kann man die Formel schreiben als:

$$A = 2 \cdot \frac{\pi}{4} \cdot d^2 = \frac{1}{2}\pi d^2$$

Dies würde tatsächlich die Oberfläche einer Halbkugel vom Durchmesser d liefern (Abb. 2.45b). Gleichsetzen liefert folgenden Näherungswert:

$$2\left(\frac{8}{9}\right)^2 d^2 = \frac{1}{2}\pi d^2 \Rightarrow \pi = 4\left(\frac{8}{9}\right)^2 = \frac{256}{81} = 3\,\overline{9}\,\overline{27}\,\overline{81} = 3{,}16049\ldots$$

Peet fasst einen Faktor $\left(4\,\overline{2}\right)$ als Durchmesser d des Grundkreises eines Zylinders, den anderen als Höhe h des Halbzylinders auf und erhält:

$$A = 2d \cdot \frac{\pi}{4} \cdot h = \frac{1}{2}\pi d h$$

---

[52]van der Waerden, B. L.: Erwachende Wissenschaft, S. 52 ff. Basel (1966).

Diese Formel spricht für die Oberfläche eines Halbzylinders (Abb. 2.45a). Neugebauer denkt an einen kuppelförmigen Speicher (Abb. 2.45c), wie man ihn auf ägyptischen Abbildungen findet (Abb. 2.45 d). Auch eine zweidimensionale Fläche wie ein Halbkreis oder ein Kreissegment wurde diskutiert.

Eine neuere, umfassende Untersuchung, die hier nicht wiedergegeben werden kann, stammt von Friedhelm Hoffmann[53] Er schließt Rotationskörper aus und plädiert, wie schon Peet, für einen Halbzylinder. Eine exakte Berechnung der Halbkugeloberfläche wäre die mathematische Sensation der altägyptischen Mathematik gewesen!

Nach Meinung von Friberg (UL, S. 79) berechnet MMP #10 eine Halbkreisfläche, da auch im Papyrus Kairo #37 und #38 bei der Segmentberechnung das ähnliche Wort *nby* für Korb erscheint.

MMP #14

Es wird dir gesagt, es handelt sich um einen Pyramidenstumpf (?) der Höhe 6, der Breite 4 an der Basis, der Breite 2 an der Spitze. Du musst die Breite 4 quadrieren, ergibt 16. Du musst die 4 verdoppeln, macht 8. Du musst die Breite 4 quadrieren, liefert 16. Du sollst addieren die 16, die 8 und die 4, Ergebnis 28. Du nimmst ein $\overline{3}$ von 6, macht 2. Du nimmst 28 zweifach, es ergibt 56. Du hast es recht gefunden.

Man nimmt an, es handelt sich um einen geraden, vierseitigen Pyramidenstumpf mit quadratischer Grund- und Deckfläche. Sind a, b die Seiten der Grund- bzw. der Deckfläche und h die Höhe, so berechnet der Papyrus vermutlich die Formel $V = \frac{h}{3}\left(a^2 + ab + b^2\right)$, möglich ist aber auch $V = \frac{h}{3}\left(a^2 + 2b + b^2\right)$. Einige Forscher lassen die letztere Formel aus Dimensionsgründen nicht zu; in der Klammer könne man nur Flächen addieren. In diesem ersten Fall wäre das exakte Wissen der Pyramidenstumpf-formel eine bemerkenswerte Erkenntnis. Der erste Bearbeiter des Papyrus A. Turajew (Moskau) hat sogar folgende Formel herausgelesen:

$$V = \frac{h}{3}\left(A + \sqrt{AB} + B\right)$$

Dabei sind A, B Grund- und Deckfläche des Pyramidenstumpfs. Turajew schreibt:

Wenn unsere Interpretation korrekt ist, haben wir hier das neue und interessante Ergebnis vor uns, das sich nicht bei Euklid findet.

H. Wussing bezeichnet in seiner *Mathematik der Antike* die Formel als „Glanzstück der ägyptischen Mathematik". Leider hat man bisher keinen weiteren Beleg für diese Formel gefunden. Eine exakte Formel des Pyramidenstumpfs ist aus der babylonischen Mathematik nicht bekannt. Der Beitrag von Warner-Imhausen im Sammelband Katz enthält hier einen Druckfehler bei der Volumenformel.

---

[53]Hoffmann, Fr.: Die Aufgabe 10 des Moskauer mathematischen Papyrus, Zeitschrift für ägyptische Sprache und Altertumskunde 123, 19–26 (1996).

Abb. 2.46 Pyramidenstumpf
nach Neugebauer

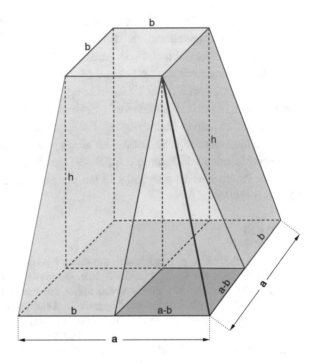

Ergänzung Die Pyramidenstumpfformel kann nach Neugebauer elementar hergeleitet werden (Abb. 2.46):

Das Volumen des Pyramidenstumpfs (Grundfläche a^2, Deckfläche b^2) wird zerlegt (durch senkrechte Schnitte zur Grundfläche) in einen Quader, zwei (kongruente) dreiseitige Prismen und eine vierseitige Pyramide. Der Quader hat die Deckfläche b^2 und damit den Inhalt b^2h. Jedes der beiden Prismen hat das Volumen $\frac{1}{2}(a-b)bh$. Die Pyramide hat den Inhalt $\frac{h}{3}(a-b)^2$. Addition aller Volumina liefert:

$$V = b^2h + (a-b)bh + \frac{h}{3}(a-b)^2$$
$$= h\left[b^2 + ab - b^2 + \frac{1}{3}a^2 - \frac{2}{3}ab + \frac{1}{3}b^2\right] = \frac{h}{3}\left(a^2 + ab + b^2\right)$$

Diese Herleitung verwendet keine Ähnlichkeit, setzt aber die Kenntnis der Pyramidenformel $V = \frac{h}{3}a^2$ voraus! Die Pyramidenstumpfformel wird alternativ geschrieben als:

$$V = h\left[\left(\frac{a+b}{2}\right)^2 + \frac{1}{3}\left(\frac{a-b}{2}\right)^2\right]$$

Abb. 2.47 zeigt MMP #14 in hieratischer Schrift und in Hieroglyphenumschrift.

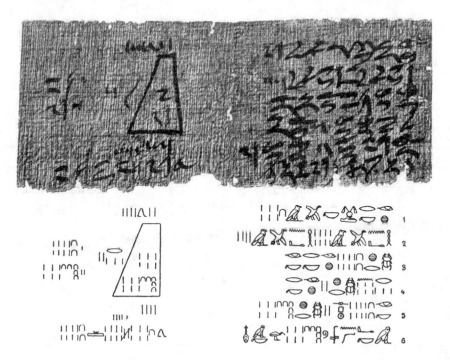

Abb. 2.47 Zur Aufgabe MMP #14 (Transliteration)

MMP #18

„Ein Dreieck hat die Fläche 20 *setat,* wobei $(\overline{3}\,\overline{15})$ der Länge für die Breite gegeben wird."

Der Papyrus rechnet hier: $20 \times 2 = 40$; $1 \div (\overline{3} + \overline{15}) = 1 \div \left(\frac{2}{5}\right) = \frac{5}{2}$ und $\sqrt{40 \times \frac{5}{2}}$ $\sqrt{100} = 10$.

Dies kann wie folgt interpretiert werden: Das umbeschriebene Rechteck hat die Fläche 40. Das Rechteck passt in das Quadrat über der Länge genau 2½-mal hinein; das Quadrat hat also die Fläche 100, die gesuchte Seite ist damit 10. Die Fläche 1 *sedat* entspricht 100 (Hundert-*Ellen*)^2.

In moderner Schreibweise gilt:

$$\frac{1}{2}xy = 20 \quad \therefore \quad y = x\left(\overline{3} + \overline{15}\right) = \frac{2}{5}x$$

Hier ergibt sich ein ganz analoger Lösungsweg:

$$xy = 40 \Rightarrow \frac{2}{5}x^2 = 40 \Rightarrow x^2 = 100 \Rightarrow x = 10; y = 4$$

2.6 Die mathematische Lederrolle (EMLR)

Der Inhalt der Lederrolle besteht aus der folgenden Tabelle:

1	10	40			8
2	5	20			4
3	4	12			3
4	10	10			5
5	6	6			3
6	6	6	6		2
7	3	3			$\overline{\overline{\overline{3}}}$
8	25	15	75	200	8
9	50	30	150	400	16
10	25	50	150		15
11	9	18			6
12	7	14	28		4
13	12	24			8
14	14	21	42		7
15	18	27	54		9
16	22	33	66		11
17	28	49	196		13(!)
18	30	45	90		15
19	24	48			16
20	18	36			12
21	21	42			14
22	45	90			30
23	30	60			20
24	15	30			10
25	48	96			32
26	96	192			64

Die mathematische Lederrolle aus Ägypten (engl. *Egypt Mathematical Leather Roll*) wurde zusammen mit dem RMP von dem Schotten A. H. Rhind in Luxor 1858 erworben. Aus Gesundheitsgründen kam der Rechtsanwalt regelmäßig in den Sommermonaten der 1850-er Jahre nach Ägypten. Mit der Zeit erweiterte er sein Wissen über ägyptische Altertümer und sein Interesse fokussierte sich auf Artefakte. So erwarb er die beiden Schriftrollen, die in der Nähe des Ramesseums in Theben ausgegraben worden waren. Aus seinem Nachlass wurden 1864 die Rollen an das Britische Museum (BM 10230) verkauft.

Da sich die Lederrolle in einem sehr fragilen Zustand bestand, zögerte man mehr als 60 Jahre mit dem Entrollen. Erst 1927 wagten es A. Scott und H. R. Hall – nach Rücksprache mit anderen Instituten – die Lederrolle zu öffnen. Die Enttäuschung war groß: Die Rolle enthielt nur zwei Spalten von Brüchen, die beide identisch waren; dies erleichterte allerdings die Rekonstruktion der defekten Stellen.

Der Gelehrte S. R. Glanville[54] betrachtete die Rolle als *handliche Tabelle zum Alltagsgebrauch*. Er vermutete, *dass die Rolle das Werk eines jungen Beamten sei, nicht eines Schülers, dafür sei die Schrift zu schön*. Er schreibt etwas sarkastisch:

> Vom wissenschaftlichen Standpunkt gesehen, kann kaum geleugnet werden, dass die Verbreitung des Wissens über die chemische Behandlung von Leder von größerem Nutzen war als die Veröffentlichung des Rolleninhalts, der darin geschrieben war.

Auch die „Entdecker" Scott und Hall waren enttäuscht:

> Die Rolle hat nicht die Hoffnung erfüllt, dass sie wichtiges Material enthalte. Es ist einfach eine Reihe von Summen aus Brüchen, ein zweites Mal wiederholt, offensichtlich eine Schülerübung.

Optimistischer äußerte sich K. Vogel[55]:

> Ich möchte den Inhalt als höchst bedeutsam ansehen, trotzdem er lediglich aus 26 Stammbruchsummen besteht.

Auch van der Waerden und Neugebauer[56] waren positiv gestimmt. Letzterer schreibt:

> Ich möchte im Folgenden zeigen, dass ein so pessimistisches Urteil vielleicht doch nicht ganz am Platze ist.

Den Inhalt der Tabelle teilen wir in mehrere Gruppen ein:

Eine **erste** Gruppe in den Zeilen 4 bis 7 enthält die trivialen Stammbuchzerlegungen:

$$\frac{1}{10} + \frac{1}{10} = \frac{1}{5} \quad \therefore \quad \frac{1}{6} + \frac{1}{6} = \frac{1}{3}$$

$$\frac{1}{6} + \frac{1}{6} + \frac{1}{6} = \frac{1}{2} \quad \therefore \quad \frac{1}{3} + \frac{1}{3} = \frac{2}{3}$$

---

[54]Glanville, S. R.: The Mathematical Leather Roll in the British Museum, Journal of Egyptian Archaeology 23, 237–239 (1927).

[55]Vogel, K.: Erweitert die Lederrolle unsere Kenntnis ägyptischer Mathematik? Archiv für Geschichte der Mathematik, 2, 386–407 (1929).

[56]Neugebauer, O.: Zur ägyptischen Bruchrechnung, Quellen und Studien zur Geschichte der Mathematik, Part B, Study IV, S. 359–382. Berlin (1937).

Immerhin lassen sich zwei wichtige Relationen herleiten: Zeile 5 und 6 führen zu:

$$\left(\frac{1}{6}+\frac{1}{6}\right)+\frac{1}{6}=\frac{1}{2}\underset{Z.5}{\Rightarrow}\frac{1}{3}+\frac{1}{6}=\frac{1}{2}(A)$$

Ebenso folgt aus den Zeilen 7 und 5:

$$\frac{1}{3}+\frac{1}{3}=\frac{2}{3}\underset{Z.5}{\Rightarrow}\left(\frac{1}{6}+\frac{1}{6}\right)+\frac{1}{3}=\frac{2}{3}\Rightarrow\frac{1}{6}+\left(\frac{1}{6}+\frac{1}{3}\right)=\frac{2}{3}\underset{A}{\Rightarrow}\frac{1}{2}+\frac{1}{6}=\frac{2}{3}(B)$$

Eine **zweite** Gruppe in den Zeilen (11, 13, 19–26) enthält Zerlegungen, bei denen der größere Nenner das Doppelte des kleineren ist:

$$\frac{1}{9}+\frac{1}{18}=\frac{1}{6}\quad\therefore\quad\frac{1}{12}+\frac{1}{24}=\frac{1}{8}\quad\therefore\quad\frac{1}{24}+\frac{1}{48}=\frac{1}{16}$$

$$\frac{1}{18}+\frac{1}{36}=\frac{1}{12}\quad\therefore\quad\frac{1}{21}+\frac{1}{42}=\frac{1}{14}\quad\therefore\quad\frac{1}{45}+\frac{1}{90}=\frac{1}{30}$$

$$\frac{1}{30}+\frac{1}{60}=\frac{1}{20}\quad\therefore\quad\frac{1}{15}+\frac{1}{30}=\frac{1}{10}\quad\therefore\quad\frac{1}{48}+\frac{1}{96}=\frac{1}{32}$$

$$\frac{1}{96}+\frac{1}{192}=\frac{1}{64}$$

Bei dieser Gruppe ist dem Schreiber sicher aufgefallen, dass der Nenner der Summe stets 1/3 des größeren Nenners ist, allgemein gilt:

$$\frac{1}{n}+\frac{1}{2n}=\frac{3}{2n}=\frac{1}{\frac{2}{3}n}$$

Eine **dritte** Gruppe bildet die Zeile 1, bei der der größere Nenner das Dreifache des kleineren ist:

$$\frac{1}{4}+\frac{1}{12}=\frac{1}{3}$$

Wie kam der Schreiber auf diese Zerlegung? K. Vogel (VG I, S. 40) schlägt vor:

$$\frac{1}{3}=\frac{1}{3}\cdot 1=\frac{1}{3}\left(\frac{3}{4}+\frac{1}{4}\right)=\frac{1}{4}+\frac{1}{12}$$

Man beachte, dass der Schreiber keine Möglichkeit hat, den Bruch $\left(\frac{3}{4}\right)$ zu schreiben. Diese Methode lässt sich auf beliebige Stammbrüche verallgemeinern:

$$\frac{1}{n}=\frac{1}{n}\cdot 1=\frac{1}{n}\left(\frac{k-1}{k}+\frac{1}{k}\right)$$

Vogel nennt die Formel *Komplementzerlegung,* da sich die Brüche $\left(\frac{k-1}{k}; \frac{1}{k}\right)$ stets zu Eins ergänzen. Die Beziehung gilt für beliebige $k \in \mathbb{N}$, also auch für $k = n + 1$. Damit ergibt sich die Identität:

$$\frac{1}{n} = \frac{1}{n}\left(\frac{n}{n+1} + \frac{1}{n+1}\right) = \frac{1}{n+1} + \frac{1}{n(n+1)}$$

Hieraus können folgende Summen von Stammbrüchen hergeleitet werden:

$$\frac{1}{3} = \frac{1}{4} + \frac{1}{12} \quad \therefore \quad \frac{1}{4} = \frac{1}{5} + \frac{1}{20} \quad \therefore \quad \frac{1}{5} = \frac{1}{6} + \frac{1}{30} \quad \therefore \quad \frac{1}{6} = \frac{1}{7} + \frac{1}{42} \; usw.$$

R. Gillings zeigt folgende Möglichkeit auf:

$$\frac{1}{6} + \frac{1}{6} = \frac{1}{3} \underset{z.3}{\Rightarrow} \frac{1}{6} + \left(\frac{1}{12} + \frac{1}{12}\right) = \frac{1}{3}$$

$$\Rightarrow \left(\frac{1}{6} + \frac{1}{12}\right) + \frac{1}{12} = \frac{1}{3} \Rightarrow \frac{1}{4} + \frac{1}{12} = \frac{1}{3}$$

Die Zerlegung folgt auch direkt aus der Halbierung von *(B):*

$$\frac{1}{2} + \frac{1}{6} = \frac{2}{3} \Rightarrow \frac{1}{4} + \frac{1}{12} = \frac{1}{3}$$

Allgemein gilt:

$$\frac{1}{n} + \frac{1}{3n} = \frac{4}{3n} = \frac{1}{\frac{3}{4}n}$$

Eine **vierte** Gruppe bilden die Zerlegungen der Zeilen 2 bis 3, wobei der größere Nenner das Vierfache des kleineren ist:

$$\frac{1}{10} + \frac{1}{40} = \frac{1}{8} \quad \therefore \quad \frac{1}{5} + \frac{1}{20} = \frac{1}{4}$$

Hier geht Zeile 3 aus Zeile 2 durch Division hervor. Man findet das allgemeine Bildungsgesetz:

$$\frac{1}{n} + \frac{1}{4n} = \frac{5}{4n} = \frac{1}{\frac{4}{5}n}$$

Die Formeln der letzten drei Gruppen kann verallgemeinert werden zu:

$$\frac{1}{n} + \frac{1}{kn} = \frac{k+1}{kn} = \frac{1}{\frac{k}{k+1}n}$$

Eine **fünfte** Gruppe bilden die Zerlegungen der Zeilen (10, 12, 14–18), ohne die schon erwähnte Zeile 6. Hier werden Stammbrüche in drei Summanden zerlegt:

$$\frac{1}{25} + \frac{1}{50} + \frac{1}{150} = \frac{1}{15} \quad \therefore \quad \frac{1}{7} + \frac{1}{14} + \frac{1}{28} = \frac{1}{4} \quad \therefore \quad \frac{1}{14} + \frac{1}{21} + \frac{1}{42} = \frac{1}{7}$$

$$\frac{1}{18} + \frac{1}{27} + \frac{1}{54} = \frac{1}{9} \quad \therefore \quad \frac{1}{22} + \frac{1}{33} + \frac{1}{66} = \frac{1}{11} \quad \therefore \quad \frac{1}{28} + \frac{1}{49} + \frac{1}{196} = \frac{1}{13}(!)$$

$$\frac{1}{30} + \frac{1}{45} + \frac{1}{90} = \frac{1}{15}$$

Die letzten 6 Relationen (ohne Zeile 17) sind Vielfache von:

$$\frac{1}{2} + \frac{1}{3} + \frac{1}{6} = \frac{1}{1}(C)$$

Relation *(C)* lässt sich leicht herleiten aus $\left(\frac{1}{2} + \frac{1}{2} = 1\right)$ und *(A)*. Bis auf Zeile 17 entstehen die genannten Relationen durch Division durch (7, 9, 11, 15). Hier fehlt der Divisor 13, der auf die Beziehung führt:

$$\frac{1}{26} + \frac{1}{39} + \frac{1}{78} = \frac{1}{13}$$

Stattdessen liest man:

$$\frac{1}{28} + \frac{1}{49} + \frac{1}{196} \neq \frac{1}{13}$$

Gillings vermutet hier einen Fehler des Schreibers. Das Schema *(C)* ist hier verletzt; die Gleichung müsste richtig heißen:

$$\frac{1}{4} + \frac{1}{7} + \frac{1}{28} = \frac{3}{7} \underset{:7}{\Rightarrow} \frac{1}{28} + \frac{1}{49} + \frac{1}{196} = \frac{3}{49}$$

Zeile 12 enthält den Nenner 7, eine Zahl, mit der es in vielen Kulturen eine besondere Bewandtnis hat. Gillings erinnert hier an die Metrologie der Einheit *Elle:*

4 Fingerbreiten = 1 Handbreite,

7 Handbreiten = 1 (königliche) Elle,

⇒ 28 Handbreiten = 1 Elle.

Damit folgt: (1 + 2 + 4) Fingerbreiten = 7 Fingerbreiten:

$$\Rightarrow \left(\frac{1}{28} + \frac{1}{14} + \frac{1}{7}\right) Elle = \frac{1}{4} Elle \Rightarrow \frac{1}{28} + \frac{1}{14} + \frac{1}{7} = \frac{1}{4}$$

Zeile 12 folgt auch direkt aus dem Rechengang von RMP #34. Dort findet man:

$$4 \times \left(1\,\overline{2}\,\overline{4}\right) = 7 \Rightarrow \overline{7} \times \left(1\,\overline{2}\,\overline{4}\right) = \overline{4} \Rightarrow \frac{1}{7} + \frac{1}{14} + \frac{1}{28} = \frac{1}{4}$$

Noch nicht erwähnt wurde Zeile 10. Eine Herleitung verwendet die im RMP mit roter Tinte geschriebenen Hilfszahlen, die etwa die Rolle eines Hauptnenners bzw. eines gemeinsamen Vielfachen spielen. Wählt man hier die Hilfszahl 150, so folgt:

$$\frac{1}{25} + \frac{1}{50} + \frac{1}{150} = \frac{1}{150}(6+3+1) = \frac{10}{150} = \frac{1}{15}$$

Multiplikation mit 5 liefert die Summe:

$$\frac{1}{5} + \frac{1}{10} + \frac{1}{30} = \frac{1}{3}$$

Die **sechste** und letzte Gruppe bilden die Zeilen 8 und 9 mit einer Zerlegung in 4 Stammbrüche:

$$\frac{1}{25} + \frac{1}{15} + \frac{1}{75} + \frac{1}{200} = \frac{1}{8} \quad \therefore \quad \frac{1}{50} + \frac{1}{30} + \frac{1}{150} + \frac{1}{400} = \frac{1}{16}$$

Die Summanden der Zeile 9 entstehen aus Zeile 8 durch Division durch 2. Eine Herleitung von Zeile 8 mittels Hilfszahl 600 ist:

$$\frac{1}{25} + \frac{1}{15} + \frac{1}{75} + \frac{1}{200} = \frac{1}{600}(24+40+8+3) = \frac{75}{600} = \frac{1}{8}$$

Auffällig ist hier die nichtmonotone Anordnung der Nenner.

Die EMLR liefert somit interessante Einblicke in die ägyptische Bruchrechnung. Die anfangs geschilderten Erwartungen von Vogel und Neugebauer haben sich wohl erfüllt.

2.7   Die Papyri aus Kahun/Lahun (KP)

W. M. Flinders *Petrie* (1853–1942) war ein berühmter Ägyptenforscher, dessen Arbeitsmethodik die Archäologie zur Wissenschaft machte. Obwohl er in wissenschaftlichen Dingen Autodidakt war, erhielt er 1892 den ersten Lehrstuhl für Ägyptologie in Oxford und führte über 50 Jahre lang, bis zu seinem 86. Lebensjahr, Grabungen aus. Diese erfolgten nicht nur in Ägypten, sondern auch auf dem Sinai und in Syrien und Palästina. Er war der erste Vermesser der großen Pyramide und entdeckte unter anderem den prädynastischen Friedhof in *Naquada* und die Nekropole von *Abydos*. Ein Teil seiner Privatsammlung bildet den Grundstock des *Petrie Museum of Egyptian Archaeology* in London, das ein Ableger des University College London (UCL) ist. Es beherbergt ca. 80.000 Objekte aus Ägypten und ist damit die größte Sammlung altägyptischer Funde außerhalb Ägyptens.

Ein bekannter Student Petries war J. E. Quibell, der in Hierakonpolis die berühmte Narmer-Palette und den Keulenkopf des Skorpion-Königs ausgrub. Der berühmteste unter seinen späteren Studenten war Howard Carter, dem die sensationelle Entdeckung des Grabes von Tutanchamun gelang.

Abb. 2.48   Die Ruine der
Il-Lahun-Pyramide

Pyramide von Jllahûn.

Die von Petrie 1889 ausgegrabenen Papyri der Mittleren Königszeit wurden bei Ausgrabungen der Pyramide *il-Lahun* (Illahun) des Sesostris II gefunden (Abb. 2.48). Petrie benutzte den Namen Kahun, vielleicht ein Hörfehler. In der neueren Literatur werden diese Papyri meist *Lahun* genannt.

Eine erste, noch unvollständige Publikation erfolgte durch F. L. Griffith[57] (1898) in zwei Bänden. Eine vollständige Edition entstand erst in den Jahren 2002 bis 2006 durch die Autoren Collier und Quirke[58]. Die Papyrussammlung ist eine der umfangreichsten und umfasst neben literarischen Texten auch Geschäftslisten des Hofstaats von Sesostris II. Interessant sind vor allem die wissenschaftlichen Texte zur Gynäkologie, Veterinärmedizin und Mathematik; nur Letztere interessieren hier. Es wird die Inventarnummer des Petrie-Museums und die Nummerierung nach Griffith angegeben.

2.7.1   Papyrus UC 32134 A = KP LV

Dieser Papyrus enthält Aufgaben analog zu RMP #24–#34.

KP LV #3

Ein Haufen, vermindert um $\left(\frac{1}{2}\,\frac{1}{4}\right)$, ergibt 5.

Wer sagt es? Du berechnest den Rest, wenn $\overline{2}\,\overline{4}$ von 1 genommen werden, ergibt $\overline{4}$. Mit welcher Zahl muss $\overline{4}$ erweitert werden, damit es 1 ergibt? Es ergibt 4 Das Vierfache vom Rest 5, macht 20. Dies ist der gesuchte Haufen.

---

[57]Griffith, F. L.: The Petrie Papyri, Hieratic Papyri from Kahun and Gurob. Quaritch, London (1898).

[58]Collier, M., Quirke, St.: UCL Lahun Papyri, Vol. 1–Vol. 3, British Archaeological Reports International Series 1083. Archaeopress, Oxford (2002, 2004, 2006).

Abb. 2.49 Zur Aufgabe KP
LV #4

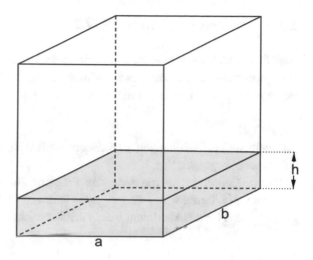

In moderner Schreibweise ist hier gegeben:

$$x - \frac{x}{4} - \frac{x}{2} = 5 \Rightarrow x\left(1 - \frac{1}{4} - \frac{1}{2}\right) = 5 \Rightarrow x = 20$$

Möglicherweise wird hier nach der *Regula falsi* gerechnet. Der Ansatz ($x = 1$) zeigt $x \cdot \frac{1}{4} = \frac{1}{4}$. Zum Erreichen der rechten Seite 5 wird der Skalierungsfaktor 20 benötigt.

KP LV #4

„[Quaderförmiger Kornspeicher]: Die Seite ist $\overline{2}\,\overline{4}$ der Front-[Seite]. 40 Körbe von je 90 *hinu* werden hineingeschüttet, bis zur Höhe 1 Elle. Finde Seite und Front!" (Abb. 2.49).

Der Papyrus rechnet: Nimm 30, um 90 zu erhalten, ergibt 3. Nimm 40 mal 3, macht 120. Nimm $\overline{10}$ von 120, ergibt 12. Dividiere 1 durch $\overline{2}\,\overline{4}$, Inverses ist $1\,\overline{3}$. Multipliziere 12 mit $1\,\overline{3}$. macht 16. finde die Wurzel von 16, macht 4, das ist die Front. $\overline{2}\,\overline{4}$ von 4 ist 3, das ist die Seite.

Das eingeschüttete Volumen ist $V = 40 \times 90 \; hinu = 12$ Kubik-*Ellen*. Mit den gegebenen Daten $h = 1\,Elle$, $b = \frac{3}{4}a$ folgt

$$V = abh \Rightarrow ab = \frac{V}{h} \Rightarrow a \cdot \frac{3}{4}a = \frac{12}{1} \Rightarrow a^2 = 12 \cdot \frac{4}{3} = 16 \Rightarrow a = 4; b = 3$$

2.7.2 Papyrus UC 32159 = KP IV.2

Hier findet sich eine $2/n$-Tabelle für $n \in \{3, 5, 7, .., 21\}$. Die Ergebnisse stimmen mit denen des RMP überein.

2.7.3   Papyrus UC 32160 = KP IV.3

Hier finden sich zwei Aufgaben zur arithmetischen Reihe (ähnlich wie RMP #64) und eine geometrische. Der Papyrus ist schwer lesbar, die folgenden Aufgaben können teilweise aus der Lösung rekonstruiert werden.

KP IV.3 #1

„Gesucht sind die Anteile von 10 Männern an 100 Einheiten, sodass jeder $d = \overline{2}\,\overline{3}$ mehr hat als sein Vorgänger."

Sylvia Couchoud interpretierte das Problem als Verteilungsaufgabe. Der Papyrus berechnet die Terme $\frac{d}{2} = \overline{3}\,\overline{12}$, $(n-1) = 9$ und $\frac{S}{n} = 10$. Clagett[59] vermutet, dass folgende Formel für das Maximum h einer arithmetischen Reihe verwendet wurde:

$$h = \frac{S}{n} + (n-1)\frac{d}{2}$$

Der größte Anteil ergibt sich zu $h = 10 + 9 \times (\overline{3}\,\overline{12}) = 13\,\overline{3}\,\overline{12}$. Das Problem war lange Zeit unklar, da Gillings aufgrund eines Lesefehlers von der Summe 110 ausging und entsprechende Mühe bei seiner Interpretation hatte. Die 10 Anteile sind:

$$\left\{ 6\,\overline{4};\ 7\,\overline{12};\ 7\,\overline{2}\,\overline{3}\,\overline{12};\ 8\,\overline{2}\,\overline{4};\ 9\,\overline{2}\,\overline{12};\ 10\,\overline{3}\,\overline{12};\ 11\,\overline{4};\ 12\,\overline{12};\ 12\,\overline{2}\,\overline{3}\,\overline{12};\ 13\,\overline{2}\,\overline{4} \right\}$$

KP IV.3 #2 = RMP #64

KP IV.3 #3

„Gesucht ist das Volumen (in *khar*) eines [zylindrischen] Kornspeichers, dessen Durchmesser 12 *Ellen* und Höhe 8 *Ellen* ist [1 *khar* = 2/3 Kubikelle]."

Der Papyrus zeigt einen Kreis, der außen mit 8 und 12, innen mit $1365\,\overline{3}$ beschriftet ist. Er addiert $\frac{1}{3}$ des Durchmessers zum Durchmesser, quadriert die Summe, multipliziert dies mit $\frac{2}{3}$ der Höhe und erhält $1365\frac{1}{3}$ *khar*. In moderner Form geschrieben ergibt sich mit $d = 12$; $h = 8$ *(Ellen)* das Zylindervolumen:

$$V = \left[\left(1 + \frac{1}{3}\right)d \right]^2 \cdot \frac{2}{3}h = \frac{32}{27}d^2 h$$

Die Skizze im Papyrus zeigt das gesuchte Volumen $V = 1365\,\overline{3}\,khar$. Mithilfe dieses Ansatzes konnte der Rechenverlauf von RMP #43 geklärt werden, der sich gegenüber

---

[59]Clagett, M.: Ancient Egyptian Science – A Source Book, Vol. 3: Ancient Egyptian Mathematics, American Philosophical Society Philadelphia (1999).

Abb. 2.50 Interpretation der
Kreisfläche nach Popp

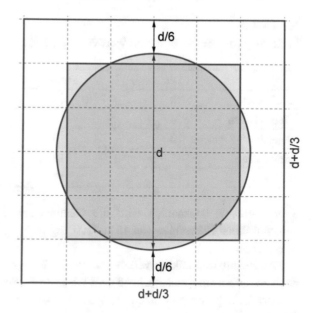

RMP #41 und #42 geändert hatte. Dort war das Volumen erst in *Kubikellen* berechnet und dann in die Einheit *khar* umgewandelt. Die Volumenformel beruht auf der Kreis-formel

$$A = \left(d + \frac{d}{3}\right)^2 \frac{4}{9}$$

Die Formel ist gleichwertig mit der aus RMP #50, hat aber nach Walter Popp eine ein-leuchtende geometrische Interpretation. Man legt den Kreis (Durchmesser d) auf ein 6×6-Gitter und zeichnet ein Quadrat der Seite 4 so ein, dass der Kreis jede Quadratseite im Abstand 2 schneidet (Abb. 2.50). Dieses Quadrat wird als flächengleich zum Kreis betrachtet. Einzeichnen eines größeren, konzentrischen Quadrats, das von der Kreislinie den Abstand $\frac{d}{6}$ hat, liefert die zugehörige Seite $\left(d + \frac{d}{3}\right)$. Wie man der Zeichnung ent-nimmt, hat das kleine Quadrat $\frac{4}{9}$ der Fläche des großen Quadrats. Dies erklärt die (oben) angegebene Kreisfläche:

$$A = \left(d + \frac{d}{3}\right)^2 \frac{4}{9}$$

2.7.4   Papyrus UC 32162 = KP LV.4

Die folgende Aufgabe ist unklar; es scheint sich um einen Geschäftsplan (?) zur Geflügelmast zu handeln:

KP LV.4 #1

Lieferung von „Set"-Gänsen im Wert von 100. Teilweise (?) geliefert sind:

	Preis	Anzahl	Summe
„Re"-Gänse	8	3	24
„Terp"-Gänse	4	3	12
„Djendjen"-Kraniche	2	3	6
„Set"-Gänse	1	3	3
		12	45

Subtrahiere (?), vermutlich wird die Geflügelzahl um 1 vermindert, macht 11. Du berechnest den Überschuss von 45 auf 100, ergibt 55; das Vielfache von 11, das 55 ergibt, es ist 5.

Das Resultat ist unklar; vermutlich wurde festgestellt, dass 11 Geflügel vom Preis 5 noch zu liefern sind, entsprechend dem Wert von 5 „Set"-Gänsen.

Der Anfang der folgenden Aufgabe ist zerstört; sie wurde rekonstruiert von S. Couchoud[60]:

KP LV.4 #2

Ein Feld von 40 mal 3 *[Ellen]* soll so in 10 Teilflächen zerlegt werden, dass deren Breite $\frac{1}{2}\frac{1}{4}$ ihrer Länge beträgt.

Der Papyrus rechnet $40 \times 3 = 120$, die gesamte Fläche, Division durch 10 ergibt 12, die Einzelfläche. Das Reziproke von $\frac{3}{4}$ wird bestimmt zu $\frac{4}{3}$. Das Produkt von 12 mit $\frac{4}{3}$ macht 16, Wurzel daraus 4. Die Teilflächen sind 3×4 *[Ellen]*.

Moderne Lösung folgt analog: Die Fläche eines Teilstücks ist $xy = \frac{3}{4}x^2$ ist gleich 1/10 der Gesamtfläche *(Quadrat-Ellen)*. Damit folgt:

$$\frac{3}{4}x^2 = 12 \Rightarrow x^2 = \frac{4}{3} \cdot 12 = 16 \Rightarrow x = 4; y = 3$$

Eine Teilfläche ist dann (4×3) Quadrat-*Ellen*.

---

[60]Couchoud S.: Mathematiques egyptiennes: recherches sur les connaissances mathematiques de l'Egypte pharaonique, Le Leopard d'Or, Paris 1993, S. 135–139.

2.8   Weitere Papyri des Mittleren und Neuen Reiches

Es werden hier fünf besonders interessante Papyri vorgestellt, drei davon gehören zur „administrativen" Mathematik.

2.8.1   Papyrus Anastasi I

Der Papyrus, benannt nach dem griechischen Antikenhändler G. Anastasi, stammt aus dem Neuen Reich (19. Dynastie). Er wurde editiert von H.-W. Fischer-Elfert[61] und ist einzig in seiner Art, da er vier umfangreiche logistische und bautechnische Probleme aufzeigt, deren Lösung man von einem Schreiber mit mathematischen Kenntnissen erwartet. Da der Ton des Briefes satirisch ist, nimmt man an, dass er einen fiktiven Streit zweier Schreiber beschreibt. Nach den üblichen Brieffloskeln bestätigt der Beamte der Hofstallungen *Hori,* der Absender des Briefes, den Empfang eines an ihn gerichteten Schreibens eines Kollegen namens *Amenemope.* Er nimmt den Briefinhalt als Herausforderung zu einem Wettstreit an und beschuldigt seinen Kollegen, beim Schreiben des vorangegangenen Briefes sechs Schreiber zu Hilfe geholt zu haben. Er rät ihm, sich vom Schreiben abzuwenden und sich dafür dem Brettspiel zu widmen. Hori lässt eine Reihe von Problemen folgen, von denen er behauptet, dass Amenemope mit seinen fehlenden Kenntnissen sie nicht lösen könne. Neben Angaben und Fragen zur Geografie Palästinas und Syriens erwähnt Hori folgende vier Aufträge für einen Schreiber:

1. Berechnung der nötigen Ziegel für eine Ziegelrampe mit gegebenen Abmessungen,
2. Bestimmung der Anzahl von Personen, die notwendig sind, um einen Obelisken, dessen Maße angegeben werden, zu transportieren,
3. Ermittlung der Anzahl von notwendigen Personen zur Errichtung einer Kolossalstatue,
4. Berechnung der Verpflegung eines Heeres bei gegebener Soldatenzahl.

Alle vier Aufgabenstellungen sind mathematisch nicht korrekt gestellt, da sie nicht alle nötigen Angaben machen. Entsprechend fehlen auch alle weiteren Hinweise zur Lösung. Die Beispiele sind:

Zu (1): Eine Rampe von 730 Ellen (Länge) und 55 Ellen Breite soll gebaut werden, mit 120 Hohlräumen, ausgelegt mit Schilfrohr und Balken, mit einer Höhe von 60 Ellen an seiner Spitze, von 30 Ellen in seiner Mitte, mit einer Böschung von 15 Ellen und einem Fundament von 5 Ellen (Stärke). Der Ziegelbedarf ist beim Bauleiter zu erfragen. Die Schreiber sind allesamt versammelt, ohne dass es einen gäbe, der ihn wüsste.

---

[61]Fischer-Elfert, H.-W.: Die satirische Streitschrift des Papyrus Anastasi I, 2 Bände. Harrassowitz (1983, 1986).

Abb. 2.51 Rekonstruktion
der Rampe nach Borchardt

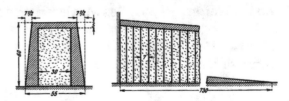

Sie vertrauen alle auf Amenemope und sagen zu ihm: „Du bist ein erfahrener Schreiber, mein Freund, entscheide schnell für uns; siehe, dein Name ist hervorgetreten. […]
Beantworte uns ihren Ziegelbedarf. Siehe, ihre Maße sind vor dir, ein jeder ihrer Hohl-
räume beträgt 30 Ellen (Länge) und 7 Ellen (Breite)." Abb. 2.51 zeigt die Rekonstruktion
von Borchardt (1897).

Zu (2): „Ein Obelisk ist neu hergestellt worden […], von 110 Ellen Schaft(länge),
sein Sockel beträgt 10 Ellen. Der Umfang seines (unteren) Endes beträgt 7 Ellen auf
allen seinen Seiten, seine Verjüngung in der Schräge bis zum Ende seines Kopfes ist 1
Elle 1 Finger, sein *Pyramidion* [=Spitze] ist von einer Elle in der Höhe, seine Spitze von
2 Fingern. Summiere es, indem du es in Teilen ausführst. Du sollst jeden (erforderlichen)
Mann unter ihren Transport setzen […]; siehe, man wartet schon auf sie […]. Tritt heran,
stelle für uns den Bedarf an Leuten fest, die er benötigt […]".

Zu (3): „Entleere das Magazin, das beladen ist mit Sand, unter dem Monument deines
Herrn […], das geholt worden ist vom Gebel Ahmar. Es beträgt 30 Ellen, ausgestreckt
auf dem Boden, mit einer Breite [von] 20 Ellen […]. Die Zellen seiner Kammern sind
von einer Breite 4 [auf] 4 auf 4 Ellen. Sie haben eine Höhe von 50 Ellen insgesamt,
Ablaufventile befinden sich in den Sandhügeln. Du wirst beauftragt, in Erfahrung zu
bringen, was vor [ihm] ist. Wie viel Mann werden benötigt, es zu entfernen in 6 Stunden,
wenn ihre [Arbeits-]moral gut ist? …".

Zu (4): „Du wirst nach Djahi gesandt mit einem Auftrag an der Spitze des siegreichen
Heeres, […]. Die Bogentruppen, die vor dir sind, betragen 1900 Mann, die Schirdanu
620, die Qahaq 1600, die Meswes, die Nubier 880. Macht zusammen: 5000 insgesamt,
ausgenommen ihre Vorgesetzten. Eine Friedensgabe wird vor dich gebracht, Brotrationen, Kleinvieh und Wein. […] Die Männer sind bereit und fertig, teile es schnell
auf! Den Anteil eines jeden Mannes in seine Hand."

Zum Beispiel (1): Bei dieser Aufgabenstellung ist aus heutiger Sicht nicht so sehr das
Ergebnis von Interesse, sondern die Tatsache, dass für Baumaßnahmen offensichtlich
derartig große Ziegelrampen mit einem Neigungswinkel von ca. 5° (Basis verhält sich
zur Höhe wie 8:1) verwendet wurden. Diese geringe Steigung führte dazu, dass die Haft-
reibung einer gezogenen Last größer als die Gleitreibung ist und so beim Ziehen der Last
jederzeit eine Pause eingelegt werden konnte, ohne dass die Last rückwärts rutscht.

Warner-Imhausen zählt diese Art von Texten zur Gruppe der „administrativen"
Mathematik. Sie sind dadurch gekennzeichnet, dass bei der Bearbeitung dieser Aufgaben
die Einbeziehung des entsprechenden praktischen Zusatzwissens unverzichtbar ist. Dieses liefert wertvolle Hinweise zur Praxis und zum „Know-how", die den mathematischen
Texten allein nicht zu entnehmen sind.

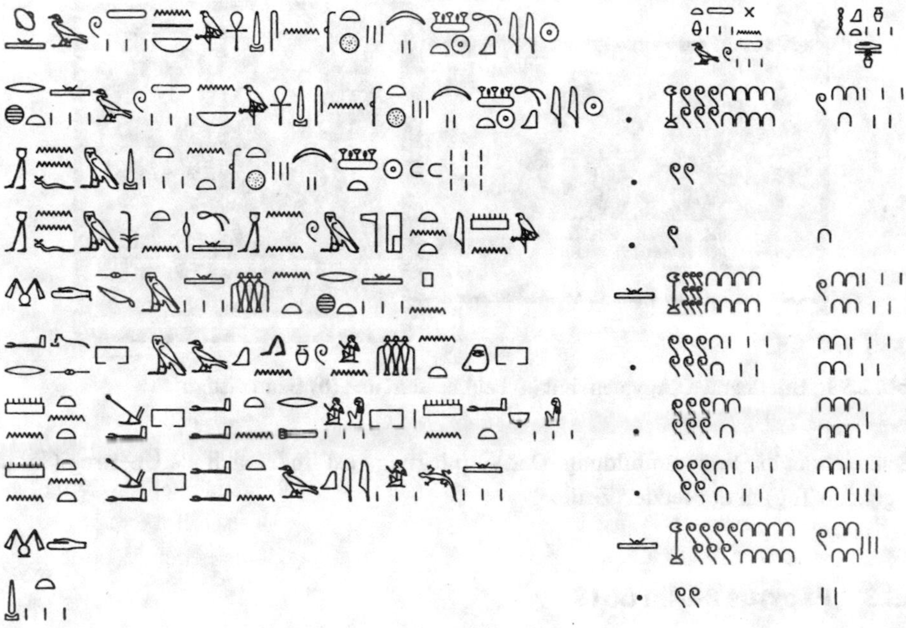

Abb. 2.52 Papyrus Boulaq XVIII (Transliteration)

2.8.2   Papyrus Boulaq XVIII, 31

Als Beispiel einer komplexen Zahlendarstellung soll die Buchführung eines Tages des Pharaonenhofstaats in Theben aus dem Mittleren Reich (13. Dynastie, um 1750 v. Chr.) dargestellt werden, die von L. Borchardt[62] publiziert wurde. Es handelt sich um den Papyrus Boulaq XVIII, der sich in Kairo befindet. Die Kartusche ist schwer lesbar, es könnte sich um den Hofstaat des Pharaos Sobekhotep II. handeln. Abb. 2.52 zeigt die Umschrift in Hieroglyphen.

Die Überschrift in roter Schrift lautet: „Berechnung der Einnahmen", bestehend aus Broten θ in Spalte 2 und Des-Krügen von Bier ꝋ in der letzten Spalte. Die Zeilen 2 bis 4 geben die Einnahmen aus 3 Tagen (aktueller Tag, Übertrag vom letzten, Abgabe des Amun-Tempels) wieder, die in der nächsten Zeile summiert werden. In der Mitte der 5. Zeile steht in roter Schrift: „Ausgaben aus diesem Betrag." Die Zeilen 6 bis 8 zeigt die Verpflegung des Harems, der Ammen und der übrigen Bediensteten. In Zeile 9 werden die Ausgaben (mit einem kleinen Fehler) mit roter Farbe addiert, die Ikone _

---

[62]Borchardt, L.: Ein Rechnungsbuch des königlichen Hofes aus dem Mittleren Reich, Zeitschrift für ägyptische Sprache 28, 66–102 (1890).

Abb. 2.53 Briefmarken (Ägypten) mit (a) Feldmessern und (b) Baumeistern

kennzeichnet die Summenbildung. Der Verpflegungsrest findet sich als Übertrag (für den folgenden Tag) in der letzten Zeile.

2.8.3 Papyrus Berlin 6619

Der Papyrus Berolinensis 6619 stammt aus der Zeit Ende der 12. bis zur 13. Dynastie, wie auch die Kahun-Papyri und der Papyrus Moskau (MMP). Er wurde 1990 von Schack-Schackenburg[63] publiziert und enthält – neben geometrischen Problemen – zwei Aufgaben, die auf ein quadratisches Gleichungssystem führen. Wegen seines Alters sehen viele Gelehrte im Auftreten des Terms $\sqrt{x^2 + y^2}$ keinen Hinweis auf den Pythagoras-Satz, dessen Kenntnis erst zur Ptolemäer-Zeit erwartet wird. Friberg (UL, S. 82) hingegen ist der Meinung, dass die altägyptischen Schreiber die Gleichung $6^2 + 8^2 = 10^2$ gekannt haben, also das rechtwinklige Dreieck (6; 8; 10).

Abb. 2.53 präsentiert zwei ägyptische Briefmarken. Beide Marken zeigen Motive von Grabbildern, die linke Marke zeigt eine Szene aus dem Grab des Landvermessers Menna (vgl. Abb. 2.23).Die rechte Marke bildet in der Mitte die bekannte Statuette von Imhotep aus dem Louvre ab.

pBerolinensis 6619 #1 Es wird dir gesagt die Fläche eines Quadrats ist 100; es ist gleich zwei kleineren Quadraten. Die Seite des einen ist $\overline{2}\,\overline{4}$ der Seite des anderen. Lass mich wissen die Seiten.

Sind $x, y (x > y)$ die gesuchten Seiten, so ist das System (in moderner Form) gegeben:

$$x^2 + y^2 = 100 \quad \therefore \quad x = \frac{4}{3}y$$

---

[63]Schack-Schackenburg, H.: Der Berliner Papyrus 6619, Zeitschrift f. Ägyptische Sprache 38, 135–140 (1900), und 40, 65 f. (1902).

Historische Lösung: Beginne stets mit der Seite 1, dann ist die andere Seite $\overline{2}\,\overline{4}$. Multiplizieren mit $\overline{2}\,\overline{4}$ ergibt $\overline{2}\,\overline{16}$, die ist die Fläche des kleineren Quadrats. Zusammen haben diese Quadrate die Fläche $1\,\overline{2}\,\overline{16}$. Nimm die Wurzel, dies ergibt $1\,\overline{4}$. Nimm die Wurzel von 100, ergibt 10. Dividiere dies durch $1\,\overline{4}$, es ergibt die Seite 8 des ersten Quadrats.

Schack-Schackenburg ergänzte die fehlende Rechnung zu: Nimm $\overline{2}\,\overline{4}$ von 8; es ergibt die Seite 6 des zweiten Quadrats.

Gesetzt wird gemäß der *Regula falsi* $x = 1$:

$$x_1 = 1 \quad \therefore \quad y_1 = \frac{1}{2} + \frac{1}{4} \Rightarrow x_1^2 = 1 \quad \therefore \quad y_1^2 = \frac{1}{2} + \frac{1}{16}$$

Einsetzen führt zu $x_1^2 + y_1^2 = \frac{25}{16} < 100$. Die Quadratsumme muss also skaliert werden mit dem Faktor $\frac{100}{\frac{25}{16}} = 64$, die Variablen mit dem Faktor 8. Somit ist Lösung $(x, y) = (8; 6)$.

Die moderne Lösung ergibt sich nach Einsetzen:

$$\left(\frac{4}{3}y\right)^2 + y^2 = 100 \Rightarrow \frac{25}{9}y^2 = 100 \Rightarrow \frac{5}{3}y = 10 \Rightarrow y = 6; x = 8$$

pBerolinensis 6619 #2 Die Fläche eines (quadratischen) Feldes von 400 Quadrat-*Ellen* ist gleich der Flächensumme zweier kleinerer Quadrate, wobei eine Seite 1/2 1/4 der anderen ist. Welche Fläche haben diese Quadrate?

Historische Lösung wie oben. Gesucht wird hier das Vielfache, das $\sqrt{400} = 20$ ergibt. Die Division $20 \div \left(1\frac{1}{4}\right)$ resultiert in 16. Somit ist Lösung $(x, y) = (16; 12)$.

2.8.4 Papyrus Berlin 10005

Der Papyrus Berolinensis 10005 wurde zusammen mit anderen in Lahun (Kahun) von Ludwig Borchardt[64], dem bekannten Ägyptologen und Ausgräber der *Nofretete*-Büste, gefunden. Der Papyrus enthält neben einer Liste von Priestern, die am Totentempel von Sesostris II tätig waren, auch einen Wirtschaftsplan des Tempels. Diese Liste enthält die täglichen Einnahmen (u. a. aus dem Tempel Sobek von Krokodilopolis) und Ausgaben des Tempels und wurde von Borchardt[65] publiziert:

---

[64]Borchardt, L.: Der zweite Papyrusfund von Kahun und die zeitliche Festlegung des Mittleren Reiches der ägyptischen Geschichte, Zeitschrift für ägyptische Sprache und Altertumskunde 37, 89–103 (1899).

[65]Borchardt, L.: Besoldungsverhältnisse von Priestern im mittleren Reich, Zeitschrift für ägyptische Geschichte und Altertumskunde 40, 113–117 (1902/03).

Einnahmen des Tempels	Laibe Brot	Bier Sd-Krüge	Bier $Hpnw$-Krüge
Erhaltene Opfergaben	390	62	172
Spende von Sobek	20	1	0
Summe	410	63	172

Ausgaben des Tempels	Laibe Brot	Bier Sd-Krüge	Bier $Hpnw$-Krüge
Verwendete Opfergaben	340	28	$56\,\overline{2}$
Rest für Personal	70	35	$115\,\overline{2}$

Der verbleibende Rest wird als Bezahlung an das Tempelpersonal verwendet:

Personal	Anzahl Personen	Anzahl Rationen	Laibe Brot $1\,\overline{3}$	Bier Sd-Krüge $\overline{3}\,\overline{6}$	Bier $Hpnw$-Krüge $2\,\overline{3}\,\overline{10}$
Tempelvorstand	1	10	$16\,\overline{3}$	$8\,\overline{3}$	$27\,\overline{3}$
Wächter der Uhr	1	3	5	$2\,\overline{2}$	$8\,\overline{5}\,\overline{10}$
Hauptvorleser	1	6	10	5	$16\,\overline{2}\,\overline{10}$
Tempelschreiber	1	$1\,\overline{3}$	$2\,\overline{6}\,\overline{18}$	$1\,\overline{9}$	$3\,\overline{3}\,\overline{45}$
Vorleser	1	4	$6\,\overline{3}$	$3\,\overline{3}$	$11\,\overline{15}$
Einbalsamierer	1	2	$3\,\overline{3}$	$1\,\overline{3}$	$5\,\overline{2}\,\overline{30}$
Dessen Assistent	1	2	$3\,\overline{3}$	$1\,\overline{3}$	$5\,\overline{2}\,\overline{30}$
Aufseher Trankopfer	3	2	10	5	$16\,\overline{2}\,\overline{10}$
Königl. Priester	2	2	$6\,\overline{3}$	$3\,\overline{3}$	$11\,\overline{15}$
Medjay (?)	1	1	$1\,\overline{3}$	$\overline{3}\,\overline{6}$	$2\,\overline{3}\,\overline{10}$
Torwächter am Tag	4	$\overline{3}$	$2\,\overline{6}\,\overline{18}$	$1\,\overline{9}$	$3\,\overline{3}\,\overline{45}$
Nachtwächter	2	$\overline{3}$	$1\,\overline{9}$	$\overline{2}\,\overline{18}$	$1\,\overline{23}\,\overline{90}$
Tempelarbeiter	1	$\overline{3}$	$\overline{2}\,\overline{18}$	$\overline{4}\,\overline{36}$	$\overline{3}\,\overline{41}\,\overline{80}$
Summe	20	$34\,\overline{3}$	70	35	$115\,\overline{2}$

In der letzten Zeile lieferte der Schreiber jeweils die erwartete Summe. Nachrechnen mit den im Tabellenkopf gegebenen Werten zeigt hier Abweichungen gegenüber dem Soll-wert. Die Anzahl der $\left(41\,\overline{3}\right)$ Portionen wird ermittelt aus dem Skalarprodukt (Personen X

Ration). Für die zur Verfügung stehenden Brote und die Krüge Bier ergibt sich der individuelle Anteil am Brot und Bier zu

$$70 \div 41\,\overline{\overline{3}} = 1\frac{17}{25} = 1\,\overline{\overline{3}}\,\overline{75}$$

$$35 \div 41\,\overline{\overline{3}} = \frac{21}{25} = \overline{\overline{3}}\,\overline{6}\,\overline{150}$$

$$115\,\overline{2} \div 41\,\overline{\overline{3}} = 2\frac{193}{250} = 2\,\overline{\overline{3}}\,\overline{10}\,\overline{250}\,\overline{750}$$

Der Vergleich zeigt, dass die im Tabellenkopf angegebenen Werte $\left(1\,\overline{\overline{3}};\ \overline{\overline{3}}\,\overline{6};\ 2\,\overline{\overline{3}}\,\overline{10}\right)$ gerundet sind. Die Tabellenwerte selbst sind hier mit den exakten Brüchen ermittelt worden! Die Überprüfung mittels Tabellenkalkulation zeigt dies mit gewöhnlichen Brüchen:

Personen	Rationen	Gesamtration	Brote	Krüge *Sd*-Bier	Krüge *Hpnw*-Bier
1	10	10	16 4/5	8 2/5	27 18/25
1	3	3	5 1/25	2 13/25.	8 79/250
1	6	6	10 2/25	5 1/25	16 79/125
1	1 1/3	1 1/3	2 6/25	1 3/25	3 87/125
1	4	4	6 18/25	3 9/25	11 11/125
1	2	2	3 9/25	1 17/25	5 68/125
1	2	2	3 9/25	1 17/25	5 68/125
3	2	6	10 2/25	5 1/25	16 79/125
2	2	4	6 18/25	3 9/25	11 11/125
1	1	1	1 17/25	21/25	2 193/250
4	1/3	1 1/3	2 6/25	1 3/25	3 87/125
2	1/3	2/3	1 3/25	14/25	1 106/125
1	1/3	1/3	14/25	7/25	231/250
20	**34 1/3**	**41 2/3**	**70**	**35**	**115 1/2**

Kuriose Geschichte am Rande: R. Gillings[66], der die Rundung nicht erkannte, stellte angesichts der Diskrepanz fest, dass die Summe der ersten drei Spalten korrekt sei, wenn man einen zweiten Tempelarbeiter berücksichtigen würde. Nach Gillings könne man die Werte der letzten Spalte korrigieren, wenn man eine Portion *Hpwn*-Bier gleichsetzt mit $\left(2\,\overline{2}\,\overline{4}\right)$!

---

[66]Gillings, R. J.: Mathematics in the Time of the Pharaohs, S. 125. Dover Publications (Reprint 1982).

Abb. 2.54 Holztafel aus Theben oder Akhmim

2.8.5 Holztafel aus Akhmim

Die beiden Holztafeln Cairo 25367 und 25368 (Format 18 X 10 Zoll) des Kairoer Museums sind nach ihrem Fundort benannt. Sie sind auf das 38. Regierungsjahr eines Pharaos datiert, vermutlich Sesostris I der 12. Dynastie (1981–1802 v. Chr.). Die Beschriftung in Hieroglyphen ist beidseitig; nach einer Liste von Bediensteten folgen mathematische Bemerkungen. Die Tafeln wurden zuerst von George Daressy[67] 1901 entdeckt und 1906 publiziert; eine Interpretation des Mathematikteils gelang nicht. Eine neuere Bearbeitung erfolgte 2002 durch Hana Vymazalová.[68] Im Englischen werden die Tafeln *Akhmim Wooden Tablets* (AWT) genannt.

Abb. 2.54 zeigt eine Holztafel des Metropolitan Museum (New York), die in Theben oder Akhmim gefunden wurde (12. Dynastie). Die rote Farbe zeigt vermutlich Korrekturen des Lehrers.

Der Mathematikteil beinhaltet die Division von 1 *hekat* (=Scheffel) durch $n \in \{3; 7; 10; 11; 13\}$. Gesucht ist eine Zerlegung in Stammbrüche und der Rest in Vielfachen von *ro*. Der Schreiber beginnt stets mit dem Faktor $\frac{64}{64}$ und zerlegt in Horus-Augen-Brüche:

$$1 = \frac{64}{64} = \frac{32 + 16 + 8 + 4 + 2 + 1}{64} + \frac{1}{64} = \left(\frac{1}{2} + \frac{1}{4} + \frac{1}{8} + \frac{1}{16} + \frac{1}{32} + \frac{1}{64} \right) + 5ro$$

[67]Daressy, G.: Cairo Museum des Antiquités Égyptiennes, Catalogue Général Ostraca No. 25001–25385 (1901).

[68]Vymazalová, H.: The Wooden Tablets from Cairo: The Use of the Grain Unit *hk3t* in Ancient Egypt. Archiv Orientální, Prag **70,** 27–42 (2002).

Somit muss gelten $5ro = \frac{1}{64} \Rightarrow 1ro = \frac{1}{320}$.

Dividiere 1 *hekat* durch ($n = 3$).

In moderner Schreibweise folgt:

$$\frac{1}{3} = \frac{64}{64} \cdot \frac{1}{3} = \frac{21}{64} + \frac{1}{64} \cdot \frac{1}{3} = \left(\frac{1}{4} + \frac{1}{16} + \frac{1}{64}\right) + \frac{5}{3}ro = \left(\frac{1}{4} + \frac{1}{16} + \frac{1}{64}\right) + \left(1 + \frac{2}{3}\right)ro$$

Der Schreiber überprüft sein Ergebnis durch Multiplikation durch 3 und schreibt die Eins als $\frac{64}{64}$.

Der Fall ($n = 7$) liefert:

$$\frac{1}{7} = \frac{64}{64} \cdot \frac{1}{7} = \frac{63}{64} \cdot \frac{1}{7} + \frac{5}{7}ro = \frac{9}{64} + \frac{5}{7}ro = \left(\frac{1}{8} + \frac{1}{64}\right) + \left(\frac{1}{2} + \frac{1}{7} + \frac{1}{14}\right)ro$$

($n = 11$) zeigt:

$$\frac{1}{11} = \frac{64}{64} \cdot \frac{1}{11} = \left(5 + \frac{9}{11}\right)\frac{1}{64} = \left(\frac{4+1}{64}\right) + \frac{9}{11} \cdot 5ro = \left(\frac{1}{16} + \frac{1}{64}\right) + \left(4 + \frac{1}{11}\right)ro$$

Analog ($n = 13$):

$$\frac{1}{13} = \frac{64}{64} \cdot \frac{1}{13} = \left(4 + \frac{12}{13}\right)\frac{1}{64} = \frac{1}{16} + \frac{12}{13} \cdot 5ro = \frac{1}{16} + \left(4 + \frac{1}{2} + \frac{1}{13} + \frac{1}{26}\right)ro$$

2.9   Weitere Papyri der Spätzeit

Dieser Abschnitt umfasst die Papyri in demotischer Schrift und solche der griechisch-römischen Zeit.

2.9.1   Papyrus BM 10399

Der Papyrus, der 12 Aufgaben enthält, ist einer der 3 demotischen Texte, die bereits 1886 mit der Sammlung Robert Hay ins Britische Museum gelangt sind. C. Andrews konnte 1994 mit EA 10981 und EA 76420 zwei weitere zugehörige Fragmente finden.

Von der ersten Aufgabe ist nur der Rechenweg lesbar. R. Parker konnte daher das Problem nicht erklären. Hier die Interpretation von Friberg (UL, S. 140):

pBM 10399 #1

Dies ist der Weg:
Dividiere 13 durch 7, macht 1 5/6 1/42.
Quadriere 1 5/6 1/42, liefert 3 22/49.
Nimm das Siebenfache davon, gibt 24 1/7.
Addiere 7 dazu, macht 31 1/7.

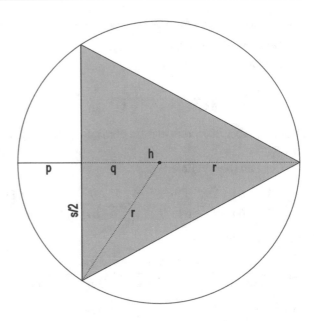

Nimm das Siebenfache davon, gibt 24 1/7. Addiere 7 dazu, macht 31 1/7.

Es wird also der Term $(13/7)^2 \cdot 7 + 7 = (13)^2/7 + 7$ berechnet. Friberg (UL S. 140) geht von einem symmetrischen Dreieck der Basis $s = 26$ mit Umkreis aus (Abb. 2.55). Das Dreieck schneidet aus dem Umkreis drei Segmente der Höhe $p = 7$ aus. Nach dem Höhensatz des Euklid im rechtwinkligen Dreieck gilt:

$$\left(\frac{s}{2}\right)^2 = ph \Rightarrow \frac{h}{\frac{s}{2}} = \frac{\frac{s}{2}}{p}$$

Dies zeigt, dass die beiden Dreiecke mit den Katheten $\left(h, \frac{s}{2}\right)$ bzw. $\left(\frac{s}{2}, p\right)$ ähnlich sind. Die Dreieckshöhe h und der Kreisdurchmesser d ergeben sich damit zu:

$$h = \frac{s^2}{4p} = \frac{26^2}{28} = \frac{13^2}{7} \Rightarrow d = h + p = \frac{13^2}{7} + 7 = 31\frac{1}{7}$$

Bemerkung: Einfacher ist die Feststellung der Ähnlichkeit über den Satz des Thales. Beide Dreiecke mit den Katheten $\left(h, \frac{s}{2}\right)$ bzw. $\left(\frac{s}{2}, p\right)$ bilden zusammen ein Dreieck, dessen Basis ein Kreisdurchmesser ist. Der Gegenwinkel ist daher ein Rechter; er besteht aus zwei nebeneinanderliegenden Innenwinkel der beiden Dreiecke. Diese Dreiecke sind somit ähnlich.

In der Interpretation von Friberg wird hier der Durchmesser des Umkreises d ermittelt. Obwohl Friberg den Ägyptern die Kenntnis des Pythagoras-Satzes nicht zutraut, wendet er hier den Höhensatz des Euklid an!

Eine alternative Lösung (ohne Höhensatz) verwendet den Satz des Pythagoras:

$$r^2 - q^2 = \left(\frac{s}{2}\right)^2 = 169$$

$$r = p + q \Rightarrow r - q = p = 7$$

Es folgt:

$$r + q = \frac{r^2 - q^2}{r - q} = \frac{169}{7} = 24\frac{1}{7}$$

Damit ergibt sich wie zuvor:

$$2r = d = 31\frac{1}{7} \Rightarrow q = 8\frac{4}{7} \Rightarrow h = r + q = 24\frac{1}{7}$$

Es handelt sich nach Ansicht Fribergs um ein gleichschenkliges Dreieck mit der Basis 26 und der Höhe $24\frac{1}{7}$.

2.9.2 Papyrus BM 10520

Der demotische Papyrus wurde von Richard Parker[69] herausgegeben:

pBM 10520 #54

„Gegeben ein Stück Land, sein Plan [Viereck mit den Seiten 12, 10,12, 10].

Addiere Süden und Norden, Resultat 20, die Hälfte 10. Addiere Osten und Westen, Resultat 24, die Hälfte 12. Rechne 10 mal 12, ergibt 120. Dividiere durch 100, Resultat $1\,\overline{5}$ [Quadrat-Ellen]."

Die Fläche wird hier nach der Landvermesser-Formel für allgemeine Vierecke: $A = \frac{a+c}{2}\frac{b+d}{2}$ ermittelt, Friberg nennt sie *surveyor's formula*. Die Formel ist nur für Quadrate und Rechtecke korrekt.

Mit der erwähnten Viereckformel werden bei den sogenannten Feldertexten des Edfu-Tempels etwa 150 Flächen berechnet. Bei diesen Texten handelt es sich um eine zur Regierungszeit von Ptolemaios X. (107–88 v. Chr.) in Hieroglyphen eingemeißelte Inschrift, die den gesamten Grundbesitz des Horus-Tempels beschreibt und auf Verwaltungsakten aus dem 5. Jahrhundert v. Chr. zurückgreift. Man liest dort etwa: „Acker zu 5, 17 zu 17, macht 42 ½." Für Dreiecke wird hier die fehlende vierte Seite $d \to 0$ gesetzt. Das genannte Dreieck (5; 17; 17) erhält die angegebene Fläche:

$$A = \frac{0+5}{2} \cdot \frac{17+17}{2} = 42\,\overline{2}.$$

---

[69]Parker, R.: Demotic mathematical papyri, S. 71. Braun University Providence (1972).

Abb. 2.56   Foto des Tempels von Edfu

Die „Null" wird hier mittels Leerstelle, später auch durch die Hieroglyphe ⌣⌒⌣ mit
den abwehrenden Händen dargestellt.

Über die Neugründung des Edfu-Tempels (237 v. Chr.) gibt die außen angebrachte
Bauinschrift Auskunft; Bauherr war Ptolemaios III Euergertes (=Wohltäter). Der Tempel
ist vollständig dokumentiert; die Dokumentation der Akademie der Wissenschaften zu
Göttingen umfasst allein 15.000 Fotos der Tempelanlage (Abb. 2.56).

2.9.3   Papyrus Akhmim (AMP)

Eine Vielzahl von Papyri, die zwischen 500 und 800 n. Chr. in griechischer Sprache
geschrieben wurden und christlich-koptische Themen beinhalten, wurden in Akhmim
(Ägypten) gefunden. In byzantinischer Zeit befanden sich dort mehrere koptische Klös-
ter. Herodot (II, 156) nennt den Ort Chemmis, Strabon (XVII, 813) Panopolis. Letzterer
erwähnt ein dortiges Zentrum der Leinenproduktion. So ist es wohl kein Zufall, dass auf
dem antiken Gräberfeld von Akhmim außer den Papyri auch eine Reihe von Textilresten
gefunden wurde.

Unter diesen Papyri findet sich auch ein mathematischer, der von J. Baillet[70] editiert
wurde in seiner Schrift *Le papyrus mathématique d'Akhmim* (Paris 1892), Abkürzung

---

[70]Baillet, J.: Le papyrus mathematique d'Akhmim, Ernest Leroux, Paris (1892).

AMP. Er enthält einige Aufgaben und eine umfangreiche Tabelle für Zerlegungen in Stammbrüche. Der AMP liefert auch tabellarisch das $\overline{\overline{3}}$-fache der Nenner $\{2, 3, \ldots, 10\}$, $\{100, 200, \ldots, 900\}$, $\{1000, 2000, \ldots, 10.000\}$. Diese Zerlegungen werden kommentiert, im Gegensatz zur 2/n-Tabelle des RMP.

a) Die erste von Baillet beschriebene Methode zur Bruchzerlegung ist folgende: Ein Bruch $\frac{a}{b}$ wird dargestellt als Liste $\{x_1, x_2, \ldots, x_k; m_1, m_2, \ldots, m_k\}$, dabei gilt:

$$x_1 + x_2 + \cdots x_k = \frac{a}{b}$$
$$m_1 + m_2 + \cdots + m_k = a$$
$$\frac{m_1}{x_1} = \frac{m_2}{x_2} = \cdots \frac{m_k}{x_k} = b$$

Für den Bruch $\frac{2}{5}$ findet sich $\{\frac{1}{3}, \frac{1}{15}; 1\frac{2}{3}, \frac{1}{3}\}$; damit ist:

$$x_1 + x_2 = \frac{1}{3} + \frac{1}{15} = \frac{2}{5} \quad \therefore \quad m_1 + m_2 = \frac{5}{3} + \frac{1}{3} = 2$$
$$\frac{m_1}{x_1} = \frac{5}{3} : \frac{1}{3} = 5 \quad \therefore \quad \frac{m_2}{x_2} = \frac{1}{3} : \frac{1}{15} = 5$$

F. Cajori[71] erkennt hier im Rechengang die Formel für den Fall $(p + q) = 0 \bmod z$

$$\frac{z}{pq} = \frac{1}{q \cdot \frac{p+q}{z}} + \frac{1}{p \cdot \frac{p+q}{z}}$$

Für $(z = 2)$ erhält man hier einige Zerlegungen aus dem RMP.

b) Zerlegungen von Brüchen (2/n) mit $n \in \{5, 7, 9, 11, 15, 17\}$ stimmen beim RMP und AMP überein. Hier eine Auswahl von abweichenden Darstellungen:

	RMP	AMP
2/19	1/12 1/76 1/114	1/10 1/190
7/10	2/3 1/30	1/2 1/5
9/10	2/3 1/5 1/30	1/2 1/3 1/15

c) Originell ist die Fragestellung nach einer Zerlegung in einer vorgegeben Anzahl: Für $\frac{1}{22}$ in 3 Termen wird gegeben:

$$\frac{1}{22} = \frac{1}{55}\frac{1}{70}\frac{1}{77}$$

[71]Cajori, F.: A History of Mathematics, S. 14. Reprint, American Mathematical Society (2000).

Kurios die Zerlegung von $\frac{75}{323}$ in 8 Terme:

$$\frac{75}{323} = \frac{1}{17}\frac{1}{19}\frac{1}{34}\frac{1}{38}\frac{1}{51}\frac{1}{57}\frac{1}{68}\frac{1}{76}$$

d) Abweichung von früheren Verfahren zeigt die Bruchrechnung. Hier das Beispiel einer Subtraktion $\frac{2}{3} - \frac{1}{7}$ mit einer auf dem Papyrus rotgeschriebenen Unterzeile:

$$\frac{2}{3} - \frac{1}{7} = \frac{1}{2}\frac{1}{42}$$

$$\mathbf{4\frac{2}{3}1}$$

Dies kann wie folgt interpretiert werden:

$$\frac{2}{3} - \frac{1}{7} = \frac{4\frac{2}{3}}{7} - \frac{1}{7} = \frac{3\frac{2}{3}}{7} = \frac{22}{42} = \frac{1}{2}\frac{1}{42}$$

Auch die moderne Methode mit dem kleinsten gemeinsamen Vielfachen *(kgV)* findet sich:

$$\frac{1}{7} - \frac{1}{11} = \frac{11}{77} - \frac{7}{77} = \frac{4}{77} = \frac{1}{21}\frac{1}{231}$$

Ein Beispiel eines Produkts ist:

$$\frac{1}{5} \times \left(\frac{1}{4}\frac{1}{28}\right) = \frac{1}{5} \times \frac{2}{7} = \frac{2}{35} = \frac{1}{30}\frac{1}{42}$$

e) Abschließend eine Aufgabe aus dem AMP:
Einem Vorratsspeicher wird 1/13 entnommen, dann 1/17. Es verbleibt 150.
    In moderner Schreibweise folgt:

$$\left(x - \frac{1}{13}x\right) - \frac{1}{17}\left(x - \frac{1}{13}x\right) = 150 \Rightarrow x = 172\frac{21}{32}$$

Der Papyrus liefert hier das Ergebnis in Stammbrüchen $172\frac{1}{2}\frac{1}{8}\frac{1}{48}\frac{1}{96}$; kürzer wäre $172\frac{1}{2}\frac{1}{8}\frac{1}{32}$.
    Dieser jüngste im Buch besprochene Papyrus zeigt, wie virtuos die Ägypter ihre Bruchrechnung gehandhabt haben. Aber das Rechnen mit Stammbrüchen schuf neue Probleme und vereinfachte die Aufgabenstellung in keiner Weise. Die ägyptische Bruchrechnung wurde nur teilweise von den griechischen Mathematikern übernommen; Archimedes verwendete die griechische Schreibweise für Brüche. Wie Knorr[72] schreibt, benützt Heron an 6 Stellen seines Werks ägyptische Brüche:

---

[72]Knorr, W.: Techniques of Fractions in Ancient Egypt and Greece, In: Sammelband Christianidis S. 337–366 (2004).

In *Metrica* (I, 9) zieht er die Wurzel:

$$\sqrt{63} = \sqrt{8^2 - 1} \approx 8 - \frac{1}{2 \cdot 8} = 7\frac{15}{16} \approx 7\frac{1}{2}\frac{1}{4}\frac{1}{8}$$

In Metrica (I, 26) ermittelt er die Kreisfläche A zum Durchmesser $d = 10$ zu

$$A = \frac{11}{14}d^2 = \frac{1100}{14} = 78\frac{4}{7} = 78\frac{1}{2}\frac{1}{14}$$

Er verwendet hier den Satz von Archimedes, der besagt, dass das 11-fache Quadrat des Durchmessers ungefähr gleich ist der 14-fachen Kreisfläche.

2.9.4   Papyrus Genf 259

Der Papyrus graecus Genevensis 259 (ca. 100–200 n. Chr.) wurde von J. Sesiano[73] publiziert, der vor allem durch seine Übersetzung des Riesenwerks *Liber Mahameleth* aus dem Lateinischen (1758 Seiten!) bekannt ist. Der Papyrus ist in griechischer Sprache geschrieben und stammt aus der römischen Besatzungszeit Ägyptens. Der Papyrus besteht aus einem Fragment, drei Aufgaben über rechtwinklige Dreiecke sind rekonstruierbar. Sesiano stellt fest, dass alle Aufgaben auf folgenden Formeln beruhen:

$$a = \frac{1}{2}[(a + b) + (a - b)] \therefore b = \frac{1}{2}[(a + b) - (a - b)]$$

$$(a + b)(a - b) = a^2 - b^2$$

$$(a + b)^2 + (a - b)^2 = 2\left(a^2 + b^2\right)$$

pGenevensis 259 #1

Gegeben ist die Kathete a und die Hypotenuse c (in Fuß):

$$a = 3 \therefore c = 5$$

Der Rechengang folgt hier dem Satz von Pythagoras:

$$b^2 = c^2 - a^2 \Rightarrow b = \sqrt{25 - 9} = 4$$

Es liegt das Dreieck (3; 4; 5) zugrunde, wie auch in der folgenden Aufgabe.

pGenevensis 259 #2

Hier ist gegeben:

$$b = 4 \quad \therefore \quad a + c = 8$$

---

[73]Sesiano, J.: Sur le Papyrus graecus genevensis 259, Museum Helveticum 56, 26–32 (1999).

Es gilt:

$$b^2 = c^2 - a^2 = (c+a)(c-a) \Rightarrow c - a = \frac{b^2}{a+c}$$

Damit folgt sofort:

$$a = \frac{1}{2}\left[(c+a) - \frac{b^2}{a+c}\right] = \frac{1}{2}\left[8 - \frac{16}{8}\right] = 3 \quad \therefore \quad c = (a+c) - a = 8 - 3 = 5$$

pGenevensis 259 #3
Die Angabe lautet:

$$c = 13 \quad \therefore \quad a + b = 17$$

Historische Lösung: Quadriere die 13, macht 169; quadriere die 17, ergibt 289. Verdopple die 169, ergibt 338. Subtrahiere 289 von 338, verbleibt 49. Wurzel ist 7. Subtrahiere dies von 17, macht 10. Nimm die Hälfte, ergibt 5; dies ist die Höhe. Subtrahiere dies von 17, ergibt 12; das ist die Basis.

Es ergibt sich:

$$(b-a)^2 + (b+a)^2 = 2\left(a^2 + b^2\right) = 2c^2$$

$$\Rightarrow b - a = \sqrt{2c^2 - (b+a)^2} = \sqrt{338 - 289} = 7$$

Die fehlenden Seiten ergeben sich aus:

$$a = \frac{1}{2}[(b+a) - (b-a)] = \frac{1}{2}(17 - 7) = 5 \Rightarrow b = (a+b) - a = 12$$

Es liegt das Dreieck (5; 12; 13) zugrunde.

2.9.5   Papyrus Kairo

Der Papyrus pCairo JE 89127–30/JE 89137–43 stammt aus der Ptolemäerzeit, vermutlich aus der Regierungszeit von Ptolemaios II Philadelphos und besteht aus 11 Fragmenten. Er bildet den umfangreichsten, mathematischen Text in demotischer Schrift, der sich verso auf dem bedeutenden Gesetzescodex *Hermopolis West* befindet. Der Papyrus wurde 1938/39 in den Tempelruinen in Tuna el-Gebel entdeckt; er stammt daher vermutlich aus der Schreibschule des Tempels. Der mathematische Teil des Papyrus mit 40 Problemen wurde von Richard Parker[74] 1969 und 1972 herausgegeben.

Hier eine Auswahl:

---

[74]Parker, R.: Demotic Mathematical Papyri, Providence Brown University Press (1972).

pCairo #2

„Betrachte ein Rechteck der Fläche 100 (Quadrat-Ellen) und der Breite 6. Verlängert man die größere Seite um 1, so muss die kleinere Seite verkürzt werden, damit die Fläche 100 ist. Was ist diese Seite?"

Es gelte: $xy = x_1 y_1 = 100 \; \therefore \; y = 6 \; \therefore \; x_1 = x + 1$. Dann folgt

$$x = \frac{100}{6} = 16\frac{2}{3} \Rightarrow x_1 = 17\frac{2}{3} \Rightarrow y_1 = \frac{100}{x_1} = 5\frac{35}{53}$$

Das neue Rechteck ist $(x_1 = 17\frac{2}{3}; y_1 = 5\frac{35}{53})$.

pCairo #3

„Betrachte ein Rechteck der Fläche 100 (Quadrat-Ellen) und der Breite 6. Verkürzt man die größere Seite um 1, so muss die kleinere Seite vergrößert werden, damit die Fläche 100 ist. Was ist diese Seite?"

Es gelte: $xy = x_1 y_1 = 100 \; \therefore \; y = 6 \therefore x_1 = x - 1$. Damit ergibt sich:

$$x = 100 \div 6 = 16\frac{2}{3} \Rightarrow x_1 = 15\frac{2}{3} \Rightarrow y_1 = \frac{100}{x_1} = 6\frac{18}{47}$$

Die gesuchten Seiten des Rechtecks sind $\left(x_1 = 15\frac{2}{3}; y_1 = 6\frac{18}{47}\right)$.

pCairo #7

Dinge über Gegenstände aus Stoffen, die du wissen sollst. Wenn dir gesagt wird: Ein Schiffsegel wurde gefertigt, seine Fläche ist 1000 Stoff-*Ellen* (?). Bestimme die Breite des Segels, wenn sich Höhe und Breite wie zu $1 \div 1\,\overline{2}$ verhält. Hier ist die Methode: Finde die andere Hälfte, wenn das Verhältnis $1 \div 1\,\overline{2}$ beträgt, Ergebnis 1500. Weil es auf die Wurzel reduziert wird, ergibt sich $38\,\overline{\overline{3}}\,\overline{20}$. Du sollst sagen: Die Höhe des Segels ist $3\,8\,\overline{\overline{3}}\,\overline{20}$. Nimm davon $\overline{3}$, dies ist das Verhältnis 1 zu $1\,\overline{2}$, Ergebnis ist $25\,\overline{\overline{3}}\,\overline{10}\,\overline{90}$. Dies ist die Breite.

Die Einheit Stoff-*Ellen* ist aus der Literatur nicht bekannt, es werden wohl Quadrat-Ellen gemeint sein. Die Form des Segels wird implizit als Rechteck angenommen. Der Rechengang verläuft wie folgt:

$1\,\overline{2} \times 1000 = 1500$
$\sqrt{1500} = 38\,\overline{\overline{3}}\,\overline{20}$
$\overline{\overline{3}} \times 38\,\overline{\overline{3}}\,\overline{20} = 25\,\overline{\overline{3}}\,\overline{10}$

Warner-Imhausen liefert keinen Kommentar zur Genauigkeit. Da der Papyrus aus der Spätzeit stammt, kann man vermuten, dass hier das babylonische Wurzelziehen zum Tragen kommt:

$$\sqrt{1500} = \sqrt{38^2 + 56} = 38 + \frac{56}{2 \cdot 38} = 38\frac{14}{19}$$

Der Papyrus hat hier vermutlich gerundet:

$$38\frac{14}{19} = 38\frac{210}{285} \approx 38\frac{209}{285} = 38\frac{11}{15} = 38\,\overline{\overline{3}}\,\overline{20}$$

Möglicherweise ist dies durch Rundung aus dem babylonischen Term hervorgegangen. Auch das Produkt gilt nur näherungsweise:

$$\overline{\overline{3}} \times 38\,\overline{\overline{3}}\,\overline{20} = \frac{2}{3} \times 38\frac{11}{15} = 25\frac{37}{45} \quad \therefore \quad 25\,\overline{\overline{3}}\,\overline{10} = 25\frac{23}{30}$$

pCairo #8

> Ein Tuch (Segel?) ist 7 Ellen hoch und 5 Ellen breit. Die Fläche beträgt 35 Stoff-Ellen. Nimmt man 1 Elle von der Höhe weg und addiert sie zur Breite. Was ist die Breite?

Der Schreiber subtrahiert $7 - 1 = 6$ und bemerkt, die abgeschnittene Fläche sei 5 Stoff-Ellen. Dann dividiert er $5 \div 6 = \overline{\overline{3}}\,\overline{6}$ und addiert dies zur alten Breite. Neue Breite ist somit $5\,\overline{\overline{3}}\,\overline{6}$.

pCairo #23

Das Problem wurde von Parker als Übung zur wiederholten Halbierung angesehen. Es ist aber wohl ein Verteilungsproblem mittels geometrischer Reihe, wobei Faktor und Summe je $\frac{1}{2}$ betragen sollen.

In moderner Schreibweise gilt:

$$a + b + c + d = \frac{1}{2} \quad \therefore \quad b = \frac{1}{2}a \quad \therefore \quad c = \frac{1}{2}b \quad \therefore \quad d = \frac{1}{2}c$$

Mit dem falschen Startwert $a = 1$ folgt $b = \frac{1}{2}$ $\therefore$ $c = \frac{1}{4}$ $\therefore$ $d = \frac{1}{8}$. Die falsche Summe beträgt $1 + \overline{2} + \overline{4} + \overline{8} = (8 + 4 + 2 + 1)\overline{8} = 15 \cdot \overline{8}$. Der Skalierungsfaktor ist daher

$$\frac{1}{2}\left(\frac{15}{8}\right)^{-1} = \frac{1}{2}\frac{8}{15} = \frac{4}{15} = \frac{1}{5}\frac{1}{15}$$

Die gesuchten Anteile sind somit:

$$\left\{\frac{1}{5}\frac{1}{15};\ \frac{1}{10}\frac{1}{30};\ \frac{1}{15};\ \frac{1}{30}\right\}$$

Der Papyrus rechnet hier ganz anders. Friberg (UL, S. 122) vermutet, dass hier mit versteckten Sexagesimalbrüchen gerechnet wird:

$$1 + \overline{2} + \overline{4} + \overline{8} = 1 + 0; 30 + 0; 15 + 0; 07,30 = 1; 52,30 = 1\,\overline{6}\,\overline{30}\,\overline{120}$$
$$1\,\overline{6}\,\overline{30}\,\overline{120} = 15 \cdot \overline{8} \Rightarrow \left(1\,\overline{6}\,\overline{30}\,\overline{120}\right) \cdot \overline{15} = \overline{8} = 0; 07,30$$
$$\left(1\,\overline{6}\,\overline{30}\,\overline{120}\right) \cdot \left(\overline{5}\,\overline{15}\right) = \overline{2} \Rightarrow Skalierungsfaktor\left(\overline{5}\,\overline{15}\right) = 0; 16$$
$$Anteile : \{0; 16, 0; 08, 0; 04, 0; 02\} \Rightarrow Summe = 0; 30 = \frac{1}{2}$$

Die Aufgaben #24 bis 31 sind Beispiele des „Leiter-gegen-Wand"-Problems; von Parker werden sie als Beweis für die Übernahme aus der babylonischen Mathematik gewertet.

pCairo #26

> „Eine Stange der Länge 10 *Ellen* [senkrecht an der Wand]. Entfernt man den Fußpunkt der Stange 8 *Ellen* von der Wand, wie senkt sich die Spitze?"

pCairo #28
Wie pCairo #26, Fußpunkt wird um 6 Ellen entfernt.

Bei dem Problem „Leiter gegen Wand" gibt es drei Unbekannte d, s, p, wenn man die Höhe $h = d - p$ als abhängige Variable betrachtet (Abb. 2.57). Hier gibt es drei Möglichkeiten:

Abb. 2.57 Zur Aufgabe
pCairo #26

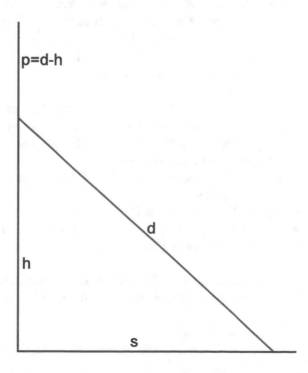

a) **s, d** gegeben: $p = d - \sqrt{d^2 - s^2}$

b) **d, p** gegeben: $s = \sqrt{d^2 - (d - p)^2}$

c) **p, s** gegeben: $d = \frac{1}{2p}\left(s^2 + p^2\right)$

Die Beispiele pCairo #24 bis 26 sind Anwendungen von Fall (a), #27 bis 29 von Fall (b) und #30 bis 31 von Fall (c).

Parker schreibt die hier gezeigte Kenntnis des Pythagoras-Satzes dem Einfluss aus Mesopotamien zu:

> Nach Ägypten mag mit der Perserherrschaft sehr wohl mathematisches Gedankengut der Babylonier gekommen sein, denn der Lehrsatz des Pythagoras, der jetzt in den demotischen Papyri nachgewiesen ist, findet sich schon viele Jahrhunderte zuvor. Hingegen können wir die dem Heron von Alexandria zugeschriebene Näherungsformel für irrationale Quadratwurzeln, die bei den Babyloniern etwas anders lautet, nun für Ägypten in den demotischen Papyri um mehr als 100 Jahre vor Heron belegen.

Auch Høyrup (LWS, S. 405) ist dieser Meinung:

> In demotischen, mathematischen Papyri der Ptolemäer- und Römer-Zeit ist das Vorhandensein von babylonischem Material unzweifelhaft.

Viel naheliegender ist, dass hier *griechisches* Wissen erkennbar wird, da Euklid Zeitgenosse von Ptolemaios I Soter war, wie Proklos in seinem berühmten Geometerverzeichnis berichtet. Wie die bekannte Anekdote erzählt, habe sich der König bei Euklid erkundigt, ob es einen einfacheren Zugang zur Mathematik gebe als den über die *Elemente*. Euklid entgegnet ihm, *dass es keinen Königsweg zur Geometrie gebe*. Was Parker nicht beachtet, es gibt mehrere Nachweise aus der Ptolemäer- und Römerzeit über die Kenntnis der *Elemente* Euklids. Eine Aufzählung von David Fowler[75] zeigt dies:

- Sechs fragmentarische Ostraka (~ 275 v. Chr.), gefunden auf der Elephantine-Insel, behandeln die Sätze Euklid XIII, 10 und 16 über reguläre Vielecke.
- Papyrus Herculaneum 1061 (79 n. Chr.) beinhaltet eine Abhandlung von *Demetrios Lacon* über das Buch *Elemente I*.
- Papyrus Oxyrhynchus I, 29 (~ 200 n. Chr.) zeigt den Satz *Euklid* II, 5; er war wohl Teil einer größeren Rolle (vgl. Abb. 2.26).
- Papyrus Fajum 9 (~ 250 n. Chr.) erwähnt die Sätze Euklid I, 39 und 41.
- Papyrus Michigan III 143 enthält die ersten 10 Definitionen der *Elemente*.
- Papyrus Berolinensis 17469 behandelt die Sätze Euklid I, 8–10

Besonders interessant ist, dass die hier gefundenen Euklid-Fragmente von Euklid aus der Zeit vor Theon von Alexandria (335–405 n. Chr.) stammen, der nach eigenen Angaben

---

[75]Fowler, D. H.: The Mathematics of Plato's Academy, Kap. 6.2. Clarendon Press Oxford (1987).

ein Lemma zu Euklid VI, 33 eingefügt hat [Mathematik in der Antike, S. 383]. Sie sind also näher am „Original" als die Euklid-Bearbeitung des Theon.

pCairo #32

> Was ein Stück Land betrifft, es ist ein Quadrat von 100 Quadrat-Ellen. Wenn dir gesagt wird: Wenn du eine runde Form der Fläche 100 Quadrat-Ellen machen sollst, was ist der Durchmesser?
> Du sollst 1/3 von 100 addieren, Resultat $133\overline{3}$. Wurzel ist $11\,\overline{2}\,\overline{20}$. Du sollst sagen, $11\,\overline{2}\,\overline{20}$ ist der Durchmesser der Fläche 100 Quadrat-Ellen.

Der Papyrus berechnet den Durchmesser gemäß der Formel:

$$d = \sqrt{A + \frac{1}{3}A}$$

Dieser Term ist gleichwertig mit der babylonischen Näherungsformel für die Kreisfläche:

$$d^2 = \frac{4}{3}A \Rightarrow A = \frac{3}{4}d^2$$

Der Papyrus bestimmt ferner noch den Umfang $U = 3d$.

Die zwei folgenden Aufgaben #32 A, #33 A wurden von Parker 1969 publiziert, erscheinen aber in der Neubearbeitung von 1972 nicht mehr; beide Probleme sind anhand ihrer Lösung rekonstruiert.

pCairo #32A

Eine Fläche eines Quadrats wird um 40 (Quadrat-Ellen) vermindert, um die Fläche eines Rechtecks von 100 (Quadrat-Ellen) zu erhalten.

In moderner Schreibweise erhält man:

$$xy = 100 \quad \therefore \quad x(x - y) = 40$$

Für Fläche und Seite des ursprünglichen Quadrats gilt:

$$x^2 = 100 + 40 = 140 \Rightarrow x = \sqrt{140} \approx 12 - \frac{4}{24} = 11\frac{5}{6} = 11\,\overline{3}\,\overline{6}$$

Die zweite Seite ergibt sich aus:

$$\frac{y}{x} = \frac{xy}{x^2} = \frac{100}{140} = \frac{5}{7} \Rightarrow y = \frac{5}{7}x \approx \frac{5}{7} \cdot 11\frac{5}{6} = 8\frac{19}{42} = 8\,\overline{3}\,\overline{14}\,\overline{21}$$

Die gesuchten Seiten sind $\left(x = 11\,\overline{3}\,\overline{6};\, y = 8\,\overline{3}\,\overline{14}\,\overline{21}\right)$, der Papyrus liefert (ohne Rechengang) $y = 8\,\overline{3}\,\overline{10}\,\overline{60}$.

pCairo #33A

Die Fläche 100 (Quadrat-*Ellen*) hat zwei verschiedene Seiten. Die längere Seite ist um 21 *(Ellen)* größer als die kürzere.

In moderner Form lässt sich schreiben: $xy = 100 \quad \therefore \quad x - y = 21 (x > y)$.

Dies kann gelöst werden wie eine babylonische Normalform II:

$$\left(\frac{x+y}{2}\right)^2 = \left(\frac{x-y}{2}\right)^2 + xy = \left(\frac{21}{2}\right)^2 + 100 = \frac{841}{4} \Rightarrow \frac{x+y}{2} = \frac{29}{2}$$

$$x = \left(\frac{x+y}{2}\right) + \left(\frac{x-y}{2}\right) = \frac{29}{2} + \frac{21}{2} = 25 \therefore y = 25 - 21 = 4$$

Der Papyrus zeigt ohne Rechengang die Lösung ($x = 25$; $y = 4$)..

pCairo #34

Gegeben ist die Fläche $A = 60$ und Diagonale $d = 13$ eines Feldes. Was sind die Seiten?

Der Rechengang des Papyrus kann in moderner Schreibweise nachvollzogen werden:

$$xy = A \quad \therefore \quad x^2 + y^2 = d^2$$

Addition beider Gleichungen liefert

$$x^2 + xy + y^2 = A + d^2 \underset{+A}{\Rightarrow} x^2 + 2xy + y^2 = 2A + d^2$$

Wurzelziehen liefert die Summe der Seiten, analog die Differenz:

$$x \pm y = \sqrt{d^2 \pm 2A}$$

Aus Summe und Differenz können beide Unbekannte ermittelt werden. Hier erkennt man die Ähnlichkeit mit babylonischen Problemen. Speziell für $A = 60$ und $d = 13$ folgt:

$$x + y = \sqrt{169 + 120} = \sqrt{289} = 17$$
$$x - y = \sqrt{169 - 120} = \sqrt{49} = 7$$

Damit findet sich die Lösung ($x = 12$; $y = 5$).

pCairo #35

Aufgabe wie pCairo #34 mit $d = 15$.

Hier ergeben sich mit babylonischem Wurzelziehen

$$x + y = \sqrt{345} = 18\frac{1}{2}\frac{1}{12} \quad \therefore \quad x - y = \sqrt{105} = 10\frac{1}{4}$$

Gerundet folgt die Lösung:

$$\left(x = 14\,\overline{3}\,\overline{12}; y = 4\,\overline{6}\right)$$

Abb. 2.58 Zur Aufgabe
pCairo #36

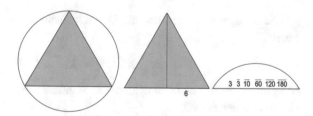

pCairo #36

„Ein Plan eines Feldes: Wenn ein Dreieck in der Mitte liegt mit der Seite 12 *Ellen*, was ist der Plan des Feldes?" (Abb. 2.58).

> Du sollst sagen: Der Plan gibt 4 Flächen, das bloße Dreieck und 3 Segmente. Die Fläche des Dreiecks ergibt sich aus:
> Du rechnest 12 mal 12, macht 144.
> Du rechnest 6 mal 6, ergibt 36.
> Subtrahiert von 144, bleibt 108.
> auf die Wurzel reduziert $10\,\overline{3}\,\overline{20}\,\overline{120}$.
> Dies ist die mittlere Höhe des Dreiecks.
> Die Basis ist 12: Siehe die Hälfte ist 6.
> Die mittlere Höhe $10\,\overline{3}\,\overline{20}\,\overline{120}$. mal 6 macht $62\,\overline{3}\,\overline{60}$.
> Dies ist die Fläche des Dreiecks.

Offensichtlich wird hier ein gleichseitiges Dreieck der Seite $s = 12$ einem Kreis einbeschrieben. Wegen der Symmetrie folgt die Dreieckshöhe zu:

$$h = \sqrt{12^2 - 6^2} = 6\sqrt{3} = \frac{1}{2}\sqrt{3}\,s \approx \overline{10}\,\overline{3}\,\overline{20}\,\overline{120}$$

Dies ist möglicherweise der gerundete babylonische Wert $\sqrt{108} = 10; 23,30$. Das Produkt der Höhe mit der halben Basis liefert die Dreiecksfläche:

$$A_1 = \frac{1}{2}sh = 6 \times 10\frac{1}{3}\frac{1}{20}\frac{1}{120} = 62\,\overline{3}\,\overline{60}$$

Der Papyrus rechnet die Segmenthöhe p als ein Drittel der Dreieckshöhe:

$$p = \frac{1}{3}h = \frac{1}{6}\sqrt{3}\,s = 3\,\overline{3}\,\overline{10}\,\overline{60}\,\overline{120}\,\overline{180}$$

Die Segmentfläche wird ermittelt aus der Formel, die sich explizit im Papyrus Wien (pVindobonensis #5) und später auch bei Heron findet:

$$A_2 = \frac{1}{2}(s + p)p = 26\,\overline{\overline{3}}\,\overline{5}\,\overline{15}$$

Die 3 Segmentflächen und die Dreiecksfläche ergeben zusammen die gesuchte Kreisfläche:

$$A = A_1 + 3A_2 = 143\,\overline{10}\,\overline{20}$$

Mit einer alternativen Lösung kann die Segmentnäherung geprüft werden. Höhe und Fläche des Dreiecks sind:

$$h = \frac{1}{2}\sqrt{3}\,s \Rightarrow A_1 = \frac{s}{2}h = \frac{1}{4}\sqrt{3}\,s^2$$

Mit dem Durchmesser $d = p + h = \frac{4}{3}h$ kann die Fläche des Umkreises nach babylonischer Näherung ermittelt werden:

$$A = \frac{3}{4}d^2 = \frac{3}{4}\left(\frac{4}{3}h\right)^2 = \frac{4}{3}h^2 = \frac{4}{3}\left(\frac{\sqrt{3}}{2}s\right)^2 = s^2$$

Für eine Segmentfläche liefert dies mit der üblichen Wurzelnäherung $\sqrt{3} \approx \frac{7}{4}$:

$$A_3 = \frac{1}{3}(A - A_1) = \frac{1}{3}\left(s^2 - \frac{7}{16}s^2\right) = \frac{3}{16}s^2$$

Der Vergleich mit der soeben erhaltenen Segmentfläche zeigt Übereinstimmung:

$$\frac{1}{2}(p+s)p = \frac{1}{2}\left(\frac{1}{6}\sqrt{3}+1\right)s\left(\frac{1}{6}\sqrt{3}\,s\right) = \left(\frac{1}{24}+\frac{1}{12}\sqrt{3}\right)s^2 = \frac{3}{16}s^2 = A_3$$

Die Segmentformel lässt sich herleiten aus der Trapezflächenformel (Abb. 2.59a) für den
Fall, dass die kürzere der Parallelseiten kongruent ist zur Höhe $h = p$:

$$A = \frac{1}{2}(p+s)p$$

Die Näherung ist nur „exakt" im Fall des Halbkreises (Abb. 2.59b). Hier ist die Sehne s
gleich dem Durchmesser $2r$ und die Höhe gleich dem Radius r:

$$A = \frac{1}{2}(r+2r)r = \frac{3}{2}r^2 \approx \frac{\pi}{2}r^2$$

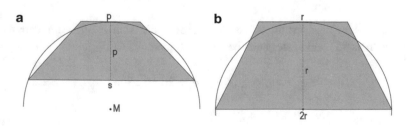

Abb. 2.59 Zur Segmentformel

Abb. 2.60 Zur Aufgabe
pCairo #37

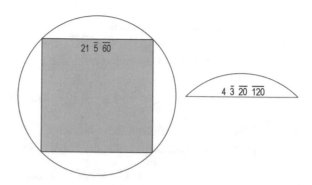

Die Formel war auch Heron von Alexandria (Metrica I, 30) bekannt, der sie „den Alten" zuschreibt. Er hatte erkannt, dass die Formel nicht mit dem archimedischen Wert $\left(\pi \approx \frac{22}{7}\right)$ vereinbar ist und machte mehrere Versuche, sie zu verbessern. Die Versuche beschreibt Thomas Heath[76] in seiner griechischen Mathematikgeschichte (1981). Eine der von Heron angegebenen Korrekturformel lautet:

$$A_H = \frac{1}{2}(p+s)p + \frac{1}{14}\left(\frac{s}{2}\right)^2$$

Im Spezialfall des Halbkreises erhält man für $s = 2r; p = r$:

$$A_H = \frac{1}{2}(r+2r)r + \frac{1}{14}(r)^2 = \frac{3}{2}r^2 + \frac{1}{14}r^2$$

Dies stimmt mit der Näherung für die Kreisfläche nach Archimedes überein:

$$2A_H = \frac{22}{7}r^2$$

pCairo #37

Der Papyrus zeigt einen Kreis mit einbeschriebenem Quadrat und ein zugehöriges Segment. Eine Quadratseite zeigt die Ziffern $(21\,\overline{5}\,\overline{60})$, das Segment $(4\,\overline{3}\,\overline{20}\,\overline{120})$ (Abb. 2.60).
Setzt man den Durchmesser gleich $d = 30$ *(Ellen),* so ergibt sich die Kreisfläche zu:

$$A = \frac{\pi}{4}d^2 \approx \frac{3}{4}30^2 = 675$$

---

[76]Heath, Th.: A History of Greek Mathematics, S. 330. Reprint Dover Publications (1981).

Die Fläche des einbeschriebenen Quadrats ist $A_1 = \frac{1}{2}30^2 = 450$. Die Quadratseite beträgt, wie gegeben, $s = \sqrt{675} \approx 21\,\overline{5}\,\overline{60}$. Somit ist der vermutete Durchmesser korrekt. Die Höhe eines Kreissegments ergibt sich zu:

$$p = \frac{1}{2}(d - s) = \frac{1}{2}\left(30 - 21\,\overline{5}\,\overline{60}\right) = 4\,\overline{3}\,\overline{20}\,\overline{120}$$

Damit ist auch Segmenthöhe bestätigt. Die Fläche eines Kreissegments $A_2 = \frac{1}{2}(p + s)p = 56\,\overline{4}$. Die Summe der obigen Flächen ist:

$$A_1 + 4A_2 = 450 + 4 \cdot 56\overline{4} = 675 = A$$

Obwohl hier eine Näherung für das Kreissegment im Spiel ist, findet man identische Werte für die Kreisfläche!

pCairo #39

Eine Pyramide hat die Höhe $h = 300$, die Basisseite ist $2a = 500$ *[Ellen]*. Was ist die Höhe h_1 einer Pyramidenseitenfläche?

Die Höhe der Seitenfläche wird nach Pythagoras ermittelt:

$$h_1 = \sqrt{h^2 + a^2} = 50\sqrt{61} \approx 50\left(8 - \frac{3}{16}\right) = 390\,\overline{2}\,\overline{8}$$

pCairo #40

Eine Pyramide hat die Höhe $h = 10$, die Basisseite ist $2a = 10$ *[Ellen]*. Was ist das Volumen V?

Der Rauminhalt (in Kubik-*Ellen*) wird hier nach der korrekten Formel ermittelt:

$$V = \frac{1}{3}(2a)^2 h = 333\,\overline{3}$$

2.9.6 Papyrus Michigan 620

Die Universität von Michigan (Ann Arbor) enthält die umfangreichste Papyrussammlung auf amerikanischem Boden. Das Sammeln wurde von Professor W. Kelsey begonnen, dessen Interesse für Papyri auf einer Italienreise geweckt wurde. Im Jahr 1920 reiste er nach Ägypten, wobei er 617 Papyri mitbrachte. Inzwischen verfügt die Sammlung über mehr als 7000 Exemplare, die teilweise aus mehreren Fragmenten bestehen.

Der aus drei Fragmenten bestehende mathematische Papyrus 620 stammt aus dem frühen 2. Jahrhundert n. Chr., ist in griechischer Sprache geschrieben und wurde in Ägypten erworben. Er dürfte neben der *Anthologia Graeca* eine der ältesten Quellen eines Gleichungssystems in griechischer Sprache sein und liefert damit Kenntnisse über den Stand der Wissenschaft zur Zeit Herons und vermutlich auch Diophantos'.

Die Probleme werden prinzipiell in vier Schritten behandelt. Nach der Formulierung des Problems wird eine Hypothese aufgestellt; mit dieser wird die Aufgabe gelöst und zuletzt in einer Art Tabelle überprüft. Die Drachme (griech. δραχμή) ist die griechische Geldeinheit und dient hier als Parameter. Die Variablen werden mit ihren Ordnungszahlen bezeichnet: Erste $=\pi\rho\tilde{\omega}\tau o\varsigma$, zweite $=\delta\varepsilon\acute{\upsilon}\tau\varepsilon\rho o\varsigma$, usf.

pMichigan 620 #1

> 9900 Drachmen sind in 4 Teile zu teilen.
> Lass den zweiten Teil den ersten überschreiten um 1/7 des ersten.
> Lass den dritten die Summe aus den ersten beiden überschreiten um 300 Drachmen.
> Lass den vierten die Summe aus den ersten drei überschreiten um 300 Drachmen.
> Zu finden sind die Zahlen.

In moderner Schreibweise ist das lineare System gegeben:

$$x + y + z + w = 9900 \quad \therefore \quad y = x + \frac{x}{7}$$

$$z = x + y + 300 \quad \therefore \quad w = x + y + z + 300$$

Der Rechengang des Papyrus ist teilweise unleserlich. Man liest:

> … Multipliziere 150 Drachmen mit der 30 des vierten Terms (?), ergibt 4500. 900 dazu addiert, macht 5100 (!), dies ist die vierte Zahl. Addiere 1050, 1200, 2550 und 5100 macht 9900. Mach die Probe: Da die zweite 1/7 mehr ist als die erste, folgt $1050+1050/7=1200$. Die dritte übertrifft die ersten beiden um 300, ergibt $(1050+1200)+300=2550$. Die vierte übertrifft die Summe der anderen um 300, liefert $(1050+1200+2550)+300=5100$. Summe aller ergibt 9900.

In einer Art Tabelle wird die erste Zahl als Vielfaches eines Parameters gesetzt: $x = 7\varsigma$, wie ihn auch Diophantos verwendet. Sukzessive ergibt sich

$$y = 8\varsigma \quad \therefore \quad z = 15\varsigma + 300 \quad \therefore \quad w = 30\varsigma + 600$$

Einsetzen liefert für die Summe

$$x + y + z + w = 60\varsigma + 900 = 9900 \Rightarrow \varsigma = 150$$

Dies bestätigt das oben erhaltene Ergebnis ($x = 1050; y = 1200; z = 2550; w = 5100$).

   Erläuterung: Der Parameterwert $\varsigma = 150$ spielt hier die Rolle des größten gemeinsamen Teilers (ggT) der vier Variablen:

$$x = 7\varsigma; y = 8\varsigma; z = 15\varsigma; w = 30\varsigma$$

Das letzte Vielfache erklärt wohl den anfangs genannten Wert 30.

   Friberg (UL, S. 201) zitiert hier eine ältere Version von Robbins[77], der den Lösungsweg als *Regula falsi* interpretiert und dabei stillschweigend die Drachme als Parameter

---

[77]Robbins, F. E.: P. Mich. 620: A Series of arithmetical Problems, Classical Philology 24, 231–329.

verwendet. Mit dem Ansatz $x_1 = 7$ folgt $y_1 = 8$ und weiter $z_1 = 315$, die vierte Gleichung gibt schließlich $w = 630$. Es setzt $x_1 = 7$; $y_1 = 8$; $z_1 = 15$; $w_1 = 30$ mit der Summe $x_1 + y_1 + z_1 + w_1 = 60 + 900$ Drachmen. Als Skalierungsfaktor ist hier $\frac{9900}{60} = 150$ zu wählen. Damit erhält er die schon oben genannte Lösung.

pMichigan 620 #2

Die Aufgabenstellung ist nicht leserlich. Aus dem Lösungsweg ist folgende moderne Form der Angabe ersichtlich:

$$x = \frac{1}{6}y + 12 \quad \therefore \quad y = 4x + 12$$

Der Rechengang ist teilweise unleserlich. Man liest u. a.:

> … Da die zweite [Zahl] das Vierfache der ersten ist, nimm $4 \times 12 = 168$ und addiere den Überschuss 12. Dies macht 180 und ist die zweite Zahl. […] Prüfe: Nimm 1/6 der zweiten Zahl, ergibt 30, addiere 12, macht 42. Nimm das Vierfache $4 \times 42 = 168$ und addiere 12, ergibt 180.

Ein naheliegender Ansatz ist: $x = 6\varsigma \Rightarrow y = 24\varsigma + 12$. Die erste Gleichung zeigt dann:

$$6\varsigma = \frac{1}{6}(24\varsigma + 12) + 12 = 4\varsigma + 14 \Rightarrow 2\varsigma = 14 \Rightarrow \varsigma = 7$$

Dies liefert $x = 42$; $y = 180$.

Für Vogel[78] ist die Aufgabe eine *reine Kopfrechnung:*

$$x = \frac{1}{6}(4x + 12) + 12 = \frac{2}{3}x + 14 \Rightarrow \frac{1}{3}x = 14 \Rightarrow x = 42$$

Robbins liest das Gleichungssystem als:

$$x = 6y + 12 \quad \therefore \quad y = 4x + 12$$

Er addiert die Summanden 12 wieder separat. Sein Ansatz ist $x_1 = 1$; $y_1 = 4 + 12E$ ($E =$ Einheiten). Aus der tabellarischen Angabe liest er einen Faktor 1/6 ab (?). Damit erhält er aus der ersten Gleichung:

$$\frac{1}{6}y_1 + 2 = \frac{2}{3} + 14E \Rightarrow 1 = \frac{2}{3} + 14E \Rightarrow \frac{1}{3} = 14E \Rightarrow 1 = 42E$$

Damit findet er die Lösung ($x = 42$; $y = 180$). Das von ihm angegebene System ist nicht erfüllt.

---

[78]Vogel, K.: Die algebraischen Probleme des P. Mich. 620, S. 375–376, In: Sammelband: Vogel: Kleinere Schriften zur Geschichte der Mathematik.

pMichigan 620 #3

Gegeben sind drei Zahlen mit der Summe 5300. Die erste und zweite Zahl ist das 24-Fache der dritten. Die zweite und dritte Zahl ist das 5-Fache der ersten.

Der Rechengang des Papyrusfragments ist weitgehend unleserlich. Er beginnt mit:

Da die Summe der beiden ersten Zahlen das 24-Fache der dritten ist, ist die Summe der 3 Zahlen gleich dem 25-Fachen der dritten. Dividiere 5300 durch 25, ergibt 216 (!), dies ist auch die dritte Zahl …

In moderner Schreibweise ergibt sich das System:

$$x + y + z = 5300 \quad \therefore \quad x + y = 24z \quad \therefore \quad y + z = 5x$$

Moderne Lösung: Wählt man z als Parameter, so folgt durch Addition:

$$5x - y = z \quad \therefore \quad x + y = 24z \Rightarrow x = \frac{25}{6}z \Rightarrow y = \frac{119}{6}z$$

Einsetzen in die erste Gleichung liefert $z = 212$; die korrekte Lösung ist damit:

$$\left(x = 883\frac{1}{3}; y = 4204\frac{2}{3}; z = 212 \right)$$

Robbins rechnet hier anders. Er addiert z zur zweiten Gleichung und findet $x + y + z = 25z$. Der Vergleich mit der ersten Gleichung zeigt $25z = 5300 \Rightarrow z = 212$. Der Ansatz mit $x_1 = 1E$ liefert $y_1 + z_1 = 5x_1 = 5E$. Damit folgt aus der ersten Gleichung:

$$x_1 + y_1 + z_1 = 6E = 5300 \Rightarrow E = \frac{5300}{6} = 883\frac{1}{3}$$

Die Lösung ergibt sich wie oben. Man erkennt hier die Anfänge eines Rechnens mit Parameterlösung. Dieses Vorgehen wird später mit Erfolg von Diophantos übernommen.

2.9.7 Papyrus Michigan 4966

Der Papyrus 4966 stammt wie Papyrus 620 aus dem frühen 2. Jahrhundert n. Chr. und ist in griechischer Sprache geschrieben. Er wurde vom Michigan-Museum in Ägypten erworben und besteht aus 10 Fragmenten.

pMichigan 4966 #1

Fragment I enthält in zwei Spalten einige Zerlegungen der Brüche vom Nenner 23 und 29. Ergänzungen sind in eckige Klammern gesetzt:

$$\frac{2}{23} = \frac{1}{12} + \frac{1}{276} \quad \therefore \quad \frac{3}{23} = \frac{1}{10} + \frac{1}{46} + \frac{1}{115}$$

$$\left[\frac{4}{23} = \frac{1}{6}\right] + \frac{1}{138} \quad \therefore \quad \left[\frac{5}{23} = \frac{1}{6} + \frac{1}{23}\right] + \frac{1}{138}$$

$$\frac{12}{29} = \frac{1}{4} + \frac{1}{8} + \frac{1}{29} + \frac{1}{232} \quad \therefore \quad \frac{13}{29} = \frac{1}{3} + \frac{1}{10} + \frac{1}{87} + \frac{1}{290}$$

$$\frac{14}{29} = \frac{1}{4} + \frac{1}{5} + \frac{1}{58} + \frac{1}{116} + \frac{1}{145} \quad \therefore \quad \frac{15}{29} = \frac{1}{2} + \frac{1}{58}$$

$$\frac{16}{29} = \left[\frac{1}{2}\right] + \frac{1}{29} + \frac{1}{58} \quad \therefore \quad \left[\frac{17}{29} = \frac{1}{2} + \frac{1}{12}\right] + \frac{1}{348}$$

Die erste Zerlegung für 2/23 stimmt mit der aus dem RMP überein.

pMichigan 4966 #2

> „Welche Zahl, um 15 vermehrt, um 20 vermindert, um 25 vermehrt und um 30 vermindert, ergibt 100 *artabai* (Weizen?)."

Die Summe aller addierten Zahlen ist 40, die Summe aller subtrahierten 50. Die Differenz der beiden Summen wird zu 100 addiert. Die Zahl ist also 110.

Probe: 15 addiert ergibt 125, 20 subtrahiert macht 105, 25 addiert ergibt 130, um 30 vermindert macht 100.

pMichigan 4966 #3

Rechne 43 *Talente* und 2000 Kupfer-*Drachmen* in Silber-*Drachmen* um! [1 Stater = 1200 Kupfer-*Drachmen* = 4 Silber-*Drachmen*; 1 *Talent* = 6000 Kupfer-*Drachmen*].

Gegeben sind insgesamt $43 \times 6000 + 2000 = 260.000$ Kupfer-*Drachmen*. Dividiert durch 1200 ergibt $216\frac{1}{3}$ *Stater* = $865\frac{1}{3}$ Silber-*Drachmen* oder 865 Silber-*Drachmen* und 4 *Oboloi*.

pMichigan 4966 #4

In einer Fracht sind 100 Waren, einige kosten 10 *Drachmen*, andere 20 und wieder andere 30. Der Gesamtpreis ist 2500 *Drachmen*.

Historische Lösung: Es ist nützlich, 100 mit 30 zu multiplizieren, macht 3000, davon die gegebenen 2500 subtrahiert, verbleiben 500. Subtrahieren der 10 *(Drachmen)* von 30 gibt den Rest 20. Ich nehme 1/20 von den restlichen 500 *Drachmen*, liefert 24 (!) mit dem Rest 20 (?). Subtrahieren der 20 von 30, ergibt Rest 10 des Gegebenen. Man rechnet hier mit 20, weil 10 von 30 subtrahiert wurden mit Rest 20. Ich nehme ¼ von 4, macht 1, von 24 subtrahiert bleibt 23, dies ist die Anzahl der ersten Waren, deren Preis ist 230. Ich nehme 10 von den 20 und 1/10 von den 40, ergibt 4 zum Preis von 20, macht 80. Addiere

4 zu 23, ergibt 27. 230 subtrahiert von 2500, ergibt 2270, vermindert um 80, ergibt 2190. Subtrahiere 27 von 100, ergibt 73. Probe: Insgesamt addiert $23 + 4 + 73 = 100$. Ebenfalls addiere $270 + 80 + 2190 = 2500$.

Aus moderner Sicht wird ein diophantisches System behandelt. Sind x, y, z die Anzahl der Waren vom Preis 10, 20 bzw. 30 Drachmen, so gilt:

$$x + y + z = 100 \quad \therefore \quad 10x + 20y + 30z = 2500$$

Elimination von z liefert:

$$x + 2y + 3(100 - x - y) = 250 \Rightarrow 2x + y = 50$$

Eine Lösung der letzten diophantischen Gleichung ist:

$$\begin{pmatrix} x \\ y \\ z \end{pmatrix} = \begin{pmatrix} 0 \\ 50 \\ 50 \end{pmatrix} + t \begin{pmatrix} 1 \\ -2 \\ 1 \end{pmatrix}; \quad t \in \{0, \ldots, 25\}$$

Der Papyrus liefert die spezielle Lösung für $t = 23 \Rightarrow (x, \ y, \ z) = (23; \ 4; \ 73)$.

pMichigan 4966 #5

„Der monatliche Zins [auf 100 *Drachmen* beträgt 2 *Drachmen* und 3 *Oboloi*]. Nach 4 Monaten ist die ganze Summe 1100 *Drachmen*. Wie groß ist das Kapital?" [ὀβολός = griechische Münze, Plural ὀβολοί].

Multipliziere die 2 *Drachmen* und 3 *Oboloi* mit 4 (Monaten), ergibt 10, multipliziere dies mit 1100, ergibt 11.000. 1/100 davon ist 110. Ich nehme 1/110 von 11.000, macht 100. Das entspricht dem Zins auf 1000 (*Drachmen*); dies ist also das Kapital. [1 *Drachme* = 6 *Oboloi*].

Moderne Lösung: Der Zins für 100 *Drachmen* auf 4 Monate beträgt 10 *Drachmen*, für das Kapital x im gleichen Zeitraum somit $\frac{x}{10}$. Zu lösen ist also $x\left(1 + \frac{1}{10}\right) = 1100 \Rightarrow x = 1000$.

pMichigan 4966 #6

„Der monatliche Zins für 100 *Drachmen* beträgt 2 *Drachmen* und 3 *Oboloi, das Kapital* 200 *Drachmen*. Wie groß ist der Zins(-ertrag) auf 4 Monate?"

Multipliziere die 2 *Drachmen* und 4 *Oboloi* mit 4 (Monaten), ergibt 10, multipliziere dies mit 200, ergibt 2000. 1/100 davon ist 20; dies ist der Zins.

Das Kapital beträgt 1/5 der vorhergehenden Aufgabe, also ist der Zins ebenfalls 1/5, also 20 *(Drachmen)*.

2.9.8 Papyrus Cornell 69

Der aus dem ersten Jahrhundert n. Chr. stammende Papyrus ist ein Fragment in griechischer Sprache; 3 Aufgaben und 2 Skizzen können rekonstruiert werden.

Abb. 2.61 Zur Aufgabe
pCornell #1

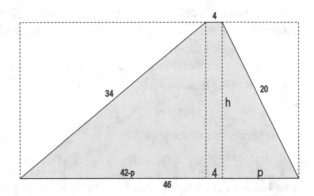

pCornell #1

Betrachtet wird ein nichtsymmetrisches Trapez mit den Parallelseiten 4 bzw. 46 und den Schenkeln 20 bzw. 34 (Abb. 2.61). Ist h die Trapezhöhe, so lässt sich das Trapez zerlegen in ein Rechteck (4, h) und in zwei rechtwinklige Dreiecke. Der Abschnitt p der Basis ergibt nach Pythagoras aus dem Gleichungssystem:

$$h^2 + p^2 = 400 \quad \therefore \quad h^2 + (42 - p)^2 = 1156 \;\Rightarrow\; p = 12$$

Die Höhe folgt aus $h = \sqrt{400 - 144} = 16$. Die gesuchte Fläche ist damit:

$$A = \left(\frac{1}{2} 30 + \frac{1}{2} 12 + 4 \right) 16 = 400$$

Die Landvermesser-Formel liefert nur eine obere Grenze:

$$A = \frac{4 + 46}{2} \; \frac{20 + 34}{2} = 675$$

Der Papyrus verwendet die Längeneinheit *baion,* Mehrzahl *baia.*

pCornell 69 #2

Gegeben wird hier ein nichtsymmetrisches Trapez mit den Parallelseiten 4 bzw. 8 und den Schenkeln 13 bzw. 15 (Abb. 2.62).

Die von Friberg angegebene Skizze (UL, S. 229) ist irreführend gezeichnet, da hier diametrale Eckpunkte auf einem Lot zur Basis liegen; die Figur hat dann nicht mehr die korrekte Höhe. Das Trapez kann einem Rechteck (13; 12) einbeschrieben werden. Dazu wird rechts das rechtwinklige Dreieck (5; 12; 13) angefügt; entsprechend links das Dreieck (9; 12; 15). Die Höhe ist damit bestimmt $h = 12$.

Dies lässt sich auch rechnerisch zeigen. Nach Pythagoras gelten die Bedingungen:

$$p^2 + h^2 = 169 \quad \therefore \quad q^2 + h^2 = 225 \quad \therefore \quad q - p = 4$$

Subtraktion der ersten beiden Gleichungen ergibt:

$$q^2 - p^2 = (q + p)(q - p) = 56 \;\Rightarrow\; q + p = \frac{56}{q - p} = 14$$

Abb. 2.62 Zur Aufgabe
pCornell #2

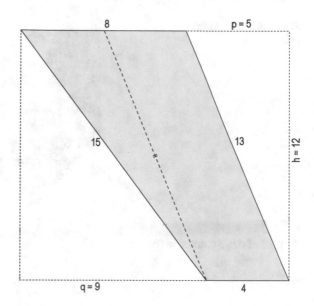

Dies liefert $q = 9$; $p = 5$ und die Höhe $h = \sqrt{169 - 25} = 12$. Für die gesuchte Fläche folgt damit:

$$A = 13 \cdot 12 - \frac{1}{2} 12(9 + 5) = 72$$

Komplizierter wäre eine Zerlegung in ein Parallelogramm mit den Seiten (4; 13) und einem stumpfwinkligen Dreieck (4; 13; 15).

pCornell 69 #3

Gegeben ist ein besonderes Drachenviereck, das zwei rechte Winkel als Gegenwinkel hat; die Seiten sind 5, 5, 15, 15 (Abb. 2.63).

Friberg (UL, S. 230) nennt die Figur *birectangle,* deutsch etwa: „Bi-Rechteck". Aufgrund der Symmetrie zerfällt die Figur in zwei rechtwinklige, kongruente Dreiecke, jeweils mit den Katheten (5; 15).

Eine weitere Zerlegung liefert ein Rechteck und zwei Dreiecke A, B. Beide Dreiecke haben je einen rechten Winkel; zwei nebeneinander liegende Innenwinkel ergänzen sich zu 90°. Die Dreiecke sind daher ähnlich. Da sich die Hypotenusen wie 15 : 5 verhalten, ist der Ähnlichkeitsfaktor 3. Dies ist erfüllt, wenn A (3; 4; 5) und B (9; 12; 15) ist. Das kleine Rechteck ist damit (3; 5). Die gesuchte Fläche ergibt sich damit zu:

$$A = 3 \cdot 5 + \frac{1}{2}(3 \cdot 4 + 9 \cdot 12) = 75$$

Abb. 2.63 Zur Aufgabe
pCornell #3

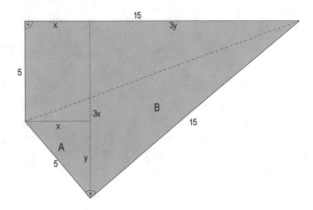

Aufgrund der Symmetrie folgt einfacher:

$$A = 2\frac{1}{2}5 \cdot 15 = 75$$

Die erstgenannte Zerlegung lässt sich auch rechnerisch zeigen: Hat das Dreieck A die Seiten (x; y; 5), so hat B die Seiten ($3x$; $3y$; 15). Der Vergleich der Hypotenusen und der Flächeninhalt bestimmen das Gleichungssystem:

$$x + 3y = 15 \quad \therefore \quad 5x + \frac{1}{2}xy + \frac{1}{2}3x \cdot 3y = 75$$

Vereinfachen der zweiten Gleichung zeigt $x + xy = 15$. Koeffizientenvergleich zeigt $x = 3$; $y = 4$. Damit ist der geometrische Weg bestätigt.

2.10　Epilog

Eine Wandinschrift als Priesterrätsel
Bei Ausgrabungen im Niltal fand man 1912 die Ruinen eines Tempels. An der Wand eines großen Raums stand folgende Inschrift:

> Wisse, jeder kann vor diese Wand treten. Demjenigen, der die Sache des Priesters des Gottes Re versteht, öffnet sich die Wand zum Hinausgehen. Wisse aber, wenn du hinausgehst, wirst du eingeschlossen werden. Du gehst mit den Schilfrohren der Priester des Gottes Re hinaus [...]. Durch die Wand des Lotosbrunnens gingen viele, aber wenige wurden Priester des Gottes Re ...

Folgendes Rätsel war (nach Lehmann[79]) als Prüfung für Priesterkandidaten zu lösen:

---

[79]Lehmann, J.: So rechnen die Ägypter und Babylonier, S. 60. Urania (1994).

Abb. 2.64 Illustration zum
Priesterrätsel

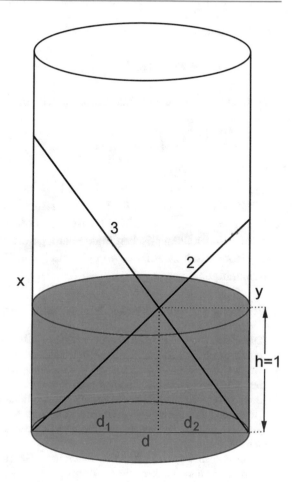

In einem (zylindrischen) Lotusbrunnen stehen zwei Schilfrohre der Länge 3 bzw. 2, die sich genau auf der Höhe des Wasserspiegels (Höhe $h = 1$) überkreuzen (Abb. 2.64). Gesucht ist der Durchmesser d des Brunnens.

Nach Pythagoras gilt:

$$x^2 + d^2 = 9; y^2 + d^2 = 4 \implies x^2 - y^2 = 5$$

Aus der Ähnlichkeit folgt:

$$\frac{x}{d} = \frac{x-1}{d_1} \implies d_1 = d\left(1 - \frac{1}{x}\right)$$
$$\frac{y}{d} = \frac{y-1}{d_2} \implies d_2 = d\left(1 - \frac{1}{y}\right)$$

Addition liefert:

$$d = d_1 + d_2 = d\left[\left(1 - \frac{1}{x}\right) + \left(1 - \frac{1}{y}\right)\right] \Rightarrow 1 = \frac{1}{x} + \frac{1}{y} \Rightarrow xy = x + y$$

Einsetzen von y ergibt eine quartische Gleichung:

$$x^2 - \left(\frac{x}{x-1}\right)^2 = 5 \Rightarrow x^4 - 2x^3 - 5x^2 + 10x - 5 = 0$$

Diese Gleichung kann wohl nur numerisch gelöst werden: $x \approx 2{,}73572\ldots \Rightarrow y = 1{,}57613\ldots$ Der gesuchte Brunnendurchmesser ergibt sich daraus zu $d = \sqrt{9 - x^2} \approx 1{,}2310$. Es ist nur schwer vorstellbar, wie dieses Problem mit den Mitteln der altägyptischen Mathematik gelöst werden kann. Das nichtlineare System stellt geometrisch zwei Paare von gleichseitigen Hyperbeln dar, die genau einen positiven Schnittpunkt haben.

Würdigung der altägyptischen Mathematik (von Kurt Vogel, VG I, S. 73, gekürzt)

Die meisten der hier besprochenen Aufgaben haben gezeigt, dass die Ägypter ihre Mathematik geschaffen haben, damit sie mit mancherlei Problemen des täglichen Lebens fertig wurden. Trotzdem ist es verständlich, dass auch die Frage gestellt wurde, ob ihre Mathematik nicht vielleicht schon wissenschaftliche Züge zeige, d. h. mathematische Dinge um ihrer selbst willen studiere. Es kommt bei der Beantwortung der Frage darauf an, welche Bedeutung man dem Wort „Wissenschaft" gibt. Meint man damit das von den Griechen geschaffene logische System, das für alles Beweise fordert, dann gab es noch keine ägyptische Wissenschaft.

Und doch wurden in Ägypten wesentliche Vorarbeiten geleistet. Wir sahen bemerkenswerte Ergebnisse mathematischer Begriffsbildung [...] sowie zahlreiche Aufgaben, die mit der Wirklichkeit nichts mehr zu tun haben (Rätselprobleme u. ä.). Man erkennt Methoden, die Einteilung des Stoffes im Papyrus Rhind wird nach bestimmten Gruppen vorgenommen und bei den Einzelaufgaben meist klar disponiert [...]. Der Ägypter fühlt die Notwendigkeit, die Richtigkeit des Ergebnisses durch eine Probe zu überprüfen, die eine Vorstufe zum Beweis darstellt. Unverkennbar ist das Bestreben, den wahren Sachverhalt durch richtige allgemeine Formeln (wie die 2/3-Regel) zu erfassen. Beim Trapez z. B. sah man, wie der Ägypter ein Problem auf ein bereits bekanntes, einfacheres zurückführte. Und ist ein Ableiten von Beziehungen aus gegebenen und ein Herleiten von Formeln nicht bereits der erste Schritt zur Beweisführung?

Versteht man dagegen unter Wissenschaft positives Wissen oder das, was man in der betreffenden Zeit jeweils dafür gehalten hat, dann hat auch der Ägypter seine Wissenschaft getrieben. Wie stolz er darauf ist, sieht man aus den einleitenden Worten des Papyrus Rhind, in denen der Schreiber Ahmose verspricht genaue Anweisungen zu geben, damit der Leser zur *Erkenntnis aller dunklen Dinge und Geheimnisse der Natur* gelange. Dachte er wirklich, dass die bis zu seiner Zeit erreichten mathematischen Erkenntnisse nicht mehr erweitert werden könnten?

O Aegypte, Aegypte, religionum tuarum solae supererunt fabulae,
aeque incredibiles posteris tuis; solaque supererunt verba lapidibus
incisa, tua pia facta narrantibus (Hermes Trismegistus).

Oh Ägypten, Ägypten, von deinen religiösen Riten
wird nichts überbleiben außer den Mythen,
an den deine Kindeskinder nicht mehr glauben;
verbleiben werden nur die in Stein gemeißelten
Inschriften, die von deinen religiösen Taten künden.

Literatur

Aaboe A.: Episodes from the Early History of Mathematics, Random House 1964

Baillet J.: Le papyrus mathematique d'Akhmim, Ernest Leroux Paris 1892

Bard K. A.: An Introduction to the Archaeology of Ancient Egypt, Blackwell Publishing 2008

Barthel G., Gutbrod K. (Hrsg.): Konnte Adam schreiben? – Weltgeschichte der Schrift, Deutscher Bücherbund 1972

Beckh T., Neunert G.: Die Entdeckung Ägyptens, Philipp von Zabern 2014

Bernard A., Proust Chr., Ross M.: Mathematics Education in Antiquity, In: Sammelband Karp

Bommes M.: Das alte Ägypten, Wissenschaftliche Buchgesellschaft 2012

Borchardt L.: Besoldungsverhältnisse von Priestern im mittleren Reich, Zeitschrift für ägyptische Geschichte und Altertumskunde 40 (1902/03)

Borchardt L.: Der zweite Papyrusfund von Kahun und die zeitliche Festlegung des mittleren Reiches der ägyptischen Geschichte, Zeitschrift für ägyptische Sprache und Altertumskunde 37 (1899)

Borchardt L.: Ein Rechnungsbuch des königlichen Hofes aus dem mittleren Reich, Zeitschrift für ägyptische Sprache, 28 (1890)

Brunner H.: Die Weisheitsbücher der Ägypter, Artemis & Winkler 1998

Brunner H.: Grundzüge einer Geschichte der altägyptischen Literatur, Wissenschaftliche Buchgesellschaft[4] 1986

Budge E. A.W.: The Egyptian Book of the Dead (The Papyrus of Ani), Dover Publications Reprint 1967

Burkard G., Thissen H.J.: Einführung in die Altägyptische Literaturgeschichte I+II, LIT Verlag 2003

Burkard G.: Schule und Schulausbildung im Alten Ägypten, Festschrift zum 375-jährigen Bestehen des Jesuitenkollegs Humanistisches Gymnasium Kronberg-Gymnasium Aschaffenburg 1995

Cajori F.: A History of Mathematics, Reprint American Mathematical Society 2000

Calinger R.: A conceptual history of mathematics, Upper Straddle River 1999

Cantor M.: Vorlesungen über Geschichte der Mathematik, Erster Band, Teubner Leipzig 1907

Cancik-Kirschbaum E., Kahl J. (Hrsg.): Erste Philologien, Mohr Siebeck 2018

Caveing M.: Essai sur le Savoir Mathématique dans la Mésopotamie et l'Egypte anciennes, Presses Universitaires de Lille 1997

Chace A.B., Archibald R.C.: The Rhind Mathematical Papyrus British Museum 10057/58, MAA 1927

Christianidis J.: Classics in the History of Greek Mathematics, Dordrecht, Kluwer Academic Publishers 2004

Clagett M.: Ancient Egyptian Science: A Source Book, Vol. 3: Ancient Egyptian Mathematics, American Philosophical Society Philadelphia 1999

Clay A. T. (Hrsg.): Babylonian Epics, Hymns, Omens and other Texts, Wipf & Stock Publisher, Eugene 2005

Collier M., Manley B.: Hieroglyphen entziffern – lesen – verstehen, Reclam 2013

Collier M., Quirke St.: UCL Lahun Papyri, Vol. 1 – Vol. 3, British Archaeological Reports International Series 1083, Archaeopress Oxford, 2002–2006

Cooke R. L.: The History of Mathematics, A Brief Course, Wiley³ 2013

Couchoud S.: Mathematiques egyptiennes: recherches sur les connaissances mathematiques de l'Egypte pharaonique, Le Leopard d'Or, Paris 1993

Daressy G.: Cairo Museum des Antiquités Égyptiennes, Catalogue Général Ostraca (1901)

David R.: Handbook to Life in Ancient Egypt, Oxford University Press 1998

Demidov S., Folkerts M., Rowe D. E., Scriba C.: Amphora – Festschrift für H. Wussing, Birkhäuser 1992

Description de l'Égypte, Benedikt Taschen Verlag 1995

Dreyer G.: Umm el-Qaab I: Das prädynastische Königsgrab U-j und seine frühen Schriftzeugnisse, Mainz 1998

Eisenlohr A.: Ein Mathematisches Handbuch der Alten Ägypter, Hinrich's Buchhandlung Leipzig 1877

Engels H.: Quadrature of the Circle in ancient Egypt, Historia Mathematica 4 (1977)

Eves H.: Introduction to the History of Mathematics, Holt, Rinehart& Winston 1976

Fischer E.H.: Imhotep, S. 10–35, Epochen der Weltgeschichte in Biographien Band 5, Fischer 1985

Fischer-Elfert H.-W.: Die satirische Streitschrift des Papyrus Anastasi I Band 1+2, Harrassowitz 1983, 1986

Fowler D. H.: The Mathematics of Plato's Academy, Clarendon Press Oxford 1987

Fowler D., Robson E: Square root approximations in Old Babylonian mathematics: YBC 7289 in context, Historia Mathematica 25 (1998)

Fowler D.H.: The Mathematics of Plato's Academy, Oxford University Press 1987

Frahm E.: Geschichte des alten Mesopotamiens, Reclam 2013

Friberg J.: Amazing Traces of a Babylonian Origin in Greek Mathematics, World Scientific Publishing 2007

Friberg J.: Unexpected Links between Egyptian and Babylonian Mathematics World Scientific, Singapore 2005

Gardiner A. H.: Egyptian Grammar. Being an Introduction to the Study of Hieroglyphs, Oxford³ 1994

Gardner M.: An ancient Egyptian problem and its innovative arithmetic solution, [www.researchgate.net/publication/264954066] (22.01.2018)

Gardner M.: http://planetmath.org/RMP47AndTheHekat [12.01.2018]

Gerdes P.: Three alternative methods of obtaining the ancient Egyptian formula for the area of a circle, Historia Mathematica, 12 (1985)

Gillings R.J.: Mathematics in the Times of the Pharaohs, Dover Publications 1972

Griffith F. L.: The Petrie Papyri, Hieratic Papyri from Kahun and Gurob, Quaritch London 1898

Haarmann H.: Universalgeschichte der Schrift, Campus 1990

Heagy Th. C.: Who was Narmer? Archéo-Nil Nr. 24 (Januar 2014)

Hodgkin L.: A History of Mathematics, Oxford University Press 2005

Hoffmann Fr.: Die Aufgabe 10 des Moskauer mathematischen Papyrus, Zeitschrift für ägyptische Sprache und Altertumskunde, 123 (1996)

Hornung E.: Altägyptische Dichtung, Reclam 1996

Ifrah G.: Universalgeschichte der Zahlen, Campus 1987

Imhausen A.: Ägyptische Algorithmen, Harrasowitz Wiesbaden 2003

Imhausen A.: Egyptian Mathematics, im Sammelband Katz

Imhausen A.: Mathematics in Ancient Egypt, Princeton University Press 2016

James G. M.: Stolen Legacy, A & D Books Floyd 1954

Janow R., Zauzich K. Th.: The conversations in the House of Life, Harrassowitz 2014, S. 131

Jesse M. Millek: Seevölker, Sturm im Wasserglas, spektrum.de/artikel/1431429

Joseph G. G.: The Crest of the Peacock, Non-European Roots of Mathematics, Penguin Books 1994

Kaniewski D, Van Campo E, Van Lerberghe K, Boiy T, Vansteenhuyse K, et al. (2011) The Sea Peoples, from Cuneiform Tablets to Carbon Dating, PLoS ONE 6(6): e20232

Karp A., Schubring G.: Handbook on the History of Mathematics Education, Springer 2014

Katz V. (Hrsg.): The Mathematics of Egypt, Mesopotamia, China, India and Islam, Princeton University 2007

Katz V.J.: A History of Mathematics, Addison Wesley Longman 1998

Kemp B. J.: Ancient Egypt, Routledge 1989

Knorr W.: Techniques of Fractions in Ancient Egypt and Greece, In: Sammelband Christianidis

Kubisch S.: Das alte Ägypten, Theiss o. J.

Kubisch S.: Das alte Ägypten: Von 4000 v. Chr. bis 30 v. Chr., Marix 2017

Kuckenberg M.: … Und sprachen das erste Wort, Econ[2] 1998

Lehmann J.: So rechnen die Ägypter und Babylonier, Urania 1994

Lepsius C.R. (Hrsg.): Denkmaeler aus Aegypten und Aethiopien, Tafelwerk I–II, Nicolaische Buchhandlung o. J.

Lepsius C.R. (Hrsg.): Denkmaeler aus Aegypten und Aethiopien, Textband I–IV (Handschrift) o. J.

Lichtheim M.: Ancient Egyptian Literature, Volume I, II, III, University of California Press 1975–1980

Mieroop van der M.: A History of the Ancient Near East[2], Blackwell Publishing[2] 2007

Neugebauer O.: Astronomy and History, Selected Essays, Springer 1983

Neugebauer O.: Vorgriechische Mathematik, Springer 1934

Neugebauer O.: Zur ägyptischen Bruchrechnung, Quellen und Studien zur Geschichte der Mathematik, Part B, Springer 1937

Newman J.: The Rhind Papyrus, Scientific American August 1952

Nunn A.: Der Alte Orient, Wissenschaftliche Buchgesellschaft 2012

Parker R.: Demotic mathematical papyri, Braun University Providence 1972

Peet T. E.: Mathematics in Ancient Egypt, Bulletin of the John Rylands Library, Vol. 15(2), Manchester 1931

Peet T. E.: A problem in Egyptian geometry, J. Egypt. Archeol. *17* (1931)

Peet T. E.: The Rhind Mathematical Papyrus, British Museum 10057 and 10058, London University Press Liverpool 1923

Perepelkin J. J.: Die Aufgabe Nr. 62 des mathematischen Papyrus Rhind, In: Neugebauer (1929)

Resnikoff H. L., Wells R. O.: Mathematics in Civilisation, Dover Publications[3] 2015

Robins G., Shute C.: The Rhind Mathematical Papyrus, British Museum Press 1987

Robson E.,Stedall J. (Hrsg.): The Oxford Handbook of the History of Mathematics, Oxford University Press 2008

Rossi C.: Architecture and Mathematics in Ancient Egypt, Cambridge University Press 2006[II]

Saggs H. W. F.: Civilization before Greece and Rome, Yale University Press 1989

Sasson J. M.: Civilizations of the Ancient Near East, Vol. IV, Charles Scriber's Sons 1995

Schack-Schackenburg H.: Der Berliner Papyrus 6619, Zeitschrift f. Ägyptische Sprache, Vol. 38 (1900), S. 135–140 und Vol. 40 (1902)

Schlögl H. A. : Das alte Ägypten, C. H. Beck 2008

Sesiano J.: Sur le Papyrus graecus genevensis 259, Museum Helveticum, 56 (1999)

Shaw I. (Hrsg.): The Oxford History of Ancient Egypt, Oxford University Press 2000

Sternberg-el Hotabi H.: Der Kampf der Seevölker gegen Pharao Ramses III, Verlag Marie Leidorf 2012

Stol M.: Women in the Ancient Near East, de Gruyter 2016

Struwe W. W., Turajew B.: Mathematischer Papyrus des Staatlichen Museums der Schönen Künste in Moskau, Springer Berlin 1930

Vogel K.: Die algebraischen Probleme des P. Mich. 620,S. 375–376, im Sammelband: Kleinere Schriften

Vogel K.: Erweitert die Lederrolle unsere Kenntnis ägyptischer Mathematik?, Archiv für Geschichte der Mathematik, Vol. 2 (1929)

Vogel K.: Kleinere Schriften zur Geschichte der Mathematik, 1. und 2. Halbband, Franz Steiner 1988

Vogel K.: Vorgriechische Mathematik Teil I und II, Herman Schroedel 1959

Vogel K.: Zur Berechnung der quadratischen Gleichungen bei den Babyloniern, Unterrichtsblätter für Mathematik und Naturwissenschaften (39)

Vogel K.: Zur Berechnung der quadratischen Gleichungen bei den Babyloniern, In: Sammelband Christianidis

Volk K. (Hrsg.): Erzählungen aus dem Land Sumer, Harrassowitz 2015

Vymazalova H.: The wooden tablets from Cairo: The Use of the grain unit *hqat* in ancient Egypt, Archiv Orientální Vol. 70 (2002)

Waerden van der B. L.: Erwachende Wissenschaft, Birkhäuser 1966

Waschkies H.-J.: Anfänge der Arithmetik im alten Orient und bei den Griechen, B.R. Grüner 1989

Wilkinson T.: Aufstieg und Fall des Alten Ägyptens, Pantheon 2015

Wilkinson T.: Writings from Ancient Egypt, Penguin Books Classics 2016

Wussing H.: Mathematik in der Antike, Teubner Leipzig[2] 1965

Zauzich K.: Hieroglyphs without Mystery: An Introduction to Ancient Egyptian Writing, University of Texas Press, 1992

Mathematik in Mesopotamien

3

Im Text verwendete Abkürzungen:

AT   Amazing Traces (Friberg)
LWS   Lengths, Widths, Surface (Høyrup)
MCT   Mathematical Cuneiform Texts (Neugebauer)
MKT   Mathematische Keilschrift-Texte (Neugebauer)
MM   Mesopotamian Mathematics (Robson)
NM   New Mathematical Cuneiform (Friberg)
RC   Remarkable Collection (Friberg)
TMS   Textes Mathématiques de Suse (Bruins)
UL   Unexspected Links (Friberg)
VG   Vorgriechische Mathematik (Vogel)

3.1 Kleine Geschichte von Mesopotamien

Mesopotamien (griech. μέσος = in der Mitte, ποταμός = Fluss) ist das überwiegend auf dem Territorium des heutigen Irak liegende Gebiet zwischen den Flüssen Euphrat und Tigris, die vom Taurus-Gebirge zum Persischen Golf fließen (Abb. 3.1).

3.1.1 Entwicklung Mesopotamiens

Um 4000 v. Chr. kommt es zur Einwanderung einer semitischen Völkergruppe, die nunmehr sesshaft wird und Ackerbau betreibt. Es entstehen Handwerkstechniken, wie Keramikherstellung, Bau von Rädern, Bewässerungsmethoden und andere. Im 4. Jahrtausend

© Springer-Verlag GmbH Deutschland, ein Teil von Springer Nature 2019
D. Herrmann, *Mathematik im Vorderen Orient,*
https://doi.org/10.1007/978-3-662-56794-4_3

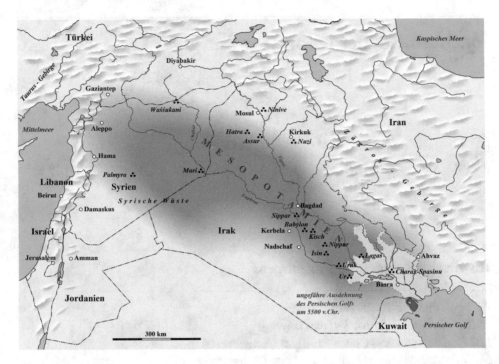

Abb. 3.1   Karte von Mesopotamien (bearbeitet vom Autor). (Wikimedia Commons)

wandern nichtsemitische Gruppen ein, die sich auch im Süden Mesopotamiens niederlassen und eine Agrarwirtschaft beginnen.

Anfänge der Hochkultur Uruk (um 3900 bis 2900 v. Chr.)

Durch fortschreitende Siedlungsdichte, Arbeitsteilung und Sozialisation entsteht in Südmesopotamien allmählich eine gespaltene Gesellschaft, in der es Herrschende und Untergebene gibt. Die Besiedlung verdichtet sich an bestimmten Orten, an denen bald die ersten Städte entstehen; diese sind definiert durch den Bau einer Stadtmauer und eines Tempels. Eines der neuen Zentren ist *Uruk,* das man als erste Metropole der Weltgeschichte ansehen kann. Einer der frühen Herrscher ist *Gilgamesch,* der später zu einer legendären Gestalt des gleichnamigen Epos wird. Uruk ist aber keineswegs die älteste Stadt; es gibt viele ältere Siedlungen, die bekanntesten sind Jericho und Göbekli Tepe (Anatolien). In der letztgenannten Siedlung wurde ein monumentaler Steinring ausgegraben, der vermutlich als Tempel diente.

Neu in Uruk ist das Aufkommen eines ersten Zeichensystems, um Vorgänge in Wirtschaft und Verwaltung aufzeichnen zu können, erfunden von der dort ansässigen Volksgruppe der Sumerer. Hierbei wurden mit angespitzten Stäben keilförmige und runde Zeichen in Tontafeln gedrückt, die dann luftgetrocknet oder in Öfen gebrannt wurden. Das Uruk-Reich umfasst 12 bedeutende Siedlungen: Kisch, Uruk, Ur, Sippar, Akschak,

Larak, Nippur, Adab, Umma, Lagasch, Bad-tibira und Larsa. In der Bibel und Thora trägt Uruk den Namen Erech (Genesis/Bereschit 10, 10).

Herrschaft der Könige von Lagasch (um 2475 bis 2315 v. Chr.)
Es gelingt den Königen Umansche, Eanatum und Urukagina von Lagasch, die Herrschaft über die Städte Lagasch, Girsu und Nimin zu erringen. Der berühmteste Stadtfürst von Lagasch war später Gudea (2144–2124 v. Chr.). Er ließ zahllose Statuen von sich errichten und verfasste als gelernter Schreiber die Inschriften seiner Bauten persönlich.

Das Reich von Akkad (um 2300 bis 2150 v. Chr.)
Die Koexistenz der südmesopotamischen Kleinstaaten endet, als Sargon I um 2300 die sumerischen Städte erobert und die Gebiete zu einem einheitlichen Reich vereint mit der Hauptstadt Akkad. Das Akkadische wird nun Hauptsprache im ganzen Reich. In den folgenden Jahrzehnten kann Sargon in 40 Jahren Regierungszeit seinen Herrschaftsbereich auch auf den Norden Mesopotamiens, Teile Syriens und Irans ausweiten. Um 2250 v. Chr. kommt es zu einem Aufstand gegen Akkad, den Sargons Enkel Naramsin nur mit Mühe niederschlagen kann. Die Klage über die zeitweilige Entmachtung von ihrem Amt als Hohepriesterin, die Sargons Tochter Enheduanna erhebt, geht in die Literatur ein als älteste Dichtung einer Frau. Der Ansturm der Gutäer, eines Bergvolkes, beendet das Akkadische Reich. Die Gutäer werden um 2111 v. Chr. aus Uruk vertrieben.

Das Reich von Ur (2110 bis 2003 v. Chr.)
Im Jahr 2110 v. Chr. wird Urnamma König von Ur; unter seiner Herrschaft entsteht ein Reich, das sich gegen die übrigen Stadtstaaten Mittel- und Südmesopotamiens durchsetzen kann. Er und sein Sohn Shulgi reformieren Verwaltung und Wirtschaft ihres Reiches durch Einführen eines einheitlichen Kalenders und neuer Maß- und Gewichtseinheiten. In seiner Hauptstadt Ur errichtet Urnamma (um 2100 v. Chr.) einen monumentalen Tempel für den Gott Nanna. Der dreistufige Bau, auf dessen oberster Terrasse das Heiligtum für die Gottheit steht, wird wegweisend für zahlreiche ähnliche Bauten in Mesopotamien, *Zikkurat* genannt. Zu den oben genannten Reformen gehört auch die Erstellung des Codex Urnamma; dieser ist das älteste bekannte Gesetzeswerk der Geschichte.

Bereits zuvor um 2500 v. Chr. existierte in Ur ein reiches Fürstengeschlecht, dessen Bestattungen als die Königsgräber von Ur bekannt wurden. Obwohl die 16 Königsgräber schon in der Antike geplündert wurden, fand der Archäologe L. Woolley 1923 viele wertvolle Gegenstände aus Gold. Die Grausamkeit dieser Zeit zeigt die Tatsache, dass das Dienstpersonal den Herrschenden in den Tod folgen musste. So fand man in der Grabkammer der Königin Puabi 23 Skelette von Dienerinnen, die mit wertvollem Schmuck ausgestattet waren.

Ein bekanntes Fundstück ist die Standarte von Ur (Abb. 3.2). Dies ist ein kastenförmiges Gehäuse mit einer Mosaikdarstellung (aus Lapislazuli und Muschelkalk) eines Feldzugs. Die in der Abbildung gezeigte Seite („Friedensseite") zeigt unten und in der

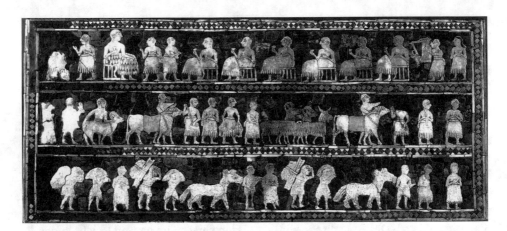

Abb. 3.2 „Friedens"-Seite der Mosaik-Standarte von Ur. (Wikimedia Commons)

Mitte den Transport der im Kampf erbeuteten Waren und Tiere, in den oberen Zeile die Siegesfeier zusammen mit dem Herrscher.

Das Reich von Ur zerfällt 2003 v. Chr., als Ibbi-Sin, der letzte Herrscher der Urnamma-Dynastie von den Elamiten besiegt wird. Später wandern die Amurriter ein, die sich der sumerisch-akkadischen Kultur anpassen.

Aufstieg von Assur (um 2000 bis 1750 v. Chr.)
Nach dem Ende des Reiches von Ur wird die im Norden gelegene Handelsstadt Assur zum neuen Machtzentrum; der Name wurde vom Hauptgott Assur übernommen. Nicht durch militärische Stärke, sondern durch eine geschickte Handelspolitik wird Assur um 1975 v. Chr. zu einer blühenden Metropole. Vor allem durch den Fernhandel mit dem anatolischen Kanesch und anderen Städten erzielen assyrische Kaufleute große Gewinne. Sulili wird (um 2000 v. Chr.) König von Assur.

Eine nicht bekannte Katastrophe zerstört um 1830 v. Chr. Kanesch. Bei ihrer Flucht nach Assur lassen die Kaufleute ein umfangreiches Archiv an Tontafeln zurück. Diese Geschäftskorrespondenz stellt heute noch wichtige Belege für das soziokulturelle Leben der altassyrischen Zeit dar. Zwar kehren später viele Assyrer nach Kanesch zurück, doch erlangt die Handelskolonie nicht mehr ihre frühere Bedeutung.

1808 bis 1750 v.Chr.
Schamschiadad, der amurritische König, erobert Assur. Unter seinem Regime entsteht ein großes Reich, das weit über Assur hinausgeht. Seine Nachfolger können diese Herr-schaft nur bis 1750 v. Chr. aufrechterhalten.

Das Reich Hammurabis (1792 bis 1595 v. Chr.)

Einer der amurritischen Könige, Hammurabi, wird 1792 v. Chr. König von Babylon und gründet das Altbabylonische Reich. Unter seinem Regime gewinnt die Stadt die Vormacht-stellung in Mesopotamien. In den Jahren seiner Regentschaft stärkt er die Wirtschaft sei-ner Stadt durch Eroberungen der Nachbarreiche Larsa, Eschnunna und Mari (ab 1765). Bedeutsam ist der von ihm 1754 geschaffene *Codex Hammurabi*. Unter der Herrschaft *von* Hammurabis Sohn Samsuiluna geht die Macht Babylons zu Ende. Die Epoche ist kulturell sehr bedeutsam: Alle altbabylonisch genannten Tontafeln entstehen zu dieser Zeit.

1595 v. Chr.

Murschili I., König der Hethiter, unternimmt einen Raubzug durch Mesopotamien und erobert dabei auch Babylon.

Die Zeit der Diplomatie (1595 bis 1076 v. Chr.)

Nach dem Ende des Altbabylonischen Reiches bildet sich im gesamten Vorderen Orient eine neue Ordnung heraus. Neue Machtzentren entstehen in Ägypten, Babylon und im Land der Hethiter, Mittani und Elamiten. In Babylon hat der mesopotamische Stamm der Kassiten die Macht übernommen (1475–1155 v. Chr.). Die Großmächte unterhalten eine Zeit lang intensive diplomatische Beziehungen, die vor allem auf Heiraten zwischen Mitgliedern der Herrscherfamilien und gegenseitigen Geschenken beruhen. Im Schrift-verkehr untereinander verwenden die Machthaber und ihre Beamten zumeist die baby-lonische Form des Akkadischen. Die in Amarna gefundenen Tontafeln (Amarna-Briefe genannt) aus der Zeit von Echnaton (um 1350 v. Chr.) zeugen von dem Schriftverkehr mit anderen Staaten; ihr Ton ist oft wenig diplomatisch.

1215 v. Chr.

Unter der Herrschaft von König Tukulti-Ninurta I. gewinnt Assur wieder an Macht. Babylon wird erneut erobert und zerstört. Die Dynastie währt bis zu König Tiglatpilesar I, der 1076 v. Chr. stirbt. Das Mittelassyrische Reich erleidet nach dem Tod Tukulti-Ni-nurtas große Gebietsverluste, bis es wieder die Größe eines Stadtstaates hat.

Um 1200 v. Chr.

Vermutlich wegen der Angriffe der Seevölker werden das Hethiterreich und viele Städte der Levante zerstört.

Um 1165 v. Chr.

Die Elamiten erobern Babylonien und verschleppen wertvolle Kunstschätze nach Susa, darunter ein Kultbild des Gottes Marduk. Damit geht die Kassiten-Herrschaft in Babylon zu Ende. Der babylonische König Nebukadnezar I. kommt 1110 v. Chr. an die Macht und besiegt das Reich von Elam; die geraubte Marduk-Statue wird zurückgeholt. Die Dynastie Nebukadnezars endet 1026 v. Chr.

Abb. 3.3 Rekonstruktion von Nimrud durch Layard (1853). (Wikimedia Commons)

Das neuassyrische Reich (935 bis 609 v. Chr.)

Unter König Assurdan II. beginnt der Wiederaufstieg Assyriens. Ab 935 werden zahlreiche Nachbarreiche erobert. Um 865 v. Chr. verlegt Assurnasirpal ll die Hauptstadt seines Reiches von Assur nach *Nimrud,* das zuvor prächtig ausgebaut wurde (Abb. 3.3). Erst in der Schlacht von Karkar (853 v. Chr.) kann eine Allianz von Aramäern, Phönikern, Israeliten und Ägyptern den assyrischen Vormarsch in Syrien vorläufig stoppen. Um 730 v. Chr. kann Tiglatpilesar III. Babylon erneut erobern. Die Unzufriedenheit der babylonischen Bevölkerung ist der Anlass für eine erneute Eroberung Babylons durch König Sanherib (689 v. Chr.); ein Großteil der Bevölkerung wird hingemetzelt.

König Assurbanipal fällt in Ägypten ein und erweitert das Assyrerreich auf seine größte Ausdehnung (667 v. Chr.); es reicht von Anatolien bis nach Ägypten, von Levante bis tief in den Iran. Berühmt ist die auf seinen Befehl zusammengetragene 25.000 Tontafeln umfassende Bibliothek von Ninive; sie ist die größte literarische Sammlung der Antike. Nach dem Tod Assurbanipals zerfällt das Neuassyrische Reich.

Unter ihrem neuen König Nabopolassar wird Babylon erneut mächtig. Die Truppen Babylons und der Meder erobern 612 v. Chr. die Stadt Ninive, die seit 704 v. Chr. Hauptstadt Assyriens war.

Das Neubabylonische Reich (626 bis 539 v. Chr.)

Der aus der Dynastie Nabopolassars stammende *Nebukadnezar* II. führt das Neubabylonische Reich noch einmal zur Großmacht. Babylon wird mit großer Pracht erneuert. Unter anderem lässt er einen riesigen Tempelturm *(Zikkurat)* errichten, auf dessen Spitze ein Heiligtum des Stadtgottes Marduk steht. Die Zikkurat Etemenanki ist mit einer Höhe von 90 Metern eines der gewaltigsten Gebäude der Welt und wird zum Vorbild für die biblische Geschichte vom Turm zu Babel. Zum zweiten Mal innerhalb von zehn Jahren (587) erobern babylonische Truppen Jerusalem. Um sich das Reich von Juda dauerhaft untertan zu machen, zerstören sie den Tempel in der Hauptstadt und verschleppen die gebildete Schicht der jüdischen Bevölkerung in die Babylonischen Gefangenschaft. Abb. 3.4 zeigt den Einzug der Juden in Babylon durch das *Ishtar-Tor*. Mit der Eroberung Babylons um 539 v. Chr. haben die Perser ganz Mesopotamien unter ihre Herrschaft gebracht.

Perserherrschaft 539 v. Chr.
Der persische König Kyros II. aus der Dynastie der Achämeniden kann Babylon erneut kampflos einnehmen. Er fördert Kultur und Religion der eroberten Stadt, ebenfalls lässt er den Palast von Susa ausbauen. Abb. 3.5 zeigt die Truppen der Bogenschützen am Königspalast *Susa* in farbig gebrannten Ziegeln. Diese Truppen von angeblich 10.000 Mann werden in griechischen Berichten die *Unsterblichen* genannt, da ihre Zahl stets konstant gehalten wird; ausfallende Krieger werden sofort durch neue ersetzt.

Sieg Alexanders 331 v. Chr.
Nach seinem Sieg über den Perserkönig Darius III wird Alexander der Große von der Bevölkerung Babylons mit Jubel empfangen. Nach dem Tod Alexanders wird das Reich

Abb. 3.4 Einzug der Juden in Babylon durch das Ishtar-Tor. (akg-images/ Balage Balogh / archaeologyillustrated.com/ Babylon,)

Abb. 3.5 Wandbild der Bogenschützen (Palast Susa). (Wikimedia Commons)

unter seinen Diadochen aufgeteilt; die Provinz Mesopotamien fällt an den Feldherrn
Seleukos I Nikator, dessen Nachfolger die Dynastie der Seleukiden bilden. Der Wider-
stand gegen den Einfluss der griechischen Kultur ist groß; auch die jüdische Bevölkerung
wehrt sich gegen die Gräzisierung (vgl. 1. Buch Makkabäer). Man findet nur wenige
Dokumente auf Griechisch; bekannt geworden ist die von dem Marduk-Priester *Berossos*
verfasste Geschichte Babyloniens *(Babyloniaka)* in griechischer Sprache. Die Provinz
Syrien-Ägypten erhält der frühere Leibwächter Alexanders Ptolemaios I; die von ihm
gegründete Dynastie endet mit dem Tod Kleopatras VII im Jahr 30 v. Chr.

Partherherrschaft 142 v. Chr.

Unter ihrem König Mithridates I. fügten die Parther 142 v. Chr. auch das (seleukidische) Mesopotamien ihrem Reich hinzu; sie wählten Ktesiphon als spätere Hauptstadt. Das ehemals stolze Babylon verfiel; die Zikkurat war bereits bei Alexanders Einmarsch zerstört. Auch die Keilschrift geriet in Vergessenheit, die letzte Tafel (ein astronomischer Almanach) stammt aus dem Jahr 75 v. Chr. In der langen Auseinandersetzung mit den Römern brachten die Parther ihnen die schwerste Niederlage in ihrer Geschichte bei, dabei geriet sogar der römische Kaiser Valerian in Gefangenschaft.

Islamische Eroberung 651 n. Chr.

Das neupersische *Sassanidenreich* (224/26–651 n. Chr.) blieb lange ein Rivale des Oströmischen Reichs im Vorderen Orient. Nach dem Tod des letzten Königs **Jazdgerd III** wird Mesopotamien endgültig islamisch; die Provinz war bereits Jahrzehnte zuvor Schauplatz islamischer Beutezüge. Das Geschlecht der Abbasiden, zu dem auch der bekannte Kalif Harun ar-Raschid gehört, gründete 792 n. Chr. *Bagdad* neu und macht das *Haus der Weisheit* für viele Jahre zum Zentrum der islamischen Gelehrsamkeit.

Hinweis: Alle Jahreszahlen folgen der sogenannten mittleren Chronologie.

3.1.2 Historiografie der mesopotamischen Mathematik

Der erste mathematische Keilschrifttext, der veröffentlich wurde, war die Tafel BM 92698; sie wurde publiziert von Henry C. Rawlinson und George Smith im Jahr 1875. Sie enthielt in mehreren Spalten metrologische und messtechnische Tabellen zur Berechnung von Oberflächen. Einen weiteren Fortschritt brachten die Veröffentlichungen von Herman V. Hilprecht (1906); als erster behandelt er eine Vielzahl von Tafeln mit Multiplikations- und metrologischen Tabellen aus seiner Sammlung. Eine Neuausgabe erfolgte durch Christine Proust[1]. Die metrologischen Texte konnten zunächst nicht verstanden werden.

Die Pionierarbeiten des französischen Assyriologen François Thureau-Dangin (1872–1944) erweiterten die Kenntnisse der metrologischen Zusammenhänge. Zwischen 1896 und 1930 veröffentlichte er zahlreiche Arbeiten, die eine verbesserte Einsicht in das Sexagesimalsystem ermöglichten. Sein bahnbrechendes Hauptwerk waren seine *Babylonischen Texte* 1938.

O. E. Neugebauer (1899–1990), österreichischer Herkunft, studierte zunächst Physik in München (bei Sommerfeld) und Mathematik in Göttingen (bei Hilbert und Courant). Später arbeitete er in Kopenhagen mit dem Bruder des Nobelpreisträgers Max

---

[1]Proust C. (Hrsg.): Tablettes mathématiques de la Collection Hilprecht, Harrassowitz 2008.

Born zusammen. Obwohl es nicht sein Arbeitsgebiet war, wurde er von Born mit der Rezension von Peets Publikation über den Papyrus Rhind beauftragt. Dies erweckte sein Interesse für die ägyptische Mathematik, insbesondere für die Technik des Stammbruchrechnens, über die er 1927 seine Doktorarbeit schrieb. Mit der Publikation startete Neugebauers Karriere als Historiker der alten Wissenschaften.

Die ersten Erkenntnisse legte Neugebauer 1929 in seinem Werk *Zur Geschichte der babylonischen Mathematik* (Quellen und Studien 1B, S. 67–80) nieder:

> Man darf wohl sagen, dass in den vorliegenden Texten ein gutes Stück babylonischer Mathematik zutage liegt, unsere nur allzu dürftigen Kenntnisse dieses Gebietes um wesentliche Züge zu bereichern. Ganz abgesehen von der Verwendung von Dreiecks- und Trapezformel sehen wir, dass komplizierte lineare Gleichungssysteme aufgestellt und gelöst werden, dass man ganz systematisch Aufgaben quadratischen Charakters stellt und zweifellos auch zu lösen verstand….

Dass diese Erkenntnisse erst errungen werden mussten, zeigt die Anekdote von dem schon erwähnten H. Hilprecht, der 1898 bis 1900 Leiter der vierten Ausgrabungsexpedition in Nippur gewesen war. Bei dem Versuch die ersten mathematischen Tafeln zu entziffern, übersetzte er fälschlich folgende Zahlenreihe:

4	3.240.000
5	2.592.000
6	2.160.000

Da alle rechtstehenden Zahlen den Faktor $21.600 = 60^3$ haben, dachte er an einen Zusammenhang mit der berühmten *Hochzeitszahl* Platos, die 60^4 beträgt [Politeia 546A], dies im Wissen von zahlreichen griechischen Hinweisen auf die Mathematik des Ostens. Korrekt übersetzt aber ergibt sich eine simple Reziproken-Tabelle: (4,15) (5,12) (6,10).

Nachdem Neugebauer Deutschland verlassen hatte, publizierte er in Kopenhagen (1935–1937) die *Mathematische Keilschrifttexte* Bd. I–III, eine Zusammenschau aller ihm zugänglichen Tontafeln Europas. Nach seiner Emigration kam er 1939 in die USA und setzte seine Arbeit an der Brown University (Providence) fort. Resultat war der Band *Mathematical Cuneiform Texts* (MCT) 1945 in Zusammenarbeit mit A. Sachs, in der Tontafeln aus amerikanischen Museen besprochen wurden.

Den Erkenntnisstand über die babylonische Mathematik am Ende der 1950er-Jahre beschrieb Neugebauer in seinem Buch *Exact Sciences in Antiquity* (1957, S. 177) in einem lyrischen Bild. Er vergleicht die bisher gefundenen Ergebnisse mit dem Einfangen eines sagenhaften Einhorns, einem Bild unserer Phantasie, das aber nicht der Realität entspricht:

> In einer Außenstelle des Metropolitan Museums von New York, *Cloisters* genannt, hängt ein herrlicher Wandteppich, der vom Schicksal des Einhorns erzählt. Am Ende sehen wir das wunderbare Tier gefangen, sich anmutig seinem Schicksal ergebend, eingeschlossen durch einen kleinen, gepflegten Zaun.

Dieses Bild kann als Gleichnis dienen, für das, was hier versucht worden ist. Wir haben kunstvoll aus augenscheinlichem Stückwerk einen Zaun errichtet, von dem wir hoffen, in seinem Inneren etwas eingeschlossen zu haben, was einer möglichen, lebenden Kreatur gleicht. Die Realität jedoch, kann sich ganz gewaltig von dem Produkt unserer Einbildung unterscheiden. Wenn wir versuchen die Vergangenheit wiederherzustellen, hoffen wir möglicherweise vergeblich, uns mehr als ein bloßes Abbild machen zu können, das der schöpferischen Einsicht gefällt.

Eine ausführliche Schilderung von Neugebauers Bestrebungen liefert David E. Rowe[2].

Die bemerkenswertesten, aber teilweise umstrittenen Beiträge der nachfolgenden Generation sind die von Evert Marie Bruins zusammen mit Marguerite Rutten erstellten *Textes Mathématiques de Suse* (1961), die einzigartige Erkenntnisse erbringen. Wichtige Beiträge kamen auch von Aizik A. Vaiman, der mathematische Texte des Eremitage-Museums (St. Petersburg) veröffentlichte. Wertvoll war auch der Beitrag von Marvin A. Powell über Metrologie und sein Lexikonartikel „Masse und Gewichte" im *Reallexikon der Assyriologie* (1987–1990).

Der Ansatz der Keilschriftmathematik wurde in den letzten Jahrzehnten durch die Arbeiten des dänischen Mathematikhistorikers Jens Høyrup revolutioniert, die die Denkmethoden der alten Schriftgelehrten zur Lösung quadratischer Probleme auf geometrischem Weg veranschaulichen. Wichtige Publikationen von Høyrup sind *In Measure, Number, and Weight* (1994), *L'algèbre au temps de Babylone* (2010), *Lengths, Widths, Surfaces* (2002) und *Algebra in Cuneiform* (2017).

Die Rolle der Mathematiker in der Assyriologie wurde bereits durch die Arbeiten von Neugebauer illustriert. Diese Rolle verdient es, nochmals hervorgehoben zu werden. Hier dazu ein Zitat von Robert K. Englund[3] (1998):

> … Es wird einige überraschen, dass die wichtigsten jüngsten Fortschritte in der Entschlüsselung der Proto-Keilschriften von und in Zusammenarbeit mit Mathematikern ohne formelle Ausbildung in Assyriologie erzielt wurden: J. Friberg und P. Damerow. Aber bedenken Sie, dass die meisten archaischen Texte Verwaltungsakten sind […]. Es ist sinnvoll zu erwarten, dass solche Dokumente nicht weniger als die Buchführung der damaligen Institutionen enthalten und somit erste Hinweise auf mathematische Verfahren liefern, die in der archaischen Periode verwendet wurden. Sie enthalten somit den Samen des mathematischen Denkens, das sich im dritten Jahrtausend v. Chr. entwickelte.

Ein umfassender Bericht über die Entwicklung der Historiografie der mesopotamischen Mathematik findet sich bei Jens Høyrup[4].

---

[2]David E. Rowe: Otto Neugebauer's Vision for Rewriting the History of Ancient Mathematics, S. 123–142, im Sammelband Remmert & Schneider (2010).

[3]Englund R.: Texte aus der späten Uruk-Zeit, S. 111, im Sammelband Bauer & Englund (1998).

[4]Høyrup J.: Mesopotamian Mathematics, Seen Seen "from the Inside" (by Assyriologists) and "from the Outside" (by Historians of Mathematics), S. 53–78, im Sammelband Remmert & Schneider (2010).

Jöran Friberg hat eine ganze Reihe wichtiger Bücher veröffentlicht, darunter die *Remarkable Collection of Babylonian Mathematical Texts* (2007) der Schøyen Collection, *Amazing Traces of a Babylonian Origin* (2005), *Unexpected Links Between Egyptian and Babylonian Mathematics* (2005) und zuletzt *New Mathematical Cuneiform Texts* (2017) in Zusammenarbeit mit Fārūk al-Rāwī.

Neue Gesichtspunkte brachte Eleanor Robson durch ihre sozialwissenschaftliche Betrachtungsweise ein: *Mathematics in Ancient Iraq* (2008). Wertvoll erwies sich auch ihr Buch *Mesopotamian Mathematics 2100–1600 BC* (Oxford 2006), in dem sie alle Tontafeln mit geometrischen und sonstigen Konstanten erfasste, was das Verständnis der babylonische Mathematik wesentlich verbesserte. Für den Sammelband von Viktor Katz (Princeton 2007) schrieb Robson das Kapitel über mesopotamische Mathematik.

3.2   Schrift und Literatur in Mesopotamien

Die gesprochenen Worte sind die Zeichen von Vorstellungen in der Seele,
die geschriebenen Worte sind die Zeichen von gesprochenen Worten (Aristoteles).

H. Seiffert[5] schreibt über die Bedeutung der Schrift:

Erkenntnis ist undenkbar ohne die *Sprache,* in der sie niedergelegt wird. Die Sprache ist nicht etwas, was der *reinen Erkenntnis* als eigentlich unwesentlich hinzugefügt wird. Sie ist vielmehr das *Medium,* in dem wissenschaftliche Erkenntnis überhaupt erst vernehmbar und demgemäß auch anderen Personen zugänglich werden kann. Wir haben also nicht auf der einen Seite die *reine Erkenntnis* und auf der anderen Seite die Darstellung dieser Erkenntnis […], sondern die (sprachliche) *Darstellung* dieser Erkenntnis ist unmittelbar mit dieser Erkenntnis selbst verbunden.

3.2.1   Die Entwicklung der Keilschrift

Schriften können prinzipiell von mehreren Kulturen entwickelt worden sein. In den ältesten Siedlungen Jericho (8300 v. Chr.) und Çatal Höyük (7500 v. Chr.) fehlen die archäologischen Hinweise auf eine Schrift. Die aktuelle Diskussion von Harald Haarmann zieht eine noch ältere Schriftentwicklung im Donauraum in Betracht; die allgemeine Akzeptanz fehlt hier noch. Für das Abendland war die Schriftentwicklung im Land Sumer vor etwa 3400 v. Chr. bedeutsam; von dort aus könnte sich die Idee des Schreibens nach Indien, China und Ägypten verbreitet haben. Die sumerische Protoschrift enthielt zunächst nur wenige Bildzeichen, die später durch abstrakte, keilförmige Zeichen ersetzt wurden. Das bei weitem häufigste Schreibmaterial war Ton, das Schreibwerkzeug ein

---

[5]Seiffert, H.: Einführung in die Wissenschaftstheorie Band I, S. 97. Beck, München (1996).

zugespitzter Griffel, der die charakteristische schlanke Dreiecksform der einzelnen Keile bewirkte. Neben den Tontafeln sind Keilschriften auch in Stein gemeißelt worden, wie die Gesetzestafeln und die Grenzsteine (Kudurru) zeigen.

Wie im Orient üblich, gibt es zur Erfindung der Schrift eine sumerische Geschichte, die vermutlich um 2100 v. Chr. entstanden ist. Sie besagt, Enmerkar, der mythische König von Kulaba-Uruk, will Inannas Tempel in Uruk und Enkis Tempel in Eridu mit wertvollen Edelsteinen ausschmücken. Deshalb …

… schickt [er] einen Boten nach Arata, einer Stadt, die durch sieben Berge von Uruk getrennt ist, und fordert die Bewohner von Arata auf, Abgaben in Form von Gold, Silber, Lapislazuli und anderen Edelsteinen zu leisten. Der Herrscher von Arata nannte dem Boten eine Vielzahl von Bedingungen, die kaum zu erfüllen waren und schickte den Boten zurück. Dieses Spiel wiederholte sich, und die Bedingungen wurden von Mal zu Mal komplizierter, bis der Bote die zu überbringende Nachricht sich nicht mehr zusammenhängend merken konnte. Die Lage war schwierig – da schlug der Herr von Kulaba [Enmerkar] ein Stück Lehm flach und schrieb die Nachricht darauf wie auf ein Siegel. Niemals zuvor hatte man Worte auf Ton festgesetzt, heute aber, unter der Sonne des Tages, da war es tatsächlich so! Zuvor gab es kein Schreiben auf Lehm. Der Herr von Kulaba setzte Worte fest. So geschah es tatsächlich!

Die vollständige Erzählung „Enmerkar(a) und der Herr von Arata" findet sich bei K. Volk.[6] Was auffällt, ist die Unlogik der Geschichte, dass der Herrscher von Arata die Tafel kaum problemlos lesen konnte, wenn die Schrift (an anderer Stelle) von Enmerkar gerade erst erfunden war.

Als sumerischer Gott der Schreibkunst wurde *Enki* betrachtet, da er als Gott der Weisheit angesehen wurde. Er galt zugleich auch als Gott der Handwerker, der Künstler und der Magier. Seine besondere Leistung war die Erschaffung der Menschen. Diese waren Enkis Lösung für das Problem der Götter, das darin bestand, dass sie weder Kleidung noch genug Nahrung hatten. Die Aufgabe der Menschen sollte sein, die Götter mit dem, was zu einem Leben als Gott notwendig und angenehm ist, zu versorgen. Enki gab den Menschen nicht nur das Leben, sondern eben auch die notwendigen „Techniken", die zur Erfüllung ihrer Aufgabe nötig waren. Daher galt Enki als Gott der Schreibkunst und Beschützer der Schreiber.

Anders als in Ägypten diente der feine Ton des mesopotamischen Schwemmlandes als Schriftträger. Mit einem fein zugespitzten Rohr wurden Schriftzeichen in die weiche Masse eingedrückt, mit dem runden Ende des Griffels Zahlzeichen. Zunächst waren die Zeichen bildhaft. Gegenstände – etwa ein Gefäß – wurden nachgezeichnet, aber bereits in der frühesten Zeit überwogen schematische Darstellungen. Die Schrift war also keine reine Bilderschrift. Sie war aber zunächst, soweit wir erkennen können, eine Wortschrift (Abb. 3.6). Jedem Wort entsprach ein Zeichen oder eine Zeichengruppe, etwa das „Schaf". Das hatte verschiedene Nachteile. Vor allem war die Zeichenzahl sehr groß – etwa zweitausend in der frühesten Epoche –, und doch reichte sie nicht aus.

---

[6]Volk, K. (Hrsg.): Erzählungen aus dem Land Sumer, S. 169. Harrassowitz (2015).

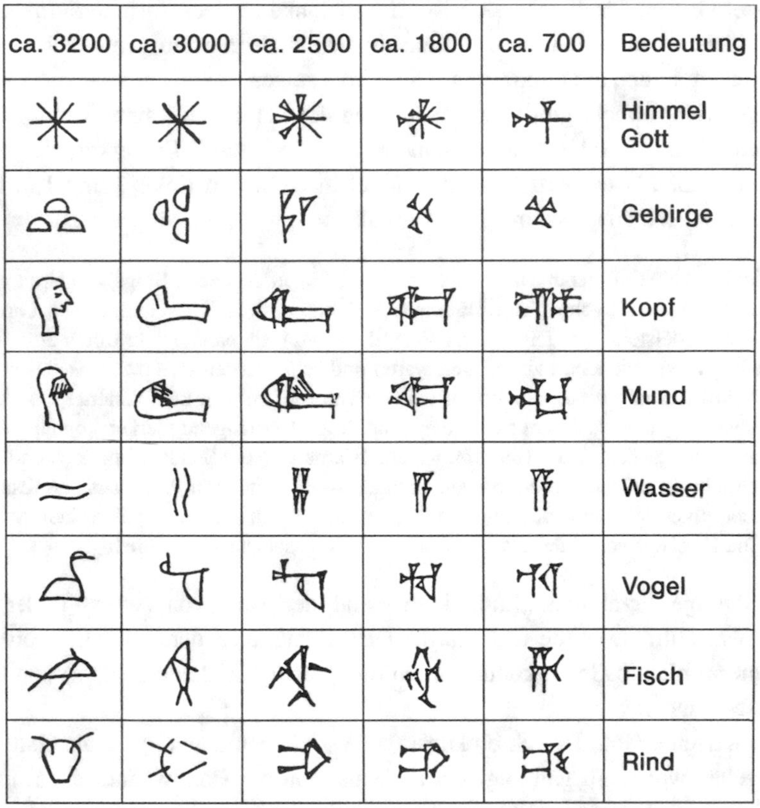

ca. 3200	ca. 3000	ca. 2500	ca. 1800	ca. 700	Bedeutung
✳	✳	✳	✳	⊨	Himmel Gott
⌂⌂	⫯	⫯	⫰	⫱	Gebirge
☞	☞	☞	☞	☞	Kopf
☞	☞	☞	☞	☞	Mund
≈	⦀	⦀	⦀	⦀	Wasser
☌	☌	☌	☌	☌	Vogel
⤞	⤞	⤞	⤞	⤞	Fisch
⩔	⩔	⩔	⩔	⩔	Rind

Abb. 3.6 Entwicklung der Keilschrift. (Kuckenburg M.: … Und sprachen das erste Wort)

Verschiedene Wörter ließen sich gar nicht oder nur schwer durch Zeichen ausdrücken, da nicht alle so einfach darzustellen waren wie das Verbum „essen" durch „Kopf + Brot" oder „trinken" durch „Kopf + Wasser". Dafür bekamen viele Zeichen einen größeren Geltungsbereich. So bedeutet das Zeichen „Gebirge + Sonne" zunächst „Tag", aber auch „hell, weiß". Natürlich waren dabei Missverständnisse unvermeidlich. Dem versuchte man bald dadurch entgegenzuwirken, dass *Determinative* vor oder weniger häufig hinter ein Zeichen gesetzt wurden, ein „Stern" vor Götternamen, das Zeichen „Mensch" vor Berufe und so weiter. Diese frühe Wortschrift war dazu bestimmt, den Warenverkehr zu registrieren; aber bereits die Schreibung eines Eigennamens bereitete Schwierigkeiten. Nicht möglich war es jedoch, komplizierte Sachverhalte oder gar historische oder religiöse Texte aufzuzeichnen.

Zunächst verwendeten die Akkader und nach ihnen die Babylonier und Assyrer die Schrift, die allerdings nicht für ihre semitische Sprache geschaffen war und deshalb ziemliche Mängel in der Wiedergabe bestimmter spezifisch semitischer Laute zeigt.

In der Akkad-Zeit wurde die Keilschrift dann auch von Elam übernommen, wo man zunächst eine eigene, bisher noch nicht gedeutete Schrift entwickelt hatte. Dort schrieb man nun akkadische und *elamische* Urkunden in der babylonischen Schrift. Gleichfalls um 2300 v. Chr. wurde der erste Text in *churritischer* Sprache, ebenfalls in Keilschrift, niedergeschrieben. Noch früher drang die Keilschrift nach Mari vor und verbreitete sich von da aus über Nordsyrien bis nach Kleinasien, wo die Hethiter begannen, ihre indogermanische Sprache mit den gleichen Zeichen aufzuschreiben.

Im 14. Jahrhundert v. Chr. hatte die Keilschrift so ihre weiteste Verbreitung gefunden. Selbst in Ägypten bediente man sich ihrer und der akkadischen Sprache zum Verkehr mit syrischen Kleinfürsten, mit babylonischen und assyrischen Königen, wie die sogenannten Amarna-Briefe beweisen. Im babylonischen Raum wurde die Keilschrift noch Jahrhunderte lang benützt, bis sie nach dem Niedergang von Babylon durch die aramäische Schrift ersetzt wurde. Ebenfalls unter dem Einfluss der semitischen Buchstabenschrift, aber fast ein Jahrtausend später, schufen die Perser zur Zeit Darius des Großen eine einfache Keilschrift, die mit ihren 36 Silbenzeichen und wenigen Wortzeichen noch Elemente der Silbenschrift bewahrt hat. Sie wurde nur für feierliche Inschriften an Monumenten verwendet. Mithilfe einer solchen Inschrift aus Persepolis für den „König der Könige" Darius, gelang es dem Gymnasiallehrer G. F. Grotefend, die ersten Zeichen der persischen Keilschrift zu entziffern. Auf dieser Darius-Tafel kommt das Schriftzeichen für „König" zweimal hintereinander vor und kann damit identifiziert werden.

Die phönizisch-aramäischen Schrift gewann schließlich große Bedeutung für das Abendland, da die Griechen nach dem Aussterben der mykenisch-minoischen Linearschrift das phönizische Alphabet für ihre Zwecke anpassten; so entstand das westgriechische Alphabet. Aus diesem Alphabet haben wiederum die Etrusker ihre Schrift entlehnt, woraus sich schließlich das lateinische Alphabet entwickelte.

3.2.2   Entwicklung der Zahlzeichen

Eine sumerische Tafel
Abb. 3.7 zeigt eine archaische Tontafel MS 1717 aus Uruk III (um 3100 v. Chr.). Bemerkenswert sind die sauber ausgeführten Zeichnungen. In der oberen Zeile sieht man die Zahl 29.086, die nach Peter Damerow im Zusammenhang mit Bier als 133.713 (Liter) zu lesen ist. In der Mitte links erkennt man in einem quadratischen Rahmen die Zahl 37, unten links ein Zeichen „Ku-shim", das vermutlich einen Eigennamen darstellt; die Tafel heißt daher auch das Kushim-Tablett. Die anderen Zeichen werden verschieden interpretiert, eventuell deuten sie auf einen Tempel (in Uruk) hin. Das Ganze bedeutet etwa (Abb. 3.8):

> Lieferung von 29.086 (Einheiten) Gerste für den Tempel (?) für 37 Monate, bestätigt von Kushim.

MS 1717
Beer Production. Pictographic script Uruk III , Sumer, 31st c. BC

Abb. 3.7   MS 1717 (Kushim-Tablett). (The Schøyen Collection Oslo-London)

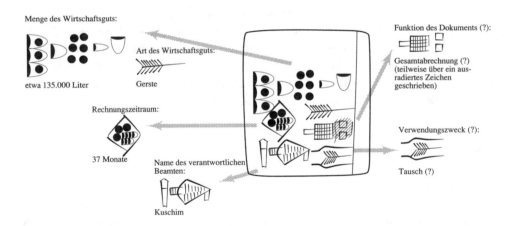

Abb. 3.8   Interpretation von MS 1717 nach Damerow. (Nissen H.J., Damerow P., Englund R.K.: Frühe Schrift und Techniken der Wirtschaftsverwaltung im alten Vorderen Orient)

Prof. John Huehnergard der Harvard University stimmt dieser Interpretation zu: Er erklärt, dass jede der beiden Silben für sich allein bedeutungslos ist. Reiht man diese beiden Silben aneinander, ergibt sich eben der Name *Kushim*. In seinem Buch *Sapiens: A Brief History of Humankind* feiert der Autor Y. N. Harari diesen Namen als ältesten, schriftlich bekannt gewordenen Eigennamen der Welt. Man kennt insgesamt 18 weitere Tontafeln aus Uruk, auf denen der Name Kushim steht, der mehrfach von dem Wort *sanga* als Berufsbezeichnung begleitet wird; damit dürfte es sich bei Kushim um einen echten Namen handeln.

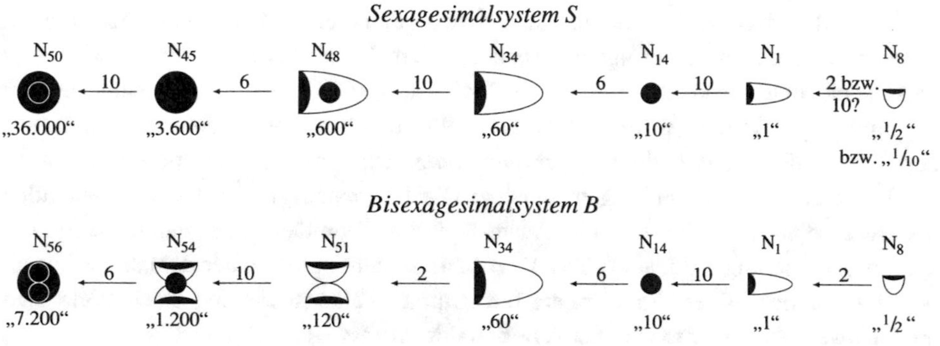

Abb. 3.9 Bi- bzw. Sexagesimalsystem. (Nissen H.J., Damerow P., Englund R.K.: Frühe Schrift und Techniken der Wirtschaftsverwaltung im alten Vorderen Orient)

Möglicherweise bezieht sich die Monatszahl 37 auf 3 Jahre; dies könnte darauf hinweisen, dass in 3 Jahren ein Schaltmonat eingeschoben wurde.

In frühen Zeiten gab es kein einheitliches Zahlensystem und keine abstrakten Zahlenwerte. Wie Peter Damerow vom Max-Planck-Institut Berlin schreibt, gibt es Tontafeln, auf denen fünf verschiedene Zahlzeichensysteme verwendet werden, darunter (Abb. 3.9):

- für zählbare Getreideprodukte ein Bisexagesimalsystem,
- zur Kennzeichnung der Getreidemengen, für Gerstenschrot und für Malz drei verschiedene Varianten eines Hohlmaßsystems,
- für Bierkrüge ein Sexagesimalsystem.

Hinzu kommt, dass die Zahlzeichen nicht abstrakt waren. Damerow schreibt:

> Man hat einfach versucht, die Zahlwerte der Zeichen zu bestimmen, und damit unsere heutigen Zahlvorstellungen auch für die archaische Kultur Mesopotamiens unterstellt. Tatsächlich änderten sich jedoch die Zahlwerte der Zeichen mit ihrem Verwendungskontext. Eines der häufigsten Zahlzeichen besaß beispielsweise den Wert 10, wenn es für 10 Schafe stand, den Wert 6 bei Maßgefäßen für Getreide, weil das Gefäß eben nur 6 kleineren Maßgefäßen entsprach, und den Wert 18, wenn es eine Feldfläche bezeichnete. Solch ein Bedeutungswechsel legt schon die Vermutung nahe, dass hier gar keine Zahlen, sondern die realen, gezählten Objekte bezeichnet wurden.

Den wichtigsten Hinweis dafür, dass die Zeichen nicht einfach Zahlen wiedergeben, sieht P. Damerow darin, dass ausnahmslos alle Zahlzeichen, die nicht nur für ganz bestimmte Gegenstände verwendet wurden, mehrere numerische Bedeutungen besaßen:

> Gerade diese Symbole – die eigentlich nach unserem Verständnis Kandidaten für die Darstellung abstrakter Zahlen wären – ändern mit dem Verwendungskontext ihre Zahlwerte. Dies spreche dafür, dass der Umgang mit den Symbolen nicht durch ein arithmetisches Zahlkonzept geregelt wurde, sondern durch die inhaltlichen Assoziationen, welche die antiken Schreiber in dem jeweiligen Fall damit verbanden.

Diese Mehrdeutigkeiten bei den Zahlzeichen bereiteten in den 1930-er Jahren erhebliche Probleme. Dies zeigt folgende Anekdote: Der damals berühmte Sumerologe Adam
Falkenstein untersuchte das Tablett IM 23426, das 1933 vom Irak-Museum aus einer
Raubgrabung erworben wurde. Er lieferte 1937 darüber eine „glänzende" Analyse in
der Zeitschrift *Orientalistische Literaturzeitung.* Über mehrere Unstimmigkeiten seiner Berechnungen ging er elegant hinweg: Die Diskrepanzen bei der Summenbildung
erklärte er einmal „als Verlust beim Ausmahlen des Getreides", eine andere Unstimmig-
keit als „beabsichtigte Zugabe". Erst 41(!) Jahre später entdeckte der damals noch wenig
bekannte Mathematiker Jöran Friberg die Irrtümer Falkensteins und erschütterte damit
die Fachwelt, die 40 Jahre lang der Autorität des Professors gefolgt war.

Welcher Aufwand notwendig war alle diese Zahlzeichensysteme zu entziffern, ist
einem Aufsatz von Damerow[7] und Englund zu entnehmen. Darin wird berichtet, dass die
notwendigen Berechnungen auf einem Großrechner Siemens 7760 in den Jahren 1979–
1981 ausgeführt wurden, nachdem man vorher in mühevoller Kleinarbeit alle Zeichen
rechnertauglich codiert hatte. Es wurden insgesamt 1995 Tontafeln mit Wirtschaftstexten
untersucht, die gefundenen Korrelationen wurden mithilfe des Statistikprogramms SPSS
ausgewertet.

Abb. 3.10 zeigt die Tafel MS 3047 aus Shuruppak, frühe Dynastie IIIa (um 2700 v.
Chr.). Sie enthält eine Tabelle von Produkten aus Rechteckseiten in (fast) arithmetischer
Folge:

1.Seite *(ninda)*	2. Seite *(geš)*	Fläche
5	5	2 *(eše)* 3 *(iku)*
10	10	3 *(bur)* 1 *(eše)*
20	20	13 *(bur)* 1 *(eše)*
30	30	30 *(bur)*
40	40	53 *(bur)* 1 *(eše)*
50	50	1 *(sar)* 23 *(bur)* 1*(eše)*

Ein Zahlenbeispiel ist:

$$40 \ ninda \times 2400 \ ninda = 96.000 \ ninda^2 = (95.400 + 600) \ ninda^2 = 53 \ bur + 1 \ eše$$

Da die zweite Seite stets das 60-Fache der ersten ist, hat das Rechteck eine ungewöhnliche Form. Man kann daher vermuten, dass die Tafel zu einem mathematisch-metro-
logischen Zweck geschrieben wurde. Sie wird von einigen Forschern als das älteste
mathematische Dokument angesehen!

.

---

[7]Damerow P., Englund R.K.: Zeichenliste der Archaischen Texte aus Uruk, im Band: Green M.W.,
Nissen H.J. (Hrsg.): Archaische Texte aus Uruk, Band 2, Mann-Verlag Berlin 1987.

Abb. 3.10 Älteste mathematische Tafel MS 3047. (The Schøyen Collection Oslo-London)

MS 3047
Multiplication table for length measures, with the products expressed as area measures, Sumer, 27th c. BC
The oldest known mathematical text.

Bemerkung: Diese Tafel wurde von der Schøyen Collection durch Entfernen der Salzkruste sorgfältig restauriert und neu gebacken.

Eine akkadische Tafel

Ein Beispiel einer akkadischen Tafel (BM 123068, verso) zur Getreiderechnung bzw. zum Bierbrauen gibt Abb. 3.11.

Die Babylonischen Zahlzeichen

Die Babylonier hatten ein reines Sexagesimalsystem mit den abstrakten Zeichen *Keil* und *Winkelhaken*. Abb. 3.12 zeigt einige der 59 Zeichen.

Die Null als Trennungszeichen kam erst in neubabylonischer Zeit hinzu. Die babylonischen Tafeln enthalten kein Sexagesimalkomma; dies muss vom Lesenden selbst eingefügt werden.

In Abb. 3.13 zeigt sich ein Problem #4 aus dem Tablett Str 362 von Susa, das K. Vogel (VG II, S. 14) nicht zuordnet.

In moderner Form lautet die Aufgabe:

$$\frac{x}{7} + xy = 27 \ \therefore \ y = 0{,}30$$

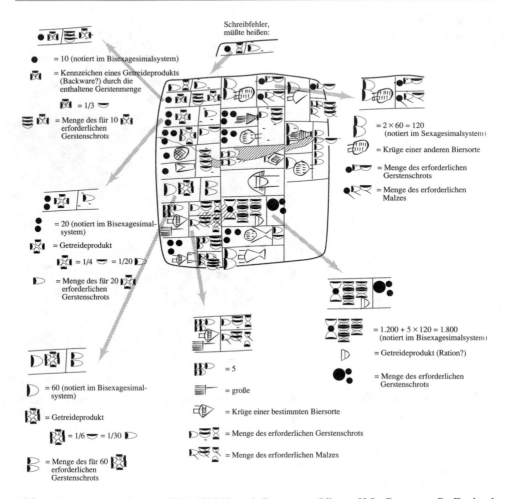

Abb. 3.11 Interpretation von BM 123068 nach Damerow. (Nissen H.J., Damerow P., Englund R.K.: Frühe Schrift und Techniken der Wirtschaftsverwaltung im alten Vorderen Orient)

Abb. 3.12 Einige Zahlen in Keilschrift

3.2.3   Schreiber in Mesopotamien

Wer in der Schule der Schreiber sich
auszeichnen will, der muss früh aufstehen.

Die Schreibkunst ist die „Mutter" des Redners
und der „Vater" des Gelehrten (Sumerische Redensarten).

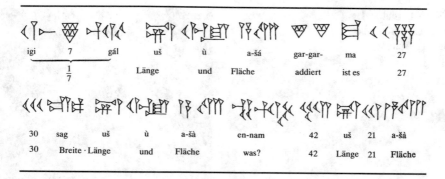

Abb. 3.13   Eine Aufgabe aus Susa (nach Vogel). (Vogel : Vorgriechische Mathematik I + II)

Aus einer Lobeshymne des Königs Shulgi, dem König aus der Dynastie Ur III (21. Jahrhundert v. Chr.). Er war stolz, selbst Schreiber zu sein und hat zwei Hymnen hinterlassen:

> Als ich klein war, lernte ich in der Schule die Schreiberkunst mit den Tafeln von Sumer und Akkad. Keiner der Schreiber, auch die von edler Geburt, konnten ein Tablett beschreiben wie ich. Dort, wo man in der Schreiberkunst unterrichtet, wurde ich Meister der Subtraktion, Addition, in Rechnen und Buchführung. Der gerechte (Gott) Nanibgal, (die Göttin) Nisaba haben mir großzügig Weisheit und Verstand verliehen …

Die Chronik seines 21. Regierungsjahres berichtet, dass Shulgi auch persönlich bei der Verwaltung und Buchhaltung eingegriffen hat:

> Der Gott Ninurta, der Große Agrarverwalter des Gottes Enlil, gab eine Omen-Entscheidung im Tempel von Enlil und Ninlil, daraufhin hat Shulgi, der König von Ur, Verwaltungskonten und die Versorgungsfelder des Tempels von Enlil und Ninlil in Ordnung gebracht.

Die von Shulgi bewirkten Änderungen sorgten im ganzen Land für Reformen im Steuer- und Verwaltungswesen, in der Schreiberausbildung, im Kalenderwesen und der Standardisierung von Maßen und Gewichten.

Die Abb. 3.14 zeigt die Statue des sumerischen Schreibers *Dudu* aus Lagasch (um 2700 v.Chr.). Sein Name wird aus der Inschrift auf der Rückseite ersichtlich: „Dem Gott Ningirsu hat Dudu, der Schreiber, zwei Bildnisse des Anzu geweiht" (Irak Museum IM 55204):

Auch der assyrische König Assurbanipal II (669–631 v. Chr.) rühmte sich, als einziger assyrischer König die Keilschrift lesen und schreiben zu können. Auf seinen Befehl hin wurde in Ninive eine einzigartige Bibliothek mit 25.000 Tafel zusammengetragen. Alle Texte, die nicht im Original vorlagen, mussten von einem Heer von Schreibern kopiert werden. Assurbanipals Befehl dazu lautet:

> Wenn du diesen Brief verhältst, nimm drei Männer und die Gelehrten von Borsippa mit dir, durchsuche alle Tafeln, die sich in den Häusern befinden und alle jene, die im Tempel von Ezida aufbewahrt werden. […] Suche nach den wertvollen Tafeln, die sich in euren Archiven befinden und in Assyrien fehlen, sende mir sie. Wenn du Tafeln findest, über die ich nicht geschrieben habe, du jedoch als wertvoll für meinen Palast erachtest, suche diese heraus und schicke sie mir.

Abb. 3.14 Statue des
sumerischen Schreibers Dudu
(Foto des Autors)

Assurbanipal II selbst berichtet mit Stolz sein Wissen:

> Ich habe die Lehren des Weisen Adapa [*der Vorsintflutzeit*], die verborgene Geheimlehre
> und alle Disziplinen der Schreibkunst studiert. Ich bin erfahren im Deuten der irdischen und
> himmlischen Vorzeichen. Ich diskutiere in der Versammlung der Gelehrten. Ich bespreche
> die Leberschau mit erfahrenen Wahrsagern, *wenn die Leber der Spiegel des Himmels ist*.
> Ich kann komplizierte Kehrwerte und komplexe Aufgaben lösen und Probleme, die keine
> Lösung haben. Ich vermag anspruchsvolle Texte auf Sumerisch zu lesen und auf dem mühʼ
> sam zu entziffernden Akkadisch. Ich habe Felsinschriften untersucht, die vor der großen
> Flut entstanden und ganz und gar unverständlich sind.

Der Autor Frans van Koppen[8] (2011) rekonstruiert das bemerkenswerte Auftreten einer
Schreiberfamilie aus dem altbabylonischen Sippar, das sich über fünf Generationen in verschiedenen Rollen erstreckte: zuerst als Schreiber, die Verträge schufen, später als Zeugen

---

[8]Van Koppen, F.: The Scribe of the Flood Story and his Circle, 140–166, im Sammelband Radner
& Robson 2011.

verschiedener Verträge fungierend; einige als Richter ernannt, um der Stadtverwaltung zu dienen; andere als Händler. Einige Familienmitglieder konnten Karrieren aufweisen, die sich über vierzig Jahre erstreckten! Meist bildeten solche Personen ihre eigenen Familienmitglieder aus, zum Beispiel die eigenen Kinder oder die der Verwandten.

Aber es gab eine Alternative: Ein Lehrer konnte zum Privatunterricht ins Haus kommen. Man kennt das Beispiel des jungen Ur-Utu, der in seinem Haus in Sippar-Amnānum unterrichtet wurde. Ur-Utu wurde nach seiner Ausbildung als Nachfolger seines Vaters zu einem „Hauptklagepriester". Ziel der Schreiberausbildung war stets, die Kinder – in der Regel männlich – soweit auszubilden, dass sie nach einer Zeit als Lehrlinge imstande waren, später das Amt ihrer Väter zu übernehmen. In dieser Zeit als Lehrlinge mussten sie sich an Schulkompositionen üben. Ein Beispiel ist Iqip-Aya, ein junger Schreiber, der als Studienaufgabe das Schöpfungsepos Atrahasis zu kopieren hatte. Aus seinem Erwachsenenstadium ist bekannt, dass er als professioneller Schreiber in Sippar und möglicherweise in Babylon tätig war. Auch Iqip-Aya wurde von seinem Vater, selbst Schreiber, ausgebildet.

Neben dem Unterricht zu Hause gab es auch eine Unterweisung in einer Schule, *edubba* genannt. Von archäologischen Grabungen in Ur, Nippur und Sippar weiß man, dass sich die edubba in Privathäusern befand, als Teil des Wohnraumes oder Hofes. Im Hof stand der Abfalleimer, in den Übungstafeln geworfen und später neu recycelt wurden. Das Obergeschoss des Hauses oder ein Zusatzraum diente zur Aufbewahrung von Geschäftsdokumenten der Familie, von vorbildlichen Schultafeln (für künftige Schüler) oder Aufzeichnungen über Omen oder Rituale, die zur Berufsausübung benötigt wurden.

Hatte der gelehrige Schüler vor, in den „diplomatischen Dienst" zu treten oder die obersten Stufen der Tempel- oder Palasthierarchie zu erreichen, musste er nach der Elementarschule eine höhere „Schule" besuchen, die Kenntnisse in Lesen, Schreiben und Rechnen bereits voraussetzte. Dort wurde er dann – neben Mythenlehre und Liturgie – mit den Grundlagen der Astronomie und Astrologie, Naturkunde, Heil- und Arzneikunde vertraut gemacht. Auch Buchhaltung, Rechts- und Wirtschaftskunde stand für die zukünftigen Palast- und Tempelverwalter auf dem Lehrplan; diese eigneten sich durch das ständige Abschreiben bzw. Neuverfassen von geschichtlichen und literarischen Listen und Texten ein umfassendes Wissen an. Ein voll ausgebildeter Schreiber konnte in die Dienste einer reichen Kaufmannsfamilie treten, dort die geschäftliche Korrespondenz mit dem In- und Ausland erledigen sowie Verträge abfassen. Er konnte ferner in den Dienst eines Tempels treten, wo er vor allem religiöse Literatur kopierte, sammelte und neu zusammenstellte. Jeder Tempel war stolz darauf, wenn schon nicht Originale aus sumerischer Zeit, so wenigstens zahlreiche Abschriften der wichtigen religiösen Texte zu besitzen.

Das höchste Ziel auf der Karriereleiter eines Schreibers war eine einflussreiche Stellung bei Hofe, also zum Beispiel, als „Privatsekretär" einer Prinzessin oder gar als Oberschreiber des Königs zu dienen. In den Schriften wird die Tatsache, dass ein Herrscher wie Assurbanipal und Nebukadnezar selbst schreiben und lesen konnte, immer ausdrücklich hervorgehoben. Dies erklärt ebenfalls, warum die Schreiber als besonders exklusive Zunft galten und im Gegensatz zu anderen Handwerker-Künstlern nicht anonym blieben, sondern die von ihnen angefertigten Schriftstücke oft signierten.

3.2.4   Schule in Mesopotamien

Einen Eindruck vom Schulbetrieb vermittelt der Text (hier gekürzt), den der Sumerologe Samuel. N. Kramer[9] aus Bruchstücken von 21 Tontafeln zusammengesetzt und übersetzt hat. Er berichtet vom Leben in der *edubba* (*sumerisch* Schule), der Text wird in der englischen Literatur als Schulsatire bezeichnet. Ein erfahrener Schreiber erzählt, was er in seiner Jugend gemacht hat: *Er ging zur Schule!*

> „Schuljunge, wo bist du so lange gewesen?" „Ich war in der Schule!" [...] „Was habt ihr heute in der Schule gemacht?" Ich las vom meiner Tontafel, aß mein Brot, bereitete eine neue Tafel vor, beschrieb sie und stellte sie fertig. Dann wurden die Mustertafeln verteilt. Am Nachmittag erhielt ich mein Tablett zurück. Bei Schulschluss ging ich nach Hause, trat ins Haus, wo mein Vater schon sitzend wartete. Ich erklärte ihm meine Tafel und las ihm vor. Mein Vater war begeistert.

Zum Hauspersonal sagt der Junge:

> Ich bin durstig, gebt mir Wasser zum Trinken; ich bin hungrig, gebt mir Brot. Wascht meine Füße, macht mein Bett, ich möchte mich hinlegen. Weckt mich früh am Morgen, denn ich darf nicht zu spät zur Schule kommen, mein Lehrer schlägt mich sonst mit dem Stock.

Am nächsten Tag:

> Als ich erwachte, sah ich meine Mutter und sagte zu ihr: „Gib mir mein Essen, ich muss in die Schule." Mutter gab mir zwei Wecken, und ich ging in die Schule. In der Schreibschule sagte der Aufpasser zu mir: „Warum kommst du so spät?" Ich fürchtete mich, mein Herz schlug schneller. So trat ich vor den Lehrer und verbeugte mich respektvoll. Der Lehrer las mein Tablett und sagte: „Hier fehlt etwas" und schlug mich mit dem Stock. Der Aufpasser für Sauberkeit sagte: „Du triebst dich auf der Straße herum und achtetest nicht auf deine Kleidung!" und schlug mich mit dem Stock. [...] Ich beschrieb meine Tafel und sprach die Worte lautlos mit. Der Aufpasser für Ruhe sagte: „Du hast ohne Erlaubnis geredet!" und schlug mich mit dem Stock. Der Aufpasser für Disziplin sagte: „Warum bist du ohne Erlaubnis aufgestanden?" und schlug mich. Der Krug-Aufpasser sagte: „Warum hast du ohne Erlaubnis Wasser getrunken?" und schlug mich. Der Torwächter sagte zu mir: „Warum gingst du ohne Erlaubnis?" und er schlug mich.

Es folgt noch die Prügelstrafe durch den Sumerisch-Lehrer. Der Schuljunge verliert die Lust am Lernen, die Lehrer beachten ihn kaum noch. Verzweifelt bittet er seinen Vater um Zuwendungen an den Lehrer. Der Lehrer wird eingeladen und abgeholt, er erhält den Ehrenplatz im Haus. Der Junge bedient ihn und erklärt dem Vater alles, was er beim Lehrer an Schreibkunst gelernt hat. Der Vater ist angetan und sagt zum Lehrer:

> Mein Sohn hat dir sein Herz geöffnet und du fülltest es mit Weisheit. Du sorgest für das Verständnis von Texten, für das Rechnen und Buchhaltung, du verschafftest tiefe Einsicht in die Keilschrift.

---

[9]Kramer, S. N.: The Sumerians, Their History, Culture and Character, S. 244 ff. University of Chicago Press (1963).

Der Vater sagt zum Hauspersonal:

> Gieß ihm […] ein, als sei es Bier, stellt ihm einen Tisch hin. Lass aromatisches Öl fließen über seinen Körper, wie Wasser. Spendet ihm neue Kleidung, gebt ihm ein Extrageld und schenkt ihm einen Ring.

Der Lehrer fühlt sich geschmeichelt:

> Junger Mann, da du meine Worte weder vernachlässigt noch vergessen hast, kannst du die Schreibkunst vom Anfang bis zum Ende erlernen. Du hast mir über deinen Vater Geschenke verschafft und mich geehrt. […]. Möge Nisaba, die Königin unter den Schutzgöttinnen, dich beschützen, deinen Schreibgriffel führen und deine Übungen fehlerfrei halten. Mögest du deinen Brüdern ein Vorbild sein, der Führer unter deinen Freunden und der erste unter deinen Schulkameraden. […] Du hast Nisaba, die Göttin der Schreibkunst geehrt, gepriesen sei Nisaba!

Abb. 3.15 zeigt Nisaba, auch Göttin der Fruchtbarkeit, dargestellt mit wallendem Haar, einer gehörnten Tiara, die vom Halbmond gekrönt ist. Aus ihren Schultern wachsen Pflanzen, in der Rechten hält sie eine Dattelrispe.

Ein weiteres Beispiel der *edubba*-Literatur stammt von dem französischen Sumerologen Miguel Civil, der aus mehreren Fragmenten und Tafeln (11 aus Nippur, eine aus Ur)

Abb. 3.15 Relief der Göttin Nisaba (Lagasch). (Wikimedia Commons)

eine Geschichte über Schüler rekonstruiert hat. Es handelt sich um einen Dialog zweier Schüler, die sich nichts schenken (Ausschnitt):

> Wenn du ein Schuljunge bist, kannst du Sumerisch? Ja, ich kann Sumerisch sprechen.
> Du bist so jung, wie kannst du dich so gut ausdrücken? Ich hörte oft auf die Erklärungen des Meisters.
> Ich rezitierte und schrieb die Wörter auf Sumerisch und Akkadisch […],
> Ich schrieb die Zeilen (aus der Liste der Eigennamen) […], sogar veraltete Formen.
> Ich kann die Zeichen zeigen […], Ich kann 600 Linien mit […].
> Die Aufzeichnung der Tage, die ich in der Schule verbringe, ist wie folgt:
> meine Urlaubstage sind 3 pro Monat;
> die verschiedenen Feiertage sind 3 Tage pro Monat;
> damit sind es 24 Tage im Monat, dass ich zur Schule gehe.
> Die Zeit wird mir nicht lang. […]
> Jetzt kann ich mich auf Tabletts konzentrieren, bei Multiplikationen und Bilanzen eifrig sein,
> in der Kunst der Schrift, in der Geldanlage und der Linien um Überschneidungen zu vermeiden. […]
> Ich erledige alles mit Leichtigkeit.
> Mein Meister zeigt ein Zeichen, ich füge es der Schrift bei.
> Nachdem ich, solange wie vorhergeschrieben, in der Schule war, bin ich dem Sumerischen, der Kunst der Schrift, der Lektüre der Tafeln, der Berechnung der Bilanzen gewachsen.
> Ich kann Sumerisch sprechen! […]
> Ich kann Tabellen verfassen, die alle Werte von 1 *gur* Gerste bis 600 *gur* enthalten, wie auch alle Gewichte von 1 Schekel bis 20 Minen bestimmen
> Ich kann Beurkundungen für Verkäufe von Häusern, Gärten, Sklaven, finanzielle Garantien, Pachtverträge für Ländereien, […], Adoptionsverträge durchführen.
> Wir werden uns wegen Beleidigungen anschreien.
> Wir werden Verwünschungen austauschen …

Der Text zeigt vermutlich, dass die Schüler damals eine Zehn-Tage-Woche hatten.

Ein drittes Beispiel zeigt den einseitigen Dialog zweier Schüler *Girini-isag* und *Enki-manshum:*

> *Girini-isag*: Du hast eine Tafel beschrieben, kannst aber ihre Bedeutung nicht erfassen. Du hast einen Brief geschrieben, kommst aber damit an deine Grenze. Du sollst ein Grundstück aufteilen, kannst es aber nicht in Teile zerlegen. Du sollst ein Feld vermessen, kannst aber kaum das Messband und die Stange halten. Du kannst die Markierungen der Teilung nicht richtig aufstellen. Du kannst die Form des Feldes nicht ermitteln, so dass die Benachteiligten in Streit geraten, deshalb stiftest du keinen Frieden mit der Folge, dass Bruder den Bruder angreift. Unter allen Schreibern bist nicht geeignet zum Schreiben [wörtlich „für den Lehm"]. Für was taugst du überhaupt? Kann uns einer das sagen?
> *Enki-manshum*: Warum sollte ich für nichts gut sein? Wenn ich ein Grundstück teilen soll, dann kann ich das. Wenn ich ein Land aufteilen soll, so kann ich die Teilstücke zuteilen, sodass, wenn die Benachteiligten in Streit geraten, ich die Gemüter beruhigen kann. Bruder wird Friede mit Bruder haben, ihre Herzen […]

Nach der Elementarschule verfügte der Schreiber über Grundkenntnisse in Lesen, Schreiben und Rechnen. Für viele Dienste waren diese Kenntnisse nicht ausreichend, sodass sich der Schreiber fortbilden musste. Wollte er in den „diplomatischen Dienst" des Hofes treten, so waren Fremdsprachenkenntnisse verpflichtend. Wie man aus der Amarna-Korrespondenz weiß, war Akkadisch die Verkehrssprache mit den umliegenden Völkern. War sein Ziel eine höhere Verwaltungsstelle im Palast oder Tempel, so waren Kenntnisse in Buchhaltung, Rechts- und Wirtschaftskunde gefragt. Mit diesen Kenntnissen konnte er auch in die Dienste einer reichen Kaufmannsfamilie treten und dort die geschäftliche Korrespondenz und Vertragsangelegenheiten erledigen.

Ein Beispiel einer Schule in **Nippur** ist das *Haus F* (um 1750 v.Chr.), 250 m südlich des Inanna-Tempels. Eine umfassende Beschreibung findet sich bei Robson[10]:

Das Haus, das sich nicht von den benachbarten unterschied, bestand aus einer Eingangshalle, drei kleineren Räumen, einem größeren Hinterzimmer und einem Hof, die Wohnfläche betrug etwa 45 m^2. In zwei Räumen fand man Spielfiguren und Brettspiele (auf Tontafeln), ein vorderes Zimmer enthielt Reste eines Backofens. Bänke befanden sich nur im Hinterzimmer und im Hof. Es fanden sich 209 intakte Tabletts, insgesamt 1.425 Fragmente. Bemerkenswert ist die Verteilung der Themata: 2 % der Tabletts sind archivarisch, etwa 50 % enthalten sumerische Literatur, 42 % sind andere Schuldokumente, 6 % müssen noch identifiziert werden. Nach 1739 v.Chr. wurde das Haus baufällig, und man verwendete die etwa 1500 Tontafeln der Schule als Baumaterial, wo sie bis zur Ausgrabung erhalten blieben; ferner fand man Tafeln in Kisten und Abfallbehältern. Die Vielzahl der erhaltenen mathematischen und metrologischen Tabletts spricht dafür, dass das Haus F eine Schule war. Die Kisten und Behälter dienten vermutlich dazu, die frisch beschriebenen Tontafeln (in nassen Tüchern) feucht zu halten, sodass sie am nächsten Tag noch beschreibbar waren.

Eine Schule in **Uruk** (um 420 v. Chr.): Das Haus am östlichen Stadtrand (innerhalb der Mauern) ist um einen großen Hof herumgebaut in der Nähe des Tempels des Gottes An(u). Es wird von einer Familie bewohnt, die sich als Nachfahren eines Shangû-Ninurta betrachtet, was etwa „Hauptverwalter des Gottes Ninurta" bedeutet. Die Familie besaß etwa 200 professionell geschriebene Tontafeln, dazu viele Wachstafeln, die in Terrakottakrügen in einem speziellen Raum aufbewahrt wurden. Teile dieser Tabletts sind der Vorhersage, Weissagung, Omenbesprechung und dem Kalender für ungünstige Tage gewidmet. Als die Familie das Haus verließ, blieb das „Archiv" erhalten. Im Laufe der Zeit verfiel das Haus, und man baute ein neues darauf.

---

[10]Robson, E.: The Tablet House: A Scribal School in old Babylonian Nippur, Revue d'Assuriologie et d'Archéologie orientales 93, 39–66 (2001/1).

Robson[11] gibt für das „Haus F" folgende Verteilung der elementaren Übungstafeln an:

Typ	Beschreibung	Inhalt	Anteil. math. Tafeln
I	Große, mehrspaltige Tabletts	Vollständig gelöste Aufgaben	10/52
II	Große, mehrspaltige Tabletts mit Kopien aus Schülerhand auf der Rückseite	Beginn einer neuen Aufgabe, rück-seitig Wiederholung der alten	38/246
III	Kleine, einspaltige Tabletts	Schreiben aus dem Gedächtnis	31/52
IV	Kleine, runde Tabletts mit wenigen Zeilen	Schreiben aus dem Gedächtnis	0/4
P	Vier- oder mehrseitige Prismen	Gelöste Musteraufgaben	0/19

Die Standardform für Schülerübungen waren kleine, runde Tabletts, wie man sie in Mari und Ur gefunden hat. Anhand der Inhalte kann man eine Liste der Lerninhalte erstellen:
Erste Stufe: Schreibtechniken

1. Formen der Einzelzeichen
2. Einzelsilben
3. Zusammengesetzte Silben
4. Liste von Namen (akkadisch und sumerisch)

Zweite Stufe: Themenkreise

5. Liste von Bäumen und Pflanzen
6. Liste von Gefäßen, Leder und Metallobjekten
7. Liste von Tieren und Fleischarten
8. Liste von Steinen, Fischen, Vögeln
9. Liste von geografischen Begriffen und Namen, auch von Sternen
10. Liste von Nahrungsmitteln

Dritte Stufe: Fortgeschrittenes

11. Metrologische Listen und Tabellen
12. Sprachliche Probleme und Sonderfälle
13. Produkt- und Reziprokentafeln

Vierte Stufe: Einführung in das Sumerische

14. Sumerische Beispielsätze
15. Sumerische Sprichwörter

---

[11]Robson, E.: Mathematics in Ancient Iraq, S. 97–102. Princeton University Press (2008).

Nur von Nippur verfügen wir über eine so große Anzahl von Schultafeln, dass solche Lernziele explizit formuliert werden können.

In einer Erzählung (im Englischen *A Failed Examination* genannt) prüft ein Vater, der seinen Sohn unterrichtet, den Kenntnisstand seines Sohnes (zit. nach Karen Rhea Nemet-Nejat[12]):

1. Das Grundelement des Schreibens ist der einfache Keil; er kann in sechs Richtungen geschrieben werden. Kennst du ihre Namen?
2. Wissen von geheimen Bedeutungen sumerischer Wörter.
3. Übersetzung von Sumerisch in Akkadisch und umgekehrt.
4. Wissen von drei sumerischen Synonymen für jedes akkadische Wort.
5. Kennen der sumerischen Grammatik.
6. Kennen der sumerischen Konjugation von Verben.
7. Wissen der verschiedenen Arten von Kalligrafie und technischem Schreiben.
8. Sumerisch phonetisch schreiben können.
9. Begriffe lernen, um die Fachsprache aller Priester zu verstehen, wie auch andere Berufe, wie Silberschmiede, Juweliere, Hirten und Schreiber.
10. Wie schreibe ich, mache einen Briefumschlag und versiegele ein Dokument?
11. Lernen von allen Liederarten und wie man einen Chor leitet.
12. Verstehen der Mathematik, Aufteilung der Felder und Zuteilung von Rationen.
13. Beherrschen verschiedener Musikinstrumente.

Der Clou an dem Text ist, dass der Schüler beim Test versagt und seinen Lehrer-Vater für den Mangel an Erfolg verantwortlich macht.

3.2.5 Literatur in Mesopotamien

> Unter allen, die da werken, gibt es keinen, dessen Arbeit gleicht
> der hohen Kunst des Schreibens, die Gott Enki einst erschuf (Sumerisches Lehrgedicht).

Johannes Haubold, Griechisch-Professor an der Universität von Durham, hat im Vorwort seines Buches *Greece and Mesopotamia* geschrieben, dass es noch niemand gewagt habe, eine endgültige Literaturgeschichte Mesopotamiens zu verfassen, da der Status der vorhandenen Texte noch unklar ist, erst recht der unzähligen noch nicht übersetzten. Es gibt aber zahlreiche Einzeldarstellungen über spezielle Literaturthemen. Es ist im Rahmen des Buches nur möglich, einige ausgewählte, für sich selbst sprechende Literaturstellen anzugeben.

---

[12]Nemet-Nejat, K. R.: Daily Life in Ancient Mesopotamia, S. 57. Greenwood Press (1998).

Teil 1: Allgemeine Texte

Anekdote eines Arztes, der nicht Sumerisch spricht (zit. nach Streck[13]):

> Ninurta-sagentarbi-zaemen – ein Hund biss ihn und er ging nach Isin, der Stadt der Göttin des Lebens, um sich gesund machen zu lassen. Amel-Baba, Oberpriester der Gula, untersuchte ihn, rezitierte eine Beschwörung für ihn und heilte ihn. „Dafür, dass du mich so geheilt hast, möge dich Enlil, Herr von Nippur, segnen. Du sollst nach Nippur, meiner Stadt, kommen, dann werde ich dir ein Obergewand bringen, dir Essensportionen abteilen und dir zwei Krüge Weizenbier zu trinken geben."
>
> „Wohin soll ich in Nippur, deiner Stadt, gehen?" „Wenn du nach Nippur, meiner Stadt, kommst, sollst du zum großen Tor hineingehen. Du sollst die Breite-Straße, den Platz, die Rechte-Straße, die Nuska-und-Ninimma-Straße zu deiner Linken liegen lassen. Nin-lugal-abzu, eine Gärtnerin des Dattelpalmgartens, – die sollst du fragen und sie wird dir den Weg zeigen."
>
> Amel-Baba näherte sich Nippur. Er ging zum großen Tor hinein. Er sah Nin-lugal-abzu, die Gärtnerin, die Grünzeug verkaufte. „Nin-lugal-abzu?" „anni lugalgu." „Warum verfluchst du mich ständig?" „Warum sollte ich dich ständig verfluchen? Ich sagte: Ja, mein Herr!" „Nach dem Haus des Ninurta-sagentarbi-zaemen, will ich dich fragen und du sollst es mir zeigen." „en nutuschmen". „Warum verfluchst du mich ständig?" Warum sollte ich dich ständig verfluchen? Ich sagte dir: Mein Herr, er ist nicht zu Hause." „Wo ist er hingegangen?" „E dingirbi schuzianna sizkur gabari munbal." „Warum verfluchst du mich ständig?" „Warum sollte ich dich ständig verfluchen? Ich sagte: Beim Haus seines Gottes Schuzianna bringt er ein Opfer dar."
>
> Was für ein Idiot ist er! Die Angehörigen der Akademie sollen sich versammeln und ihn mit ihren (runden) Schrifttafeln zum Tor hinaustreiben.
>
> Geschrieben für die Lektüre von Schreiberlehrlingen, Uruk im Jahr 1 des Marduk-balassu-iqbi, starker Herrscher, König von Babylon.

A) *Eine Auswahl an Briefen*

Brief des Sohns Iddin-Sin an seine Mutter Zinu (IM 73819):

> Jedes Jahr können sich meine Freunde besser kleiden, während meine Kleidung schlechter wird. Es scheint, als ob du das beabsichtigst. Ich weiß, du hast jede Menge Wolle gelagert, schickst mir aber nur Lumpen. Mein Freund, dessen Vater für uns arbeitet, kann sich besser kleiden als ich; er hat von allen Sachen zwei Stück. Die Mutter meines Freundes hat ihn adoptiert, du aber bist meine leibliche Mutter. Es scheint, dass diese ihren Sohn mehr liebt als du mich.

Brief der Priesterin Awra-Aja an ihren Geliebten Gamillum:

> Als meine Augen dich erblickten, erfüllte mich die Freude, wie an jenem ersten Tag, als sich die Tür des dunklen Tempels schloss und das Antlitz der Göttin erschimmerte. Ich weiß, es macht dich glücklich, mich zu sehen. „Ich bin in einer Woche wieder da", sagtest du. Ich kann gar nicht alles aufzählen, was ich dir aus der Entfernung schreiben wollte. Ganz

---

[13]Streck, M.: Ein Arzt ohne Sumerisch-Kenntnisse ist ein Idiot, Akademie Aktuell 2, 21–23 (2015).

plötzlich warst du weg und ich verlor für drei Tage den Verstand. Kein Essen und kein Wasser berührten meine Lippen, nur die Erinnerung [mein Herz]. Sende mir, was du kannst, damit ich meine Angehörigen versorgen kann. Die Winterkälte naht, hilf mir! Niemand hat je mehr geliebt als ich.

Brief einer Sklavin Dabitum an ihren Herren (zit. nach Bertman[14]):

Ich sagte dir, was geschehen wird, und so ist es gekommen. Ich habe das Baby sieben Monate ausgetragen; nun ist es einen Monat tot. Keiner hilft mir. Tue irgendwas, bevor ich sterbe. Komm zu mir, Meister, damit ich dich sehe. Du hast mir versprochen, etwas zu schicken, aber nichts ist gekommen. Wenn ich sterben muss, lass mich nochmals dein Gesicht sehen.

Exkurs: Bei der Ausgrabung 1947 in Kanesh (Anatolien) fand man etwa 20.000 Tontafeln, die in einzigartiger Weise Auskunft geben über die Geschäftsbeziehungen zwischen Assur und dem 40 Tagereisen entfernten Kanesh. Der Kaufmann *Innaja* und sein Bruder Shu-Kubum hatten das Geschäft von ihrem Vater Elali übernommen. Innaja heiratete die Frau Taram-Kubi, die wiederum Schwester eines anderen Händlers Imdi-ilum war. Die vier Söhne des Ehepaares dienten als Karawanenführer und Aufseher der Zwischenstationen. Von der Geschäftskorrespondenz dieser Familie sind mehrere Briefe erhalten; hier einer der acht Briefe der Frau an ihren in Kanesh residierenden Mann (gekürzt):

Du schriebst mir folgendermaßen, behalte die vorhandenen Armbänder und Ringe, die du notfalls verkaufen kannst, um Nahrung zu verschaffen. Wahr ist, dass du mir ein halbe Mine Gold durch Ili-Bani [Sohn] gesandt hast, aber wo sind die Armbänder, die du mir angeblich geschickt hast? Als du weggingst, hast du nicht einmal ein Schekel Silber zurückgelassen. Du hast das Haus ausgeräumt und alles mitgenommen. Seit deiner Abreise ist eine furchtbare Hungersnot über Assur gekommen. Du hast mir nicht einmal 1 *sila* Gerste überlassen. So muss ich ständig Gerste nachkaufen. […] Was die Opfer für den Tempel betrifft: Ich habe meinen Anteil gegeben, auch die Getreideabgaben für die Gemeinde habe ich bezahlt […]. Was ist mit dem Extravorrat, von dem du ständig schreibst? Wir haben nichts zu essen! Denkst du, wir können uns dumme Sachen erlauben? Alles, was ich hatte, habe ich zusammengekratzt und dir geschickt. Ich wohne in einem leeren Haus und die Jahreszeit zum Handel ist gekommen. Stelle sicher, dass du mir den Geldwert der (gelieferten) Stoffe sendest, sodass ich von meinem Anteil mindestens 10 *sila* Gerste kaufen kann. […] Warum hörst du dir weiter Lügen an und schreibst mir wütende Briefe?

Auch von Innajas Schwager Imdilum findet sich ein Brief:

Bitte kümmert euch um die Esel. Spart nicht am Futter. Verstaut das Silber für eure Reisekosten in meiner Packtasche und bewacht es gut. Wenn sich ein störrischer Esel in der Karawane befindet, verkauft ihn und sorgt für Ersatz.

---

[14]Bertman, St.: Handbook to Life in Ancient Mesopotamia, Facts on File, S. 178. New York (2003).

Brief eines Geschäftsmanns aus Ugarit:

> Öffne dein Herz nicht für die Frau, die du versorgst, versiegle es, auch wenn sie mit dir ringt
> oder dich angreift. Halte deine Geschenke in einem verschlossenen Raum, lass die Frau nicht
> wissen, was du in der Börse hast. Die, die vor uns kamen, haben dies Vorgehen eingeführt,
> unsere Väter haben ihr Einkommen nur mit den Göttern geteilt; sie versiegelten die Tür.
> Bewahre dein Siegel an deinem Ring! […] Möge dein Siegel den einzigen Zugang zu deinem
> Hab und Gut erlauben. Was du siehst, lass es; kaufe nur, wenn du es dringend brauchst.

B) *Zwei Hymnen bzw. Gebete*

Hymnus der Enheduanna, Hohepriesterin der Mondgöttin Inanna (Ishtar *akkadisch*),
wohl Tochter des Sargon d. Gr. (2334–2279) von Akkad. Sie hatte die Aufgabe, die
Götterwelt Sumers mit der Akkads zu vereinen. Sie ist die älteste, dem Namen nach
bekannte Dichterin, da sie ihre Tontafeln in Ich-Form geschrieben und signiert hat. Ihre
Existenz ist auch durch eine Stele belegt. Nach einem Aufstand des *Lugal-ane* in Uruk
wird sie entmachtet und muss ins Exil gehen, bis sie wieder in ihr Amt eingesetzt wird.
Von ihr sind 40 Gedichte überliefert, hier ein Ausschnitt ihrer Klagen (zit. nach Barnston
und Barnston[15]):

> Was mich betrifft, Inanna hat sich abgewandt.
> Er [Lugal-ane] hat mich ins Verderben gestürzt,
> durch lebensgefährliche Gassen gejagt …
> Ich bin Enheduanna.
> Ich war voll des Triumphs und Ruhms;
> aber er hat mich aus meinem Heiligtum vertrieben.
> Er ließ mich entkommen, wie eine Schwalbe aus dem Fenster fliegt.
> Mein Leben ist in Flammen.
> Er hat mich durch das Dornengestrüpp des Feindesland gejagt.
> Er raubte mir die Krone der Hohepriesterin.
> Er gab mir einen Dolch und ein Schwert und sagte:
> „Wende sie gegen deinen eigenen Körper,
> sie sind für dich bestimmt."
>
> Ich beschritt den heiligen Tempel Gipar, der nun mein Schicksal wird.
> Ich, Enheduanna, die Hohepriesterin.
> Ich trug den Korb mit Opfergaben, ich sang dein Loblied.
> Begräbnisopfer wurden gebracht, als hätte ich nie dort gelebt.
> Ich näherte mich dem Licht, es versengte mich.
> Ich näherte mich dem Schatten,
> aber ich war von einem Sandsturm bedeckt.
> Mein süßer Mund wurde bitter.
> All meine Lust ist mir vergangen.

---

[15]Barnstone A., Barnstone W.(Hrsg.): A Book of Women Poets from Antiquity to Now. Shocken
Books, New York (1992).

Abb. 3.16 Beterfigur oder
Weihgabe aus dem Tempel des
Abu (Eschunna). (Wikimedia
Commons)

Abb. 3.16 zeigt eine männliche Beterfigur, die als Opfer- oder Weihgabe im Abu-Tempel
Eschunna gefunden wurden.

C) *Einige Inschriften*

Inschrift eines Tempels aus Delphi (heute Ai Khanoum/Afghanistan) aus der
Seleukidenzeit:

> Als Kind sei wohlerzogen.
> Als Jugendlicher sei selbstbeherrscht.
> Als Erwachsener sei gerecht.
> Als alter Mann sei weise.
> Als Sterbender habe keine Schmerzen.

Abb. 3.17 Kudurru des
Königs Melischipak II (Susa).
(Wikimedia Commons)

Inschrift eines Grenzsteins (Kudurru):

> Wer immer unter späteren Menschen, in fernen Tagen auftaucht und wegen dieses Feldes
> klagt, Einspruch einlegt oder von diesem Felde eine Schenkung vornimmt oder sonst nach
> Gutdünken darüber verfügt, Graben, Grenze und Grenzstein verrückt oder diese Stele ver-
> nichtet, zerstört, zerbricht, zerschlägt, von ihrem Platz entfernt und an einen ihr nicht gemä-
> ßen Ort stellt, sie ins Wasser wirft, im Feuer verbrennt, mit einem Ziegel bedeckt, diesen
> Menschen mögen An, Enlil, Ea und Belet-ili, die großen Götter, mit wildem Zorn anschauen
> und mit einem unlösbaren, schlimmen Fluch verderben!

> Alle großen Götter, deren Name auf dieser Stele genannt, deren Embleme gegeben, deren
> Bilder gezeichnet und deren Symbolsockel geformt sind, mögen ihn [den Frevler] mit ihrem
> Antlitz in wildem Zorn anschauen und ihn in Krankheit, Kopfschmerz, Schlaflosigkeit,
> Schweigen, Ohnmacht, Jammern, Mangel, Klage, Unglück, Missbehagen, Trübsal, Weh-
> klage und Weinen ohne Unterlass die Tage fristen lassen. [Gott] Ninurta, verschließe die
> Lippen dessen, der Einspruch erhebt!

Die Abb. 3.17 zeigt den Kudurru des Königs Melischipak II (1186–1172 v. Chr.), wie
er seine Tochter der Göttin Nannaya präsentiert; darüber die Symbole der Gottheiten
Shamash, Sin und Ishtar. Der Kudurru wurde als Kriegsbeute nach Susa verschleppt und
befindet sich heute im Louvre.

Gründungsinschrift von Nebukadnezar II:

> Ischtar-sakipat-tebischa von Imgur-Bel und Nimitti-Bel – beider Stadttore Eingänge waren
> durch die Auffüllung der Straße von Babil zu niedrig geworden. Jene Stadttore riss ich ein,
> gründete angesichts der Wasser ihr Fundament fest aus Asphalt und Backsteinen und ließ sie
> aus blau glasierten Ziegeln, auf denen Wildochsen und Drachen gebildet waren, kunstvoll
> herstellen. Mächtige Zedern ließ ich zu ihrer Bedachung lang fällen. Zederne kupferbezogene

Türflügel, Schwellen und Angeln aus Bronze richtete ich an den Türen auf. Selbige Stadttore ließ ich zum Erstaunen des Volkes prachtvoll ausstatten.

Babylon, die Heilige Stadt, den Ruhm der großen Götter, habe ich hervorragender gemacht als vorher und ihren Bau gefördert. Die Heiligtümer der Götter und Göttinnen ließ ich erstrahlen wie den Tag. Was kein König unter allen Königen je geschaffen, was kein früherer König je gebaut, für Marduk habe ich es großartig gebaut. Die Ausstattung von Esagila [Tempel des Marduk], die Erneuerung von Babylon, habe ich mehr als früher auf das äußerste gefördert. Alle meine wertvollen Werke, die Verschönerung der Heiligtümer der großen Götter, die ich mehr als meine königlichen Vorfahren unternahm, schrieb ich auf eine Urkunde und legte sie für die Nachwelt nieder. Alle meine Taten, die ich auf die Urkunde geschrieben habe, sollen die Wissenden lesen und des Ruhms der großen Götter eingedenk sein.

D) Sumerische Sprichwörter (zit. nach Bertman[16])

Wenn du arm bist, ist es besser zu sterben.
Falls du Brot hast, kannst du kein Salz kaufen,
hast du Salz, so kannst du dir kein Brot leisten.

Es gibt Herren und Könige, die einzige Person,
die du wirklich fürchten musst, ist der Steuereintreiber.

Wenn man einem Feind Land wegnimmt,
dann kommt dieser später wieder, um dein Land zu nehmen.
Ein maliziöses Weib, das im Haushalt lebt, ist schlimmer als alle Krankheiten.

E) Babylonische Liebeslyrik (zit. nach Bertman[17])

Ein Plan für ein Stelldichein:
Sag deiner Mutter: „Ich war bei meiner Freundin."
Sag deiner Mutter: „Wir zogen um die Häuser."
Sag deiner Mutter: „Wir hörten Musik, und sie tanzte mit mir."
Mitten im Mondschein werde ich auf meinem Bett sitzen,
den Reif aus deinem Haar lösen,
und dich in meinem Arm halten.
Belüge sie und schlafe bei mir.

Du hast den Tag verschwendet,
vergeudet die ganze Nacht.
Nutzlos der Schein von Mond und Sternen.
In all diesen Stunden blieb meine Tür unverschlossen.
Die letzte Wache geht um die Stadtmauer.
Komm zu mir jetzt, bevor die Dämmerung kommt.

---

[16]Bertman, S. 179.
[17]Bertman, S. 181.

F) *Eine Fabel wandert von Sumer nach Griechenland (zit. nach Haubold*[18])

> Als die Mücke sich auf den Elefant setzte,(sprach sie) also:
> „Bruder, habe ich dich belästigt?
> Bei der Wassertränke werde ich mich entfernen."
> Der Elefant antwortete der Mücke:
> „Dass du dich gesetzt hast, habe ich nicht gewusst.
> Was bist (du) denn ganz und gar?
> Dass du aufgestanden bist, habe ich auch nicht gewusst."

Die auf Griechisch überlieferte Version lautet:

> Ein Moskito ließ sich nieder auf dem Horn eines Bullen und saß dort eine Weile
> Als es bereit war wegzufliegen, fragte es den Bullen,
> ob er wolle, dass es sich entferne,
> sagte der Bulle: „Ich wusste weder, dass du kommst,
> noch werd' ich wissen, wann du wegfliegst."

Die Fabel findet sich bei dem berühmten Dichter Äsop (um 550 v. Chr.) im *Corpus fabularum Aesopicarum* als Nummer 137 in der Edition von E. Perry (1952). Sie ist bereits bei Babrios, einem griechisch schreibenden Fabeldichter aus Syrien erwähnt.

G)*Ein Wiegenlied*

> Du, Baby, das im Haus der Finsternis [Mutterleib] wohnte: Du bist herausgekommen und hast das Tageslicht erblickt. Warum weinst du, warum schreist du so? Warum hast du dort nicht geweint? Du störst den Hausfrieden, der Hausgott ist erwacht: „Wer hat mich geweckt, wer hat mich aufgeschreckt?" „Das Baby hat dich geweckt, das Baby hat dich geschreckt!" Wie einen Betrunkenen, wie einen Berauschten soll es der Schlaf überkommen.

Teil 2: Epische Texte
Zahlreiche mesopotamische Epen sind in die Weltliteratur eingegangen:

- Epos des Gilgamesch und Enkidu,
- Schöpfungsepos *Enuma Elisch,*
- Epos des *Etana,* der sich auf Adlerschwingen zum Himmel tragen ließ,
- Sintflut-Epos.

Das bedeutendste literarische Werk Mesopotamiens ist das erwähnte Gilgamesch-Epos. Hier der Anfang: (Tafel I, 1–7, zit. nach Maul[19])

---

[18]Haubold, J.: Greece and Mesopotamia, Dialogues in Literature, CHS Research Symposion. Durham University (30. April 2001).
[19]Maul, Stefan: Gilgamesch-Epos. C. H. Beck (2015).

Der, der die Tiefe sah, die Grundfeste des Landes,
der das Verborgene kannte, der, dem alles bewusst –
Gilgamesch, der die Tiefe sah, die Grundfeste des Landes,
der das Verborgene kannte, der, dem alles bewusst –
vertraut sind ihm die Göttersitze allesamt.
Allumfassende Weisheit erwarb er in jeglichen Dingen.
Er sah das Geheime und deckte auf das Verhüllte,
er brachte Kunde von der Zeit vor der Flut

So beginnt die babylonische Fassung eines sumerischen Zyklus, der aus mehreren älteren Erzählungen (ca. 1800 v. Chr.) zum Gilgamesch-Epos zusammengefügt wurde, u. a. mit der Sintflut-Legende *Atrahasis*. Das Epos besteht aus 11 Tontafeln, die teilweise stark zerstört sind. Die umfassendste erhaltene Version, das sogenannte Zwölftafelepos des babylonischen Schreibers *Sîn-leqe-unnīnnī* (Kassiten-Zeit) ist auf elf Tontafeln aus der Bibliothek des assyrischen Königs Assurbanipal erhalten. Tafeln mit Teilen des Epos fand man auch in Hattusa (Hauptstadt der Hethiter), in Emar (am syrischen Euphrat) und in Meggido. Einige Versionen konnte man einzelnen Schreibern zuordnen: Tablett XII dem assyrischen Schreiber Nabu-zuqup-kena (705 v. Chr.), Tablett X dem Schreiber Itti-Marduk-balatu, der 127 v. Chr. Astrologe am Tempel des Marduk in Babylon wurde, ferner die Tafeln II und III der Schreiberfamilie Sangu-Ninurta in Uruk (um 420 v.Chr.). Von letzterer Familie kennt man sogar die Nachbesitzer des Hauses, nämlich die Familie Ekur-zakir, die etwa ein Jahrhundert später über die Tafeln I, II und V verfügten. Die frühbabylonische Version der Schöpfungsgeschichte ist unter dem Namen *Enuma Elish* bekannt. Zum Inhalt:

Gilgamesch (sumerisch *Bilgameš*), der sagenhafte König von Uruk, ist ein Mischwesen, zwei Drittel Mensch und ein Drittel Gottheit, der ein strenges Regime über seine Untertanen führt. Die Klagen der Frauen, die ihm zu Diensten sein müssen, werden von der Göttin *Ishtar* erhört; die Götter erschaffen daher einen Widerpart namens *Enkidu*. Enkidu ist verwildert in der Steppe unter den Tieren aufgewachsen; um ihn zu zivilisieren, gewährt ihm Schamchat, eine Dienerin des Ishtar-Tempels, ein Beilager. Nach einem unentschiedenen Zweikampf werden Gilgamesch und Enkidu Freunde und Kampfgefährten. Auf der Suche nach Ruhm beschließen beide, den für Menschen verbotenen, heiligen Zedernwald zu betreten, der von dem riesigen Wächter *Humbaba* bewacht wird. Sie töten das Monster und kehren mit einem riesigen Zedernstamm nach Uruk zurück. Die Göttin Ishtar versucht Gilgamesch zu verführen, wird aber von ihm abgewiesen. Aus Rache schickt sie den Stier des Himmels, um Gilgamesch zu töten. Aber Gilgamesch und Enkidu können den Himmelsstier besiegen. Die Götter lassen nun als Strafe Enkidu eine tödliche Krankheit erleiden. Rasend vor Wut über die Sterblichkeit des Freundes geht Gilgamesch auf eine gefährliche Reise. Auf der Suche nach dem Geheimnis des ewigen Lebens trifft er u. a. den unsterblichen Utanapishtim, der ihm erklärt, dass die Götter die Menschen erschaffen haben, damit diese sterblich sind. Bei der Frage, warum Utanapishtim (der biblische Noah) unsterblich ist, erfährt er von der großen Flut, die die Götter über die Erde geschickt haben. Utanapishtim und seine

Abb. 3.18 Riesenstatue
des Enkidu (Khorsabad).
(Wikimedia Commons)

Familie haben überlebt, da sie sich in einer riesigen Arche vor den Fluten retten konnten; aus Dank für die Rettung gewährten die Götter ihm die Unsterblichkeit. Von Utanapish-tim aufgefordert, kehrt Gilgamesch nach Uruk zurück und stellt die Ordnung wieder her, indem er die königlichen Pflichten gegenüber seinen Untertanen erfüllt und Uruk mit einer Stadtmauer prächtig ausstattet.

Abb. 3.18 zeigt das Relief von Enkidu (früher als Gilgamesch gedeutet), gefunden im Palast des assyrischen Königs Sargon in Khorsabad.

Die Geschichte der Entdeckung ist kurios. Der Lehrling einer Buchdruckerei und spä-tere Assyriologe George Smith, der durch zahlreiche Besuche im Britischen Museum autodidaktisch die Keilschrift erlernt hatte, nahm sich 1872 eine der ca. 130.000 Ton-tafeln des Britischen Museums vor. Er wählte zufällig eine Tafel aus der Bibliothek des Assurbanipal und entzifferte eine Erzählung, die ihn stark an die Sintflutgeschichte sei-ner Bibelstunden erinnerte. Die Diskussion, ob die Bibelgeschichten nur Kopie der baby-lonischen Epik sind, entzweite die Gelehrten und führte zu einer heftigen Kontroverse unter den Theologen, die 1902 als *Bibel-Babel-Streit* in die Wissenschaftsgeschichte einging. Prof. David Damrosch beschreibt die Wirkung der Sintfluttafel:

> In den 1870er-Jahren waren die Leute besessen von den biblischen Geschichten; vor allem der Wahrheitsgehalt der biblischen Erzählungen war absolut unstrittig. Es war daher eine echte Sensation, als George Smith diese frühe Version der Sintflutgeschichte entdeckte, die deutlich älter war als die Geschichten der Bibel. Sogar der britische Premier Gladstone kam in Smiths Vorlesung, in der er seine neue Übersetzung präsentierte. Überall auf der Welt berichteten die Zeitungen auf der ersten Seite über seinen Fund, darunter die New York Times, die schon damals darauf hinwies, dass man den Text auf zwei ziemlich unterschiedliche Arten lesen könne: Beweist er, dass die Bibel recht hat oder zeigt er, dass alles Legende ist? Smiths Entdeckung liefert jedenfalls beiden Seiten in der Diskussion über die Wahrheit der Bibel, über Darwin, Evolution und Geologie neue Munition.

Im deutschen Sprachraum war es der Assyriologe und Direktor des Vorderasiatischen Museums Berlin F. Delitzsch, der mit einem Vortrag[20] vor der Deutschen Orientgesellschaft am 13. Januar 1902 in Gegenwart von Kaiser Wilhelm II. die Diskussion eröffnete. Er vertrat die These, die jüdische Religion und das Alte Testament gingen auf babylonische Wurzeln zurück; die entsprechenden Stellen der Bibel bzw. der Thora seien irrelevant und daher zu entfernen. Wie zu erwarten war, protestierten konservative Kreise des jüdischen bzw. christlichen Klerus heftig. Die Polemik gegen ihn war so stark, dass er seine Ämter aufgeben musste. Hauptgegner war der Bonner Alttestamentler E. König, der die Offenbarungsfunktion der Bibel infrage gestellt sah. Wilhelm II, der selbst Mitglied der Orientgesellschaft war und 200.000 Reichsmark für Ausgrabungen aus seiner Privatschatulle bezahlt hatte, berichtete darüber in seinen Memoiren *Ereignisse und Gestalten*. Ein Nebeneffekt der Diskussion war eine ungeheure Popularisierung der mesopotamischen Grabungsergebnisse.

Auch heute ist dies noch Thema der Unterhaltungsliteratur, wenn man Bücher wie *Keine Posaunen vor Jericho* von I. Finkelstein liest. Das Standardwerk im Englischen zum Gilgamesch-Epos stammt von Andrew R. George[21] (2003). Er entnahm aus 73 Tontafeln 184 Fragmente, die er auf 116 Textstellen reduzieren und zu einem Ganzen zusammenführen konnte. Seitdem sind 5 neue Fragmente entdeckt worden. Das Standardwerk im Deutschen ist das Buch von Prof. Stefan Maul[22].

---

[20]Delitzsch, F.: Babel und Bibel, Erster Vortrag[5], Hinrichs Leipzig (1905).

[21]George, A. R.: The Babylonian Gilgamesh Epic – Introduction, Critical Edition and Cuneiform Texts. University Press Oxford (2003).

[22]Maul, M. S.: Das Gilgamesch-Epos. C. H. Beck (2017).

Das Gilgamesch-Epos ist einzigartig in der Literaturgeschichte. Einige Forscher nehmen an, dass das Epos literarisches Vorbild war für Homers *Odyssee,* für Vergils *Aeneis* und für Dantes *Inferno* (aus *Divina Commedia*). Hier zum Vergleich der Anfang des *Enuma Elisch:*

> Als oben der Himmel noch nicht existierte
> und unten die Erde noch nicht entstanden war –
> gab es Apsu, den ersten, ihren Erzeuger,
> und Schöpferin Tiamat, die sie alle gebar;
> Sie hatten ihre Wasser miteinander vermischt,
> ehe sich Weideland verband und Röhricht zu finden war –
> als noch keiner der Götter geformt
> oder entstanden war, die Schicksale nicht bestimmt waren,
> da wurden die Götter in ihnen geschaffen.

Teil 3: Juristische Texte
Verkaufsurkunde der Sklavin *Ningalschejagi* an einen Herren Izbu (Nimrud, IM 634425):

> Der Kaufpreis beträgt eine halbe Mine Silber. Für den Fall, dass der Käufer die Sklavin zurückweist, wird eine Konventionalstrafe vereinbart: Es müssen 10 Minen Silber und 4 Minen Gold an den Tempelschatz des Gottes Ninurta in Kalchu [Nimrud] bezahlt werden, zwei weiße Pferde sind zugunsten des [Gottes] Assur auszuliefern und der zehnfache Kaufpreis ist an den Verkäufer zu entrichten.
>   Die Urkunde wurde vor zehn Zeugen am 13. Tebet (Jan./Febr.) des Jahres 640 v. Chr. ausgefertigt.

Ein Ehevertrag aus Kanesh

> Laqipum hat Hatala, Tochter von Enishru, geheiratet. Im Land [Kanesh] darf Laqipum keine andere Frau heiraten, jedoch in seiner Stadt [Assur] kann er eine Tempelfrau heiraten. Wenn sie ihm nicht innerhalb von zwei Jahren Nachwuchs gebiert, wird sie selbst eine Sklavin kaufen. Später, nachdem diese von ihm ein Kind geboren hat, kann er sie dann, wo immer er will, verkaufen. Sollte Laqipum beschließen, sich von ihr scheiden zu lassen, muss er ihr fünf Minas Silber zahlen – und sollte Hatala beschließen, sich von ihm scheiden zu lassen, muss sie ihm fünf Minas Silber bezahlen.
>   Zeugen sind: Masa, Ashurishtikal, Talia, Shupianika.

Ein mittelassyrischer Witwenparagraf (Ausschnitt Tafel A §47, zit. nach Roth[23]):

> Wenn eine Frau verheiratet ist und der Feind ihren Ehemann gefangen genommen hat und sie keinen Schwiegervater oder Sohn hat, muss sie zwei Jahre auf ihren Ehemann warten. Wenn sie während dieser zwei Jahre nichts zu essen hat, soll sie kommen und es sagen. […] Die Richter sollen die Bürgermeister und Stadtoberen befragen […] und ihr zur Unterstützung für

---

[23]Roth, M. T.: Law Collections from Mesopotamia and Asia Minor, S. 170 ff. Scholars Press Atlanta².

zwei Jahre ein Feld und ein Haus zuweisen. Sie soll zwei Jahre vergehen lassen, dann kann sie gehen und mit einem neuen Ehemann ihrer Wahl leben.

Falls später ihr vermisster Ehemann ins Land zurückkehrt, soll er seine Frau, die außerhalb der Familie geheiratet hatte, zurücknehmen. Er hat keinen Anspruch auf die Söhne, die sie dem neuen Ehemann geboren hat. Ihr neuer Ehemann soll sie [die Söhne] annehmen. Falls das Feld und das Haus [früheres] Eigentum war, das sie verkauft hat, um davon leben zu können, so soll der Ehemann es zurückkaufen zum damaligen Preis, sofern es nicht in königlichem Besitz ist. Falls der Mann nicht zurückkehrt und im Ausland stirbt, kann der König über sein Feld und Haus verfügen, wie immer er es will.

Der Codex Hammurabi

Das Aufstellen von juristischen Regeln kennt man seit den Reformen des Urukagina (Lagasch um 2300 v. Chr.). Kodifizierungen gab es bei Ur-Namma (Ur, 2112–2095 v. Chr.) und bei den Gesetzen des Lipit-Ischtar (5. König der 1. Dynastie von Isin, 1934–1924 v. Chr.). Das bekannteste Gesetzeswerk ist der Codex Hammurabi von Babylon (ca. 1800 v. Chr.), den der amerikanische Semitologe Cyrus Gorden den *Höhepunkt der juristischen Kodifizierung vor dem römischen 12-Tafelgesetz* nannte. Der Prolog und Epilog der Stele zählt zu den wichtigsten Literaturstellen des Vorderen Orients. Der in Gottesauftrag handelnde König muss für Gerechtigkeit und Ordnung in der Gesellschaft sorgen; er tat dies durch öffentliche Aufstellung der Gesetzesstele, die alle Vorschriften einsehen lässt. Es ist umstritten, ob der Codex mit seinen 282 Paragrafen de facto geltendes Recht war oder nur eine Art Öffentlichkeitsarbeit.

Aus dem Epilog der Stele:

Auf den Befehl von Shamash, des großen Richters des Himmels und der Erde, lasst die Rechtmäßigkeit im Land fortschreiten: Auf Bestreben von Marduk, meinem Gott, lasst mein Monument nicht zerstört werden. In Esagil, den ich verehre, lasst meinen Namen wiederholen; lasst den Bedrängten kommen und vor meinem Bild als König der Gerechtigkeit stehen; lasst ihn diese Inschrift lesen und meine erhabenen Worte verstehen, die Inschrift wird seinen Fall erklären; er wird herausfinden, was gerecht ist und sein Herz wird froh sein, so dass er sagt:

Hammurabi ist der Herrscher, der Vater seiner Untertanen ist, der die Worte Marduks in Ehren hält, der die Verehrung Marduks im Norden und Süden bewirkt, der seine Untertanen immer wieder mit Wohltaten überhäuft und die Ordnung im Land wiederhergestellt hat.

Die Gesetzesvorschriften können wie folgt eingeteilt werden:

1. Verstöße gegen die Rechtsausübung(§ 1–5)
2. Verstöße gegen das Eigentum(§ 6–25)
3. Land und Häuser (§ 26–87)
4. Leihgeschäfte, Kaufmann und Agenten (§ 88–107)
5. Gastbetriebe (§ 108–111)
6. Schuldhaft und Deposita (§ 112–126)
7. Heirat, Familie, Besitz (§ 127–194)
8. Beleidigung und Talion (§ 195–214)
9. Arzt und Baumeister (§ 215–233)

10. Schiffer und Schiffe (§ 234–240)
11. Ackerbau (§ 241–271)
12. Tarife für Lohnarbeiter und Handwerker (§ 272–277)
13. Sklaven (§ 278–282)

Als Muster werden die ersten 7 Paragrafen vorgestellt:

§1: Wenn ein Bürger einen Bürger des Mordes bezichtigt hat, ihn aber nicht überführt, so wird der, der ihn bezichtigt hat, getötet.

§2: Wenn ein Bürger einem Bürger Zauberei vorgeworfen hat, ihn aber nicht überführt, so geht der, dem Zauberei vorgeworfen ist, zur Flussgottheit, taucht in den Fluss hinein, und wenn der Fluss ihn erlangt [d. h. wenn er untergeht], so erhält der, der ihn bezichtigt hat, dessen Haus; wenn der Fluss diesen Bürger für frei von Schuld erachtet und er heil davonkommt, so wird der, der ihm Zauberei vorgeworfen hat, getötet, der, der in den Fluss hinabgetaucht ist, erhält das Haus dessen, der ihn bezichtigt hat.

§3: Wenn ein Bürger vor Gericht zu falschem Zeugnis aufgetreten ist, die Aussage aber, die er gemacht hat, nicht beweist, so wird dieser Bürger, wenn dieses Gericht ein Halsgericht ist, getötet.

§4: Wenn ein Bürger zum Zeugnis über Getreide oder Silber aufgetreten ist, so lädt er sich die jeweilige Strafe dieses Rechtsstreites auf.

§5: Wenn ein Richter einen Rechtsspruch gefällt, eine Entscheidung getroffen, eine Siegelurkunde ausgefertigt hat, später aber seinen Rechtsspruch umstößt, und weist man diesem Richter die Änderung des Rechtsspruches, den er gefällt hat, nach, so gibt er das Zwölffache des Klaganspruches, der in diesem Rechtsstreit entstanden ist; außerdem lässt man ihn in der Versammlung vom Stuhlsitze seiner Richterwürde aufstehen und er kehrt nicht zurück und sitzt mit den Richtern nicht mehr zu Gericht.

§6: Wenn ein Bürger Besitz eines Gottes oder eines Palastes gestohlen hat, so wird dieser Bürger getötet; auch wird der, welcher das Diebesgut aus seiner Hand angenommen hat, getötet.

§7: Wenn ein Bürger Silber, Gold, einen Knecht, eine Magd, ein Rind, ein Schaf, einen Esel, oder Sonstiges aus der Hand des Sohnes eines Bürgers oder des Knechtes eines Bürgers ohne Zeugen und vertragliche Abmachungen gekauft oder auch zur Verwahrung angenommen hat, so ist dieser Bürger ein Dieb: Er wird getötet

Der Text des Codizes liegt auf ca. 30 Tontafeln vor. Die Stele wurde 1902 von einem französischen Team in Susa ausgegraben und in den Louvre gebracht; die Stele muss also als Kriegsbeute von Babylon (oder Sippar) nach Susa verschleppt worden sein. Abb. 3.19 zeigt den Oberteil der Stele, links Hammurabi in betender Haltung, rechts der Himmelgott *Shamash* mit Hörnerkrone auf einem Thron sitzend, der dem König einen Stab und einen Ring überreicht.

Abb. 3.19 Stele des Codex Hammurabi (Oberteil). (Wikimedia Commons)

3.3 Rechentechniken

3.3.1 Das Sexagesimalsystem

Das Sexagesimalsystem ist ein Zahlsystem mit den Zahlzeichen {1, 2, 3, 4, ..., 59}. Die Zahlzeichen werden hier, nach einem Vorschlag von O. Neugebauer, mittels Komma getrennt. Das System enthält aber keinen Stellenwert wie das Dezimalsystem; dies bedeutet, dass jede Darstellung mit Kommatrennung ein Fließkommaformat hat. Damit ist aber eine Mehrdeutigkeit verbunden. Die Zahl (12, 23, 49) kann gelesen werden als

$$12 \cdot 60^2 + 23 \cdot 60 + 49$$
$$12 \cdot 60^3 + 23 \cdot 1 + 49 \cdot 60^{-1}$$
$$12 \cdot 60 + 23 \cdot 1 + 49 \cdot 60^{-1}$$
$$12 \cdot 1 + 23 \cdot 60^{-1} + 49 \cdot 60^{-2} usw.$$

Eine weitere Unsicherheit kommt durch das Fehlen der Null in den altbabylonischen Schriften hinzu. Für das Festkommaformat wird hier die Stelle des Festkommas durch ein Semikolon „;" festgelegt. Beim Einfügen fehlender Nullen wird damit die Darstellung eindeutig:

$$(12; 23{,}49) = 12 \cdot 1 + 23 \cdot 60^{-1} + 49 \cdot 60^{-2}$$
$$(12{,}23; 0{,}49) = 12 \cdot 60 + 23 \cdot 1 + 49 \cdot 60^{-2}$$

Über die Entstehung des Sexagesimalsystems sind viele Vermutungen geäußert worden. Eine Möglichkeit wäre ein metrologischern Ursprung wie bei den Geldeinheiten:

$$1\ Talent\ (gu) = 60\ Mana = 3600\ Schekel\ (gin)$$

Warum ist uns dann der Vollwinkel als 360° überliefert? Eine Erklärung nach Eves geht von der Sehnenlänge aus; ein natürliches Maß für eine Sehne ist der Kreisradius. Da man den Radius sechsmal am Umfang abtragen kann, folgert er, der Einheitswinkel sei der Innenwinkel eines solchen gleichseitigen Dreiecks. Dem Vollkreis entspricht dann das Sechsfache des Innenwinkels; der Vollwinkel wird damit 360°.

Wie im Abschn. 3.2.2 ausgeführt, verwendeten die Sumerer zunächst ein gemischtes Dezimal-Sexagesimal-System mit Stufenzahlen, die speziell für bestimmte Einheiten vorgesehen waren. Auch die Akkader hatten ein Zahlzeichen für 60, schritten aber im Zehnersystem fort: 10, 60, 600, 6000 ... Aus diesen Anfängen wurden später die beiden abstrakten Zahlzeichen (Keil und Winkelhaken) des babylonischen Sexagesimalsystems.

Ein weiterer Grund für die Wahl der Grundzahl 60 könnte die Vereinfachung der Division im Sexagesimalsystem sein gegenüber dem Dezimalsystem. Die Primzahlzerlegung der Zahl ist $60 = 2^2 \cdot 3 \cdot 5$, daraus resultiert die Anzahl der Teiler zu 12: $\{1, 2, 3, 4, 5, 6, 10, 12, 15, 20, 30, 60\}$; man vergleiche dies mit der Grundzahl 10, die nur 4 Teiler $\{1, 2, 5, 10\}$ hat. Die Division $a \div b$ kann ohne Rest durchgeführt werden, wenn der Nenner auf eine Potenz 60^k erweitert werden kann. Dies ist genau dann der Fall, wenn der Nenner nur die Primfaktoren $\{2; 3; 5\}$ enthält. Diese Zahlen heißen auf Vorschlag von Neugebauer *reguläre* Zahlen (MKT I; S.5); sie haben die Darstellung

$$n = 2^a \cdot 3^b \cdot 5^c; a, b, c \in \mathbb{Z}$$

Die Menge der regulären Zahlen ist abgeschlossen gegenüber der Multiplikation und Kehrwertbildung bzw. der Division:

$$n \cdot m = 2^a \cdot 3^b \cdot 5^c \cdot 2^d \cdot 3^e \cdot 5^f = 2^{a+d} \cdot 3^{b+e} \cdot 5^{c+f}; a, b, c, d, e, f \in \mathbb{Z}$$
$$n \div m = \frac{2^a \cdot 3^b \cdot 5^c}{2^d \cdot 3^e \cdot 5^f} = 2^{a-d} \cdot 3^{b-e} \cdot 5^{c-f}$$

Damit wird die Frage, ob ein Sexagesimalbruchs endlich ist, reduziert darauf, ob der Nenner regulär ist:

$$a \div b = a \times b^{-1}$$

Beispiele zur Reziprokenbildung sind:

$$6^{-1} = \frac{1}{2 \cdot 3} = \frac{2 \cdot 5}{2^2 \cdot 3 \cdot 5} = \frac{10}{60} = 10$$

$$18^{-1} = \frac{1}{2 \cdot 3^2} = \frac{2^3 \cdot 5^2}{2^4 \cdot 3^2 \cdot 5^2} = \frac{200}{3600} = \frac{180 + 20}{3600} = \frac{3}{60} + \frac{20}{3600} = 3,20$$

$$32^{-1} = \frac{1}{2^5} = \frac{2 \cdot 3^3 \cdot 5^3}{2^6 \cdot 3^3 \cdot 5^3} = \frac{6750}{216.000} = \frac{3600 + 3120 + 30}{216.000} = \frac{1}{60} + \frac{52}{3600} + \frac{30}{216.000} = 1,52,30$$

Mögliche Divisionen ergeben sich damit zu:

$$\frac{5}{6} = 5 \times 6^{-1} = 5 \times 10 = 0; 50$$

$$\frac{7}{18} = 7 \times 18^{-1} = 7 \times 3,20 = 0; 23,20$$

$$\frac{11}{32} = 11 \times 32^{-1} = 11 \times 1,52,30 = 0; 20,37,30$$

3.3.2 Tabellenwerke und Konstanten

Da die Einmaleins-Tabelle des Sexagesimalsystems (mit Berücksichtigung der Symmetrie) ungefähr $\frac{1}{2} \cdot 60^2 = 1800$ Einträge umfasst, war ein Auswendiglernen der Tabelle schwer zu realisieren. Die babylonischen Rechner haben daher über eine Vielzahl von Multiplikationstabellen verfügt. Eine Liste von solchen Multiplikationstabellen findet sich bei Neugebauer (MKT I; S. 34–42). Eine neuere Liste aller Tabellen gibt Robson mit Anhang B ihres Irak-Buchs.

Für das praktische Rechnen hatten die Babylonier noch Tabellen für Quadrate $\left(n \to n^2\right)$ und Quadratwurzeln $\left(n \to \sqrt{n}\right)$, die es auch in Kombination gab, ebenso für Kuben und Kubikwurzeln. Für kubische Gleichungen der Form $n^3 + n^2$ existieren spezielle Tafeln der Form $\left[n \to n^2(n + 1)\right]$. Ferner finden sich Exponentialtabellen für kleinere Zahlen bis zur 10. Potenz.

Im Buch sind zur Information drei typische Tontafeln wiedergegeben:

*   die einstellige Reziprokentabelle: MLC 1670,
*   die Tabelle $n\left(n^2 + n\right) \to n$: VAT 8492,
*   die Wurzel- bzw. Quadrattabelle: Ash 1924.796.

Neben den Tabellenwerken ist auch das Wissen um die technischen Konstanten für das Verständnis der babylonischen Mathematik wesentlich. Eine ausführliche Aufzählung aller Tontafeln, die technische Konstanten enthalten, findet man bei Robson (MM). Das Kapitel über geometrische Konstanten in diesem Buch umfasst allein 23 Seiten. Hier im Buch werden speziell die geometrischen Konstanten des Susa-Textes III ausführlich besprochen.

3.3.3 Reziprokentabelle

Die Berechnung der Reziproken wurde mithilfe von Tabellen bewerkstelligt. Eine typische Reziprokentabelle gibt Neugebauer in (MKT I, S. 9) an; sie enthält die Kehrwerte aller einstelligen, regulären Zahlen, dazu noch die von 5 zweistelligen Werten. Er zählt mehr als 30 solcher Tontafeln auf, von denen einige praktischerweise zugleich Multiplikationstabellen enthalten.

n	1/n	n	1/n	n	1/n
2	30	16	3,45	45	1,20
3	20	18	3,20	48	1,15
4	15	20	3	50	1,12
5	12	24	2,30	54	1,6,40
6	10	25	2,24	1	1
8	7,30	27	2,13,20	1,4	56,15
9	6,40	30	2	1,12	50
10	6	32	1,52,30	1,15	48
12	5	36	1,40	1,20	45
15	4	40	1,30	1,21	44,26,40

Die Einheiten sind hier (im Fließkommaformat) bestimmt durch:

$$n \times n^{-1} = 60^m \ (m \in \mathbb{Z})$$

Probleme ergeben sich bei der Reziprokenbestimmung irregulärer Divisoren, wie 7 oder 11. Hier erhält man nicht abbrechende Sexagesimalbrüche:

$$7^{-1} = 8,34,17,8,34,17 \ \ldots \ \therefore \ 11^{-1} = 5,27,16,21,49 \ldots .$$

Wie Neubauer schreibt, wurde von A. Sachs auch eine neuere Tafel gefunden, die auch die fehlenden Kehrwerte $7^{-1}; 11^{-1}; 13^{-1}; 14^{-1}; 17^{-1}$ näherungsweise berechnet; dies sind erste Schritte zur Bewältigung der irregulären Zahlen; s. dazu die folgende Besprechung von VAT 6505.

VAT 6505 #6
Auf der Tafel (MKT I, S. 270) fand A. Sachs folgende Aufgabe:

2,[13],20 ist die Zahl. [Gesucht das Inverse.]
Nimm das Reziproke von 3,20; [ergibt 18.]
Multipliziere 18 mit 2,10, [du findest 39.]
Addiere 1, du findest 40.
Nimm das Reziproke von 40, macht 1,30.
Multipliziere 1,30 mit 18, du findest 27.
Das ist das gesuchte Inverse: 27.

Sachs interpretiert den Rechengang so: Gesucht ist hier das Inverse von $c = 2,13; 20$. Die Zahl wird zerlegt in eine Summe, wobei der erste Summand regulär ist. Hier folgt $c = a + b = 3; 20 + 2,10$. Das Inverse des ersten Summanden ist $a^{-1} = 0,18$, vervielfacht mit b ergibt $a^{-1}b = 0; 18 \times 2,10 = 39$. Addition von 1 zeigt 40, das Inverse davon ist $0;1,30$. Multiplizieren mit a^{-1} liefert $0; 18 \times 0; 1,30 = 0; 0,27$.

A. Sachs hat aus dem Rechengang des Tabletts folgendes Vorgehen herausgelesen:

$$\frac{1}{a+b} = \frac{1}{a}\frac{a}{a+b} = \frac{1}{a}\frac{1}{1+\frac{b}{a}}$$

Bescheiden nennt er es *The Technique*: Für Werte, die sich nicht in der Reziprokentabelle finden, wird der Nenner in zwei Summanden zerlegt, die beide regulär sind. Ist dies nicht der Fall, muss die Zerlegung fortgesetzt werden. Als Standardbeispiel wird 2,5 gewählt. Die Zahl wird zerlegt in $a = 5$ ∴ $b = 2,0$. Damit folgt sukzessive:

$$\frac{1}{a} = 12 \;\therefore\; \frac{b}{a} = 24 \;\therefore\; \frac{b}{a}+1 = 25 \;\therefore\; \frac{1}{1+\frac{b}{a}} = 2,24 \Rightarrow \frac{1}{a}\frac{1}{1+\frac{b}{a}} = 12\times2,24 = 28,48$$

Das Verfahren funktioniert auch umgekehrt. Mit $a = 48; b = 24,0$ ergibt sich:

$$\frac{1}{a} = 1,15 \;\therefore\; \frac{b}{a} = 35 \;\therefore\; \frac{b}{a}+1 = 36 \;\therefore\; \frac{1}{1+\frac{b}{a}} = 1,40 \Rightarrow \frac{1}{a}\frac{1}{1+\frac{b}{a}} = 1,15\times1,40 = 2,5$$

Hier wurden die Reziproken von 48 bzw. 36 der Tabelle entnommen.

Eine geometrische Veranschaulichung zum Beispiel 2;05 bietet Abb. 3.20:

Gesucht ist das Reziproke zu 2;05. Die Zahl wird zerlegt in die Summanden $2 + 0; 05$, vom Letzteren kennt man das Inverse $0; 05^{-1} = 12$. Die Fläche 2 wird als Streifen 2×1 aufgefasst. An diesem Streifen wird nach unten das Rechteck $0; 05 \times 12$ der Fläche 1 angetragen. Ergänzt man den Gnomon zum Rechteck, so erhält das linke Teilrechteck 2×12 die Fläche 24. Das ganze Rechteck hat mit dem Seitenstreifen die Fläche 25; es ist um den Faktor 25 größer als der Ausgangsstreifen der Fläche 1. Damit ist auch die Seitenlänge 12 des linken Streifens um diesen Faktor zu groß: $12 \div 25 = 0; 02,24$. Dies ist das gesuchte Reziproke 25^{-1}; die Division geht über in das Produkt

$$12 \times 0; 02,24 = 0; 28,48.$$

Die Probe bestätigt das Ergebnis $2; 05 \times 0; 28,48 = 1$.

Legt man beim Aufsuchen eines Tabellenwerts das Sexagesimalkomma fest, so verschieben sich die Stellen des Inversen entsprechend:

n	n^{-1}
2,5,0	0;0,0,28,48
2,5	0;0,28,48
2;5	0;28,48
0;2,5	28;48
0;0,2,5	28,48

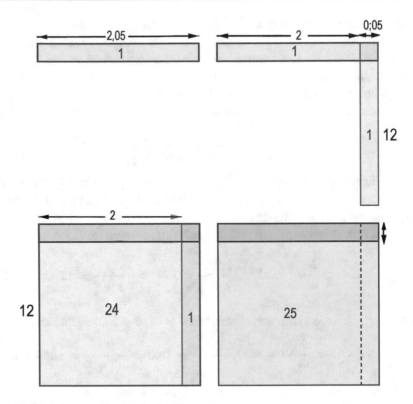

Abb. 3.20 Diagramm zur Reziprokenbestimmung

Wie schon erwähnt, findet man manchmal in den Tabellenwerken eine Näherung für Reziproke einer irregulären Zahl:

$$7^{-1} = 13 \times 91^{-1} \approx 13 \times 90^{-1} = 13 \times (0; 00{,}40) = 0; 08{,}40$$

Abraham Sachs[24] hat auf einer altbabylonischen Tafel sogar eine Abschätzung mittels oberer und unterer Grenze gefunden:

$$0; 08{,}34{,}16{,}59 < 7^{-1} < 0; 08{,}34{,}18$$

Wie man an der exakten Darstellung sieht, ist die Näherung ausgezeichnet:

$$\frac{1}{7} = 0; 08{,}34{,}17{,}08{,}34{,}17, \ldots$$

[24]Sachs, A. J.: Babylonian mathematical texts II–III, Journal of Cuneiform Studies 6, 151–156 (1952).

Anwendung: Pythagoreisches Tripel

Überraschend ist, dass es eine enge Verknüpfung von reziproken Zahlen mit den pythagoreischen gibt. Die Division durch das Quadrat der zweiten Kathete ergibt mit der Substitution: $u = \frac{a}{b}$; $v = \frac{c}{b}$

$$a^2 + b^2 = c^2 \Rightarrow \left(\frac{a}{b}\right)^2 + 1 = \left(\frac{c}{b}\right)^2 \Rightarrow v^2 - u^2 = 1 \Rightarrow (v+u)(v-u) = 1$$

Dies zeigt $(v+u)$ bzw. $(v-u)$ sind zueinander reziproke Zahlen. Aus obiger Tabelle wird das Reziproken-Paar $(6 \leftrightarrow 10)$ ausgewählt:

$$v + u = 6 \; \therefore \; v - u = 0; 10 \Rightarrow v = 3; 05; u = 2; 55$$

Mit $b = 1$ liefert dies das Tripel $(2; 55|1|3; 05)$, dezimal gleich $\left(2\frac{11}{12}|1|3\frac{1}{12}\right)$.

Mit $b = 60$ findet man $(2,55|1,0|3,05)$, dezimal gleich $(175|60|185)$ usf.
Ein zweites Beispiel bietet das Paar $(2 \leftrightarrow 30)$:

$$v + u = 30 \; \therefore \; v - u = 0; 02 \Rightarrow v = 15; 01; u = 14; 59$$

Mit $b = 60$ ergibt sich das Tripel $(14,59|1,0|15,01)$, dezimal gleich $(899|60|901)$.

3.3.4 Metrologie Mesopotamiens

Längenmaße:

Einheit	Umrechnung	dezimal
še (Gerstenkorn)	1/6 Fingerbreit	~2,7 mm
šuse (Fingerbreit)	1/30 Elle	~1,7 cm
kuš	1 Elle	~50 cm
gi (Rohr)	6 Ellen	~3 m
gar, ninda	12 Ellen	~6 m
uš	60 Ellen	~30 m
šar	3600 Ellen	~1,8 km
beru	6 sar	~10,5 km

Flächenmaße:

še		0,20 m^2
gin	3 še	0,60 m^2
(Flächen) sar	60 gin	36 m^2
ubu	50 sar	1800 m^2
iku (Feld)	2 ubu	3600 m^2
eše	6 iku	2,16 ha
bur (Loch)	18 iku	6,48 ha

Volumenmaße (sumerisch):

še		5,5 cm^3
gin		16,7 cm^3
(Volumen) sar		18 m^3
ubu	50 sar	900 m^3
iku	2 ubu	1800 m^3
eše	6 iku	10.800 m^3
bur	3 eše	32.400 m^3

Fassungsvermögen:

sila		1 l
ban	10 sila	10 l
bariga	6 ban	60 l
gur	5 bariga	300 l

Gewichtsmaße, auch Währung:

gran, še		50 mg
Schekel, gin	180 gran	8,3 g
mina (mana)	60 Schekel	500 g
biltum (talent)	60 minas	30 kg

Ziegelmaße:

(Ziegel) sar	720 Ziegel
kleiner Ziegel ungebrannt	$25 \times 17 \times 8$ cm
(Volumen) sar	5184 kleine Ziegel
quadratischer Ziegel gebrannt	$33 \times 33 \times 8$ cm
(Volumen) sar	1944 quadratische Ziegel

3.3.5   Abkürzungen der wichtigsten Museen

Museumskürzel

A	Asiatic Coll. Oriental Institute of the University Chicago
AO	Antiquités Orientales, Louvre Paris
AOT	Excavations at Telloh
AOS	Excavations at Susa
Ash	Ashmolean Museum Oxford
W	Herbert Weld Collection
BM	British Museum, London
UET	Excavations at Ur
CBM	Catalogue Babylonian Archaeological Museum, Philadelphia
CBS	Archaeological Museum University of Pennsylvania, Philadelphia
HS	Hilprecht-Sammlung Jena
IM	Iraq Museum, Bagdad
Db	Excavations at Tell Dhiba'i
Haddad	Excavations at Tello Haddadh
W	Excavations at Uruk
Ist	Istanbul Arkeoloji Müzeleride Museum
A	Excavations at Assur
Ni	Excavations at Nippur
S	Excavations at Sippar
K	Kuyunjik Collection, British Museum
M	University of Michigan Collection
MLC	Morgan Library Collection Yale University
MS	Martin Schøyen Collection
NBC	Nies Babylonian Collection Yale University
O	Musees Royaux du Cinquintaire, Brüssel
Plimpton	Plimpton Library Columbia University
SKT	Straßburger Keilschrift-Texte
Str	Bibliothèque Nationale et Universitaire de Strasbourg
TSS	Istanbul Arkeoloji Müzelerinde, Excavations at Shuruppag
VAT	Vorderasiatische Abteilung Tontafeln, Berlin
YBC	Yale Babylonian Collection, New Haven

3.4   Hinweise zur babylonischen Mathematik

3.4.1   Algebra oder Präalgebra?

Wie schon in Abschn. 1.3 erwähnt, besteht die Vorgabe von Unguru Sabetai darin, dass man den Griechen und Babyloniern keine Algebra zuschreibt. Ein Name wie „Präalgebra" wäre passender, wie im Folgenden ausgeführt wird.

Die gesamte Arithmetik wird in der babylonischen Mathematik nach vorgegebenen Tabellen durchgeführt; deshalb gibt es auch keine Nebenrechnung. Dies wird meist dadurch erklärt, dass Nebenrechnungen beim Nachschlagen in den Tabellen mündlich erläutert worden sind. Tatsächlich erscheint manchmal der Hinweis, dass ein bestimmter Reziprokwert auf einer Tafel nicht gefunden wurde. Man kann davon ausgehen, dass die Babylonier bestimmte Aufgabentypen nach festen Regeln abgearbeitet haben. Auch wenn man annimmt, dass die Problemstellung oft vom Ergebnis her erfolgt ist, muss eine konkrete Vorstellung über den Ablauf des Rechnens und über bestimmte Umformungen bestanden haben. Høyrup schreibt: Die babylonischen Rechner wussten, *was* sie tun und *warum* sie es tun.

Das Berliner Tablett VAT 8512 ist eine der Tontafeln, die die Diskussion über die „algebraischen" Fähigkeiten der Babylonier ausgelöst haben. Diese Tafel zeigt (im modernen Sprachgebrauch) ein nichtlineares System von drei Unbekannten, dessen trickreiche Auflösung zu einer komplizierten quadratischen Gleichung führt. Wenn man annimmt, dass die Babylonier ein solches System lösen konnten, muss man ihnen „algebraische" Kenntnisse zugestehen. Andernfalls muss man eine geometrische Alternativlösung angeben, die bei der Komplexität des Problems wohl nicht zu finden ist.

Hier einige Beispiele für Formeln, deren Herleitung explizite „algebraische" Umformungen erfordern:

a) die Flächenformel für rechtwinklige Dreiecke (a, b, c) bzw. Rechtecke (a, b) mit Diagonale d:

$$(a + b + c)(a + b - c) = 4A \therefore (a + b + d)(a + b - d) = 2A$$

b) die Länge der flächenhalbierenden Transversale x im Trapez (mit den Parallelseiten a, c):

$$x = \sqrt{\frac{a^2 + c^2}{2}}$$

c) die Auflösung einer quadratischen Gleichung der Form $xy = a$; $x + y = b$ mittels der binomischen Formel:

$$\left(\frac{x - y}{2}\right)^2 = \left(\frac{x + y}{2}\right)^2 - xy$$

$$x = \left(\frac{x + y}{2}\right) + \left(\frac{x - y}{2}\right) \therefore y = \left(\frac{x + y}{2}\right) - \left(\frac{x - y}{2}\right)$$

d) die Summenformel:

$$\sum_{i=1}^{n} i^2 = \frac{1}{3}(1 + 2n) \sum_{i=1}^{n} i$$

Alle diese Formeln wurden natürlich mit konkreten Zahlen abgearbeitet. Hier noch zwei Besonderheiten:

a) Es gibt eine abstrakte Aufgabe, die ohne Zahlenwerte gestellt ist:

AO 6770 #1 „Länge und Breite; so viel wie die Fläche ist, möge es gleich sein."
   Es geht vermutlich um das System in moderner Form: $x + y = xy$. Die Probleme, die beim Lösungsversuch entstehen, werden in Abschn. 3.9 geschildert. Ohne Variablenbegriff ist die allgemeine Lösung schwer vorstellbar:

$$y = \frac{x}{x - 1}; x \neq 1$$

Diese Erklärung wurde von Bruins nicht akzeptiert. Geometrisch gesehen handelt es sich hier um ein Hyperbelpaar mit den Asymptoten $\{x = 1; y = 1\}$.

b) Es gibt ferner einen Lösungsweg ohne Zahlenwerte:

BM 34568 #18

> Länge, Breite und Diagonale mal Länge, Breite und Diagonale nimm. Die Fläche mal 2 nimm. das Produkt von dem [Quadrat aus Länge, Breite und Fläche] ziehst du ab. Was übrigbleibt, mal ein Halb nimm. [Das Inverse von] Länge, Breite und Diagonale sollst du mit der Hälfte multiplizieren. Das Ergebnis ist die Diagonale.

Dies führt auf die bemerkenswerte Formel (vgl. Abschn. 3.6):

$$d = \frac{1}{2} \frac{(a + b + d)^2 - 2A}{a + b + d}$$

Sie löst das Problem die Diagonale d eines Rechtecks (a, b) zu ermitteln, wenn die Fläche A und die Summe $(a + b + d)$ gegeben sind. Es ist bis jetzt nicht gelungen, diese Formel geometrisch darzustellen; sie dürfte wohl auf algebraischem Weg entstanden sein. Unter Berücksichtigung aller angegeben Fakten muss man den Babyloniern wohl eine Vorstufe der Algebra (=Präalgebra) zugestehen.

Alexander Jones, der bekannte Herausgeber von Pappos' Buch 7 hebt die babylonische Mathematik hervor[25]:

> Es ist keine Algebra, alles ist in Worten und Zahlen geschrieben, es gibt keine Symbole,
> keine Zeichen wie das Gleichheitszeichen o. Ä. Vor fast 4000 Jahren existiert keine antike
> Kultur, von der wir wissen, die zu dieser Zeit auf gleicher Höhe war. Alles scheint das zu
> übertreffen, was man im täglichen Leben braucht.

3.4.2 Babylonisches Wurzelziehen

Die älteste bekannte Methode des Wurzelziehens ist das sog. *babylonische* Verfahren:

$$\sqrt{a^2 \pm r} \approx a \pm \frac{r}{2a}$$

Dies lässt sich algebraisch leicht begründen für $r \ll a$:

$$\left(a \pm \frac{r}{2a}\right)^2 = a^2 \pm r + \underbrace{\frac{r^2}{4a^2}}_{\approx 0} \approx a^2 \pm r \underset{Wurzel}{\Rightarrow} \sqrt{a^2 \pm r} \approx a \pm \frac{r}{2a}$$

Ein Hinweis auf die Methode findet sich auf der in Tell Harmal gefundenen altbabylonischen Tafel IM 52301, die von E. M. Bruins (Revue d'Assyriologie XLVII, S.
187) herausgegeben wurde. Dort heißt es:

> Falls eine Fläche keine Quadratzahl N ist, sucht man eine „vollständige" [d. h. reguläre]
> Quadratzahl $a^2 < N$, teilt die Differenz $N - a^2 = r$ in 4 gleiche Teile und fügt diese „in alle
> Windrichtungen" an (a^2) an. Man erhält so ein Quadrat a^2 mit 4 angesetzten Rechtecken
> $a \times b$ mit $b = \frac{r}{4a}$. Ergänzt man in den Ecken je ein kleines Quadrat mit der Seite b, so ergibt
> sich ein Quadrat mit der Seite $a + 2 \cdot \frac{r}{4a} = a + \frac{r}{2a}$. Somit gilt:

$$\sqrt{N} = \sqrt{a^2 + r} \approx a + \frac{r}{2a}$$

In moderner Sicht ist die Näherung eine Linearisierung der Wurzelfunktion, wie man
dem Mittelwertsatz der Differenzialrechnung entnimmt:

$$f(x) \cong f(y) + f'(y)(x - y)$$

Setzt man $f(x) = \sqrt{x} \Rightarrow f'(x) = \frac{1}{2\sqrt{x}}$ und $x = a^2 + r; y = a^2$, so ergibt sich

$$\sqrt{a^2 + r} \approx \sqrt{a^2} + \frac{1}{2\sqrt{a^2}}\left[\left(a^2 + r\right) - a^2\right] \approx a + \frac{r}{2a}; r \ll a$$

---

[25]Jones A., Proust C.: Katalog zur Ausstellung: *Before Pythagoras: The Culture of Old Babylonian
Mathematics,* Institute for the Study of the Ancient World, New York University, November 2010.

Die Näherung kann auch aus einer binomischen Reihe hergeleitet werden:

$$\left(a^2+r\right)^{\frac{1}{2}} = a\left(1+\frac{r}{a^2}\right)^{\frac{1}{2}} = a\left[1+\frac{1}{2}\frac{r}{a^2}-\frac{1}{8}\frac{r^2}{a^4}+\cdots\right] = a+\frac{1}{2}\frac{r}{a}-\frac{1}{8}\frac{r^2}{a^3}+\cdots ; |r| < a^2$$

Die Reihe liefert das verbesserte Wurzelverfahren:

$$\sqrt{a^2+r} \approx a+\frac{r}{2a}-\frac{r^2}{8a^3}$$

Für $\sqrt{5}$ ergibt sich hier eine gute Approximation:

$$\sqrt{5} = \sqrt{2^2+1} = 2+\frac{1}{4}-\frac{1}{64} = 2\frac{15}{64} = 2; 14,03,45$$

In der Literatur wird das babylonische Wurzelverfahren oft gleichgesetzt mit dem Algorithmus von Heron, was nicht korrekt ist:

$$N = a^2 \pm r \Rightarrow \sqrt{N} \approx \frac{1}{2}\left(a+\frac{N}{a}\right)$$

Einsetzen zeigt, dass der erste Schritt (für beide Rechenzeichen) übereinstimmt:

$$\frac{1}{2}\left(a+\frac{N}{a}\right) = \frac{1}{2a}\left(a^2+N\right) = \frac{1}{2a}\left(2a^2+r\right) = a+\frac{r}{2a}$$

$$\frac{1}{2}\left(a+\frac{N}{a}\right) = \frac{1}{2a}\left(a^2+N\right) = \frac{1}{2a}\left(2a^2-r\right) = a-\frac{r}{2a}$$

Heron hat aber, im Gegensatz zum babylonischen Verfahren, eine Iteration vorgesehen. Er erläutert sein Vorgehen am Beispiel (Metrica I, 8b):

$$\sqrt{720} = \sqrt{729-9} = \sqrt{27^2-9} \approx 27-\frac{9}{54} = 26\frac{1}{2}\frac{1}{3}$$

Bei der Kontrolle erhält er eine Differenz von $\frac{1}{36}$:

$$\left(26\frac{5}{6}\right)^2 = 720\frac{1}{36}$$

Er schreibt ausdrücklich:

Wenn wir die Differenz kleiner als $\frac{1}{36}$ machen wollen, so ersetzen wir **729** durch den gefundenen Wert $720\frac{1}{36}$ und wenn wir das Verfahren wiederholen, werden wir finden, der Fehler ist viel kleiner als $\frac{1}{36}$ geworden.

Als Beispiel des babylonischen Verfahrens sei $\sqrt{2}$ dezimal auf zwei Arten berechnet:

$$\sqrt{2} = \sqrt{\left(\frac{3}{2}\right)^2-\frac{1}{4}} = \frac{3}{2}-\frac{1}{2}\frac{1}{4}\frac{2}{3} = \frac{17}{12} \therefore \sqrt{2} = \sqrt{\left(\frac{4}{3}\right)^2+\frac{2}{9}} = \frac{4}{3}+\frac{1}{2}\frac{2}{9}\frac{3}{4} = \frac{17}{12}$$

In sexagesimaler Arithmetik entspricht dies:

$$\sqrt{2} = \sqrt{1; 30^2 - 0; 15} = 1; 30 - 0; 30 \cdot 0{,}15 \cdot 0; 4 = 1; 30 - 0; 05 = 1; 25$$
$$\sqrt{2} = \sqrt{1; 20^2 + 0; 13{,}20} = 1; 20 + 0; 30 \cdot 0; 13{,}20 \cdot 0; 45 = 1; 20 + 0; 05 = 1; 25$$

Für die ersten drei Wurzeln gelten die babylonischen Standardwerte:

$$\sqrt{2} \approx 1; 25 \; \therefore \; \sqrt{3} \approx 1; 45 \; \therefore \; \sqrt{5} \approx 2; 15$$

Die Näherung für $\sqrt{2}$ findet man als geometrische Konstante in der Tafel aus Susa TMS III.

Die wohl bekannteste altbabylonische Keilschrifttafel ist YBC 7289 (Abb. 3.21) aus der Sammlung der Yale University; der Fundort der Tafel ist nicht bekannt. Das Tablett ist eine typische runde Schülertafel, wie man sie aus Südmesopotamien (um 1800–1600 v. Chr.) kennt. Es wurde 1945 von Neugebauer und Sachs entdeckt und publiziert. Die Tafel enthält die Skizze eines Quadrats, dessen Seite mit den Zeichen für 30 und Diagonale mit den Zeichen (1,24,51,10) und (42,25,35) beschriftet ist. Da kein Sexagesimalkomma gegeben ist, machen wir daher eine Fallunterscheidung:

A) Die Quadratseite wird 30 gesetzt:
Für die Diagonale erwartet man:

$$d = \sqrt{30^2 + 30^2} = \sqrt{1800} = 30\sqrt{2}$$
$$\sqrt{1800} = \sqrt{42^2 + 36} \approx 42; 25{,}35$$

Dies erklärt die Beschriftung der Diagonale. Damit ist die obere Zeile vermutlich als (1;24,51,10) zu lesen. Dieser Wert ist eine gute Näherung für $\sqrt{2}$, da gilt:

$$(1; 24{,}51{,}10) = 1 + \frac{24}{60} + \frac{51}{60^2} + \frac{10}{60^3} = 1{,}41421\dots$$

Die Diagonale wurde somit mit $\sqrt{2}$ und $30\sqrt{2}$ beschriftet. Da 2 und 30 reziprok sind, ergibt sich die Ziffernfolge bei der Multiplikation mit 30 mittels der Division durch 2:

$$(1; 24{,}51{,}10) \div 2 = (0; 42{,}25{,}35) \Rightarrow (1; 24{,}51{,}10) \times 30 = (42; 25{,}35)$$

Dies bestätigt unsere Vermutung.

Abb. 3.21 Wurzeltablett YBC 7289 (mit Umzeichnung). (Aasboe A.: Episodes from the Early History of Mathematics)

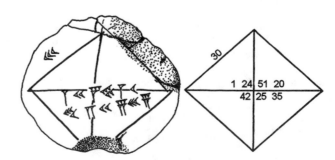

B) Liest man die gegebene Seite als $0; 30 = \frac{1}{2}$, so ist die Diagonallänge:

$$\frac{1}{2}\sqrt{2} = \frac{1}{\sqrt{2}} = 0; 30 \times (1; 24,51,10) = 0; 42,25,35$$

In diesem Fall ist die Beschriftung der Diagonale $\frac{1}{2}\sqrt{2}$ und $\sqrt{2}$.

Fowler und Robson[26] vermuten, dass YBC 7289 zu Schulungszwecken geschrieben wurde und die Wurzel $\sqrt{2}$ (wie auch andere) tabelliert war. Damit konnten die Schüler beliebige Diagonalen in Quadraten bzw. Rechtecken berechnen.

Es folgen zwei weitere Vorschläge zur Wurzelberechnung:

C) Vorschlag von Cooke:

Wie Cooke[27] bemerkt, erscheint der Wert aus YBC 7289 beim babylonischen Verfahren mit dem Näherungswert $\frac{17}{12}$:

$$\sqrt{2} = \sqrt{\left(\frac{17}{12}\right)^2 - \frac{1}{144}} = \frac{17}{12} - \frac{1}{144} \cdot \frac{1}{2} \cdot \left(\frac{17}{12}\right)^{-1} = 1\frac{169}{408} = 1 + \frac{24}{60} + \frac{51}{60^2} + \frac{10}{60^3} + \frac{35}{60^4} + \ldots$$

Bei Vernachlässigung des letzten Terms erhält man die Näherung aus YBC 7289. Das Problem ist, die Zahl $\frac{17}{12}$ ist nicht regulär; es kann daher der Kehrwert $\frac{12}{17}$ nicht exakt gebildet werden. Mit dem Näherungswert $\left(\frac{17}{12}\right)^{-1} \approx 0; 42,21,10,35$ aus einer Tabelle findet sich:

$$\sqrt{2} = \sqrt{(1; 25)^2 - 0; 00,25} = 1; 25 - 0; 30 \cdot 0; 00,25 \cdot 0; 42,21,10,35 = 1; 24,51,10,35,17$$

Vernachlässigen der letzten zwei Stellen gibt wieder den Wert aus YBC 7289.

D) Vorschlag von Joseph:

Joseph[28] schlägt folgendes Verfahren vor: Ist $\sqrt{x}$ gesucht, so gilt mit einem Näherungswert $a : x = a^2 + e$, wobei e der Fehler ist. Es sei $a + c$ eine bessere Näherung als a, dann folgt:

$$x = (a + c)^2 = a^2 + e \Rightarrow 2ac + \underbrace{c^2}_{\approx 0} = e \Rightarrow c \approx \frac{e}{2a}$$

[26]Fowler, D., Robson, E: Square root approximations in Old Babylonian mathematics: YBC 7289 in context, Historia Mathematica 25, 366–378 (1998).

[27]Cooke, R. L.: The History of Mathematics, A Brief Course, S. 36. Wiley (2013[III]).

[28]Joseph, G. G.: The Crest of the Peacock, Non-European Roots of Mathematics, S. 105. Penguin Books (1994).

Die verbesserte Näherung ergibt sich damit zu: $a + c \approx a + \frac{e}{2a}$. Dieser Wert liefert den Iterationsschritt a_1. Allgemein gilt das Iterationsschema:

$$a_{i+1} = a_i + \frac{e_i}{a_i}$$

Mit den Anfangswerten $a_0 = 1$; $e_0 = 1$ werden drei Iterationsschritte ausgeführt:

$$a_1 = a_0 + \frac{e_0}{2a_0} = 1 + \frac{1}{2} = \frac{3}{2} \Rightarrow e_1 = x - a_1^2 = 2 - \frac{9}{4} = -\frac{1}{4}$$

$$a_2 = a_1 + \frac{e_1}{2a_1} = \frac{3}{2} + \left(-\frac{1}{4}\right)\frac{1}{3} = \frac{17}{12} \Rightarrow e_2 = x - a_2^2 = 2 - \frac{289}{144} = -\frac{1}{144}$$

$$a_3 = a_2 + \frac{e_2}{2a_2} = \frac{17}{12} + \left(-\frac{1}{144}\right)\frac{6}{17} = 1\frac{169}{408} \approx 1; 24,51,10,35$$

Es zeigt sich, dass die Verfahren von Joseph und Cooke äquivalent sind; die Methode von Joseph übersteigt die Mittel der babylonischen Mathematik.

E) Weitere Beispiele:

1. Eine ähnliche Rechnung findet sich auf der Tafel AO 6484. Sie berechnet die Seite eines Quadrats bei gegebener Diagonale 10 als $10 \times (0; 42,30) = 7; 5.(0; 42,30)$ ist eine schlechtere Näherung als $(0; 42,25,35)$ von YBC 7289. Immerhin gilt:

$$\frac{1}{\sqrt{2}} \approx 0; 42,30 = \frac{42}{60} + \frac{30}{3600} = \frac{17}{24} = 0,7083\ldots$$

Für $\sqrt{2}$ ergibt sich damit $\frac{24}{17}$. Dieser Kehrwert darf gebildet werden, da 24 eine reguläre Zahl ist.

2. Das frühbabylonische Problem VAT 6598 #6 behandelt eine Tür der Höhe h und der Breite w. Die gesuchte Diagonale d wird berechnet mittels:

$$d = \sqrt{h^2 + w^2} \approx h + \frac{w^2}{2h}$$

Für die Höhe $h = 40$ und Breite $w = 10$ folgt damit:

$$d = \sqrt{40^2 + 10^2} \approx 40 + \frac{10^2}{2 \times 40} = 40 + \frac{5}{4} = 41\frac{1}{4} = 41; 15$$

Die Tafel liefert hier $(41; 13, 20)$; exakt gilt $(41; 13, 51, 48, \ldots)$. Bruins liefert für diese Näherung folgende Herleitung:

$$d^2 = a^2 + b^2 \Rightarrow (d - a)(d + a) = b^2 \Rightarrow d = a + \frac{b^2}{d + a}$$

Wegen $(d > a)$ ergibt sich näherungsweise:

$$d \approx a + \frac{b^2}{2a}$$

3. Es gibt aber auch nicht korrekte Wurzelrechnungen. In der folgenden Aufgabe VAT 6598 #7 wird die Diagonale d einer Tür $(w; h)$ bestimmt nach der falschen Formel:

$$d = h + 2hw^2$$

Neugebauer versucht die nicht korrekte Formel mithilfe von $d = h + \frac{2hw^2}{2h^2+w^2}$ durch Weglassen des Nenners $2h^2 + w^2$ (mit der Größenordnung 1) zu erklären.

4. Ergänzend hier ein Beispiel einer Kubikwurzel aus einer altbabylonischen Tafel YBC 6295 (MCT, S. 42):

> Verfahren für eine dritte Wurzel:
> Die Kubikwurzel von 3,22,30 ist was?
> Der Wert findet sich nicht,
> aber es gibt die Kubikwurzel aus 7,30,0.
> Du merkst dir: 3,22,30
> Die Kubikwurzel aus 7,30,0 ist was? Es ist 30.
> Suche das Reziproke von 7,30,0, du findest 0;0,0,8.
> Multipliziere 0;0,0,8 mit 3,22,30, es macht 27.
> Die Kubikwurzel aus 27 ist was? Es ist 3.
> Multipliziere die Kubikwurzel 3 mit 30, der anderen Kubikwurzel.
> Es ergibt 1,30. Die Kubikwurzel von 3,22,30 ist 1,30.

Gesucht ist also $\sqrt[3]{3,22,30}$. Die Kubikwurzel findet sich nicht in einer Tafel, die dem Schreiber vorliegt. Eine typische Kubiktabelle, wie der 6-seitige Prismentext AO 8865, enthält die Kubikzahlen von 1 bis 40. Aber er findet eine Kubikwurzel, die ein Teiler ist: $\sqrt[3]{7,30,0} = 30$. Hier wendet er die Formel an:

$$\sqrt[3]{a} = \sqrt[3]{b} \cdot \sqrt[3]{\frac{a}{b}} \Rightarrow \sqrt[3]{3,22,30} = \sqrt[3]{7,30,0} \cdot \sqrt[3]{\frac{3,22,30}{7,30,0}}$$

Die Division wird als Produkt mit dem Reziproken $(7,30,0)^{-1} = 0; 0,0,8$ durchgeführt. Es folgt:

$$\frac{3,22,30}{7,30,0} = 3,22,30 \times 0; 0,0,8 = 27$$

Damit erhält man schließlich:

$$\sqrt[3]{3,22,30} = \sqrt[3]{7,30,0} \cdot \sqrt[3]{27} = 30 \cdot 3 = 1,30$$

Im Dezimalsystem lautet der Rechengang:

$$\sqrt[3]{729000} = \sqrt[3]{27000} \cdot \sqrt[3]{\frac{729000}{27000}} = 30 \cdot \sqrt[3]{27} = 90$$

Heron verwendet später folgendes Kubikwurzelverfahren. Zur Berechnung von $\sqrt[3]{N}$ sucht er die größte Kubikzahl $a^3 < N$. Es gilt dann die Ungleichung:

$$a^3 < N < (a+1)^3$$

Mit den beiden Differenzen $d_1 = N - a^3$ $\therefore$ $d_2 = (a+1)^3 - N$ verwendet er folgende Näherung:

$$\sqrt[3]{N} \approx a + \frac{(a+1)d_1}{(a+1)d_1 + ad_2}$$

Heron wählt das Beispiel: $N = 100$ $\therefore$ $a = 4$. Dies liefert mit:

$$d_1 = 100 - 64 = 36 \ \therefore \ d_2 = 125 - 100 = 25 \Rightarrow \sqrt[3]{100} \approx 4 + \frac{5 \cdot 36}{5 \cdot 36 + 4 \cdot 25} = 4\frac{9}{14}$$

3.4.3 Quadratische Gleichung

Im Jahr 1930 entdeckte ein Teilnehmer des Neugebauer-Seminars[29] namens H. S. Schuster überraschend, dass die babylonischen Schrifttafeln auch quadratische Gleichungen enthielten. Zum Seminar gehörte auch Neugebauers späterer Mitarbeiter Abraham Sachs.

Jede (nichttriviale) quadratische Gleichung kann stets als System zweier Unbekannten geschrieben werden:

$$x^2 + bx = a \Rightarrow x\underbrace{(x+b)}_{y} = a \Rightarrow xy = a; \ y = x + b \ (b \neq 0)$$

Methode 1 (Substitution)
Quadratische Gleichungen tauchen bei den Babyloniern oft als System auf. Da diese Form sehr häufig ist, nennt sie K. Vogel eine Normalform (NF):

$$NFI : xy = a \ \therefore \ x + y = b$$
$$NFII : xy = a \ \therefore \ x - y = b$$

Im Fall von Normalform I verwendet man folgende Substitution

$$x = \frac{b}{2} + s \ \therefore \ y = \frac{b}{2} - s$$

---

[29]Schuster, H. S.; Neugebauer O.: Quellen und Studien zur Geschichte der Mathematik und Physik I, S. 80, 194 (1931).

Die Substitution bewirkt eine Reduktion der Unbekannten, da statt zwei Unbekannten $(x; y)$ nur noch eine Unbekannte s zu bestimmen ist. Die Gleichung (I) liefert damit:

$$xy = \left(\frac{b}{2}+s\right)\left(\frac{b}{2}-s\right) = a \Rightarrow \left(\frac{b}{2}\right)^2 - s^2 = a \Rightarrow s = \sqrt{\left(\frac{b}{2}\right)^2 - a}; \ \left(\frac{b^2}{4} \geq a\right)$$

Die Unbekannten ergeben sich damit zu:

$$x = \frac{b}{2} + \sqrt{\left(\frac{b}{2}\right)^2 - a} \ \therefore \ y = b - x = \frac{b}{2} - \sqrt{\left(\frac{b}{2}\right)^2 - a}$$

Im Falle der Normalform II wählt man:

$$x = s + \frac{b}{2} \ \therefore \ y = s - \frac{b}{2}$$

Die Gleichung (II) liefert damit:

$$xy = \left(s + \frac{b}{2}\right)\left(s - \frac{b}{2}\right) = a \Rightarrow s^2 - \left(\frac{b}{2}\right)^2 = a \Rightarrow s = \sqrt{\left(\frac{b}{2}\right)^2 + a}$$

Die Auflösung ergibt:

$$x = \frac{b}{2} + \sqrt{\left(\frac{b}{2}\right)^2 + a} \ \therefore \ y = s - \frac{b}{2} = -\frac{b}{2} + \sqrt{\left(\frac{b}{2}\right)^2 + a}$$

Die Kenntnis der binomischen Formel wird jeweils vorausgesetzt. Der babylonische Ansatz wird später von Diophantos (I, 27) übernommen:

Es sind zwei Zahlen zu finden, sodass ihre Summe und ihr Produkt gleich zwei gegebenen Zahlen sind:

$$xy = a = 96 \ \therefore \ x + y = b = 20$$

Diophantos setzt hier (wie oben):

$$x = \frac{b}{2} + s = 10 + s \ \therefore \ y = \frac{b}{2} - s = 10 - s$$

Das Produkt ist dann:

$$xy = 96 = (10 + s)(10 - s) = 100 - s^2 \Rightarrow s = 2 \Rightarrow x = 12; y = 8$$

Diophantos nennt hier die notwendige Nebenbedingung für rationale Lösungen: $\left(\frac{x+y}{2}\right)^2 - xy > 0$ muss ein Quadrat sein. Die NF II behandelt Diophantos (I, 30) analog.

Methode 2 (Mittelwert und Halbdifferenz)

Die Methode basiert auf der binomischen Formel:

$$xy = \left(\frac{x+y}{2}\right)^2 - \left(\frac{x-y}{2}\right)^2$$

Ist in einer Normalform Produkt und Summe gegeben, so lässt sich damit die Differenz ermitteln; entsprechend bei Angabe von Produkt und Differenz die Summe. Dies geschieht mithilfe des arithmetischen Mittels und der Halbdifferenz. Høyrup nennt den Rechengang *average and deviation*.

Ein Beispiel ist: $x + y = 14$ $\therefore$ $xy = 48$. Mit der binomischen Formel ergibt sich das Quadrat der halben Differenz:

$$\left(\frac{x-y}{2}\right)^2 = \left(\frac{x+y}{2}\right)^2 - xy = 7^2 - 48 = 1 \Rightarrow \frac{x-y}{2} = 1$$

Die Unbekannten folgen damit zu

$$x = \left(\frac{x+y}{2}\right) + \left(\frac{x-y}{2}\right) = 7 + 1 = 8 \therefore y = \left(\frac{x+y}{2}\right) - \left(\frac{x-y}{2}\right) = 7 - 1 = 6$$

Methode 3 (Auflösungsformel)

Betrachtet wird die *NF I*: $x + y = a$ $\therefore$ $xy = b$. Mit der binomischen Formel folgt:

$$\left(\frac{x-y}{2}\right)^2 = \left(\frac{x+y}{2}\right)^2 - xy \Rightarrow \left(\frac{x-y}{2}\right)^2 = \left(\frac{a}{2}\right)^2 - b$$

Wurzelziehen liefert wie erwartet:

$$\sqrt{\left(\frac{a}{2}\right)^2 - b} = \frac{x-y}{2} = \frac{2x - (x+y)}{2} = x - \frac{a}{2}$$

$$\Rightarrow x = \frac{a}{2} + \sqrt{\left(\frac{a}{2}\right)^2 - b} \Rightarrow y = a - x = \frac{a}{2} - \sqrt{\left(\frac{a}{2}\right)^2 - b}$$

Vogel nennt diese Methode die *arabische*.

Bemerkung Die Methoden der Substitution bzw. des Mittelwerts und Halbdifferenz sind verwandt. Der Ansatz der Substitution $x = a + e$; $y = a - e$ führt zum Mittelwert bzw. zur Halbdifferenz und umgekehrt:

$$x = a + e \therefore y = a - e \Rightarrow x + y = 2a \Leftrightarrow a = \frac{1}{2}(x+y)$$

$$\Rightarrow x - y = 2e \Leftrightarrow e = \frac{1}{2}(x-y)$$

Die Substitutionsmethode funktioniert auch, wenn die Summe bzw. die Differenz der Quadrate gegeben ist:

Diophantos (I, 28): Es sind zwei Zahlen zu finden, sodass ihre Summe und ihre Quadratsumme gleich zwei gegebenen Zahlen sind:

$$x + y = b = 20 \quad \therefore \quad x^2 + y^2 = 208$$

Diophantos substituiert wie oben:

$$x = \frac{b}{2} + s = 10 + s \quad \therefore \quad y = \frac{b}{2} - s = 10 - s$$

Einsetzen in die Quadratsumme liefert:

$$x^2 + y^2 = (10 + s)^2 + (10 - s)^2 = 208 \Rightarrow 2s^2 = 8 \Rightarrow s = 2 \Rightarrow x = 12; y = 8$$

Der analoge Fall mit Differenz und Quadratsumme findet sich bei Diophantos (I, 29).

3.4.4 Die Flächenhalbierende eines Vierecks

1) Fall des allgemeinen Vierecks

Die Babylonier kannten, wie die Ägypter, die Landvermesser-Formel als Näherung für die Viereckfläche:

$$A = \frac{a + c}{2} \frac{b + d}{2}$$

Nach K. Vogel (VG II, S. 70) lässt sich eine Formel für die Transversale herleiten, die die Fläche halbiert. Für die Teilflächen gilt bei Halbierung:

$$A_1 = A_2 \quad \therefore \quad A_1 + A_2 = A$$

Mit den Bezeichnungen der Abb. 3.22 folgt mit der Flächenformel nach Erweitern:

$$(x + c)(b_2 + d_2) = (a + x)(b_1 + d_1)$$
$$(a + x)(b_1 + d_1) + (x + c)(b_2 + d_2) = (a + c)(b_1 + b_2 + d_1 + d_2)$$

Umformen der zweiten Gleichung zeigt:

$$(x - c)(b_1 + d_1) = (a - x)(b_2 + d_2)$$

Produkt der beiden Gleichungen liefert:

$$(x + c)(b_2 + d_2)(x - c)(b_1 + d_1) = (a + x)(b_1 + d_1)(a - x)(b_2 + d_2)$$

Vereinfachen zeigt:

$$x^2 - c^2 = a^2 - x^2 \Rightarrow x = \sqrt{\frac{a^2 + c^2}{2}}$$

Abb. 3.22 Allgemeines
Viereck mit
Flächenhalbierender

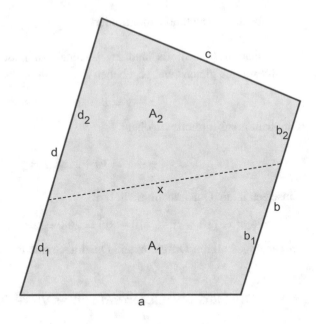

Überraschenderweise taucht hier das quadratische Mittel auf.

2) Fall des Trapezes

Wegen der Flächenhalbierung folgt (Abb. 3.23):

$$A_1 = A_2 \Rightarrow \frac{x+c}{2}\, h_2 = \frac{x+a}{2}\, h_1 \Rightarrow \frac{h_1}{h_2} = \frac{x+c}{x+a}$$

Aus der Ähnlichkeit ergibt sich $\frac{h_1}{h_2} = \frac{a-x}{x-c}$. Gleichsetzen liefert:

$$x^2 - c^2 = a^2 - x^2 \Rightarrow x = \sqrt{\frac{a^2 + c^2}{2}}$$

Dieses Ergebnis ist, im Gegensatz zu Fall 1) exakt, da hier die korrekte Flächenformel benützt wurde.

Abb. 3.23 Trapez mit
Flächenhalbierender

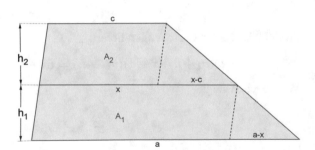

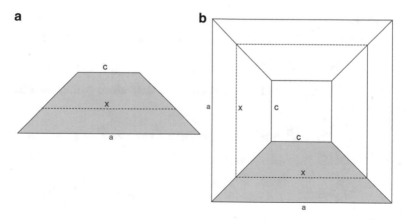

Abb. 3.24   Zerlegung zweier konzentrischer Quadrate(**b**) in Trapeze(**a**)

3) Geometrische Interpretation

Wie konnten die Babylonier einen solchen Zusammenhang erkennen?

Für den Fall eines symmetrischen Trapezes gibt P. Rudman[30] folgende Interpretation:

Über den Parallelseiten a, c des Trapezes werden jeweils konzentrische Quadrate errichtet. Nach Konstruktion können dem Quadrat-„Ring" genau drei weitere kongruente Trapeze einbeschrieben werden (Abb. 3.24). Die Flächen der Quadrate betragen a² bzw. c², ihre Differenz ist die vierfache Trapezfläche 4A.

Somit gilt:

$$A = \frac{1}{4}\left(a^2 - c^2\right)$$

Für die untere Hälfte des Trapezes gilt analog:

$$A_1 = \frac{1}{4}\left(a^2 - x^2\right)$$

Wegen der Halbierung folgt:

$$A = 2A_1 \Rightarrow \frac{1}{4}\left(a^2 - c^2\right) = \frac{1}{2}\left(a^2 - x^2\right)$$

Vereinfachen zeigt $a^2 + c^2 = 2x^2$. Obwohl hier symmetrische Trapeze herangezogen wurden, lässt sich das Ergebnis auf andere Trapeze verallgemeinern. Es gilt auch der Grenzfall:

Fall ($a = c$): Das Trapez wird zum Rechteck, die Länge der Flächenhalbierenden wird gleich der Rechteckseite.

---

[30]Rudman, P. S.: The Babylonian Theorem, Prometheus Books, S. 82. Amherst (2010).

4) Parametrisierung

Die Formel der Trapezflächenhalbierenden *(c < x < a)* kann umgewandelt werden in:

$$2x^2 = a^2 + c^2 \Rightarrow (2x)^2 = 2a^2 + 2c^2 = (a+c)^2 + (a-c)^2$$

Vogel (VG II, S. 72) macht dafür einen Parameteransatz eines pythagoreischen Tripels $\left(n^2 + 1; 2n; n^2 - 1\right)$:

$$2x = n^2 + 1 \quad \therefore \quad a + c = 2n \quad \therefore \quad a - c = n^2 - 1$$

Vereinfachen ergibt die Parameterdarstellung:

$$x = \frac{1}{2}\left(n^2 + 1\right) \quad \therefore \quad a = \frac{1}{2}\left(n^2 + 2n - 1\right) \quad \therefore \quad c = \frac{1}{2}\left(2n - n^2 + 1\right)$$

Nach Vogel ist der Parameter *n* rational und beschränkt:

$$\sqrt{2} - 1 < n < \sqrt{2} + 1$$

Für $(n = 1)$ zeigt sich das Tripel $(c = 1; x = 1; a = 1)$; in diesem Fall ist das Trapez speziell ein Rechteck. Für $(n = 2)$ ergibt sich zunächst das Tripel $(c = \frac{1}{2}; x = \frac{5}{2}; a = \frac{7}{2})$, das ganzzahlig gemacht werden kann zu $(c = 1; x = 5; a = 7)$. Für weitere Parameter ergibt sich die Tabelle.

n	1	2	3/2	4/3	5/3	5/4	6/5
a	1	7	17	31	23	49	71
x	1	5	13	25	17	41	61
c	1	1	7	17	7	31	49

Alle Aufgaben von YBC 4675, VAT 8512 und VAT 7535 verwenden die Tripel für $(n = 2)$ bzw. $\left(n = \frac{3}{2}\right)$. Nur in AO 17264 werden die weiteren Tripel $(17, 25, 31)$, $(31, 41, 49)$ und $(49, 61, 71)$ verwendet, da hier 3 Trapeze nebeneinander liegen.

5) Verallgemeinerung

Betrachtet werde folgende Flächenzerlegung nach Abb. 3.25a:

Die Abbildung enthält zwei konzentrische Quadrate, denen vier kongruente gleichschenklige Trapeze mit den Parallelseiten p, q einbeschrieben sind. Die Flächenhalbierenden *d* der vier Trapeze bilden ein drittes konzentrisches Quadrat. Für den Flächeninhalt *A* eines der Trapeze und dem Quadrat der Flächenhalbierenden gilt:

$$A = \frac{1}{4}\left(p^2 - q^2\right) \quad \therefore \quad d^2 = \frac{1}{2}\left(p^2 + q^2\right)$$

Das große Quadrat wird nun zerlegt in das innere Quadrat und in vier kongruente Rechtecke, die einen Ring um das innere Quadrat bilden. Jedes dieser Rechtecke mit den Seiten $u, s (u + s = p)$ ist daher flächengleich zu einem Trapez. Da die Diagonale eines

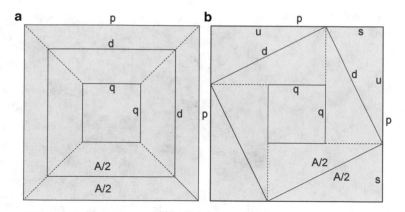

Abb. 3.25 Diagramm zur altbabylonischen Diagonalformel

Rechtecks ebenfalls Flächenhalbierende ist, sind die Diagonalen kongruent zu den Flächenhalbierenden der Trapeze. Damit gilt (Abb. 3.25b):

$$d^2 = \frac{1}{2}\left(p^2 + q^2\right) = \frac{1}{2}\left[(u+s)^2 + (u-s)^2\right] = u^2 + s^2$$

Diese Formel nennt Friberg *OB(= Old Babylonian) diagonal rule*. Sie ist äquivalent zum Satz des Pythagoras. Nach Meinung von Friberg[31] war ein babylonischer Mathematiker imstande, die Satzgruppe des Pythagoras zu beweisen.

3.5 Eine ganz besondere Tafel: Plimpton 322

Während das schon besprochene Wurzeltablett YBC 7289 den größten Bekanntheitsgrad hat, dürfte die Tafel 322 der G. A. Plimpton-Sammlung der Columbia Universität die meistdiskutierte sein (Abb. 3.26).

Mansfield und Wildberger schreiben im August 2017: „Plimpton 322 is one of the most sophisticated scientific artifacts of the ancient world" (P322 ist eines der intelligentesten wissenschaftlichen Objekte der Antike).

Die Tontafel wurde 1922 von George Plimpton, einem New Yorker Verleger, für 10 $ von dem Abenteurer und Archäologen E. J. Banks erworben, der das filmische Vorbild des „Indiana Jones" war. Nach dessen Angaben lag der Fundort südlich der antiken Stadt Larsa (heute Tell as-Senkereh). Plimptons ganze Sammlung von alten Mathematikbüchern und Geräten wurde 1936, zusammen mit dieser Tafel, der Universität Columbia vermacht. Die Sammlung wurde nach dem Stifter *Plimpton Collection of the Rare*

---

[31]Friberg, J.: Amazing Traces of a Babylonian Origin in Greek Mathematics, S. 99. World Scientific Publishing, New York (2007).

Abb. 3.26 Die Tafel Plimpton 322 (koloriert). (Wikimedia Commons)

Book and Manuscript Library benannt. Da die Tafel ein Querformat hat, was typisch ist für kaufmännische Texte, wurde sie erst spät als mathematisches Tablett erkannt. Neugebauer und Sachs (MCT, S. 38) entdeckten und publizierten es 1945; sie nannten es „das älteste erhaltene Zeugnis antiker Zahlentheorie". Der Vergleich mit anderen Tafeln aus Larsa lässt vermuten, dass sie aus der Periode 1822 bis 1784 v. Chr. stammt.

Die Entdecker äußerten die Vermutung, dass es hier um einen Algorithmus zur Erzeugung pythagoreischer Zahlentripel handelt. Dies rief eine Vielzahl von Diskussionen unter den Forschern hervor.

Die Tafel ist ein Fragment; die linke Bruchstelle macht erste Zahlenspalte unlesbar; viele Forscher ergänzen hier eine führende Eins. Wegen dieser Unsicherheit vermutete der Autor R. C. Buck[32] ein Logikrätsel vor sich zu haben „würdig eines Sherlock Holmes". Eleanor Robson[33] betonte daraufhin in einem Artikel, dass man zur Interpretation „keine Sherlock-Holmes-Logik" benötige; in einem weiteren Artikel legte sie später[34] noch einmal nach. Widerspruch gegen das Urteil von Neugebauer kam auch von E. M. Bruins[35], der im unversöhnlichen Dauerstreit mit seinen Fachkollegen stand.

Die Tafel besteht aus 4 Spalten mit 15 Zeilen, wobei die Nummerierung sich rechts befindet, da dieses Format von rechts nach links gelesen wurde. Aus der Überschrift zur zweiten (a) und dritten Spalte (c) konnte Neugebauer Hinweise entnehmen, dass es sich

---

[32]Buck, R. C.: Sherlock Holmes in Babylon, American Mathematical Monthly, Mathematical Association of America, 87(5), 335–345 (1980).

[33]Robson, E.: Neither Sherlock Holmes nor Babylon: a reassessment of Plimpton 322, Historia Mathematica, 28(3), 167–206 (2001).

[34]Robson, E.: Words and Pictures; New Light on Plimpton 322, American Mathematical Monthly, Mathematical Association of America, 109(2), 105–120 (2002).

[35]Bruins, E. M.: On Plimpton 322, Pythagorean numbers in Babylonian mathematics, Koninklijke Nederlandse Akademie van Wetenschappen Proceedings, 52, 629–632 (1949).

um eine „Seite" und „Diagonale" handelt. Mit den 5 Korrekturen erhält die Tafel folgendes Aussehen:

	a	c	Nr.
[1],59,00,15	1,59	2,49	1
[1],56,56,58,14,50,06,15*	56,07	1,20,25*	2
[1],55,07,41,15,33,45	1,16,41	1,50,49	3
[1],53,10,29,32,52,16	3,31,49	5,09,01	4
[1],48,54,01,40	1,05	1,37	5
[1],47,06,41,40	5,19	8,01	6
[1],43,11,56,28,26,40	38,11	59,01	7
[1],41,33,45,14,03,45	13,19	20,49	8
[1],38,33,36,36	8,01*	12,49	9
[1],35,10,02,28,27,24,26	1,22,41	2,16,01	10
[1],33,45	45	1,15	11
[1],29,21,54,02,15	27,59	48,49	12
[1],27,00,03,45	2,41*	4,49	13
[1],25,48,51,35,06,40	29,31	53,49	14
[1],23,13,46,40	56	1,46*	15

Die Korrekturen von Neugebauer (MCT, S. 49) sind hier mit einem Sternchen (*) versehen; ferner wurden die Leerstellen mit Nullen gefüllt

Zur besseren Lesbarkeit werden die Spalten a und c ganzzahlig dezimal geschrieben. Mit dem Ansatz eines pythagoreischen Tripels wird eine neue Spalte b ermittelt:

$$a^2 + b^2 = c^2 \Rightarrow b = \sqrt{c^2 - a^2}$$

a	b	c	Nr.
119	120	169	1
3367	3456	4825	2
4601	4800	6649	3
12709	13500	1854	4
65	72	97	5
319	360	481	6
2291	2700	3541	7
799	960	1249	8
481	600	769	9
4961	6480	8161	10

a	b	c	Nr.
45	60	75	11
1679	2400	2929	12
161	240	289	13
1771	2700	3229	14
56	90	106	15

Es ergeben sich teilweise recht große pythagoreische Tripel, in Zeile 11 und 15 die bekannte Tripel $15 \times (3; 4; 5)$ bzw. $2 \times (28; 45; 53)$. Alle anderen Tripel sind primitiv, d. h. teilerfremd.

Wie erzeugt man pythagoreische Tripel? Ein bekannter Algorithmus hat folgende Eigenschaften: Gilt

- $p > q > 0$,
- $p \bmod 2 \neq q \bmod 2$,
- $ggT(p, q) = 1$

so stellt $\left(p^2 - q^2; 2pq; p^2 + q^2\right)$ ein primitives pythagoreisches Tripel dar. Das Verfahren erzeugt alle diese Tripel und wiederholt sich nicht. Die Umkehrung ist:

$$p^2 = \frac{1}{2}(a + c) \; \therefore \; q = \frac{b}{2p}$$

Die Herleitung liegt ganz auf babylonischer Linie. Mit dem Ansatz $c = x + y$; $a = x - y$ folgt $c^2 - a^2 = b^2$ genau dann, wenn $b^2 = 4xy \Leftrightarrow b = 2\sqrt{xy}$ ganzzahlig ist. Dies ist sicher der Fall, wenn beide Radikanden Quadrate sind: $x = p^2$; $y = q^2$. Der Ansatz liefert damit das gesuchte Ergebnis:

$$a = p^2 - q^2 \; \therefore \; b = 2pq \; \therefore \; c = p^2 + q^2$$

Die obengenannte Umkehrung liefert für die Tafel folgende Wertepaare $(p; q)$:

p	q	Nr.
12	5	1
64	27	2
75	32	3
125	54	4
9	4	5
20	9	6
54	25	7
32	15	8

p	q	Nr.
25	12	9
81	40	10
2	1	11
48	25	12
15	8	13
50	27	14
9	5	15

Vermutlich haben die Altbabylonier dieses Verfahren tatsächlich angewandt. Dass die erhaltenen Werte die Tabelle restlos erklären, ist ein starkes Indiz dafür. Neugebauer schreibt:

> Wie unvollständig unser gegenwärtiges Wissen der babylonischen Mathematik auch ist, so ist zweifellos sicher: Wir haben es hier mit einer mathematischen Entwicklung zu tun, die in vielen Aspekten mit der Mathematik der frühen Renaissance vergleichbar ist.

Auch T. Exarchakos[36] ist der Meinung, dass es sich hier um reine Zahlentheorie handelt:

> … we prove that in this tablet there is no evidence whatsoever that the Babylonians knew the Pythagorean theorem and the Pythagorean triads.

Doch wie erklärt sich die linke Spalte, die sicher nicht ganzzahlig ist? Hier kommen folgende Werte infrage: $\left(\frac{c}{b}\right)^2$ bzw. $\left(\frac{a}{b}\right)^2$; dies folgt direkt aus $a^2 + b^2 = c^2 \Leftrightarrow \left(\frac{a}{b}\right)^2 + 1 = \left(\frac{c}{b}\right)^2$. Diese Spalte müsste ein Quadrat sein, ebenso, wenn um 1 vermindert! Für den Quotienten gilt:

$$\frac{c}{b} = \frac{p^2 + q^2}{2pq} = \frac{1}{2}\left(\frac{p}{q} + \frac{q}{p}\right)$$

$\frac{c}{b}$ ist also ein endlicher Sexagesimalbruch, wenn $\left(\frac{1}{q}; \frac{1}{p}\right)$ reguläre Zahlen sind. In der Tat erscheinen die Werte $\frac{1}{q}; \frac{1}{p}$ in den üblichen Reziproken-Tabellen. Damit erhalten wir eine Tabelle mit abbrechenden Sexagesimalbrüchen:

$\left(\frac{c}{b}\right)^2$	$\left(\frac{c}{b}\right)^2$ dezimal
1,59,00,15	1,9834…
1,56,56,58,14,50,06,15	1,94916…
1,55,07,41,15,33,45	1,9188…

[36]Exarchakos, T. G.: Babylonian mathematics and Pythagorean triads, Bull. Greek Math. Soc. 37, 29–47 (1995).

$\left(\frac{c}{b}\right)^2$	$\left(\frac{c}{b}\right)^2$ dezimal
1,53,10,29,32,52,16	1,88625…
1,48,54,01,40	1,81501…
1,47,06,41,40	1,78519…
1,43,11,56,28,26,40	1,71998…
1,41,33,45,14,03,45	1,6927…
1,38,33,36,36	1,63267…
1,35,10,02,28,27,24,26	1,5861…
1,33,45	1,5625
1,29,21,54,02,15	1,4894…
1,27,00,03,45	1,45002…
1,25,48,51,35,06,40	1,43024…
1,23,13,46,40	1,38716…

Auffallend ist hier die Monotonie der rechten Spalte! Sieht man b als Ankathete zur Hypotenuse c an, so stellen die Werte der linken Spalte jeweils das Quadrat des Sekans des zugehörigen Winkels α dar:

$$\left(\frac{c}{b}\right)^2 = \left(\frac{1}{\cos \alpha}\right)^2 = (\sec \alpha)^2$$

Die linke Spalte liefert damit folgende Reihe von Winkeln (im Winkelmaß), hier in der dezimal geschriebenen Tabelle:

p	q	a	b	c	$(\sec \alpha)^2$	$\alpha(°)$	Nr.
12	5	119	120	169	1,983402778	44,76	1
64	27	3367	3456	4825	1,949158552	44,25	2
75	32	4601	4800	6649	1,918802127	43,79	3
125	54	12709	13500	18541	1,886247907	43,27	4
9	4	65	72	97	1,815007716	42,08	5
20	9	319	360	481	1,785192901	41,54	6
54	25	2291	2700	3541	1,719983676	40,32	7
32	15	799	960	1249	1,692709418	39,77	8
25	12	481	600	769	1,642669444	38,72	9
81	40	4961	6480	8161	1,586122566	37,44	10
2	1	3	4	5	1,5625	36,87	11
48	25	1679	2400	2929	1,48941684	34,98	12
15	8	161	240	289	1,450017361	33,86	13
50	27	1771	2700	3229	1,43023882	33,26	14
9	5	56	90	106	1,387160494	31,89	15

Professor D. E. Joyce[37] sieht in der Tafel die erste Tabelle einer trigonometrischen Funktion im Winkelbereich $\alpha \in\ ]30°\,;45°\,[$. Auch Calinger[38] erkennt hier die Sekansfunktion. Joseph dagegen ist skeptisch: „This interpretation is a trifle fanciful" (ein wenig phantastisch)!

D. Knuth hatte 1972 in einer anderen Tafel eine lineare Interpolation für die Laufzeit eines Kapitals entdeckt; er schrieb:

> This procedure suggests that the Babylonians were familiar with the idea of linear interpolation. Therefore the trigonometric tables in the famous "Plimpton tablet" [...] were possibly used to obtain sines and cosines in a similar way.

Robson verwirft die Hypothese einer trigonometrischen Tafel, sie schreibt, es gebe keinen geeigneten Begriffsrahmen für den Winkelbegriff oder die Trigonometrie;

> ... there was no conceptual framework for measured angle or trigonometry [in the OB era]. In short, Plimpton 322 could not have been a trigonometric table.

Bruins[39] hat darauf hingewiesen, dass die beiden Parameter p, q durch einen Wert ersetzt werden können. Ist $x = \frac{p}{q}$ eine reguläre Zahl, so kann man mit dem Reziproken $\frac{1}{x} = \frac{q}{p}$ schreiben:

$$\frac{c}{b} = \frac{1}{2}\left(\frac{p}{q} + \frac{q}{p}\right) = \frac{1}{2}\left(x + \frac{1}{x}\right) \quad \therefore \quad \frac{a}{b} = \frac{1}{2}\left(x - \frac{1}{x}\right)$$

Damit erhält man für $b = 1$ das (rationale) normierte Tripel:

$$\left\{\frac{1}{2}\left(x - \frac{1}{x}\right); 1; \frac{1}{2}\left(x + \frac{1}{x}\right)\right\}$$

Eine neuere, umfangreiche Untersuchung stammt von J. Friberg[40], der P322 als Klassifikation von rechtwinkligen Dreiecken auffasste. Seine 42-seitige Abhandlung entzieht sich einer kurzen Besprechung. Friberg vermutet (S. 300):

> Es könnte die Absicht des Tablett-Schreibers sein, Seiten und Diagonalen aller rationalen Dreiecke mit normierter Kathete mit der aus praktischen Gründen einzigen Bedingung, dass der Parameter $x = \frac{s}{r}$ (s < 1.0) eine reguläre Sexagesimalzahl ist.

---

[37]Joyce, D. E.: Plimpton 322. Clark University (1995), http://aleph0.clarku.edu/~djoyce/mathhist/plimpnote.html.

[38]Calinger, R.: A conceptual history of mathematics, Upper Straddle River (1999).

[39]Bruins, E. M.: Pythagorean triads in Babylonian mathematics, The Mathematical Gazette 41, 25–28 (1957).

[40]Friberg J.: Methods and Traditions of Babylonian Mathematics, Historia Mathematica 8, 277–318 (1981).

Dieses Zitat haben Mansfield und Wildenberger[41] zu einer neuen Interpretation von P322 verholfen, die im August 2017 weltweit durch die Presse ging. Sie schreiben:

> Aber die Möglichkeit, dass P322 eine präzise sexagesimale, trigonometrische Tabelle ist, die nicht auf dem Winkelmaß basierenden Maßsystem beruht, wurde bisher nicht betrachtet.

Sie erzeugten eine vollständige Version der P322 nach einem Algorithmus, der für die ersten 38 regulären Zahlen die Werte $\frac{1}{2}(x \pm \frac{1}{x})$ tabelliert. Soll also das rechtwinklige Dreieck mit den Katheten $(b; l)(b < l)$ bzw. die Diagonale des Rechtecks $(b; l)$ ermittelt werden, so muss das Dreieck $(b; l; d)$ normiert werden zu $(\beta; 1; \delta)$ mit $\beta = \frac{b}{l}$ und $\delta = \frac{d}{l}$. In der Tabelle von Mansfield & Wildenberger muss nun ein passender Wert für β ausgewählt und der zugehörige Wert δ abgelesen werden. Die gesuchte Hypotenuse bzw. Diagonale ergibt sich dann aus dem Produkt $d = \delta l$.

Mansfield & Wildenberger geben ein Beispiel aus **VAT 6598** und **BM 96957 #18** (MKT I, S. 286). Dort soll die Diagonale eines Tors der Breite $l = 40$ und der Höhe $b = 10$ ermittelt werden. Man bestimmt $\frac{10}{40} = 0; 15$ und sucht in der Tabelle nach einem benachbarten Wert. In Zeile 30 der Tabelle von Mansfield & Wildenberger findet sich der Wert $\beta = 0,14,57,45$, zugehörig ist $\delta = 1; 01,50,15$. Dezimal geschrieben ist dies $\beta = 0,249375$ und $\delta = 1,030625$. Die Normierung rückgängig gemacht, erhält man:

$$d = 40 \times 1,030625 = 41,225$$

Dieses Ergebnis ist nahe am exakten Wert $d = 10\sqrt{17} \approx 41,2310$. Falls diese Genauigkeit nicht genügt, empfehlen die Autoren die lineare Interpolation, die schon D. Knuth 1972 angeregt hat.

β	δ	δ^2	b	d	Nr.
20,04	1,03,16	1,06,42,40,16	5,01	15,49	27
18,16,40	1,02,43,20	1,05,34,04,37,46,40	5,29	18,49	28
17,3	1,02,30	1,05,06,15	7	25	29
14,57,45	1,01,50,15	1,03,43,52,35,03,45	6,39	27,29	30
13,3	1,01,30	1,03,02,15	9	41	31
11	1,01	1,02,01	11	1,01	32
10,14,35	1,00,52,05	1,01,44,55,12,40,25	4,55	29,13	33

Um diesen Rechengang allgemein durchführen zu können, muss man voraussetzen, dass die beiden linken Spalten vom Tablett abgebrochen sind, ferner müsste es 38 Zeilen

[41]Mansfield, D. F., Wildenberger, N. J.: Plimpton 322 is Babylonian exact sexagesimal trigonometry, Historia Mathematica 4 (44), 395–419 (2017), http://doi.org/10.1016/j.hm.2017.08.001.

umfasst haben. Man erspart sich nur ein Wurzelziehen nach Pythagoras, das aber in Babylonien wohl bekannt war.

Auffällig ist hier der Titel des Aufsatzes: „P322 is Babylonian exact sexagesimal trigonometry." Der etwas hochgestochene Titel bezieht sich wohl auf die Aussage, die Tafel sei eine Sekanstabelle im Bereich $[31{,}89° ; 44{,}76°]$.

3.6 Tafeln aus dem Britischen Museum (BM)

3.6.1 BM 13901

Das Tablett ist eines der ältesten babylonischen Tontafeln; es stammt vermutlich aus Susa (um 1800 v. Chr.). Es enthält 27 quadratische Gleichungen verschiedenen Schwierigkeitsgrades und ist damit vergleichbar mit einem Lehrbuch. Das Britische Museum nennt die Tafel *Handbuch der quadratischen Gleichungen*. Der Text wurde zuerst von Thureau-Dangin (1936) editiert und neu herausgegeben von Neugebauer (1935/1937). Eine Neuinterpretation erfolgte durch Jens Høyrup[42] (2001).

BM 13901 #1

> Zur Fläche habe ich die Seite addiert und 45 erhalten.
> Du setzt 1 als Entwurf. Brich 1 in die Hälfte. Multipliziere 0;30 mit 0;30, es ergibt 0;15.
> Addiere 0;15 zu 0;45, ergibt 1. 1 ist die Quadratwurzel von 1. Subtrahiere 0;30. Du hast die Seite 0;30 erhalten.

Die Aufgabe wurde bereits in Abschn. 1.1 vorgestellt. In moderner Form lautet die quadratische Gleichung: $x^2 + x = 0; 45$. Zur quadratischen Ergänzung wird beiderseits $\left(\frac{1}{2}\right)^2$ addiert:

$$x^2 + x + \left(\frac{1}{2}\right)^2 = 0; 45 + \left(\frac{1}{2}\right)^2 \Rightarrow \left(x + \frac{1}{2}\right)^2 = 1 \Rightarrow x = 0; 30$$

Die historische Lösung wird nach D. J. Melville[43] geometrisch interpretiert (Abb. 3.27). Der Term $x^2 + x = x(x + 1)$ wird durch ein Rechteck der Seiten $(x, x + 1)$ dargestellt. Der Streifen der Länge 1 wird halbiert, eine Hälfte abgeschnitten und unten an das Quadrat x^2 angefügt. Der so entstehende Gnomon wird durch ein Quadrat der Seite ½ (hier

---

[42]Høyrup, J.: The old Babylonian Square Texts BM 13901 and YBC 4714, Retranslation and Analysis. In: Sammelband Høyrup & Damerow, S. 155–218.

[43]Melville, D. J.: The Area and the Side I added: Some old Babylonian Geometry, Revue d'histoire des mathématiques, 11, 40 (2005).

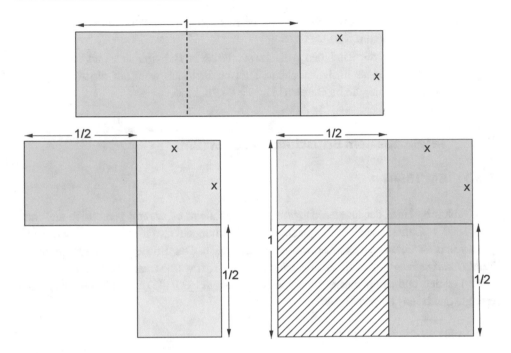

Abb. 3.27 Interpretation von BM 13901 #1

schraffiert) zu einem Quadrat der Seite $\left(x + \frac{1}{2} = 1\right)$ ergänzt. Somit ist die gesuchte Seite $x = \frac{1}{2}$.

Høyrup nennt diese Art der geometrischen Interpretation „cut & paste geometry".

BM 13901 #2

> Ich habe von der Fläche die Seite des Quadrats abgezogen, es ist 14,30.
>
> Du nimmst 1, den Koeffizienten (?). Du halbierst 1, ergibt 0;30. Du multiplizierst 0;30 mit sich, macht 0;15. Zu 14,30 addiert, ergibt 14,30;15. Dies ist das Quadrat von 29;30. Du addierst 0;30 zu 29;30, es ist 30, die gesuchte Quadratseite.

Die moderne Form ist $x^2 - x = 14,30$ mit der Lösung ist $(x = 30)$.

BM 13901 #3 „Ich habe ein Drittel der Fläche weggenommen, ein Drittel der Seite hinzugefügt: 20."

In moderner Form ist $x^2 - \frac{1}{3}x^2 + \frac{1}{3}x = 0$; 20 zu lösen. Es folgt $(x = 0; 30)$.

BM 13901 #4 „Ich habe ein Drittel der Fläche weggenommen, die Seite hinzugefügt: 4,46,40."

In moderner Form ist $x^2 - \frac{1}{3}x^2 + x = 4,46; 40$ zu lösen. Es folgt $(x = 20)$.

BM 13901 #5 „Ich habe die Fläche, die Seite und ein Drittel der Seite addiert: 55."
In moderner Form ist $x^2 + x + \frac{1}{3}x = 0; 55$ zu lösen. Es folgt $(x = 0; 30)$.

BM 13901 #6 „Ich habe die Fläche und zwei Drittel der Seite addiert und 35 erhalten."
In moderner Form ist $x^2 + \frac{2}{3}x = 0; 35$ zu lösen. Auflösen ergibt:

$$x = \sqrt{0; 6,40 + 0; 35} - 0; 20 = 0; 30$$

BM 13901 #7 „Ich habe die Seite 7-mal, die Fläche 11-mal summiert: 6,15."
In moderner Schreibweise gilt: $11x^2 + 7x = 6; 15$. Da die Gleichung nicht normiert ist, erweitert die Tafel mit 11:

$$(11x)^2 + 7 \cdot (11x) = 1,8; 15$$

Auflösen mit der Wurzel ergibt:

$$11x = \sqrt{3; 30^2 + 1,8; 45} - 3; 30 = 5; 30 \Rightarrow x = 5; 30 \div 11$$

Die Zahl 11 ist nicht regulär, daher kann kein Inverses verwendet werden, es wird daher explizit dividiert. Im Text heißt es: Das Reziproke von 11 teilt nicht; was soll man nehmen, dass es 5;30 ergibt? So wird die Lösung $x = 0; 30$ erhalten.

Die Stelle #8 war zunächst unleserlich, Neugebauer (MCT III) konnte aufgrund der analogen Aufgabe #9 das Problem rekonstruieren.

BM 13901 #8 „Ich habe die Flächen meiner Rechtecke zusammengefügt, ergibt 21,40. Ich habe die Seiten zusammengefügt, ergibt 50."
In moderner Form ist $x^2 + y^2 = 21,40$ ∴ $x + y = 50$ zu lösen.
Du brichst 21,40 in die Hälfte, 10,50 merkst du. Du brichst 50 in die Hälfte, du erhältst 25 und 25, Produkt ist 10,25. Du entnimmst 10,25 von 10,50, ergibt 25 mit der Wurzel 5. Die erste 5 addierst du zu 25, macht 30 für die erste Seite. Die zweite 5 nimmst von 25 weg, ergibt 20 als zweite Seite.
Die Tafel rechnet hier nach der Methode *Mittelwert und Halbdifferenz:*

$$\left(\frac{x-y}{2}\right)^2 = \frac{x^2 + y^2}{2} - \left(\frac{x+y}{2}\right)^2$$

$$\Rightarrow \left(\frac{x-y}{2}\right)^2 = 10,50 - (25)^2 = 10,50 - 10,25 = 25 \Rightarrow \frac{x-y}{2} = 5$$

Damit lassen sich die Unbekannten bestimmen:

$$x = \frac{x+y}{2} + \frac{x-y}{2} = 25 + 5 = 30 \quad \therefore \quad y = \frac{x+y}{2} - \frac{x-y}{2} = 25 - 5 = 20$$

Friberg (RC, S. 316) findet, dass Aufgabenstellung und Zahlenwerte identisch sind mit der akkadischen Tafel MS 5112, §2a; er vermutet, dass ein Text eine Übersetzung des anderen ist.
Warner-Imhausen (Sammelband Katz, S. 105) setzt hier die Quadratsumme 0;21,40. Dann ergeben sich die Seiten zu 0;30 und 0;20.

BM 13901 #9 „Zwei Flächen zweier Quadrate habe ich addiert: 21,40. Die Seite des ersten übertrifft die der zweiten um 10 *(gar)*.“

Es ergibt sich in moderner Form das nichtlineare System:

$$x^2 + y^2 = 21{,}40 \;\therefore\; x - y = 10$$

Der Rechengang (wie oben) ergibt wieder ($x = 30$; $y = 20$).

Exkurs J. Friberg sieht in den Lösungsverfahren hier einen sehr engen Zusammenhang mit den Lehrsätzen (*Euklid* II, 9–10, 12–14). Nach seiner Meinung nehmen die Inhalte von *BM 13901* die Satzgruppe Euklid II vorweg. *Euklid* (II, 5) lautet (Abb. 3.28):

Teilt man eine Strecke AB in gleiche Teile (Mittelpunkt C) wie auch in ungleiche (Teilungspunkt D), so gilt

$$|AD||DB| + |CD|^2 = |CB|^2$$

Man vergleiche die beiden letzten Abbildungen! Friberg findet hier eine Analogie. Euklid stellt hier eine Flächengleichheit auf und löst keinerlei quadratische Gleichungen. Eine gewisse Ähnlichkeit der letzten beiden Abbildungen ist vorhanden, letztere dient aber zu ganz anderen Zwecken. Euklid setzt hier die Flächengleichheit der Ergänzungsparallelogramme (*Euklid* I, 43) voraus, den er zuvor streng bewiesen hat; dieser Satz erscheint aber nicht in der babylonischen Mathematik.

BM 13901 #10 „Die Flächen von zwei Quadraten habe ich addiert 21,15. Die Seite des zweiten ist 1/7 kleiner als die erste.“

Es ergibt sich in moderner Form das System:

$$x^2 + y^2 = 21;25 \;\therefore\; x - y = \frac{x}{7}$$

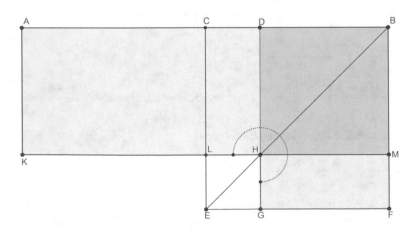

Abb. 3.28 Bild zu Euklid II, 5

Die Tafel setzt die Hilfsgröße $x = 7$, für die zweite Seite folgt dann $y = 6$. Die Quadratsumme liefert $x^2 + y^2 = 1{,}25$. Der Skalierungsfaktor für die Quadrate ist $\frac{21;25}{1{,}25} = \frac{1}{4}$, für die Variablen also $\frac{1}{2}$. Damit folgt:

$$x = 7 \times 0; 30 = 3; 30 \Rightarrow y = \frac{6}{7}x = 3$$

BM 13901 #11 „Die Flächen von zwei Quadraten habe ich addiert 28,15. Die Seite des ersten übertrifft die zweite um 1/7 der zweiten."

Es ergibt sich in moderner Form das nichtlineare System:

$$x^2 + y^2 = 28; 15 \; \therefore \; x - y = \frac{y}{7}$$

Der Rechengang verläuft analog zu BM 13901 #10. Lösung ist $(x = 4 \; \therefore, y = 3; 30)$.

BM 13901 #12 „Die Flächen von zwei Quadraten habe ich addiert 21,15. Das Produkt der Seite ist 10."

In moderner Form ist gegeben:

$$x^2 + y^2 = 21{,}40 \; \therefore \; xy = 10{,}0$$

Die Tafel führt dies auf die Normalform I in den Variablen (x^2, y^2) zurück:

$$x^2 + y^2 = 21{,}40 \; \therefore \; x^2 y^2 = (10{,}0)^2$$

Einfacher ist hier die Anwendung der binomischen Formeln:

$$(x + y)^2 = (x^2 + y^2) + 2xy$$
$$\Rightarrow (x + y)^2 = 21{,}40 + 20{,}0 = 41{,}40 \Rightarrow x + y = 50$$
$$(x - y)^2 = (x + y)^2 - 4xy$$
$$\Rightarrow (x - y)^2 = 41{,}40 - 40{,}0 = 1{,}40 \Rightarrow x - y = 10$$
$$x = \frac{x + y}{2} + \frac{x - y}{2} = 25 + 5 = 30$$
$$y = \frac{x + y}{2} - \frac{x - y}{2} = 25 - 5 = 20$$

BM 13901 #13 „Die Flächen von zwei Quadraten habe ich addiert 21,15. Die Seite des zweiten ist ¼ der ersten."

In moderner Form ist gegeben:

$$x^2 + y^2 = 28{,}20 \; \therefore \; y = \frac{x}{4}$$

Die Tafel nimmt hier den Probewert $x = 4 \Rightarrow y = 1$. Einsetzen liefert $x^2 + y^2 = 17$. Da sie kein Reziprokes von 17 kennt, führt sie die Division aus: $\frac{28{,}20}{17} = 1{,}40$. Die Quadrate haben somit den Skalierungsfaktor 1,40, die Variablen dann 10. Es folgt $(x = 40; y = 10)$.

Moderne Lösung: Quadrieren der zweiten Gleichung und Einsetzen liefert die rein quadratische Gleichung

$$x^2\left(1 + \frac{1}{16}\right) = 28{,}20.$$

BM 13901 #14 „Die Flächen von zwei Quadraten habe ich addiert 25,25. Die zweite Seite ist 2/3 der ersten, vermehrt um 5."

In moderner Form ist gegeben:

$$x^2 + y^2 = 25{,}25 \ \therefore \ y = \frac{2}{3}x + 5$$

Lösung analog wie vorher; es ergibt sich $(x = 30; y = 25)$.

BM 13901 #15 „Die Flächen von vier Quadraten habe ich addiert: 27,5. Eine Seite ist 2/3, 1/2, 1/3 der anderen."

In moderner Form heißt es hier:

$$x^2 + y^2 + z^2 + w^2 = 27{,}05 \ \therefore \ y = \frac{2}{3}x \ \therefore \ z = \frac{1}{2}x \ \therefore \ w = \frac{1}{3}x$$

Wegen $y{:}z{:}w = 4{:}3{:}2$ setzt die Tafel hier zunächst $x = 60; y = 40; z = 30; w = 20$. Die Quadratsumme ist dann 1,48,20; der zugehörige Skalierungsfaktor $f^2 = \frac{27{,}05}{1{,}48{,}20} = 0; 15$. Es folgt $f = 0; 30$.

Moderne Lösung: Einsetzen der Quadrate von x, y, z liefert die rein quadratische Gleichung

$$1; 48{,}20x^2 = 27{,}05 \Rightarrow x = 30$$

Lösung ist $(x = 30; y = 20; z = 15; w = 10)$.

BM 13901 #16 „Ich nahm 1/3 der Seite von der Fläche weg, es ergibt 5."

In moderner Form ist gegeben: $x^2 - \frac{x}{3} = 0; 05$ mit der Lösung $(x = 0; 30)$.

BM 13901 #17 „Die Flächen von drei Quadraten habe ich addiert: 10,12,45. Eine Seite ist 1/7 der anderen."

In moderner Schreibweise lautet das Problem:

$$x^2 + y^2 + z^2 = 10{,}12; 45 \ \therefore \ y = \frac{x}{7} \ \therefore \ z = \frac{y}{7}$$

Lösung ist $(x = 24; 30 \ \therefore \ y = 3; 30 \ \therefore \ z = 0; 30)$.

BM 13901 #18 „Die Flächen meiner 3 Quadrate habe ich addiert und 23,20 erhalten. Seite übersteigt Seite um 10.“

In moderner Schreibweise soll gelten:

$$x^2 + y^2 + z^2 = 23{,}20 \ \therefore \ z - y = y - x = 10$$

Moderne Lösung: Setzt man x als Parameter, so ergeben sich die andern Seiten zu: $y = x + 10; z = x + 20$. Die Flächensumme ist damit:

$$x^2 + (x + 10)^2 + (x + 20)^2 = 3x^2 + 1{,}00x = 15{,}00$$

Verdreifachen und Addition von 15,00 liefert:

$$(3x + 30)^2 = 1{,}0{,}0 \ \Rightarrow \ 3x + 30 = 1{,}00 \ \Rightarrow \ x = 10$$

Die Seiten in arithmetischer Folge sind $x = 10; y = 20; z = 30$.

BM 13901 #23 „Die Fläche und die vier Seiten habe ich addiert, es ergibt 41,40.“
Historische Lösung

4 Seiten und die Fläche habe ich addiert, ergibt 41,40.
4 die Seitenzahl, das Reziproke ist 15.
15 mal 41,40, macht 10,25.
1 die Seite addiert, ergibt 1,10,25.
1,05 ist die Wurzel
1 die Seite, die zugefügt, entfernt macht 0,05
verdoppelt ergibt 0,10.

In moderner Form ist gegeben:

$$x^2 + 4x = 0; 41{,}40$$

Neugebauer hatte bei der Übersetzung zunächst Probleme, da der Rechengang keiner der bekannten Methoden entsprach. Handelte es sich doch um eine simple quadratische Gleichung, im Gegensatz zu den vorangegangenen, weit komplizierteren Aufgaben!

Wie es sich herausstellte, wurde hier die *quadratische Ergänzung* zur Lösung angewandt! Der Rechengang verläuft wie folgt:

$$x^2 + 4x = 0; 41{,}40 \Rightarrow \frac{1}{4}x^2 + x = 0; 10{,}25$$

$$\Rightarrow \frac{1}{4}x^2 + x + 1 = 1; 10{,}25$$

$$\frac{1}{2}x + 1 = \sqrt{1; 10{,}25} = 1; 05$$

$$\frac{1}{2}x = 0; 05 \Rightarrow x = 0; 10$$

Abb. 3.29 Interpretation von
BM 13901 #23

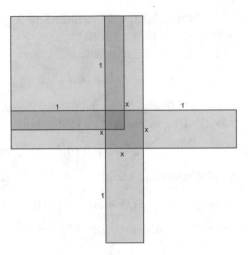

Jöran Friberg (LWS, S. 225) schreibt, dass die Aufgabe einen bewussten Bruch mit der maßgeblichen Schultradition darstellt: „BM 13901 #23 is an intentional violation of prevailing school usage". Er gibt dafür folgende geometrische Interpretation (Abb. 3.29):

Damit sich im Diagramm eine Fläche ergibt, wird jede Seiten x mit 1 multipliziert um die Fläche $1x$ zu erhalten. Vier dieser Flächen werden kreuzförmig an das Quadrat x^2 angefügt. Die Division teilt die Fläche in 4 „L"-förmige Teile. Addition der Fläche 1 ergibt das rote Quadrat mit der Seite $1 + \frac{x}{2} = 1; 05$. Subtraktion von Eins und Verdopplung zeigt $x = 0; 10$.

Ergänzung Friberg verweist hier auf die analoge Aufgabe bei Pseudo-Heron in *Geometria 24, 3:*

> Ein Quadrat hat die Fläche A und den Umfang U von 896 [Fuß]. Um Fläche und Umfang getrennt zu berechnen, tue ich folgendes. 4 wird extra notiert und halbiert, macht 2. Quadrieren liefert 4, zur Summe 896 addiert, macht 900, die zugehörige Quadratseite ist 30. Von der halbierten 4 verbleiben noch 2. Der Rest von 30 ist 28. Die zugehörige Fläche ist 784 [Fuß], der Umfang ist 112 [Fuß].

Rechnet man mit den Maßzahlen, so erhält man hier in moderner Schreibweise

$$A + U = x^2 + 4x = 896$$
$$\Rightarrow x^2 + 4x + 4 = 900$$
$$\Rightarrow x + 2 = \sqrt{900} = 30 \Rightarrow x = 28$$
$$\Rightarrow A = x^2 = 784$$
$$\Rightarrow U = 4x = 112$$

Pseudo-Heron verwendet zur Lösung die quadratische Ergänzung – wie sein babylonisches Vorbild.

BM 13901 #24 „Die Flächen meiner 3 Quadrate habe ich addiert und 29,10 erhalten. Eine Seite ist 2/3 der anderen, vermehrt um 5, die weitere ist 1/2 der anderen, vermehrt um 2,30."

In moderner Schreibweise soll gelten:

$$x^2 + y^2 + z^2 = 0; 29,10 \quad \therefore \quad y = \frac{2}{3}x + 0; 05 \quad \therefore \quad z = \frac{1}{2}y + 0; 02,30$$

Die Tafel setzt $x = 1$. Daraus folgt dann $y = 0; 45$ und $z = 0; 25$. Rechengang wie oben. Mit dem Skalierungsfaktor $f = 0; 30$ findet sich die Lösung ($x = 0; 30 \quad \therefore \quad y = 0,25 \quad \therefore \quad z = 0; 15$).

3.6.2 BM 13911

Die Keilschrifttafel ist wie BM 13901 ein Sammeltext für quadratische Gleichungen. Der Text wird zitiert nach Sesiano (2009, S. 143–145).

BM 13911 #1
„Je *bur* Fläche erntete ich 4 *gur* an Getreide. Je *bur* erntete ich 3 *gur* Getreide. Ein Ernteertrag überstieg den anderen um 8,20. Ich addierte meine Felder: 30,0."

Aufgabe identisch mit VAT 8389 #1.

BM 13911 #2
„Je *bur* Fläche erntete ich 4 *gur* an Getreide. Je *bur* erntete ich 3 *gur* Getreide. Ein Feld übersteigt das andere um 10,0. Ein Ernteertrag überstieg den anderen um 8,20."

BM 13911 #3
„Ich habe die Fläche und die Seite des Quadrats addiert zu 0,45."

Historische Lösung
Setze 1.
Halbiere zu 1/2.
Quadriere zu 1/4.
Ergänze ¾ zu 1.
Ziehe Wurzel, ergibt 1.
Subtrahiere ½.
Die Seite ist 0,30.

BM 13911 #4

„Ich habe die Seite des Quadrats von der Fläche subtrahiert zu 14,30.“

Historische Lösung

Setze 1.

Halbiere zu 1/2.

Quadriere zu 1/4.

Addiere 870, ergibt 1.

Ziehe Wurzel, ergibt 1.

Addiere ½.

Die Seite ist 30.

BM 13911 #5

„Ich habe Länge und Breite multipliziert und so die Fläche erhalten. Addiert man zur Fläche das, was die Länge die Breite übertrifft, ergibt 3,3. Länge zur Breite addiert, macht 27. Was ist Länge, Breite und Fläche?“

Man erhält in moderner Schreibweise:

$$xy + x - y = 3,3 \quad \therefore \quad x + y = 27$$

Addition beider Gleichungen zeigt

$$xy + 2x = x(y + 2) = 3; 30$$

Mit der Substitution ($y_1 = y + 2$) erhält man die NF I:

$$xy_1 = 3; 30 \quad \therefore \quad x + y_1 = 29$$

Die binomische Formel liefert:

$$(x - y_1)^2 = (x + y_1)^2 - 4xy_1 = 14,1 - 14,0 = 1 \Rightarrow x - y_1 = 1$$

Zusammen mit ($x + y_1 = 29$) folgt ($x = 15; y = 12$).

BM 13911 #6 = BM 13901 #18

BM 13911 #7

„Ich habe die Flächen meiner zwei Quadrate addiert zu 21,40. Die Seite eines Quadrats übertrifft die andere um 10.“

Historische Lösung

Du dividierst 21,40 durch 2, macht 10,50. Du dividierst 10 durch 2, ergibt 5. Du quadrierst 5 zu 25. Du subtrahierst das von 10,50, ergibt 10,25. Dies ist das Quadrat von 25. Du schreibst 25 zweimal hin. Du addierst 5 zur ersten, macht 30, dies ist die Seite des ersten Quadrats. Du subtrahierst 5 von der zweiten, macht 20, dies ist die Seite des zweiten Quadrats.

Das nichtlineare System ist modern geschrieben:

$$x^2 + y^2 = 21{,}40 \therefore x - y = 10$$

Aus den binomischen Formeln folgt

$$2xy = \left(x^2 + y^2\right) - (x - y)^2 = 21{,}40 - 1{,}40 = 20 \Rightarrow 4xy = 40$$

$$(x + y)^2 = (x - y)^2 + 4xy = 1{,}40 + 40 = 41{,}40 \Rightarrow x + y = 50$$

$$x = \frac{1}{2}\left[(x + y) - (x - y)\right] = \frac{1}{2}(50 + 10) = 30$$

Damit sind die gesuchten Seiten ($x = 30$; $y = 20$).

3.6.3   BM 15825

Die von Gadd 1922 editierte Tafel BM 15825 (Abb. 3.30) ist teilweise zerstört, enthielt vermutlich 41 ebene Figuren, etwa 20 davon sind eindeutig lesbar. Jede Figur besteht aus

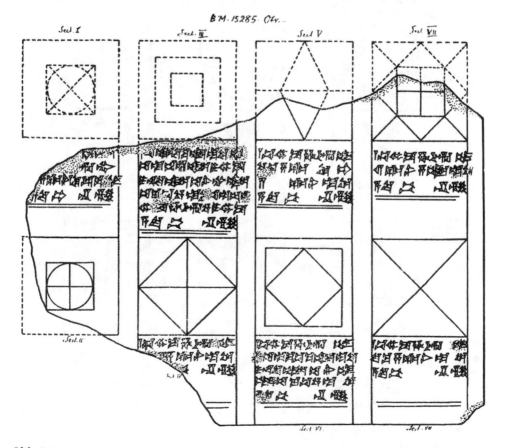

Abb. 3.30 BM 15825 (Umzeichnung). (Gadd C. J.: Revue d'Assyriologie 1922)

einem Quadrat der Länge 1 *uš* = 1,00 *ninda,* in das elementare Figuren eingezeichnet sind. Die Fragestellung und der Rechengang sind nicht erhalten; vermutlich wird der Flächeninhalt aller Zerlegungen gefragt. Die Beschädigungen der Tafel sind in den Abb. 3.31 und Abb. 3.32 farblich markiert. Kommentare finden sich bei Robson (MM, S. 208), die insbesondere den Zusammenhang mit den geometrischen Konstanten diskutiert.

Alle Aufgaben beginnen mit: „1 *uš* ist die Seite …"

BM 15285 #12

Im Inneren 16 Dreiecke [Keile genannt]
gezeichnet. Deren Fläche ist was?

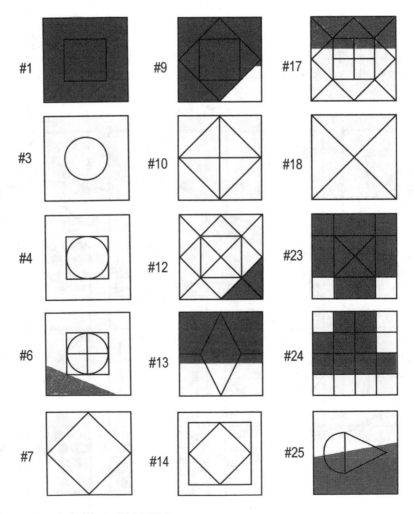

Abb. 3.31 Ausschnitt(1) aus BM 15825

Abb. 3.32 Ausschnitt(2) aus
BM 15825

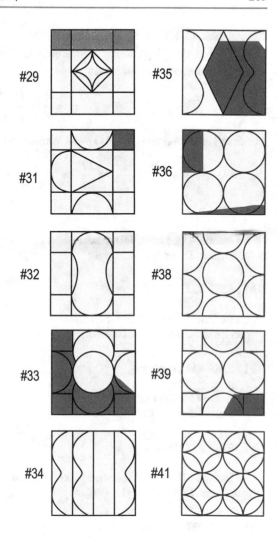

#29

#31

#32

#33

#34

#35

#36

#38

#39

#41

BM 15285 #13

Im Inneren 4 Trapeze und 2 Dreiecke [1 Raute]
gezeichnet. Deren Fläche ist was?

BM 15285 #14

Im Inneren 4 Trapeze und 2 Dreiecke [1 Raute]
gezeichnet. Deren Fläche ist was?

Neugebauer (MKT I; S. 140) äußert hier die Vermutung, dass das innere Quadrat flächengleich der Umrandung (Differenz der äußeren Quadrate) sein könnte. Für die Breite der Umrandung erhält man:

$$d = \frac{1}{2}\left(1 - \frac{1}{\sqrt{2}}\right)$$

Mit dem Näherungswert aus AO 6484 vereinfacht sich dies zu:

$$\frac{1}{\sqrt{2}} \approx \frac{17}{24} \Rightarrow d = \frac{7}{48} = 0;08,45 \approx \frac{1}{7}$$

BM 15285 #17

> Im Inneren 4 Quadrate, 4 Rechtecke und 4 Dreiecke
> gezeichnet. Deren Fläche ist was?

BM 15285 #23

> Im Inneren 12 Dreiecke und 4 Quadrate
> gezeichnet. Deren Fläche ist was?

BM 15285 #24 (verso)

> Im Inneren 16 Quadrate
> gezeichnet. Deren Fläche ist was?

BM 15285 #25 (verso)

> Im Inneren 1 Halbmond [Segment] und 1 Dreieck
> gezeichnet. Deren Fläche ist was?

BM 15285 #27 (verso)

> Im Inneren 1 Quadrat und darin eine Kuhnase [Appsamikkum]
> gezeichnet. Deren Fläche ist was?

BM 15285 #38 (verso)

> Im Inneren 1 Kreis und 6 Segmente
> gezeichnet. Deren Fläche ist was?

BM 15285 #41 (verso)

> Im Inneren 16 Boote [Kreiszweiecke] und 5 Kuhnasen
> gezeichnet. Deren Fläche ist was?

Problem #33 fand das besondere Interesse Neugebauers. Der mittlere Kreis zerlegt den oberen in ein Möndchen M und ein Kreiszweieck Z (Abb. 3.33). Ist A die Fläche der Vereinigungsmenge der drei (kongruenten) mittleren Kreise, A_K die eines Kreises und A_6 die des einbeschriebenen Sechsecks, so gilt:

$$Z = \frac{2}{6}A_6 + \frac{4}{6}(A_K - A_6) = \frac{2}{3}A_K - \frac{1}{3}A_6$$

Dies zeigt:

$$A = 3A_K - 2Z = \frac{5}{3}A_K + \frac{2}{3}A_6$$

Für die Fläche M des Möndchens gilt damit:

$$A = A_k + 2M \Rightarrow M = \frac{1}{3}(A_k + A_6)$$

Dies bedeutend anschaulich: Falls man die Möndchenfläche (etwa wie die des Hippokrates) exakt berechnen könnte, dann wäre auch der Kreis quadrierbar.

3.6.4 BM 32584

Auf dem Fragment der spätbabylonischen Tafel, gefunden von Farouk al-Rawi in den Beständen des Britischen Museums, konnte man folgende Langzahl lesen:

27,59,01,14,19,53,11,10,13,14,59,53,42,41,10,28,3 ...

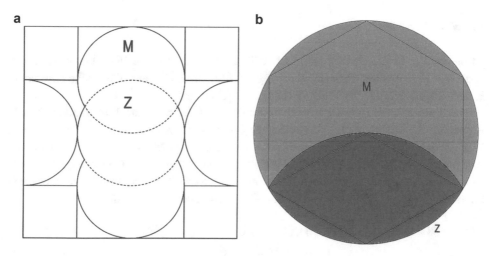

Abb. 3.33 Zur Aufgabe BM 15825 #33

Die Erklärung gestaltete sich schwierig, bis man die Tafel BM 55557 fand. Auf dieser Tafel mit Quadraten von Quadraten $(n \to n^2 \to n^4)$ entdeckte man die Langzahl:

$$\ldots 13,14,59,53,42,41,10,28,37,25,16,02,57,46,40$$

Aus der Kombination der beiden Zahlen konnte man die ursprüngliche vierte Potenz mit 25 Sexagesimalstellen rekonstruieren:

$$n^4 = [1], 27, [00],59,01,14,19,53,11,10,13,14,59,53,42,41,10,28,37,25,16,02,57,46,40$$

Die Tafel BM 32584 ist somit als Tabelle von vierten Potenzen erkannt. 45 Zeilen sind recto lesbar, 46 verso, damit wird die Tafel 100 Einträge gehabt haben.

Diese Tabelle mit 100 Werten von vierten Potenzen hat Friberg (RC, S. 461–464) rekonstruiert. Die beiden längsten Eintragungen haben 33 Sexagesimalstellen. In Zeile 14 dieser Tabelle findet sich oben genannte 25-stellige Langzahl, die zugehörige Kopfzahl ist $n = 1,05,50,37,02,13,20$ mit dem Reziproken $\frac{1}{n} = 54,40,30$.

Die beiden anderen Extrema mit 33 Sexagesimalstellen in den Zeilen 30 und 99 sind:

$$m = 1,13,09,34,29,08,08,53,20 \Rightarrow$$
$$m^4 = 2,12,37,36,12,42,56,59,42,05,30,01,33,07,07,23,00,12,43,01,$$
$$32,19,02,17,31,10,52,24,01,58,31,06,40$$
$$k = 1,57,03,19,10,37,02,13,20 \Rightarrow$$
$$k^4 = 14,29,10,57,01,49,49,42,52,33,21,34,39,03,46,10,47,16,37,21,53,$$
$$29,26,26,41,20,28,31,56,02,57,46,40$$

Es ist schwer vorstellbar, wie dieser Rechenaufwand ohne elektronische Hilfsmittel betrieben wurde.

3.6.5   BM 34568

Diese aus der Seleukidenzeit stammende Tafel, von Høyrup *innovativ* genannt, enthält neuartige 18 Aufgaben, in denen überwiegend Kombinationen aus den Rechteckseiten a, b, der Diagonale d und des Flächeninhalts A gegeben sind.

Die Tafel ist eine der babylonischen Tabletts, die der bekannte Informatiker Donald Knuth auf Informatikinhalte überprüfte. Er erkannte darin Beispiele für die FOR- und WHILE-Schleife, die in allen modernen Programmiersprachen vorhanden sind. Seine Abhandlung erschien in einer Publikation der amerikanischen Computergesellschaft ACM *(Association for Computing Machinery)*, sodass sie bei Orientforschern unbekannt blieb. Hier drei Aufgaben, die von D. Knuth[44] explizit besprochen wurden:

BM 34568 #14 $a + b + d = 1,10 \therefore A = 7,0$

---

[44]Knuth, D.: Ancient Babylonian Algorithms, Communications of the ACM, 15 (7), 671 ff. (1972).

Historische Lösung

1,10 mal 1,10 ist 1,21,40. 7 mal 2 ist 14. Nimm 14 von 1,21,40 weg, verbleibt 1,7,40. 1,7,40 mal 30 ergibt 33,50. Welches Vielfache von 1,10 ergibt 33,50? 1,10 mal 29 ist 33,50. 1,10 mal 29 ist 33,50. 29 ist die Diagonale.

BM 34568 #17 $a + b + d = 12$ $\therefore$ $A = 12$

Historische Lösung

12 mal 12 ist 2,24. 12 mal 2 ist 24. Nimm 24 von 2,24 weg, verbleibt 2. 2 mal 30 ergibt 1. Welches Vielfache von 12 ergibt 1? 12 mal 5 ist 1. 5 ist die Diagonale.

BM 34568 #18 $a + b + d = 1,00$ $\therefore$ $A = 5,00$

Historische Lösung

Multipliziere die Summe aus Länge, Breite und Diagonale mit sich. Verdopple die Fläche. Subtrahiere die Produkte und nimm die Hälfte von dem, was übrigbleibt. Das Inverse von der Summe aus Länge, Breite und Diagonale sollst du mit der Hälfte multiplizieren. Die Diagonale ist das Ergebnis.

Besonders bemerkenswert ist die dritte Lösung *ohne* Zahlen. Wie Knuth ausführt, folgt die Aufgabenstellung den drei Problemen der Identität:

$$2d(a + b + d) = (a + b + d)^2 - 2A \Rightarrow d = \frac{1}{2} \frac{(a + b + d)^2 - 2A}{a + b + d}$$

Nach Knuth ist die Entdeckung der Formel E. M. Bruins (1951) zu verdanken. Für #14 folgt damit:

$$d = \frac{1}{2} \frac{(1;10)^2 - 2 \cdot 7,0}{1;10} = \frac{1}{2} \frac{67;40}{1;10} = 29$$

Der #14 liegt das pythagoreische Tripel $(x, y, d) = (20, 21, 29)$ zugrunde.

Für #17 folgt damit:

$$d = \frac{1}{2} \frac{(12)^2 - 2 \cdot 12}{12} = \frac{1}{2}(12 - 2) = 5$$

Dieses Beispiel basiert auf dem pythagoreischen Tripel $(x, y, d) = (3, 4, 5)$. Der historische Rechengang verläuft wie folgt:

Quadriere 12, macht 2,24.
Nimm 12 mal 2, ergibt 24.
Subtrahiere 24 von 2,24, bleibt 2,0.
3 mal 20 ergibt 1,0. Wie oft geht 12 in 1,0?
Ergibt 5 als Diagonale.

Was ist mit der Aufgabe #18? Hier hat der Schreiber vergeblich ein Pythagoras-Tripel (x, y, d) gesucht mit der Eigenschaft $x + y + d = 1$; $\sqrt{x^2 + y^2} = 5$. Daher hat er vermutlich eine verbale Beschreibung gegeben. Möglicherweise ist es auch eine unlösbare Aufgabe zu Prüfungszwecken.

Friberg (AT, S. 426) vermutet bei #17–18 einen Rechenweg nach der Formel $(a + b + d)(a + b - d) = 2A$. Damit würde sich bei #17 ergeben:

$$a + b - d = \frac{2A}{a + b + d} = \frac{24}{12} = 2$$

$$d = \frac{1}{2}[(a + b + d) - (a + b - d)] = \frac{1}{2}(12 - 2) = 5$$

Diesem Vorgehen widerspricht der Quadriervorgang bei dem historischen Rechengang. Friberg erwähnt auch nicht die Unlösbarkeit von #18.

Hier weitere Probleme aus diesem Tablett, zitiert nach Høyrup.[45]

BM 34568 #1 $a = 4$; $b = 3$.

Die Diagonale d wird berechnet als $d = \frac{1}{2}a + b = 5$ oder $d = a + \frac{1}{3}b$. Diese Form setzt das Teildreieck $(3; 4; 5)$ voraus.

BM 34568 #2 $a = 4$; $d = 5$.

Die fehlende Seite wird berechnet als $b = \sqrt{d^2 - a^2} = 3$.

BM 34568 #3 $d + a = 9$; $b = 3$.

Die Seite a wird berechnet nach $a = \frac{1}{2} \frac{\left[(d+a)^2 - b^2\right]}{d+a}$; $d = (d + a) - a$.

BM 34568 #4 $d + b = 8$; $a = 4$.

Rechnung analog zu #3.

BM 34568 #5 $a = 1,0$; $b = 32$.

Nach Pythagoras gilt $d = \sqrt{a^2 + b^2} = 1,08$.

BM 34568 #6 $a = 1,0$; $b = 32$.

A wird berechnet als $ab = 32,00$.

BM 34568 #7 $a = 1,0$; $b = 25$.

d wird berechnet über Pythagoras $d = \sqrt{a^2 + b^2} = 1,05$.

---

[45]Høyrup, J.: Seleucid Innovations in the Babylonian „Algebraic" Tradition and their Kin Abroad. In: Sammelband Dold-Samplonius, S. 9–29 (2002).

BM 34568 #8 $a = 1{,}0; b = 25$.
A wird berechnet als $ab = 25{,}00$.

BM 34568 #9 $a + b = 14; A = 48$.
Der Rechengang verläuft wie folgt:

$$a - b = \sqrt{(a+b)^2 - 4A} = 2$$
$$b = \frac{1}{2}[(a+b) - (a-b)] = 6 \; \therefore \; a = (a+b) - b = 8$$

BM 34568 #10 $a + b = 23; d = 17$.
Der Rechengang ist analog zu #9

$$2A = (a+b)^2 - d^2 = 4{,}0 \; \therefore \; a - b = \sqrt{(a+b)^2 - 4A} = 7$$
$$b = \frac{1}{2}[(a+b) - (a-b)] = 8 \; \therefore \; a = (a+b) - b = 8$$

BM 34568 #11 $d + a = 50; b = 20$.
Rechengang wie bei #3: $a = 21; d = 29$.

BM 34568 #12 $d - a = 3; b = 9$.
Die Tafel rechnet hier mittels:

$$d = \frac{1}{2}\frac{\left[b^2 + (d-a)^2\right]}{d - a} = 15 \; \therefore \; a = \sqrt{d^2 - b^2} = 12$$

Høyrup[46] fasst diese Aufgabe als „Leiter an der Wand"-Problem auf.

BM 34568 #13 $d + a = 9; d + b = 8$.
Die Tafel rechnet hier auf bemerkenswerte Weise nach der Formel:

$$(d+a)^2 + (d+b)^2 - [(d+a) - (d+b)]^2 = (a+b+d)^2$$

Hier folgt

$$(a+b+d)^2 = 9^2 + 8^2 - (9-8)^2 = 81 + 64 - 1 = 2{,}24 \Rightarrow a+b+d = 12$$
$$b = (a+b+d) - (d+a) = 12 - 9 = 3$$
$$a = (a+b+d) - (d+b) = 12 - 8 = 4 \Rightarrow d = 5$$

---

[46]Høyrup, J.: Seleucid, Demotic and Mediterranean Mathematics versus Chapters 8 and 9 of the Nine Chapters: accidental or significant similarities? Mathematical Texts in East Asia Mathematical History, Tsinghua Sanya International Mathematics Forum, March 11–15 (2016).

BM 34568 #14, #17, #18 Siehe am Anfang.

BM 34568 #15 $a - b = 7; A = 1{,}10.$
   Hier ist der Rechengang: $a + b = \sqrt{(a-b)^2 + 4A} = 23$, weiter wie in #9.

BM 34568 #16 fällt aus dem Rahmen: Das Problem ist eine Mischungsaufgabe, von
Høyrup *intruder* (Störung) genannt.
   Ein Becher vom Gewicht 1 *Mine* wurde aus einer Mischung von Gold und Kupfer
geschmiedet im Verhältnis 1 : 9. Was ist der Anteil Gold bzw. Kupfer?
   Da der Goldanteil $\frac{1}{10}$ ist, beträgt sein Anteil 0; 06 *Minen*. Der Kupferanteil ist damit
 $1 - 0; 06 = 0; 54\ Minen.$

BM 34568 #19 $d + a = 45; d + b = 40.$ Lösung wie bei #13.
   Friberg (2007) schreibt über die Tafel:

> Die neuen Methoden der Tafel BM 34568 haben keine Spur bei den Werken der griechi-
> schen Theoretiker hinterlassen. Das beweist nicht, aber spricht für die Annahme, dass diese
> neuen Methoden nicht am Ort und nicht zu der Zeit verfügbar waren, als die Griechen aus
> dem Nahen Osten die Traditionen übernahmen und in ihre Beurteilung einbauten – viel-
> leicht im fünften Jahrhundert [v. Chr.] im Raum Phönizien-Syrien.

3.6.6   BM 85194

Diese gut erhaltene und umfassende altbabylonische Tafel aus Sippar enthält 35 gemischte,
meist bautechnische Probleme. Høyrup (LWS, S. 217) nennt den Text wegen seiner Vielfalt auch „Anthologie". Neugebauer (MKT I, 142–193) benötigt zur Darstellung mehr
als 50 Seiten. Die Tontafel gehört zu einer Reihe von 8 Tafeln, darunter BM 96957+VAT
6598, deren Kolophon die Tafeln als Eigentum von Ishkur-mansum, Sohn des Sin-iqisham,
erklärt. Der Schreiber ist vermutlich identisch mit dem Lehrer Ishkur-mansum, einem
bekannten Lehrer in Sippar um 1630 v. Chr.

BM 85194 #1

Die Tafel beginnt mit der Berechnung eines Belagerungsdamms mit trapezförmigem Querschnitt, der aber „zur Stadt hin" größer wird. Es gilt:
 $a = 1, b = 0; 30, a_1 = 1; 30, b_1 = 1, h = 0; 20, h_1 = 0; 30$ jeweils in *gar*, die Länge ist
 $l = 10$ (Abb. 3.34).
   Das Volumen wird nach der Näherungsformel:

$$V = \frac{1}{2}\left(\frac{a+b}{2} + \frac{a_1 + b_1}{2}\right)l \cdot \frac{h + h_1}{2}$$

Abb. 3.34 Zur Aufgabe BM
85194 #1

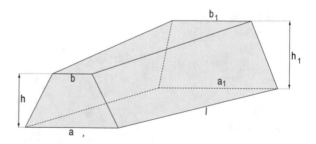

Eine exakte Berechnung erlaubt erst die bekannte keplersche Fassregel:

$$V = \frac{l}{6}(A_1 + 4A_2 + A_3)$$

Dabei ist A_2 die Querschnittsfläche in halber Höhe.

BM 85194 #4

Darstellung nach Neugebauer (MKT S. 153 ff.):

> Ein Ringbau (?), sechzig (als) Umfang habe ich gekrümmt
> (um) je 5 ist er hinausgegangen.
> Eine Grabung habe ich gebaut, 6 die Tiefe
> 1,7,30 (als) Erdmasse entfernt.
> Je 5 über die Grabung (hinaus)
> einen Damm habe ich gebaut. Selbiger Damm (hat)
> 1 Elle für 1 Elle Böschungswert.
> Basis, Kopf und Höhe ist was und der Umfang ist was?

Die beigefügte Abb. 3.35 erklärt *nicht* die genaue Lage des Grabens bzw. des Damms.

Der historische Rechengang umfasst bei Neugebauer 1 1/2 Druckseiten und ist wenig einsichtig. Der Kommentar von Neugebauer umfasst die Seiten 166 bis 172, die Erklärung von M. Caveing[47] die Seiten 173 bis 182. Beide Autoren haben verschiedene geometrische Anordnungen im Sinn, beide zerlegen das Problem in 4 Teile, nämlich in die Berechnung

a) des inneren Umfangs,
b) der Erdbewegung,
c) der Leistung bei der Grabung,
d) des Dammprofils.

---

[47]Caveing, M.: Essai sur le Savoir Mathématique dans la Mésopotamie et l'Égypte anciennes. Presses Universitaires de Lille (1997).

Abb. 3.35 Zur Aufgabe BM
85194 #4

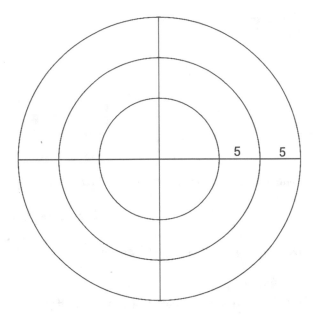

Es ist im Rahmen des Buchs nicht möglich, eine solch umfangreiche Lösung wieder-
zugeben. K. Vogel (VG II, S. 61 f.), der in keiner Weise auf die Probleme eingeht, löst
Teilproblem d) folgendermaßen: Der Ringumwall hat als Querschnitt ein symmetrisches
Trapez. Die Grundlinien a, b und die Höhe h sind nicht bekannt, gegeben ist nur das Verhältnis:

$$h : \frac{a - b}{2} = 1{:}2$$

Dem Rechengang entnimmt man, dass der Schreiber die Formel $A = \frac{1}{2}(a + b)h$ für die
Trapezfläche kennt, Vogel verwendet offensichtlich dafür den Wert 2;48,45. Damit erhält man:

$$\frac{1}{2}(a - b) = 2h \;\Rightarrow\; h = \frac{1}{4}(a - b)$$

$$A = \frac{1}{2}(a + b)h = 2;\,48{,}45 \;\Rightarrow\; A = \frac{1}{8}\left(a^2 - b^2\right) \;\Rightarrow\; a^2 - b^2 = 22;\,30$$

Ohne weitere Erklärung wird $a = 5\frac{1}{4}$ und $b = 2\frac{1}{4}$ gefunden. Wie ist der Schreiber dazu
gekommen? Möglicherweise fand er in einer Quadrattafel die Werte 21 bzw. 9 mit:

$$21^2 - 9^2 = 360 = 16 \times 22;\,30 \;\Rightarrow\; \left(\frac{21}{4}\right)^2 - \left(\frac{9}{4}\right)^2 = 22;\,30$$

Einen Hinweis könnte Diophantos geben. Dieser löst in seiner Arithmetik (II, 10) die Aufgabe $a^2 - b^2 = 60$ mit Hilfe des Ansatzes $a = b + m; m^2 < 60$. Setzt man hier $m = 3$, so erhält man :

$$(b + 3)^2 - b^2 = 22; 30 \Rightarrow 6b = 13; 30 \Rightarrow b = 2; 15 \Rightarrow a = 5; 15$$

Die fehlende Höhe ergibt sich aus:

$$h = \frac{a - b}{4} = \frac{5; 15 - 2; 15}{4} = 0; 45$$

BM 85194 #14

Bei dieser Aufgabe wird ein Kegelstumpf nach der falschen Formel berechnet:

$$V = \frac{1}{2}\left(A^2 + B^2\right)h$$

Dabei sind A, B Grund- und Deckfläche. Auf derselben Tafel wird auch ein Pyramidenstumpf behandelt, dessen Grund- und Deckfläche Quadrate mit den Seiten $a = 10; b = 7$ sind. Zunächst wird berechnet:

$$\left(\frac{a + b}{2}\right)^2 = 1,12; 15$$

Noch lesbar ist $a - b = 3$, es folgt eine kaum lesbare Stelle, die etwa 0; 45 heißen könnte. Neugebauer interpretiert dies als $0; 45 = \frac{1}{3}\left(\frac{a-b}{2}\right)^2$, Thureau-Dangin als $\frac{1}{4}(a - b)$. 0; 45 wird nun zu 1,12; 15 addiert, was 1,13 ergibt. Dies sollte nun mit der Höhe $h = 18$ multipliziert werden. Das Produkt wäre 21,54; der Text zeigt aber 22,30. Gemäß Neugebauer hätte die Tafel nach folgender (korrekten) Formel gerechnet:

$$V = \left[\left(\frac{a + b}{2}\right)^2 + \frac{1}{3}\left(\frac{a - b}{2}\right)^2\right]h$$

Thureau-Dangin liest aus dem Rechengang die unsinnige Formel heraus:

$$V = \left[\left(\frac{a + b}{2}\right)^2 + \frac{a - b}{4}\right]h$$

Neugebauer gibt bei seiner Interpretation zu, dass die Lücke vor der Zahl 45 zu klein ist, um einen Ausdruck wie $\frac{1}{3}\left(\frac{a-b}{2}\right)^2$ zu enthalten. Ein Vergleich mit zwei Tafeln BM 85196 bzw. BM 85210 desselben Schreibers zeigt ebenfalls eine falsche Formel für den Pyramidenstumpf:

$$V = \frac{1}{2}\left(a^2 + b^2\right)h$$

Das Vorgehen erscheint klar, wenn man annimmt, dass 0; 45 ein Rechenfehler ist für:

$$\left(\frac{a-b}{2}\right)^2 = 2; 15$$

In diesem Fall hätte der Schreiber nach der folgenden Formel gerechnet:

$$V = \left[\left(\frac{a+b}{2}\right)^2 + \left(\frac{a-b}{2}\right)^2\right]h$$

Diese ist zwar nicht richtig, ist aber konform mit $V = \frac{1}{2}(a^2 + b^2)h$ der anderen beiden Tafeln.

Betrachtet wird hier ein Kegelstumpf mit den Kreisumfängen $U_1 = 4$ *(gar)* und $U_2 = 2$ *(gar)* bei Grund- und Deckfläche. Gesucht ist das Volumen, wenn die Höhe $h = 6$ *(Ellen)* beträgt.

Wie oben beschrieben werden die Flächen berechnet mittels $\frac{1}{12}U_1^2$ bzw. $\frac{1}{12}U_2^2$. Das Volumen ist dann das arithmetische Mittel mal Höhe:

$$V = \frac{1}{2}\left(\frac{1}{12}U_1^2 + \frac{1}{12}U_2^2\right)h = 5$$

Das Volumen wäre 5 Raum-*Sar.*

BM 85194 #16

Die Aufgabe behandelt eine ringförmig gemauerte Brunnenwand. Thureau-Dangin interpretiert das Problem so, dass ein solcher Kreisringausschnitt (Abb. 3.36) durch ein Trapez angenähert werden soll. Im Text heißt es: Obere Breite ist $a = 0,2,30$, untere Breite $c = 0,1,40$, (Schenkel-)Länge $s = 0,3,20$. Es sei r der Innenradius der Kreiswand.

Aus der Ähnlichkeit folgt:

$$\frac{c}{a-c} = \frac{r}{s} \Rightarrow \frac{c}{a-c} = \frac{0; 1,40}{0; 0,50} = 2 \Rightarrow r = 2s$$

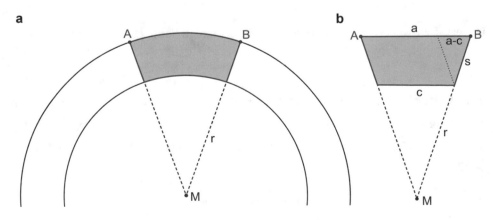

Abb. 3.36 Zur Aufgabe BM 85194 #16

Der Innendurchmesser beträgt also $d_1 = 4s = 0; 13,20$; der zugehörige Umfang ist in babylonischer Näherung $U_1 = 3d_1 = 0; 40$. Die Anzahl n der Ziegel ist damit:

$$n = \frac{U_1}{c} = \frac{0; 40}{0; 1,40} = 24$$

Denselben Wert erhält man auch bei Ermittlung des Außendurchmessers $d_2 = 6s \Rightarrow U_2 = 18s$. Hier folgt:

$$n = \frac{U_2}{a} = \frac{1}{0; 2,30} = 24$$

BM 85194 #20

Hier ist der Kreisumfang $U = 1,00$ und die Höhe $p = 2$ eines Kreisabschnitts gegeben. Gesucht ist die Sehnenlänge s.

Der Text lautet in der Übersetzung von Høyrup:

1 der Kreis	$U = 60$
2 *ninda* bin ich zurückgegangen	$p = 2$
Was ist der Querbalken?	$s = ?$
Du merkst 2, machst 4	$2p = 4$ $d = U/3 = 20$
4 von 20, dem Querbalken, nimm, 16 siehst du	$d - 2p = 16$
Du merkst 20; 6,40 siehst du	$d^2 = 400$
Du merkst 16; 4,16 siehst du	$(d - 2p)^2 = 256$
Nimm 4,16 von 6,40; 2,24 siehst du	$s^2 = 400 - 256 = 144$
2,24, was ist die Quadratseite?	$s = \sqrt{144} = 12$
12 ist die Quadratseite	

Die Tafel rechnet schrittweise: Der Durchmesser d wird aus dem Umfang nach der babylonischen Näherung ermittelt:

$$d = \frac{1}{3}U = 20$$

Es wird quadriert: $d^2 = 6,40$ bzw. $(d - 2p)^2 = 4,16$. Einzeichnen der Sehne und des Durchmessers liefert nach Thales ein rechtwinkliges Dreieck mit der zweiten Kathete $d - 2p$. Die gesuchte Sehne ergibt sich nach Pythagoras zu (Abb. 3.37):

$$s = \sqrt{d^2 - (d - 2p)^2} = \sqrt{6,40 - 4,16} = 12$$

Ob der Thales-Satz bekannt war ist unklar, es wird jedenfalls mit dem Satz des Pythagoras gerechnet. Ein weiterer Ansatz, der sich auch in babylonischen Tafeln findet, wendet den Pythagoras-Satz auf das rechtwinklige Dreieck $\left(\frac{s}{2}; r; r - p\right)$ an, wobei $r = \frac{d}{2}$ der Radius ist.

Abb. 3.37   Zur Aufgabe BM
85194 #20

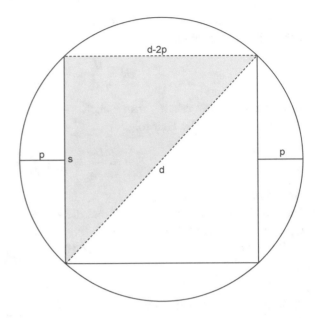

BM 85194 #21

In Umkehrung von BM 85194, 20 ist hier ist der Kreisumfang $U = 60$ und die Sehne $s = 12$ gegeben. Gesucht ist die Höhe p des Kreissegmentes. Wie oben ersichtlich, gilt:

$$d - 2p = \sqrt{4{,}16} = 16 \Rightarrow p = \frac{1}{2}(d - 16) = 2$$

Die Höhe des Kreissegments ist wie erwartet $p = 2$.

BM 85194 #26

Ein Belagerungsdamm soll an eine $x = 45$ Ellen hohe Mauer gebaut werden. Da der Damm noch nicht fertiggestellt ist, wird die Höhe $h = 36$ Ellen erreicht, die zugehörige Länge des Damms sei z. Gesucht ist der Abstand $(y - z)$ des Damms von der Mauer, wenn die Fläche des Dreiecks ABC ist gegeben durch $A = 15{,}0$ (Abb. 3.38a).

Die Länge y des vollständigen Damms ist:

$$A = \frac{1}{2}xy \Rightarrow y = \frac{2A}{x} = \frac{30{,}0}{45} = 40$$

Aus der Ähnlichkeit folgt sofort:

$$\frac{x}{h} = \frac{y}{z} \Rightarrow z = \frac{yh}{x} = \frac{40 \cdot 36}{45} = 32$$

Für die Lücke zwischen Mauer und Damm erhält man $y - z = 8$.

BM 85194 #25

In Umkehrung von BM 852194 #26 ist gegeben: $A = 15{,}0$; $z = 32$; $h = 36$. Gesucht ist hier die Höhe x der Mauer.

Wegen der Ähnlichkeit gilt wie oben:

$$\frac{x}{y} = \frac{h}{z} = \frac{36}{32} \Rightarrow 2A \cdot \frac{x}{y} = x^2 = 30{,}0 \cdot \frac{36}{32} = 33{,}45 \Rightarrow x = 45$$

Die beiden letzten Probleme finden sich auch auf dem Tablett BM 85210 in den Aufgaben B1 und B2.

BM 85194 #26A

Hier tritt noch eine weitere Variante auf: Hier sind gegeben die Fläche $A = 15{,}0$; $y - z = 8$; $h = 36$ (Abb. 3.38b).

Nach einem Vorschlag von K. Vogel (VG II, S.57) ergänzt man das Dreieck ABC zum Rechteck ACFB und erhält die Fläche $xy = 2A = 30{,}0$. Nach dem Satz über die Ergänzungsparallelogramme [Euklid I, 43] wird das Rechteck zerlegt in die Teilrechtecke:

$$\Box AFBC = \Box AHGC + \Box HFBG = \Box AHGC + \Box CEDB$$

Insgesamt ergibt sich das System:

$$8x + 36y = 30{,}0 \;\; \therefore \;\; xy = 30{,}0$$

Umformung liefert eine Normalform I mit $y_1 = 4$; $30y$

$$x + y_1 = 3{,}45 \;\; \therefore \;\; xy_1 = 2{,}15{,}0$$

Auflösen ergibt wie oben: $x = 45$; $y_1 = 3{,}0 \Rightarrow y = 40$.

BM 85194 #28

Eine Ausgrabung hat die Form eines Pyramidenstumpfs, wobei die Grundfläche ein Quadrat von $a = 10$ *(gar)*, die Höhe $h = 10$ *(Ellen)* und die Neigung 1:1 ist. Der „Rücksprung" in der Höhe 1 Elle ist damit $\frac{1}{6}$ *gar*, was bei der vollen Höhe 3 *gar* ausmacht. Die Deckfläche hat damit die Seite $b = 10 - 3 = 7(gar)$

Wie bei #19 beschrieben, wird hier das Volumen berechnet nach:

$$V = \left[\left(\frac{a+b}{2} \right)^2 + \frac{a-b}{4} \right] h$$

Obwohl die Formel nicht korrekt ist, liefern die gewählten Variablen das richtige Ergebnis. Thureau-Dangin bemerkt hier:

> Es ist wahrscheinlich, dass der Schreiber die exakte Formel kannte. Wenn er sie nicht verwendet hat, dann zweifellos aus dem Grund, wie wir bereits angemerkt haben [...] Nämlich, dass er seine Genialität dadurch zeigen wollte, korrekte Ergebnisse auch mit falschen Formeln zu erlangen.

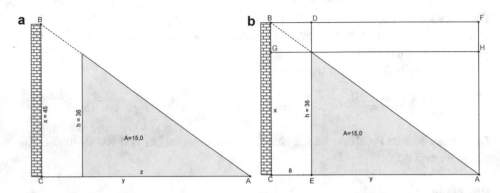

Abb. 3.38 Zur Aufgabe BM 85194 #26

Vogel (VG II, S. 81) interpretiert diese Formel wie folgt. Vergleich mit der korrekten Form zeigt:

$$V = \left[\left(\frac{a+b}{2} \right)^2 + \underbrace{\frac{a-b}{3}}_{1} \frac{a-b}{4} \right] h$$

Er vermutet, möglicherweise ist hier der Faktor $\frac{a-b}{3}$ mit dem Wert 1 weggelassen worden. Diese Variation der exakten Pyramidenstumpf-Formel findet sich bei Heron.

BM 85194 #29

> Ein zunehmender Mond [=Kreisabschnitt], Bogenlänge 1,00, Sehne 50. Was ist die Fläche ?
> Um was überschreitet 60, der Kreis, die Sehne 50, der Überschuss ist 10. Multipliziere den Überschuss mit 50, du wirst 8,20 sehen. Quadriere den Überschuss 10, du wirst 1,40 sehen. Nimm 1,40 weg von 8,20, du wirst 7,30 (!) sehen. Das ist die Fläche, so das Verfahren.

Die Rechnung enthält einen Fehler: $8{,}20 - 1{,}40 \neq 7{,}30$. Ist der Kreisbogen b und die Sehne s, so wird der folgende Term berechnet:

$$A = (b-s)s - (b-s)^2 = 6{,}40$$

Nach Neugebauer (MKT I, S. 189) lässt sich der Fehler reparieren, wenn man setzt:

$$A = (b-s)s - \frac{1}{2}(b-s)^2 = 7{,}30$$

Die Formel ergibt einen Sinn, wenn $b = \frac{3}{2}d$; $s = d$ gilt; man erhält dann die Halbkreisfläche zum Durchmesser d:

$$A_{HK} = \left(\frac{3}{2}d - d \right)d - \frac{1}{2}\left(\frac{3}{2}d - d \right)^2 = \frac{1}{2}d^2 - \frac{1}{8}d^2 = \frac{3}{8}d^2$$

BM 85194 #33

Die Breite ist 30, die Fläche 10. Was ist die Länge?
Du brichst 30 in zwei Teile, du findest 15. Suche das Reziproke von 15, du findest 4. Multipliziere 10 mit 4, macht 40. Multipliziere 40 mit 30, du findest 20; dies ist die Länge.

Gegeben ist die Breite $y = 0; 30$ und die Fläche $A = 10,0$. Die Breite wird halbiert: $\frac{y}{2} = 0; 15$ und der Kehrwert gesucht: $\left(\frac{y}{2}\right)^{-1} = 4$. Multiplizieren mit der Fläche zeigt $A \cdot \left(\frac{y}{2}\right)^{-1} = 40,0$. Multiplizieren mit der Breite liefert schließlich

$$A \cdot \left(\frac{y}{2}\right)^{-1} \cdot y = 20,0.$$

Die Seiten sind $(x = 20,0 \therefore y = 0; 30)$. Analysiert man den Term, so findet man, dass hier die doppelte Fläche berechnet wird, die hier gleich ist der gesuchten Länge. Der Schreiber irrt hier entweder oder versucht, den Leser zu verwirren. Thureau-Dangin bemerkt dazu, der Schreiber *versuche hier, seinen Leser hinters Licht zu führen („mystifier")*.

E. Robson gibt im Sammelband Katz alle 35 Aufgaben von BM 85194 an ohne eine einzige Kommentarzeile.

3.6.7 BM 85196

Die altbabylonische Tafel aus der Zeit des Hammurabi (um 1700 v. Chr.) ist die älteste Tontafel, die den Satz des Pythagoras enthält. Wie Neugebauer (MKT II, S. 50) schreibt, bilden die Tafeln BM 19196, BM 19194, BM 85200 und BM 85120 eine zusammengehörige Gruppe.

BM 85196 #1

Ein Brückenpfeiler in Form eines dreiseitigen Prismas (Abb. 3.39) wird fälschlich berechnet in folgenden Schritten:

$$V = \frac{1}{2}(h_1 + h_2)\frac{b}{2}l \therefore V_1 = \frac{1}{3}V \therefore V_2 = V - V_1$$

Hier hat der Schreiber einen zusätzlichen Faktor $\frac{1}{2}$ eingefügt, der nicht korrekt ist.

BM 85196 #3

Für einen keilförmigen Damm gilt: $a = 2$ *Ellen* $= 0;10$ *gar*, $l = 30$ *gar*, $h = 6$ *Ellen* (Abb. 3.40). Das Volumen (in Volumen-*sar*) wird berechnet nach $V = \frac{1}{2}alh$.

Abb. 3.39   Zur Aufgabe BM
85196 #1

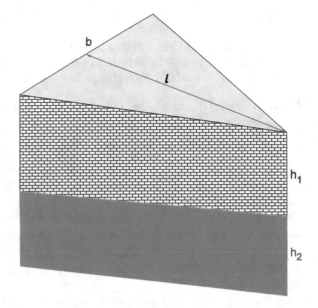

Abb. 3.40   Zur Aufgabe BM
85196 #3

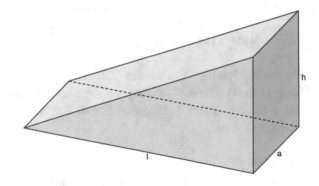

BM 85196 #4

Für einen keilförmigen Damm (mit trapezförmigem Querschnitt) gilt: $a =$ 2 *Ellen* $=$ 0;10 *gar*, $a' =$ ½ *gar* 2 Ellen $=$ 0;40 *gar*, $b' =$ 0;30 *gar*, $h' =$ 6 *Ellen*, $l =$ 30 *gar* (Abb. 3.41). Das Volumen (in Volumen-*sar*) wird berechnet nach

$$V = \frac{1}{2}\left(\frac{a}{2} + \frac{a' + b'}{2}\right)\frac{h'}{2}l$$

Das Volumen ist 30 Volumen-*sar*.

Hinweis   Die Seitenflächen dieses Körpers liegen nicht in einer Ebene.

Abb. 3.41   Zur Aufgabe BM
85196 #4

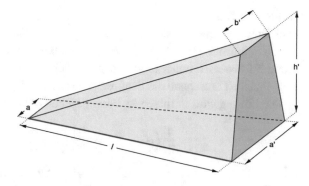

Abb. 3.42   Zur Aufgabe BM
85196 #10

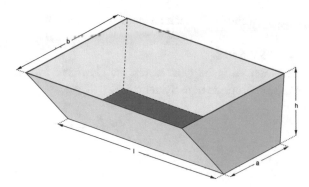

BM 85196 #9

Ein Balken, 30 Einheiten lang [steht senkrecht an einer Mauer]. Oben ist er herabgekommen um 6. Wie weit unten hat er [der Fußpunkt von der Mauer] sich entfernt?

Historische Lösung

Subtrahiere 6 von 30 und du erhältst 24. Quadriere die Größen und subtrahiere, du erhältst $30^2 - 24^2 = 15{,}0 - 9{,}36 = 5{,}24$. Ziehe die Wurzel, du hast es gefunden $\sqrt{5{,}24} = 18$. Hier liegt das Dreieck $6 \times (3; 4; 5)$ zugrunde.

Der Fuß des Balkens entfernt sich um 18 (Einheiten) von der Mauer.

BM 85196 #10

Gesucht ist das Volumen eines Prismas, ähnlich einem Trog. Die metrologischen Angaben sind unklar. Thureau-Dangin liest folgende Werte: $a = 0; 2{,}30$ *(gar)*, $b = 0; 3{,}20$ *(gar)*, $l = 0;5$ *(gar)* und $h = 0; 40$ (Ellen).

Das Volumen wird korrekt berechnet nach (vgl. Abb. 3.42):

$$V = \frac{1}{2}(a + b)hl$$

BM 85196 #12

Dies ist wie #9 eine Version des Leiter-gegen-die-Wand-Problems:

Ein Schilfrohr steht senkrecht an einer Wand gleicher Höhe. Wenn die Rohrspitze an der Wand 3 Ellen nach unten rutscht, entfernt sich der Fuß des Rohrs 9 Ellen von der Mauer weg. Welche Länge hatte das Schilfrohr? Bis zu welcher Höhe reicht das Schilfrohr?

Die Lösung wird in folgender Form gegeben (Abb. 3.43):

$$c = \frac{1}{2s}\left(b^2 - s^2\right) = \frac{1}{3}\frac{1}{2}\left(9^2 - 3^2\right) = 15$$

$$a^2 = c^2 - b^2 = 15^2 - 9^2 = 2{,}24 \;\therefore\; a = \sqrt{2{,}24} = 12$$

Das verwendete Dreieck ist ähnlich zu $(3; 4; 5)$.

BM 85196 #18

In dieser Aufgabe geht es um die Gewichte zweier Silberringe. In moderner Schreibweise führt es zu dem System:

$$\frac{x}{7} + \frac{y}{11} = 1 \;\therefore\; \frac{6}{7}x = \frac{10}{11}y$$

Abb. 3.43 Zur Aufgabe BM
85196 #12

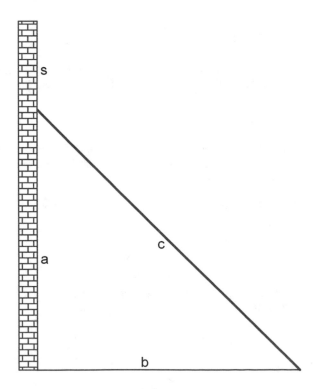

Die historische Lösung verwendet ohne Erklärung das System:

$$\frac{x}{7} = \frac{11}{7+11} + \frac{1}{72} \quad \therefore \quad \frac{y}{11} = \frac{7}{7+11} - \frac{1}{72}$$

a) K. Vogel (VG II, S. 47) erklärt dies allgemein. Betrachtet werde das System mit folgender Substitution $x_1 \to \frac{x}{a}; y_1 \to \frac{y}{b}$:

$$\frac{x}{a} + \frac{y}{b} = 1 \Rightarrow x_1 + y_1 = 1$$

$$\frac{a-1}{a}x = \frac{b-1}{b}y \Rightarrow \frac{x_1}{y_1} = \frac{b-1}{a-1}$$

Der Trick, eine Proportion $\frac{x}{y} = \frac{a}{b}$ mittels eines Proportionalitätsfaktors f aufzulösen, ergibt $x = fa; y = fb$. Diese Idee wurde im Abendland von Leonardo von Pisa eingeführt. Mit dem Faktor f lässt sich somit die letzte Gleichung schreiben als:

$$x_1 = f(b-1) \quad \therefore \quad y_1 = f(a-1) \Rightarrow f = \frac{1}{a+b-2}$$

Die Rücksubstitution zeigt:

$$\frac{x}{a} = \frac{b-1}{a+b-2} \quad \therefore \quad \frac{y}{b} = \frac{a-1}{a+b-2}$$

Um die oben angegebene Umformung zu erreichen, spaltet man in den rechten Seiten einen Summanden geeignet ab:

$$\frac{x}{a} = \frac{b}{a+b} + \frac{b-a}{(a+b)(a+b-2)} \quad \therefore \quad \frac{y}{b} = \frac{a}{a+b} - \frac{b-a}{(a+b)(a+b-2)}$$

Durch Einsetzen von $a = 7; b = 11$ erhält man tatsächlich wie oben:

$$\frac{x}{7} = \frac{11}{18} + \frac{1}{72} \quad \therefore \quad \frac{y}{11} = \frac{7}{18} - \frac{1}{72}$$

Die Gewichte der Silberringe sind $x = 4; 22,30$ bzw. $y = 4; 07,30$.

b) Einfacher ist die Erklärung von Tropfke[48] (S. 368) mittels *Regula falsi*:
Die gegebene erste Gleichung wird erfüllt durch die Ersatzwerte x_1, y_1 :

$$\frac{x_1}{7} = \frac{11}{7+11} \quad \therefore \quad \frac{y_1}{11} = \frac{7}{7+11}$$

---

[48]Tropfke, J., Vogel, K., Reich, K., Gericke, H. (Hrsg.): Geschichte der Elementarmathematik I^{IV}. de Gruyter (1980).

Dies folgt direkt aus:

$$\frac{x_1}{7} + \frac{y_1}{11} = \frac{11}{18} + \frac{7}{18} = 1$$

Einsetzen der Ersatzwerte zeigt, dass das System nicht erfüllt ist:

$$\frac{10}{11}y_1 - \frac{6}{7}x_1 = \frac{10}{11} \cdot \frac{77}{18} - \frac{6}{7} \cdot \frac{77}{18} = \frac{77}{18}\left(\frac{10}{11} - \frac{6}{7}\right) = \frac{4}{18} \neq 0$$

Der Ersatzwert y_1 ist zu groß, x_1 ist zu klein. Daher setzt man folgende Korrekturen an:

$$\frac{x}{7} = \frac{x_1}{7} + d = \frac{11}{18} + d \quad \therefore \quad \frac{y}{11} = \frac{y_1}{11} - d = \frac{7}{18} - d$$

Der Korrekturwert d wird ermittelt aus der zweiten Angabe:

$$6\left(\frac{11}{18} + d\right) = 10\left(\frac{7}{18} - d\right) \Rightarrow 16d = \frac{4}{18} \Rightarrow d = \frac{1}{72}$$

Damit ergeben sich die erwarteten Werte:

$$\frac{x}{7} = \frac{11}{18} + \frac{1}{72} \Rightarrow x = 4; 22,30 \quad \therefore \quad \frac{y}{11} = \frac{7}{18} - \frac{1}{72} \Rightarrow y = 4; 07,30$$

3.6.8   BM 85200 und VAT 6599

Die altbabylonische Tafel aus London ist ein Fragment, es wird passend ergänzt durch das Berliner Tablett VAT 6599. Die kombinierten Tafeln umfassen 30 gemischte Aufgaben, darunter auch sechs kubische Gleichungen. Hier ist meist eine Kombination aus Volumen $V = xyz$ und Querschnitt $A = xy$ gegeben. Da Länge und Breite in *gar*, die Höhe aber in *Ellen* gemessen wird, tritt bei der Umrechnung ein Faktor 12 auf. Die Aufgaben werden hier nach Vogel[49] zitiert, sie sind gegenüber der älteren Darstellung (VG II) geändert. Eine ausführliche Darstellung der Tafeln mit allen 30 Aufgaben gibt Høyrup[50], der sie *Babylonian Cellar Text* nennt.

BM 85200 #5 Die Tafel führt in moderner Schreibweise zu dem System:

$$xy + xyz = 1; 10 \quad \therefore \quad y = 0; 40x \quad \therefore \quad z = 12x$$

---

[49]Vogel, K.: Kubische Gleichungen bei den Babyloniern? Kleine Schriften zur Geschichte der Mathematik, 1. Halbband. S. 87–90, Steiner (1988).

[50]Høyrup, J.: The Babylonian Cellar Text BM 85200 + VAT 6599, S. 315–358. In: Sammelband Amphora.

Eliminieren von y, z zeigt:

$$x^2 + 12x^3 = \frac{1; 10}{0; 40} = 1; 45$$

Multiplikation mit 12^2 liefert:

$$(12x)^2(12x + 1) = 12^2 \cdot 1; 45 = 4,12$$

Vergleich mit einer tabellierten Kubik-Tafel der Form $n^2(n + 1)$ ergibt sofort $12x = 6 \Rightarrow x = 0; 30$. Der Quader hat die Maße $\{x = 0; 30, y = 0; 20, z = 6\}$.

BM 85200 #6 In moderner Schreibweise ist gegeben:

$$xy + xyz = 1; 10 \;\;\therefore\;\; x + y = 0; 50 \;,\; z = 12x$$

Historische Lösung Die erste Gleichung mit dem reziproken Wert von $0; 50^2 \cdot (0; 50 \cdot 12) = 0; 10,4,48$ multipliziert. Letzteres Produkt hat auch die Faktorisierung $0; 10,4,48 = 0; 36 \cdot 0; 24 \cdot 0; 42$. Nach Vogel (VG II, S.59) kann die linke Seite der ersten Gleichung mithilfe des Faktors $\left[0; 50^2 \cdot (0; 50 \cdot 12)\right]^{-1}$ in ein Produkt zerlegt werden:

$$\frac{x}{0; 50} \frac{y}{0; 50} \frac{z + 1}{0; 50 \cdot 12} = 0; 36 \cdot 0; 24 \cdot 0; 42$$

Paarweises Gleichsetzen liefert die Lösung $\{x = 0; 30, y = 0; 20, z = 6\}$.

Moderne Lösung Durch Einsetzen in die erste Gleichung erhält man die kubische Form:

$$0; 50x + 9x^2 - 12x^3 = 1; 10$$

Die Gleichung hat zwei positive Wurzeln; die zugehörigen Lösungen sind $\{x = 0; 30, y = 0; 20, z = 6\}$ oder $\{x = 0; 35, y = 0; 15, z = 7\}$.

BM 85200 #7 Die Summe aus Volumen und (Querschnitts-)Fläche ist gegeben als $1; 10$, die Tiefe gleich der Länge, der Überschuss der Länge über die Breite gleich $0; 10$.
   Es soll gelten:

$$xy + xyz = 1; 10 \;\;\therefore\;\; x - y = 0; 10 \;\;\therefore\;\; z = 12x$$

Lösung erfolgt analog zur vorhergehenden Aufgabe.

BM 85200 #9 Die Summe aus Volumen und (Querschnitts-)Fläche ist gegeben als $1; 10$, die Länge gleich der Tiefe, die Breite gleich $0; 20$. In moderner Form findet sich das System:

$$xy + xyz = 1; 10 \;\;\therefore\;\; y = 0; 20 \;\;\therefore\;\; z = 12x$$

Obwohl ähnlich zur vorhergehenden Aufgabe, ergibt sich hier durch Einsetzen eine quadratische Gleichung:

$$0; 20x + 4x^2 = 1; 10 \Rightarrow (4x)^2 + 0; 20 \cdot (4x) = 4; 40$$

Es folgt $(4x = 2)$ und damit $\{x = 0; 30, y = 0; 20, z = 4\}$.

BM 85200 #12 In moderner Form findet sich hier das System:

$$xyz = 0; 3{,}20 \ \therefore \ y = x \ \therefore \ z = 12x + 7$$

In *gar* gemessen, ist x^3 ein Würfel der Kantenlänge x, auf dem eine 7 Ellen dicke Schicht liegt. In Kubik-Ellen gemessen ist das Volumen $0; 3{,}20 \times 12^2 = 8$. Damit ergibt sich die kubische Gleichung:

$$(12x)^3 + 7 \cdot (12x)^2 = 8$$

Eine Lösung $(12x = 1)$ ist sofort ersichtlich. Die Maße sind $\{x = 0; 05, y = 0; 05, z = 8\}$.

BM 85200 #13 In moderner Schreibweise ergibt sich hier das System:

$$\frac{1}{7}(xyz + xy) + xy = 0; 20 \ \therefore \ y = 0; 20 \ \therefore \ z = 12x$$

Multiplizieren mit 7 zeigt:

$$xyz + xy + 7xy = 2; 20$$

Einsetzen liefert:

$$(12 \cdot 0; 20)x^2 + 8xy = 4x^2 + 8xy = 2; 20$$

Mit der Substitution $x_1 = 4x$ folgt:

$$x_1^2 + x_1 \cdot 2; 40 = 9; 20 \Rightarrow x_1 = 2 \Rightarrow x = 0; 30$$

Es ergibt sich $\{x = 0; 30, y = 0; 20, z = 6\}$.

BM 85200 #14 In moderner Form findet sich hier das System:

$$xyz = 0; 3{,}20 \ \therefore \ y = x \ \therefore \ z = 12x$$

Hier ergibt sich die rein kubische Gleichung:

$$(12x)^3 = 8$$

Eine Lösung ist $(12x = 2)$. Die gesuchten Maße sind $\{x = 0; 10, y = 0; 10, z = 2\}$.

BM 85200 #15 Modern geschrieben liest sich die Aufgabe als:

$$xyz = 1; 45 \ \therefore \ y = x \ \therefore \ z = 12x + 1$$

Einsetzen führt zu der kubischen Gleichung:

$$(12x)^3 + (12x)^2 = (12x)^2(12x + 1) = 4{,}12$$

Vergleich mit einer $n^2(n + 1)$-Tabelle zeigt $(12x = 6)$. Die Maße sind $\{x = 0; 30, y = 0; 30, z = 7\}$.

Wegen der vielfältigen kubischen Gleichungen bezeichnet Neugebauer dieses Tablett *als den stärksten algebraischen Text des gesamten Materials.*

BM 85200 #17 Hier ist das System gegeben:

$$xyz = 6 \ \therefore \ y = \frac{1}{x} \ \therefore \ z = 12\big[x - (x - y)\big]$$

Einsetzen liefert:

$$xyz = x \cdot \frac{1}{x} \cdot 12y = 6 \Rightarrow y = 0; 30 \ \therefore \ x = 2 \ \therefore \ z = 6$$

BM 85200 #20 In moderner Form findet sich hier das System:

$$xyz = 0; 3{,}20 \ \therefore \ y = x \ \therefore \ z = 12x + 7$$

In *gar* gemessen, ist x^3 ein Würfel der Kantenlänge x, auf dem eine 7 Ellen dicke Schicht liegt. In Kubik-Ellen gemessen ist das Volumen $0; 3{,}20 \times 12^2 = 8$. Damit ergibt sich die kubische Gleichung:

$$(12x)^3 + 7 \cdot (12x)^2 = 8$$

Die Lösung $(12x = 1)$ ist sofort ersichtlich. Die Maße sind $\{x = 0; 05, y = 0; 05, z = 8\}$.

BM 85200 #22 Modern geschrieben liest sich die Aufgabe:

$$xyz = 1; 30 \ \therefore \ y = x \ \therefore \ z = 12x$$

Einsetzen führt zu der rein kubischen Gleichung:

$$x^3 = 0; 7{,}30 \Rightarrow x = 0; 30$$

Mithilfe einer Kubik-Tabelle ergeben sich die Maße $\{x = 0; 30, y = 0; 30, z = 6\}$.

BM 85200 #23 Neben dem Volumen $1; 45$ ist gegeben: Länge gleich Breite und der Überschuss 1 der Tiefe über die Länge. Modern geschrieben liest sich die Aufgabe:

$$xyz = 1; 45 \ \therefore \ y = x \ \therefore \ z = 12x + 1$$

Einsetzen führt zu der kubischen Gleichung:

$$x^2(12x + 1) = 1; 45 \Rightarrow (12x)^2(12x + 1) = 4{,}12$$

Dies ist eine Gleichung der Form $n^2(n+1)$ und wird tabellarisch gelöst. Der Vergleich mit der Tabelle liefert ($12x = 6$). Die Lösung ist somit $\{x = 0; 30, y = 0; 30, z = 7\}$, die Tafel gibt irrtümlich $z = 6$.

Høyrup zeigt hier allgemein, dass jede Gleichung der Form $x^2(12x + a) = b$ auf die obengenannte Darstellung umgewandelt werden kann:

$$x^2(12x + a) = b \Leftrightarrow \left(\frac{12}{a}x\right)^2\left(\frac{12}{a}x + 1\right) = \left(\frac{12}{a}\right)^2\frac{b}{a}(a \neq 0)$$

BM 85200 #24 Neben dem Volumen 27; 46,40 ist die Tiefe $z = 3$; 20 und der Überschuss der Breite über die Länge gegeben. Dividiert die Tiefe aus dem Volumen heraus, so lässt sich die Aufgabe in modern schreiben als:

$$xy = 8; 20 \quad \therefore \quad x - y = 0; 50$$

Dies ist die Normalform II mit der Lösung $\{x = 3; 20, y = 2; 30, z = 3; 20\}$.

BM 85200 #26 Neben dem Volumen 27; 46,40 ist die Tiefe $z = 3$; 20 und der Überschuss der Breite über die Tiefe gleich 2/3 der Länge gegeben. Umwandlung der Tiefe von der Einheit *kuš* nach *ninda* zeigt $z = 0$; 16,40. Dividiert die Tiefe aus dem Volumen heraus, so lässt sich dies in moderner Form schreiben als:

$$xy = 8; 20 \quad \therefore \quad y = \frac{2}{3}x + 0; 16,40$$

Mit der Substitution $x_1 = \frac{2}{3}x$ folgt:

$$x_1 y = 5; 33,20 \quad \therefore \quad y - x_1 = 0; 16,40$$

Die Normalform II liefert hier $\{x_1 = 2; 13,20, y = 2; 30\}$ und damit die Lösung von oben.

Von J. Høyrup[51] stammt eine Transliteration des gesamten Tabletts, die er nur knapp erläutert. Er bezeichnet den Text als Kellertext *(cellar text)*, da das Volumen meist als Ausschachtung gegeben ist; bei einigen Problemen wird das „Gebäude" umgekippt, aus der Ausschachtung wird ein Hochgeschoß.

3.6.9   BM 85210

Auf den Tontafeln TMS VIII und BM 85210 findet sich folgendes geometrisches Problem: Aus einem Quader wurde ein Halbzylinder ausgebohrt. Gesucht ist das Maß der quadratischen Frontfläche.

---

[51]Høyrup, J.: The Babylonian Cellar Text BM 85200 + VAT 6599, S. 315–358. In: Sammelband: Amphora.

Gegeben ist das Volumen $V = 1,12,30$, $a = 10$, $b = 3$. Mit den Bezeichnungen der Abb. 3.44 gilt für den Durchmesser des Zylinders $d = x - 2a$. Der Umfang des Grundkreises ist nach babylonischer Näherung $U = 3d = 3(x - 2a)$, die Fläche des Halbkreises:

$$A_{HK} = \frac{1}{24}U^2 = \frac{3}{8}(x - 2a)^2$$

Die Frontfläche des Körpers ist damit:

$$A = \frac{V}{b} = x^2 - \frac{3}{8}(x - 2a)^2 = \frac{1,12,30}{3} = 24,10$$

Dies liefert die quadratische Gleichung:

$$x^2 - 0; 22,30(x - 20)^2 = 24,10$$

Mit den üblichen Methoden gelöst findet man $x = 40$.

3.6.10 BM 96954 und BM 102366 und SÈ

Die 3 zusammengehörenden Fragmente BM 96954 und BM 102366 und SÈ, abgekürzt BM 96954+, behandeln ab §4 mehrere Rotationskörper. Robson (MM, Appendix 3) legt hier keine Form fest und spricht nur von *heaps,* Friberg erkennt hier Kegel und Kegelstümpfe. Aus diesem Grund erklärt er die Fußnoten Robsons zu #20 bis #29 für völlig irrelevant; die genannten Aufgabennummern finden sich bei Friberg unter dem Paragrafen §4.

Abb. 3.44 Zur Tafel BM 85210

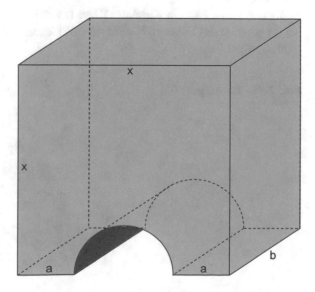

Die von Struve erhobene Behauptung, die Babylonier hätte keine Formel für den Pyramidenstumpf gehabt, will Friberg (UL, S. 76) widerlegt haben. Er betreibt hier einen Etikettenschwindel, da er keine Pyramide, sondern einen stereometrischen Körper in Form eines Walmdachs (englisch *hipped roof*) bespricht:

BM 96954 und §1f
Es wird hier eine vierseitige „Pyramide" von der Form eines Keils behandelt. Friberg schreibt: „Es sei klar, dass das Volumen des Pyramidenstumpfs von den Parametern der Grund- und Deckfläche abhängen muss." Ist die Grundfläche das Rechteck (a_1, b_1), die Deckfläche das Rechteck (a_2, b_2), so postuliert er Formel (vgl. Abb. 3.45):

$$V = \left[(a_1b_1 + a_2b_2) + \frac{1}{2}(a_1b_2 + a_2b_1) \right] \frac{h}{3}$$

Dieses Vorgehen hat weder eine mathematische, noch eine historische Beweiskraft. Leider erlaubt die Lesbarkeit des Textes auch keine Rekonstruktion aus dem Lösungsweg. Zu erwähnen ist auch, dass kein Volumen, sondern das Fassungsvermögen dieses Kornspeichers (in *gur*) gesucht ist. Damit wird auch noch die Umrechnung (Raum)-*Sar* ↔ *gur* notwendig, die nicht immer gleichartig geschieht.

Es gibt zwei explizite Aufgaben, die einen *echten* Pyramidenstumpf behandeln, die erste ist das Problem YBC 5037 #35. Es handelt sich hier um den Stumpf einer quadratischen Pyramide. Hat die Grundfläche die Seite a und die Deckfläche die Seite b, so wird mit der nicht korrekten Volumenformel gerechnet:

$$V = \frac{1}{2}\left(a^2 + b^2 \right) h$$

BM 96954 und §4c
Betrachtet werde hier ein Kegel der Höhe 1, wohl zu lesen als 1,00 *Ellen* = 5 *ninda*. Ferner ist gegeben das Volumen $V = 41{,}40$ *šar*. Gesucht ist der Umfang U des Grundkreises (Abb. 3.46).

Abb. 3.45 Zur Aufgabe BM 96954 §1f

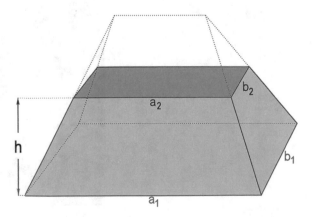

Abb. 3.46 Zur Aufgabe BM 96954 §4c

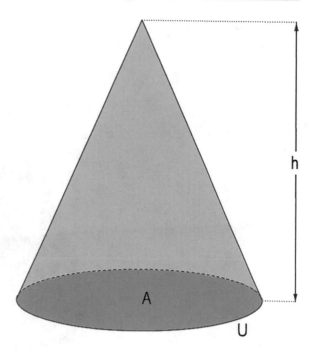

Friberg setzt hier die exakte Pyramidenformel voraus: $V = \frac{1}{3}Ah$. Damit folgt die Grundkreisfläche:

$$A = 3\frac{V}{h} = 3 \cdot \frac{41{,}40\,\check{s}ar}{1{,}00\,Ellen} = 1{,}15\,(ninda)^2$$

Der gesuchte Umfang beträgt somit:

$$A = 0;05\,U^2 \Rightarrow U = \sqrt{\frac{1{,}15}{0;05}} = \sqrt{12 \cdot 1{,}15} = 30\,(ninda)$$

Die Tafel liefert ebenfalls das Ergebnis, auffällig ist hier, dass hier ein echtes Volumen und keine Kapazität gegeben ist.

BM 96954 und §4e

Gegeben ist hier ein Kegel vom Volumen $V = 25\,\check{s}ar$, der Höhe $h = 1{,}00\,Ellen = 5\,ninda$ und dem Umfang U des Grundkreises 30 *ninda*. Von der Spitze wird nun ein Kegel der Höhe $h_1 = 2;30\,ninda = 30\,Ellen$ abgeschnitten (Abb. 3.47).

Die Höhe des Kegelstumpfs ist dann die Hälfte der Kegelhöhe $h_2 = h - h_1 = 30$ *ninda*. Alle weiteren Flächen werden in der Einheit $(ninda)^2$ ermittelt. Der Umfang des Deckkreises wird nun mittels Ähnlichkeit bestimmt:

$$U_1 = U\frac{h_1}{h} = 30 \cdot \frac{1}{2} = 15$$

Abb. 3.47 Zur Aufgabe BM
96954 §4e

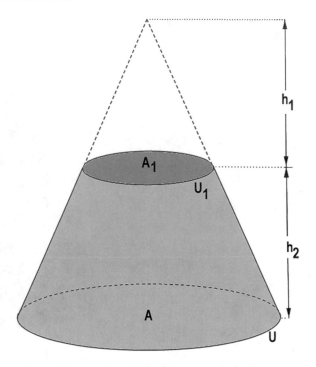

Die Grund- und Deckfläche des Stumpfs sind damit:

$$A = 0; 05U^2 = 1; 15 \;\; \therefore \;\; A_1 = 0; 05U_1^2 = 18; 45$$

Das arithmetische Mittel A_a der Flächen beträgt:

$$A_a = \frac{A + A_1}{2} = \frac{1{,}33; 45}{2} = 46; 52{,}30$$

Zu den Flächen wird ein weiterer Mittelwert A_m berechnet:

$$A_m = 0; 05\left(\frac{U + U_1}{2}\right)^2 = 0; 05(22; 30)^2 = 42; 11{,}45$$

Aus diesen Mittelwerten wird schließlich ein gewichtetes Mittel bestimmt:

$$A_g = \frac{A_a + 2A_m}{3} = \frac{46; 52{,}30 + 42; 11{,}45}{3} = 43; 45$$

Damit kann schließlich das gesuchte Kegelstumpfvolumen ermittelt werden:

$$V_2 = A_g h_2 = 43; 45 \; (ninda)^2 \cdot 30 \; (Ellen) = 21{,}52; 30 \; \check{s}ar$$

Zur Kontrolle wird das Volumen als Differenz zweier Kegel ermittelt:

$$V_2 = \left(1 - \frac{1}{8}\right)V = 25,00 - 3,07;\, 30 = 21,52;\, 30\ \check{s}ar$$

3.6.11 UET 5, 121

Die Tafel aus Ur enthält ein Vererbungsproblem in Form einer geometrischen Reihe.

UET 5, 121   §1 „26 *Minen*, 15 2/3 *Schekel* und 15 *Gran* von Silber. Erben sind 5. Der älteste Bruder übersteigt den nächsten um 1/5 seines Erbes.“
  Die Tontafel liefert ohne Rechengang das Ergebnis:

Der älteste Bruder erhält 7 2/3 *Minen*, 8 2/3 *Schekel* 15 *Gran*.
Der zweite 6 *Minen* 5 *Schekel*.
Der dritte 5 *Minen*.
der vierte 4 *Minen*.
Der fünfte 3 *Minen* 12 *Schekel*.

Fünf Brüder sollen also zusammen 26 *Minen*, 15 2/3 *Schekel* und 15 *Gran* Silber so erben, dass der nächst jüngere 1/5 weniger erbt als der jeweils ältere. Gesucht sind die 5 Anteile.
  Der Probewert des Erstgeborenen sei $5^4 = 10,25$, damit folgen die Anteile:
  Ältester Bruder 10,25
  Zweiter Bruder $10,25 \times \frac{4}{5} = 8,20$
  Dritter Bruder $8,20 \times \frac{4}{5} = 6,40$
  Vierter Bruder $6,40 \times \frac{4}{5} = 5,20$
  Jüngster Bruder $5,20 \times \frac{4}{5} = 4,162$

Der falsche Ansatz liefert die Summe $10,25 + 8,20 + 6,40 + 5,20 + 4,16 = 35,01$ *Schekel*. Die Erbmasse wird umgerechnet:

$$26\, Minen + 15;\, 40\, Schekel + 0;\, 05\, Schekel = 26,15;\, 45\, Schekel$$

Der Skalierungsfaktor ist hier $f = \frac{26,15;\,45}{35,01} = 0;\,45$. Alle Anteile sind also mit 0; 45 zu multiplizieren:

1. $10,25 \times 0;\, 45 = 7,48;\, 45$ *Schekel* $= 7,40$ *Minen* $+ 8;\, 40$ *Schekel* $+ 0;\, 05$ *Schekel* $= 7\ 2/3$ *Minen*, 8 2/3 *Schekel*, 15 *Gran*
2. $8,20 \times 0;\, 45 = 6,15$ *Schekel* $= 6$ *Minen*, 15 *Schekel*
3. $6,40 \times 0;\, 45 = 5,0$ *Schekel* $= 5$ *Minen*
4. $5,20 \times 0;\, 45 = 4,0$ *Schekel* $= 4$ *Minen*
5. $4,16 \times 0;\, 45 = 3,12$ *Schekel* $= 3$ *Minen*, 12 *Schekel*

Es ergibt sich eine Diskrepanz beim Anteil des zweiten Bruders. Friberg (RC, S. 187) äußert sich nicht dazu; er schreibt den Probewert 10,25 fälschlich als $5 \cdot 5 \cdot 5 \cdot 5$.

3.7   Tafeln des Vorderasiatischen Museums Berlin (VAT)

3.7.1   VAT 6504

VAT 6504 #1 In moderner Form geschrieben gilt:

$$xy - (x - y)^2 = 8{,}20 \; \therefore \; x - y = 10$$

Setzt man das Quadrat der zweiten Gleichung in die erste ein:

$$xy - 1{,}40 = 8{,}20$$

Damit ist die Normalform II gefunden:

$$x - y = 10 \; \therefore \; xy = 10{,}0$$

Das System wird gelöst mittels:

$$x = 5 + \sqrt{5^2 + 10{,}0} = 5 + 25 = 30 \Rightarrow y = 20$$

VAT 6504 #2 In moderner Schreibweise ist das System gegeben:

$$xy - (x - y)^2 = 8{,}20 \; \therefore \; x + y = 50$$

Addiert man das Quadrat der zweiten Gleichung zur ersten, so folgt:

$$xy - (x - y)^2 + (x + y)^2 = 5xy = 50{,}0$$

Damit ist die Normalform I gefunden:

$$x + y = 50 \; \therefore \; xy = 10{,}0$$

Lösung ist:

$$x = 25 + \sqrt{25^2 - 10{,}0} = 25 + 5 = 30 \; \Rightarrow \; y = 20$$

3.7.2   VAT 6505

Die Tafel wurde in Abschn. 3.3.3 besprochen.

3.7.3   VAT 7528

Neugebauer (MKT I, S. 512): Die Tafel behandelt bei den folgenden drei Aufgaben das Ausgraben eines Kanals mit trapezförmigem Querschnitt: Seine Länge ist $l = 6{,}0 \, gar$, obere Breite $b_1 = 0$; $10 \, gar$, untere Breite $b_2 = 0$; $5 \, gar$ und die Tiefe $h = 1$; 30 Ellen.

Damit lässt sich das Volumen der Grabung ermitteln:

$$V = \frac{1}{2}(b_1 + b_2)hl = 1,7; 30\, sar$$

Dabei gilt: $1\, sar = 1\, gar^2 \cdot 1\, Elle$.

VAT 7528 #2 „1/3 *sar* Erde die Leistung. 18 Leute. Die Tage sind was?"

Zur Lösung der Aufgabe benötigt man eine technische Konstante, die die mittlere Arbeitsleistung bei Erdarbeiten pro Kopf angibt; hier wird gewählt $P = 0; 20\, sar$. Ist n die Anzahl der Leute, dann gilt für die verrichtete Arbeit (Volumen) während der Zeit t:

$$V = nPt \Rightarrow t = \frac{V}{nP} = \frac{1,7; 30}{18 \cdot 0; 20} = 11,15$$

Das Ergebnis stimmt mit der Tafel überein, da P passend gewählt wurde. Die Tafel VAT 8523 verwendet jedoch eine andere Konstante: $P = 0; 03,45$.

VAT 7528 #3 „Leute und Tage addiert 29,15. Leute und Tage sind was?"

Es ist also gegeben $n + t = 29; 15$; Arbeit wie in #2. Statt der gesuchten Summe $(n + t)$ lässt sich zunächst das Produkt ermitteln:

$$V = nPt \Rightarrow nt = \frac{V}{P} = \frac{1,7; 30}{0; 20} = 3,22; 30$$

Damit ist die NF I einer quadratischen Gleichung gefunden:

$$n + t = 29; 15 \; \therefore \; nt = 3,22; 30$$

$$n = \frac{29; 15}{2} + \sqrt{\left(\frac{29; 15}{2}\right)^2 - 3,22; 30} = 18 \Rightarrow t = 11; 15$$

Antwort wie oben: 18 Leute, 11 ¼ Tage.

VAT 7528 #4 „Leute über die Tage um 6,45 hinaus. Leute und Tage sind was?"

Wie oben findet sich hier die NF II einer quadratischen Gleichung:

$$n - t = 6; 45 \; \therefore \; nt = 3,22; 30$$

$$n = \frac{6; 45}{2} + \sqrt{\left(\frac{6; 45}{2}\right)^2 + 3,22; 30} = 18 \Rightarrow t = 11; 15$$

Lösung wie oben: 18 Leute, 11 1/4 Tage. Was hier wundert, ist die bedenkenlose Addition von Größen verschiedener Dimensionen; diese findet sich mehrfach:

Flächen und Volumina	MCT S. 74
Längen und Flächen	MKT I, S. 243
Längen und Volumina	MKT II, S. 64
Arbeitstage und Arbeiterzahl	MKT I, S. 513
Schafe und Widder	TMB S. 209

3.7.4   VAT 7531

Die Tontafel ist altbabylonisch und wurde in Uruk gefunden.

VAT 7531 #4

> 2,43,30 [*ninda*] ist die lange Seite, 1,56,30 die kurze.
> 1,37,30 ist die linke Seite, 1,30,30 die rechte.
> Die Fläche, finde sie,
> dann teile die Fläche gleichmäßig unter 5 Brüdern auf
> und zeige jedem seinen Anteil.

Da die Form eines Vierecks durch 4 Seiten nicht eindeutig bestimmt ist, wird hier ein (unsymmetrisches) Trapez gewählt. Schneidet man aus dem Trapez das größtmögliche Rechteck heraus (Abb. 3.48a), so kann aus beiden Randstücken ein Dreieck gebildet werden mit drei bekannten Seiten (Abb. 3.48b).

Mithilfe des Pythagoras-Satzes lassen sich die beiden Basisabschnitte p, q, die durch den Höhenfußpunkt erzeugt werden, ermitteln. Es ergibt sich das System:

$$p + q = 47 \ \therefore \ p^2 - q^2 = a^2 - b^2 = 1{,}37; 30^2 - 1{,}30; 30^2 = 21{,}56$$

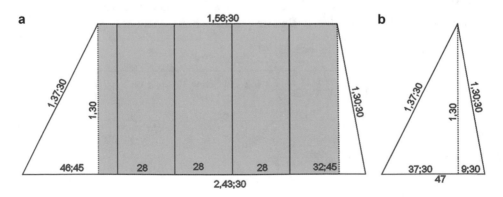

Abb. 3.48 Zur Aufgabe VAT 7531 #4

Division liefert:

$$\frac{p^2 - q^2}{p + q} = p - q = \frac{21{,}56}{47} = 28 \Rightarrow p = \frac{1}{2}\left[(p+q) + (p-q)\right] = \frac{47 + 28}{2} = 37; 30$$

Es folgt: $q = (p+q) - p = 47 - 37; 30 = 9; 30$. Damit ist auch die Dreieckshöhe h bestimmt, die zugleich die Trapezhöhe ist.

$$h = \sqrt{a^2 - p^2} = \sqrt{1{,}37; 30^2 - 37; 30^2} = 1{,}30$$

Die Gesamtfläche und anteilige Fläche von jedem der 5 Brüder ist damit:

$$A = \frac{1}{2}(2{,}43; 30 + 1{,}56; 30) \cdot 1{,}30 = 3{,}30{,}0 \Rightarrow \frac{A}{5} = 42{,}0$$

Die Flächeneinheit ist hier $(ninda)^2$. Die Gesamtfläche wird mit 7 *bùr* angegeben, es gilt also hier:

$$1\,b\grave{u}r = 1800\,ninda^2.$$

3.7.5   VAT 7535

Neugebauer (MKT I, S. 296) schreibt über die Tafeln VAT 7532 und VAT 7535, dass sie wohl die interessantesten Texte des ganzen Berliner Materials sind und überhaupt, wie wenige andere Texte, wesentlich zu unserem Verständnis von der Wechselwirkung zwischen Algebra und Geometrie in der babylonischen Mathematik beitragen.

> … Die beiden Berliner Texte sind sowohl paläographisch wie in den Einzelheiten so kompliziert, dass auch dies eine ausführliche Behandlung erfordert, wenn der Leser verstehen will, wie man überhaupt zu einer geschlossenen Behandlung dieser Texte durchdringen kann …

Eine nicht ganz einfach zu verstehende Aufgabe ist die folgende (MKT I, S. 305):

VAT 7535 #1

> Ein Trapez. Ein gekürztes Rohr als Messrohr habe ich genommen, sein Maß kenn ich nicht. In seiner Integrität 1,12-Sechzig-mal (?) Länge habe ich durchschritten. Sein 5. Teil ist mir abgebrochen und sein 1,30 zur Länge habe ich addiert. Wiederum sein 5. Teil und 6 Finger sind mir abgebrochen und 7 Sechzig obere Breite habe ich durchschritten. 3 sechzig Trennungslinien habe ich durchschritten. Seinen 5-ten Teil und 6 Finger, die mir abgebrochen wurden, gebe ich zurück und [45] untere Breite habe ich durchschritten. 36 *iku* Fläche. Das Rohr ist was?

K. Vogel (VG, S. 51) interpretiert die Angabe so: Gegeben ist ein rechtwinkliges Trapez mit der Fläche 3600 *gar*^{2}. Wir rechnen hier dezimal. Zuerst wird die Länge x mit einem Rohr (unbekannter Länge) vermessen. Nachdem man das Rohr 72-mal abgetragen hat, wird es um 1/5 gekürzt; dieses neue Rohr von der Länge $y = \frac{4}{5}x$ geht noch mal 90-mal in die Feldlänge hinein. Die ganze Länge ist also $72x + 90y$.

Von dem Rohr y wird nochmal um 1/5 und 6 Finger (=1/60 gar) verkürzt. Die neue Länge dieses Rohrs ist also

$$z = \frac{4}{5}y - \frac{1}{60}$$

Damit wird die „obere Breite" gemessen und zu $420z$ bestimmt. Schließlich wird die ursprüngliche Länge des Rohrs wiederhergestellt und die „untere Breite" als $45y$ gefunden (Abb. 3.49a).

Vogel schreibt: „Die Berechnung zeigt $x = \frac{5}{4}y$." Die falsche Länge ist dann $180y$, die untere Breite $45y$, die obere Breite $420z$ oder $336y - 420 \cdot \frac{1}{60}$ ist. Die „falsche" Trapezfläche ist dann gleich

$$ABCE = \frac{1}{2}(336y + 45y) \cdot 180y$$

Davon ist das Dreieck DEC mit der Grundlinie $|DE| = 420 \cdot \frac{1}{60} = 7$ abzuziehen. Der Ansatz für die doppelte Fläche (nach einer Punktspiegelung) ist dann (Abb. 3.49b):

Doppelte wahre Fläche = doppelte falsche Fläche – doppeltes Dreieck

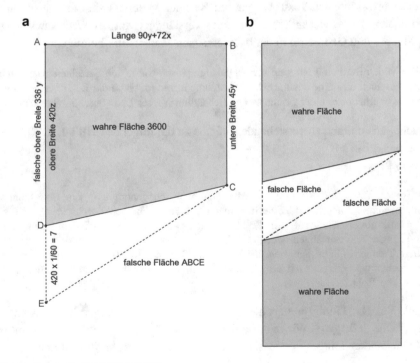

Abb. 3.49 Zur Aufgabe VAT 7535 #1

Als Formel gilt:

$$7200 = (336 + 45)y \cdot 180y - 420 \cdot \frac{1}{60} \cdot 180y \Rightarrow 68580y^2 - 1260y = 7200$$

In sexagesimaler Form ist dies:

$$19,3,0y^2 - 21,0y = 2,0,0$$

Die Gleichung $ay^2 - by = c$ wird umgeformt für eine neue Variable (ay) :

$$(ay)^2 - b(ay) = ac \Rightarrow y = \frac{1}{a}\left[\frac{b}{2} + \sqrt{\left(\frac{b}{2}\right)^2 + ac}\right]$$

Einsetzen liefert:

$$y = \frac{1}{19;3,0}\left[10,30 + \sqrt{(10,30)^2 + 19,3,0 \cdot 2,0,0}\right] = 0; 20$$

Insgesamt ergibt sich $(x = 0; 25 \therefore y = 0; 20 \therefore z = 0; 15)$. Die Länge ist 1,0, die obere Breite 1,45, die untere Breite 15. Nach der Flächenformel gilt:

$$A = \frac{1,45 + 15}{2} \cdot 1,0 = 1,0,0$$

Die Fläche 3600 sar ist damit bestätigt.

3.7.6 VAT 7848

Die Tafel aus der Seleukidenzeit (Neugebauer MCT, S. 142) enthält in Aufgabe #3 (bei Friberg #4) eine Besonderheit, nämlich ein symmetrisches Trapez, bei dem die Seiten, Diagonalen, die Höhe, die Grundlinienabschnitte und der Radius des Umkreises ganzzahlig sind.

VAT 7848 #3 „Gegeben ist ein Viereck [Trapez?] mit den Seiten $a = 50, c = 14, b = d = 30$ (kuš)."

Der historische Rechengang berechnet zunächst die Höhe und dann die Fläche:

Quadriere 30, ergibt 15,0.
Subtrahiere 14 von 50, Rest 36.
Halbiere den Rest und quadriere, liefert 5,24.
Subtrahiere 5,2[4] von 15,0, macht 9,36.
Welches Quadrat ist 9,36? 24, das ist die Trennlinie.
Addiere 50 und 14, macht 1,4, die Hälfte 32.
Multipliziere 24 mit 32, ergibt 12,48.

Abb. 3.50 Zur Aufgabe VAT
7848 #3

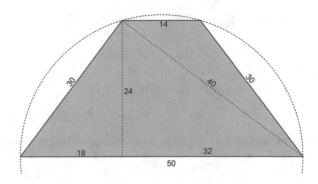

Da die Schenkel kongruent sind, erhält man hier ein symmetrisches Trapez, das zugleich
Sehnenviereck ist (Abb. 3.50). Die Höhe lässt sich elementar ermitteln aus:

$$h = \sqrt{b^2 - \left(\frac{c-a}{2}\right)^2} = \sqrt{15{,}0 - 5{,}24} = 24$$

Der linke Grundlinienabschnitt ergibt sich nach Pythagoras zu: $p = \sqrt{b^2 - h^2} = \sqrt{15{,}0 - 9{,}36} = 18$, der rechte zu $q = a - p = 32$. Die Trapezfläche ist damit:

$$A = \frac{a+c}{2}h = 32 \cdot 24 = 12{,}48$$

Eine Diagonale (beide kongruent) wird auf der Tafel nicht berechnet:

$$e = \sqrt{h^2 + q^2} = \sqrt{9{,}36 + 17{,}04} = 40$$

Das Trapez kann zerlegt werden in zwei gespiegelten Dreiecken (18; 24; 30), ähnlich
zum Dreieck (3; 4; 5), und dem dazwischen liegenden Rechteck (14; 24). Überraschend
ist auch das Dreieck (24; 32; 40) aus Höhe und Diagonale ähnlich zu (3; 4; 5), genauso
wie das Dreieck (30; 40; 50) aus Schenkel und Diagonale. Der rechte Winkel des letzten
Dreiecks ist Gegenwinkel zur Basis; diese muss nach Thales der Kreisdurchmesser sein.
Damit ist auch der Umkreisdurchmesser ganzzahlig!

Moderne Lösung: Die Formel von *Brahmagupta* bestätigt den Flächenwert. Mit dem
halben Umfang $s = \frac{1}{2}(50 + 30 + 30 + 14) = 1{,}02$ folgt:

$$A = \sqrt{(s-a)(s-b)(s-c)(s-d)} = \sqrt{12 \cdot 32 \cdot 48 \cdot 32} = 12{,}48$$

3.7.7   VAT 8389

Zusammen mit dem altbabylonischen Tablett VAT 8391 bildet sie die *älteste* Quelle eines
linearen Gleichungssystems. Bei Neugebauer (MKT I, S.323) heißt es:

VAT 8389 #1

Von 1 [*bùr*] 4 *gur* Getreide habe ich geerntet. Von einem zweiten [*bùr*] 3 *gur* Getreide habe ich geerntet. Das Getreide über das Getreide [um] 8,20 geht es hinaus. Meine Felder addiert und 30 [gibt es]. Meine Felder sind was?

Es gelten hier die Umrechnungen: 1 *bùr* = 30,0 *sar*, 1 *sar* = 12 Quadrat-*Ellen*, 1 *gur* = 5,0 *sila*. Setzt man die Flächen gleich x, y, so gilt in moderner Schreibweise das lineare Gleichungssystem:

$$x + y = 30,0 \quad \therefore \quad \frac{2}{3}x - \frac{1}{2}y = 8,20$$

Die babylonische Lösung verwendet die Regula falsi. Der erste Ansatz mit gleichen Flächen $x_1 = y_1 = 15,0$ liefert den Fehler in der zweiten Gleichung:

$$d_1 = \left(\frac{30,0}{3} - \frac{15,0}{2} \right) - 8,20 = -5,50$$

Um diese Differenz zu verringern, werden die Flächen um $\pm 5,0$ modifiziert: $x_2 = 20,0$; $y_2 = 10,0$. Dieser Ansatz zeigt bereits das gesuchte Resultat:

$$\frac{40,0}{3} - \frac{10,0}{2} = 8,20$$

Wie sind die Babylonier auf die Korrektur $\pm 5,0$ gekommen? Eine mögliche Erklärung ist: Ändert man die Fläche des Feldes um eine Einheit, so steigt der Ertrag um

$$\frac{2}{3} \cdot 1 - \frac{1}{2}(-1) = \frac{2}{3} + \frac{1}{2} = \frac{7}{6}$$

Damit die Flächenänderung den Fehler d_1 kompensiert, muss sie $\pm \frac{5,50}{\frac{7}{6}} = \pm 5,0$ betragen!
J. F. Grcar[52] formuliert die Aufgabe so:

VAT 8389 #1A „Die Gesamtfläche zweier Felder beträgt 30,0 *sar*. Der Ertrag des einen Felds ist 2 *sila* Korn pro 3 *sar*, der des anderen 1 *sila* pro 2 *sar*. Der Gesamtertrag des ersten übertrifft den des zweiten um 8,20 *sila*."

In moderner Schreibweise ergibt sich wie oben das System:

$$x + y = 30,0 \quad \therefore \quad \frac{2}{3}x - \frac{1}{2}y = 8,20$$

---

[52]Grcar J. F.: How Ordinary Elimination Became Gaussian Elimination, arXiv:0907.239v4 (30. Sept. 2010).

Substitution liefert:

$$x = \frac{30,0}{2} + s \;\therefore\; y = \frac{30,0}{2} - s$$

Damit erhält man aus der zweiten Gleichung:

$$\frac{2}{3}(15,0 + s) - \frac{1}{2}(15,0 - s) = 8,20 + \frac{7}{6}s$$

Vereinfachen zeigt:

$$s = \frac{6}{7} \cdot 5,50 = 5,0 \Rightarrow x = 20,0 \;\therefore\; y = 10,0$$

3.7.8   VAT 8390

Die Tafel enthält ein nichtlineares System von Gleichungen. In moderner Schreibweise gilt hier:

VAT 8390 #1

$$xy = 10,0 \;\therefore\; (x - y)^2 \cdot 9 = x^2$$

Die historische Lösung zieht die Wurzel aus der zweiten Gleichung:

$$3(x - y) = x \Rightarrow \frac{2}{3}x = y$$

Einsetzen in die erste Gleichung zeigt:

$$\frac{2}{3}x^2 = 6\left(\frac{x}{3}\right)^2 = 10,0 \Rightarrow \left(\frac{x}{3}\right)^2 = 1,40 \Rightarrow \frac{x}{3} = 10$$

Lösung ist damit ($x = 30$; $y = 20$).

3.7.9   VAT 8492

Die Tafel enthält unter anderem verso eine Tabelle mit der Zuordnung: $n^2(n + 1) \to n$. Die Werte sind korrigiert, insbesondere sind mehrere Null eingefügt.

5,4,12	26
5,40,12	27
6,18,56	28
7,0,30	29
7,45,0	30

8,32,32	31
9,23,12	32
10,17,6	33
11,40,11	34
12,15,0	35
13,19,12	36
14,27,1	37
15,38,36	38
16,54,0	39
18,13,20	40
19,36,42	41
21,4,12	42
22,35,56	43
24,12,0	44
25,52,30	45
27,37,32	46
29,27,12	47
31,21,36	48

Hier ein Beispiel einer kubischen Gleichung (ohne Linearterm) in moderner Form:

$$x^3 + 2x^2 = 62,0,0$$

Division durch 8 liefert mit der Substitution $y \to \frac{x}{2}$:

$$y^3 + y^2 = 7,45,0$$

Gemäß der Tabelle folgt $y = 30$; Lösung ist damit $x = 1,0$.

Neugebauer war der Meinung, dass die Babylonier sogar die allgemeine (normierte) kubische Gleichung lösen konnten. Als ein solches Beispiel sei gewählt:

$$x^3 + 10x^2 + 28x = 38,0$$

Mit der Substitution $y = x + 2$ wird der lineare Term entfernt:

$$y^3 + 4y^2 = 38,24$$

Division durch 64 liefert mit der Substitution $z \to \frac{y}{4}$:

$$z^3 + z^2 = 36$$

Hier erhält man sukzessive $z = 3 \Rightarrow y = 12 \Rightarrow x = 10$, ein Wert außerhalb der Tabelle. Es ist fraglich, ob eine solche Umformung im Rahmen der babylonischen Präalgebra möglich sind.

3.7.10 VAT 8512

Die Interpretation dieser Tafel aus Larsa hat schon eine ganze Generation von Forschern beschäftigt. Neugebauer gab um 1930 eine algebraische Interpretation, die von Peter Huber[53] 1955 durch eine bemerkenswerte geometrische Interpretation ergänzt wurde. Hier die Darstellung nach van der Waerden; eine Neuübersetzung liefert auch Høyrup.

„Ein [rechtwinkliges] Dreieck $\triangle ABC$ wird durch [eine Parallele] ED in ein Trapez ECBD und ein Dreieck AED geteilt." Mit der Bezeichnungsweise der Abb. 3.51a sind gegeben:

$$d = 30 \ \therefore \ A_2 - A_1 = 7{,}0 \ \therefore \ y_2 - y_1 = 20$$

Damit sind drei Unbekannte zu ermitteln x, y_1, y_2, da sich die Flächen ergeben aus:

$$A_2 = \frac{1}{2}(x + d)y_1 \ \therefore \ A_1 = \frac{1}{2}xy_2$$

Aus der Angabe und mittels Ähnlichkeit erhält man folgendes nichtlineares System:

$$\frac{1}{2}y_1(x + d) - \frac{1}{2}y_2x = 7{,}00$$
$$y_2 - y_1 = 20$$
$$\frac{y_2}{y_1} = \frac{x}{d - x}$$

Neugebauer löst dieses System nach Elimination zweier Unbekannten mit einer komplizierten quadratischen Gleichung (MKT I, S. 344). Um den algebraischen Aufwand, den der babylonische Schreiber treiben musste, abschätzen zu können, wird die Aufgabe zunächst rein algebraisch gelöst.

Elimination von y_2 führt zu dem System:

$$\frac{1}{2}y_1(x + 30) - \frac{1}{2}(y_1 + 20)x = 7{,}00$$
$$\frac{y_1 + 20}{y_1} = \frac{x}{30 - x}$$

Dies lässt sich vereinfachen zu:

$$30y_1 - 20x = 14{,}00$$
$$2xy_1 = 30y_1 - 20x + 10{,}00$$

Elimination von x liefert die quadratische Gleichung:

$$(3y_1 - 1{,}24)y_1 = 30y_1 - (30y_1 - 14{,}00) + 10{,}00$$

---

[53]Huber, P.: Zu einem mathematischen Keilschrifttext (VAT 8512), Isis 46 (2) 104–106 (1955).

Vereinfachen und quadratisches Ergänzen zeigt:

$$y_1^2 - 28y_1 = 8{,}0 \Rightarrow (y_1 - 14)^2 = 11{,}16$$

Dies ergibt schließlich $y_1 = 40 \Rightarrow y_2 = 60 \Rightarrow x = 18$.

Kann man den Babyloniern ein solches Maß an Rechenfertigkeit zutrauen? Wer dieser Meinung ist, muss ihnen zugestehen, dass sie gewisse „algebraische" Fähigkeiten besitzen. Andernfalls muss man eine alternative andere geometrische Lösung finden.

Dies macht genau die geometrische Interpretation von Huber, die wiederum auf der Vorarbeit von Salomon Gandz (Osiris 8, 1948, S. 36) beruht. Diese ergänzt das rechtwinklige Dreieck mit einem Rechteck GBAF gleicher Höhe und der Breite b zu einem neuen größeren Trapez AFGC (Abb. 3.51b).

Die Verlängerung der Transversale DE teilt das Trapez in zwei Teile; die Seite b des Rechtecks wird nun so gewählt, dass diese Flächen gleich werden:

$$A_1 + by_2 = A_2 + by_1 \Rightarrow (y_2 - y_1)b = A_2 - A_1$$

$$\Rightarrow b = \frac{A_2 - A_1}{y_2 - y_1} = \frac{7{,}00}{20} = 21$$

Die Grundlinie a wird damit $a = b + d = 21 + 30 = 51$. Wie schon gezeigt, ist die Flächenhalbierende eines Trapezes das quadratische Mittel der Parallelseiten:

$$z^2 = \frac{1}{2}\left(a^2 + b^2\right) \Rightarrow z = \sqrt{\frac{1}{2}\left(51^2 + 21^2\right)} = 39$$

$$\Rightarrow x = z - b = 39 - 21 = 18$$

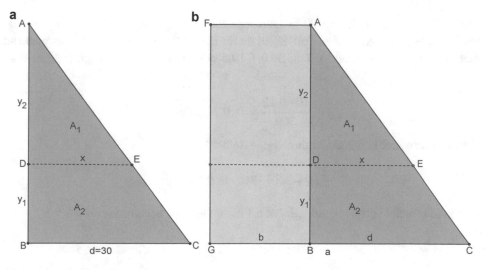

Abb. 3.51 Zur Tafel VAT 8512

Mit den obigen Beziehungen gilt schließlich $y_2 = y_1 + 20$

$$\frac{y_2}{y_1} = \frac{x}{30-x} \Rightarrow y_2 = \frac{20x}{2x-30} = 60$$

$$\Rightarrow y_1 = y_2 - 20 = 40$$

Durch diesen *genialen* Trick von Huber wird das Problem rein geometrisch gelöst. An diesem Beispiel hat van der Waerden erkannt, dass rein algebraische Lösungen problematisch sein können. Für Høyrup (LWS, S. 234) ist dies natürlich ein (trickreiches) Beispiel einer geometrischen Interpretation.

3.7.11 VAT 8528

Diese Tafel liefert zusammen mit VAT 8521 und AO 6770 die wichtigste Quelle für die altbabylonische Zinsrechnung.

VAT 8528 #1

> Für eine *Mine* Silber zum Zinssatz 12 *Schekel* [1 *Schekel* = 1/60 *Mine*] pro Jahr erhielt ich die Zahlung 1 Talent [=60 *Minen*] 4 *Minen*.

Bei $1/5 = 20\,\%$ Jahreszins ist nach 5 Jahren das ganze Kapital als Zinsertrag zu zahlen. Wird diese Zahlung wieder dem Anfangskapital zugeschrieben, so verdoppelt es sich alle 5 Jahre. Da $64 = 2^6$ stellen 64 *Minen* die sechste Verdopplung dar, die Laufzeit beträgt $5 \cdot 6 = 30$ Jahre.

VAT 8528 #2

Für 50,0 *sila* Getreide ist bei 20 % Jahreszins die Tilgungsrate 10 *sila* pro Tag zu leisten. Im babylonischen Jahr zu 360 Tagen macht dies $360 \cdot 10 = 1{,}0{,}0$ *sila*, entsprechend dem Wert (Kapital + Zins) im Jahr $50{,}0 + 10{,}0 = 1{,}0{,}0$ sila. Der Tageszins dieser Rate beträgt:

$$\frac{10 \cdot 0{,}12}{360} = 0; 0{,}20 \, (sila)$$

Für das ganze Jahr liefert die arithmetische Reihe:

$$\frac{1}{2}(1 + 360) \cdot 360 \cdot 0; 0{,}20 = 6{,}1$$

Die Tafel schreibt entsprechend: „Er hat 6,1 mehr Getreide bekommen als ich."

Ergänzung zu #1 In seinem Artikel[54] vergleicht Saad Taha Bakir die Verdopplungszeiten eines Kapitals in den Schriften VAT 8521 und AO 6770 mit modernen Werten. Er erinnert an die kaufmännische Faustregel *Rule of 70*: Die Verdopplungszeit t (in Jahren) ist bei der Zinsrate r ungefähr

$$t \approx \frac{70}{100r}$$

Diese Formel findet sich schon in der „Summa" von Luca Pacioli. Im Fall von (dezimal) $r = 0{,}20$ aus VAT 8528 oder AO 6770 ergibt sich die Näherung $t = 3{,}5$ Jahre. Die exakte, moderne Rechnung liefert dezimal

$$t = \frac{\ln 2}{\ln (1 + r)} = \frac{\ln 2}{\ln (1{,}20)} = 3{,}802\ldots$$

Dies sind ungerechnet 3 Jahre, 9 Monate und 19 Tage. Bakir ist der Meinung, dass die Babylonier hier eine Exponentialgleichung lösen wollten. Die Zinsformel liefert bei Verdopplung des Kapital K den Ansatz

$$2K = K(1 + r)^t \Rightarrow 2 = \left(\frac{6}{5}\right)^t$$

Die Tabellierung der Funktion $f(x) = \left(\frac{6}{5}\right)^x$ zeigt:

x=1	1.2000
2	1.4400
3	1.7280
4	2.0736
5	2.48832
6	2.98598
7	3.58318
8	4.29982
9	5.15978
10	6.19174

Die Verdopplungszeit t liegt also im Intervall $t \in {]}3{,}4{[}$. Die lineare Interpolation zeigt:

$$t = 4 - \frac{1{,}2^4 - 2}{1{,}2^4 - 1{,}2^3} = 4 - 0{,}213 = 3{,}787$$

---

[54]Bakir, S. T.: Compound Interest Doubling Time Rule: Extensions and Examples from Antiquities, Communications in Mathematical Finance 5 (2) 1–11 (2016).

Der interpolierte Wert $t = 3{,}787$ ist eine gute Näherung des exakten modernen Wertes $t = 3{,}802$.

Bei der gegebenen Zinsrate ist zu erwarten, dass sich der babylonische Wert für den Zeitraum des Anwachsens auf das 64-fache aus der modernen Rechnung ergibt, wenn man die Verzinsung *nur jedes fünfte* Jahr zählt. Es gilt tatsächlich mit $m = 64, n = \frac{1}{5}$ und $r = 0{,}20$ dezimal gerechnet

$$t = \frac{\ln m}{n \cdot \ln\left(1 + \frac{r}{n}\right)} = \frac{\ln 64}{\frac{1}{5} \cdot \ln\left(1 + \frac{0{,}20}{0{,}20}\right)} = \frac{5 \ln 64}{\ln 2} = 30$$

Mit diesen Werten ist dann auch die moderne Zinsformel erfüllt:

$$64 = \left(1 + \frac{r}{n}\right)^{nt} = \left(1 + \frac{0{,}2}{0{,}2}\right)^{\frac{t}{5}} = 2^{\frac{t}{5}} \Rightarrow t = 30$$

3.8   Tafeln der Yale Babylonian Collection (YBC)

Die Yale Babylonian Collection ist ein Ableger der Yale University Library, die sich in der Sterling Memorial Library in New Haven (Connecticut) befindet. Die Sammlung ist aus dem Nachlass des Industriellen J. Pierpont Morgan (1909) entstanden, der eine Vielzahl von Tontafeln in Paris erworben hatte; die Sammlung umfasst heute 45.000 Objekte. Bekannte Glanzstücke der YBC-Collection sind das schon erwähnte Wurzeltablett YBC 7289, ein Fragment des Gilgamesch-Epos YBC 2178 und der Enheduanna-Hymnus YBC 7169.

3.8.1   YBC 4186

Eine Zisterne hat die Fläche 10 *gar* im Quadrat, 10 *gar* Tiefe. Ich ließ das Wasser abfließen. Wie viel Wasser war eingeflossen, wenn die Wasserhöhe 1 *šuse* beträgt?
Merke 10 und 10, die das Quadrat bilden. Merke 10 die Tiefe des Beckens. Merke 0;0,10 die Wasserhöhe bei der Bewässerung. Nimm das Reziproke 6, vervielfache mit 10, der Beckentiefe, dies ergibt 1,0,0. Merke 1,0,0. Quadriere 10, macht 1,40. Multipliziere 1,40 mit 1,0,0, was du dir gemerkt hast. Es ergibt sich 1,40,0,0 *sar*, dies ist die bewässerte Fläche.

Mit dem Umrechnungsfaktor *šuse* $\leftrightarrow$ *gar*: $h_1 = 0; 0{,}10$ ergibt sich die bewässerte Fläche zu

$$A = \frac{h}{h_1} \cdot l \cdot b = \frac{10}{0; 0{,}10} 1{,}40 = 1{,}40{,}0{,}0$$

Neugebauer (MCT, S. 91) schreibt über das Problem, es sei *strongly idealized,* da hier ein Feld von ca. $600 m \times 600 m$ eine Fingerbreite (=1 *šuse*) hoch bewässert wird.

3.8.2   YBC 4608

YBC 4608 #1 Gegeben ist ein [rechtwinkliges] Trapez, das durch eine Parallele zur Grundlinie geteilt wird. Die Länge der Parallele ist 52; 30. Die Flächen der Teilparallelogramme betragen 14,3; 45 und 42,11; 15, die zugehörigen Abschnitte des senkrechten Schenkels verhalten sich wie 1 : 5. Gesucht sind Längen des senkrechten Schenkels (Abb. 3.52).

Folgende Größen sind gegeben:

$$y = 52; 30 \; \therefore \; h_2{:}h_1 = 5 \; \therefore \; A_1 = 14,3; 45 \; \therefore \; A_2 = 42,11; 15$$

Wir rechnen dezimal:

$$y = 52,5 \; \therefore \; h_2{:}h_1 = 5 \; \therefore \; A_1 = 843,75 \; \therefore \; A_2 = 2531,25$$

Der Ansatz für die Trapezflächen zeigt:

$$(x + y)h_1 = 2A_1$$
$$(y + z)h_2 = 2A_2$$
$$(x + z)(h_1 + h_2) = 2(A_1 + A_2)$$

Wir setzen probeweise $h_1^* = 1$; $h_2^* = 5$. Damit findet man:

$$x_1 + y_1 = 1687,5 \; \therefore \; y_1 + z_1 = 1012,5 \; \therefore \; x_1 + z_1 = 1125$$

Elimination des linearen Systems liefert ($x_1 = 900$; $y_1 = 787,5$; $z_1 = 225$). Damit ergibt sich der Skalierungsfaktor f für die Höhen zu:

$$f = \frac{y_1}{y} = \frac{h_1}{h_1^*} = \frac{787,5}{52,5} = 15 \Rightarrow h_1 = 15h_1^* = 15 \Rightarrow h_2 = 5h_1 = 75$$

Abb. 3.52 Zur Aufgabe YBC 4608 #1

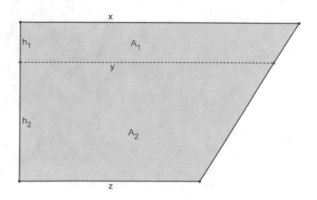

Da bei konstanter Fläche die Seiten indirekt proportional zur Höhe sind, beträgt der Skalierungsfaktor für die Seiten $\frac{1}{f}$:

$$x = \frac{1}{15}x_1;\, y = \frac{1}{15}y_1;\, z = \frac{1}{15}z_1$$

Lösung des Gleichungssystems ist $(x;\, y;\, z) = \left(60;\, 52\frac{1}{2};\, 15\right)$, sexagesimal $(1,00|52;\, 30|15)$.

YBC 4608 #5

Ein dreieckiges Feld soll mithilfe von gleichbreiten Streifen so auf 6 Brüder aufgeteilt werden, dass die Flächeninhalte eine arithmetische Reihe bilden. Gegeben ist die Gesamtfläche $A = 11,22,30$ und die Breite des Dreiecks $b = 6,30$ (Abb. 3.53).

Zunächst ist die „Höhe" a_1 des Dreiecks gesucht; aus der Fläche folgt:

$$A = \frac{1}{2}a_1 b \Rightarrow a_1 = \frac{2A}{b} = \frac{22,45}{6,30} = 3,30$$

Die Streifenbreite ist $\frac{b}{6} = 1,05$, analog die Differenz der Streifenlängen $d = \frac{a_1}{6} = 0,35$. Die Streifenlängen $a_i (1 \le i \le 6)$ ergeben sich aus a_1 sukzessive durch Subtraktion von d. Sie bilden dabei die arithmetische Folge:

$$a_2 = 3,30 - 0,35 = 2,55$$
$$a_3 = 2,55 - 0,35 = 2,20$$
$$a_4 = 2,20 - 0,35 = 1,45$$
$$a_5 = 1,45 - 0,35 = 1,10$$

Abb. 3.53 Zur Aufgabe YBC 4608 #5

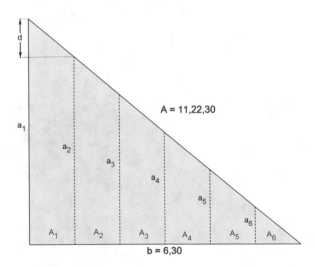

Wie erwartet gilt: $d = a_6$. Infolge der konstanten Streifenbreite stellen auch die trapezförmigen Flächen (bis auf A_6) eine arithmetische Folge dar:

$$A_i - A_{i+1} = \Delta A = d \cdot \frac{b}{6} = 0{,}35 \cdot 1{,}05 = 0{,}37{,}55 (i = 1, .., 5)$$

Mithilfe einer arithmetischen Reihe kann die Gesamtsumme ermittelt werden; diese bestätigt unser Ergebnis:

$$A = \frac{n}{2}[2 \cdot A_6 + (n-1)\Delta A] = 3 \times [0{,}37{,}55 + 5 \times 0{,}37{,}55] = 18 \times 0{,}37{,}55 = 11{,}22{,}30$$

3.8.3 YBC 4652

Die altbabylonische Tontafel (unbekannter Herkunft) wurde von Neugebauer und Sachs (MCT, Text R) publiziert. Der Randbemerkung (Kolophon) lässt sich entnehmen, dass die Tafel ursprünglich 22 Probleme enthielt; durch Beschädigung sind davon nur noch 11 erhalten. Das Besondere an der Tafel ist, dass alle Aufgaben nach dem Gewicht eines Steins fragen: „Ich fand einen Stein, habe ihn nicht gewogen ..."

Es wird jeweils nur die Antwort ohne Lösungsweg gegeben. Die Aufgaben dienten vermutlich als Schulungsmaterial zum Umrechnen der Einheiten: 1 *mana* = 60 *gin; 1 gin* = 180 *še*.

Die folgenden Aufgaben werden zitiert nach Melville[55] in der Nummerierung von Neugebauer (MCT, S. 102), der die maßgebliche Interpretation Thureau-Dangin zuschreibt.

YBC 4652 #7
„Ich fand einen Stein, habe ihn nicht gewogen. Ich addierte 1/7 und 1/11. Ich wog alles, es war 1 *mana*. Was war das Gewicht?"

In moderner Schreibweise gilt:

$$\left(x + \frac{1}{7}x\right) + \frac{1}{11}\left(x + \frac{1}{7}x\right) = 1{,}00 \Rightarrow x = 48; 07{,}30 \,(gin)$$

Die Tafel liefert das Ergebnis in der Form $\frac{2}{3}$ *mana* 8 *gin* 22½ *še*. Melville vermutet, dass beim Rechengang eine Substitution verwendet wurde und zitiert H. Goetsch[56] (auf Deutsch):

> Die Vorliebe der Babylonier für Substitutionen bei der Lösung quadratischer Gleichungen lässt vermuten, dass sie auch die hier erwähnten Beispiele mit dieser Technik lösten.

---

[55]Melville, D. J.: Weighing Stones in Ancient Mesopotamia, Historia Mathematica 29, 1–12 (2002).
[56]Goetsch, H.: Die Algebra der Babylonier, Archives for History of Exact Sciences 5, 79–160 (1968–69).

Nach Melville erfolgt die Substitution $y = x + \frac{x}{7}$; diese reduziert die Gleichung auf:
$y + \frac{1}{11}y = 1,0$. Gemäß der Regula falsi setzt man $y = 11$. Die linke Seite ergibt dann
12, das 12-fache der rechten Seite. Die Division durch 12 wird ersetzt durch die Multiplikation mit dem Reziproken 5. Die Probe bestätigt: $55 + 5 = 60 = 1,0,0$. Zu lösen
bleibt $x + \frac{x}{7} = 55$. Einsetzen von $x = 7$ liefert auf der linken Seite 8, die rechte Seite
ist das $\frac{55}{8}$-Fache. Dividieren durch 8 wird ersetzt durch das Produkt mit dem Reziproken
7,30; Ergebnis ist $7,30 \times 55 = 6,52,30$. Der (falsche) Ansatz $x = 7$ ist also zu verviel-
fachen mit 6,52,30; dies macht 48,7,30.

Dieses Vorgehen könnte wie folgt notiert werden:

Schritt 1: Nimm 11, addiere 1 um 12 zu erhalten.
Das Reziproke von 12 ist 5.
5 mal 1 ist 5.
5 mal 11 ist 55.
Schritt 2: Nimm 7, addiere 1 um 8 zu erhalten.
Das Reziproke von 8 ist 7,30.
7,30 mal 55 ist 6,52,30.
6,52,30 mal 7 ist 48,7,30.

YBC 4652 #8

„Ich fand einen Stein, habe ihn nicht gewogen. Ich nahm 1/7 und 1/13 weg; ich wog
alles, es war 1 *mana*. Was war das Gewicht?"

In moderner Schreibweise gilt:

$$\left(x - \frac{x}{7}\right) - \frac{1}{13}\left(x - \frac{x}{7}\right) = 1,00$$

Historische Lösung ist 1 *mana* 15 5/6 *gin* $= 1,15;50$ *gin*. Melville schlägt in Analogie zu
#7 folgendes Vorgehen vor:

Schritt 1: Nimm 13, subtrahiere 1 um 12 zu erhalten.
Das Reziproke von 12 ist 5.
5 mal 1 ist 5.
5 mal 13 ist 1,5.
Schritt 2: Nimm 7, subtrahiere 1 um 6 zu erhalten.
Das Reziproke von 6 ist 10.
10 mal 1,5 ist 10,50.
10,50 mal 7 ist 1,15,50.

YBC 4652 #9

„Ich fand einen Stein, habe ihn nicht gewogen. Ich nahm 1/7 weg, addierte 1/11 und
nahm 1/13 weg; ich wog alles, es war 1 *mana*. Was war das Gewicht?"

$$\left(x - \frac{x}{7}\right) + \frac{1}{11}\left(x - \frac{x}{7}\right) - \frac{1}{13}\left[\left(x - \frac{x}{7}\right) + \frac{1}{11}\left(x - \frac{x}{7}\right)\right] = 1,00$$

Die Tafel liefert 1 *mana* 9½ *gin* 2½ *še* = 1,9;30,50 *gin*. Melville erwägt hier drei Schritte:

Schritt 1: Nimm 13, subtrahiere 1 um 12 zu erhalten.
Das Reziproke von 12 ist 5.
5 mal 1 ist 5.
5 mal 13 ist 1,5.
Schritt 2: Nimm 11, addiere 1 um 12 zu erhalten.
Das Reziproke von 12 ist 5.
5 mal 1,55 ist 5,25.
5,15 mal 11 ist 59,35.
Schritt 3: Nimm 7. subtrahiere 1 um 6 zu erhalten.
Das Reziproke von 6 ist 10.
10 mal 59,35 ist 9,55,50.
5 mal 13 ist 1,5.

YBC 4652 #19

„Ich fand einen Stein, habe ihn nicht gewogen. Zum sechsfachen Gewicht addierte ich 2 *gin* und 1/3 von 1/7, vervielfacht mit 24; ich wog alles, es war 1 *mana*. Was war das Gewicht?“

In moderner Schreibweise ist zu lösen:

$$(6x + 2) + \frac{1}{3}\frac{1}{7}24(6x + 2) = 1{,}00 \Rightarrow x = 4; 20(gin)$$

YBC 4652 #20

„Ich fand einen Stein, habe ihn nicht gewogen. Zum achtfachen Gewicht addierte ich 3 *gin* und 1/3 von 1/13, vervielfacht mit 21; ich wog alles, es war 1 *mana*. Was war das Gewicht?“

In moderner Schreibweise gilt:

$$(8x + 3) + \frac{1}{3}\frac{1}{13}21(8x + 3) = 1{,}00 \Rightarrow x = 4; 30(gin)$$

YBC 4652 #21

„Ich fand einen Stein, habe ihn nicht gewogen. Ich nahm 1/6 weg, addierte 1/3 von 1/8; ich wog alles, es war 1 *mana*. Was war das Gewicht?“

In moderner Schreibweise gilt:

$$\left(x - \frac{x}{6}\right) + \frac{1}{3}\frac{1}{8}\left(x - \frac{x}{6}\right) = 1{,}00 \Rightarrow x = 1{,}09; 07{,}12(gin)$$

Die Tafel schreibt das Ergebnis als 1 *mana* 9 *gin* 21½ *še* und 1/10 *še* = 1,9; 7,12 *gin*. Melville vermutet hier folgenden Rechengang:

Schritt 1: Nimm 24, addieren von 1 ergibt 25.
Das Reziproke von 25 ist 2,24.

2,24 mal 1 ist 2,24.
2,24 mal 24 ist 57,36.
Schritt 2: Nimm 6, subtrahiere 1, ergibt 5.
Das Reziproke von 5 ist 12.
12 mal 57,36 ergibt 11,31,12.
11,31,12 mal 6 liefert 1,9,7,12.

Bemerkung E. Robson und J. Høyrup sind der Ansicht, dass altbabylonische Aufgaben stets vom Ergebnis her gerechnet wurden, d. h., zum gewünschten Ergebnis wird eine passende Angabe ermittelt. Melville hält dieses Vorgehen bei YBC 4652 für nicht plausibel; da die Lösungen „krumme" Werte aufweisen. Auffällig ist auch die Häufigkeit, mit der die Nenner $\{7, 11, 13\}$ in YBC 4652 auftauchen. 7 ist hier die kleinste, nicht reguläre Zahl und hat somit kein exaktes Reziprokes. Genau diese Raffinesse, mit der die explizite Reziprokenbildung vermieden wird, sieht Kazuo Muroi[57] als Teil der *Magie* der Zahl 7 an. Als Beweis führt er die Häufigkeit der „7" in der oben besprochenen Aufgabe #8 an, die er allerdings rein algebraisch löst.

YBC 4652 #8A Muroi multipliziert die Gleichung mit 13:

$$\left(x - \frac{x}{7}\right) - \frac{1}{13}\left(x - \frac{x}{7}\right) = 1,0 \Rightarrow 13\left(x - \frac{x}{7}\right) - \left(x - \frac{x}{7}\right) = 13,0$$

Ausklammern und Division durch 12 bzw. das Produkt mit 5 ergibt:

$$(13 - 1)\left(x - \frac{x}{7}\right) = 13,0 \Rightarrow \left(x - \frac{x}{7}\right) = 13,0 \times 0; 5 = 1,5$$

Multiplizieren mit 7 und Division durch 6 bzw. das Produkt mit 10 liefert schließlich die Lösung:

$$(7 - 1)x = 1,5 \times 7 = 7,35 \Rightarrow x = 7,35 \times 0; 10 = 1,15; 50$$

Eine ganz ähnliche Aufgabe findet sich in der Tafel AO 6770 #3.

3.8.4 YBC 4663

Die altbabylonische Tafel enthält 8 Aufgaben zu Grabungsarbeiten und ist gemischt in Sumerisch bzw. Akkadisch geschrieben. Sie gehört zu einer Reihe von Tafeln wie YBC 4662 oder YBC 4657.

[57]Muroi, K.: The Origin of the Mystical Number Seven in Mesopotamian Culture: Division by Seven in the Sexagesimal Number System. [arXiv:1407.6246v1] (19.07.2014).

YBC 4663 #1:

„Ein Graben. 5 *ninda* die Länge, 1 ½ *ninda* die Breite, ½ *ninda* die Höhe, 10 *gin* Tagespensum (eines Arbeiters), 6 *še* (Silber) Tagesverdienst (eines Arbeiters). Die Fläche, das
Volumen, die Anzahl der Arbeiter, die Gesamtausgaben (in Silber), was ist es?"

> Die Länge und die Breite multipliziert, macht 7,30.
> 7,30 multipliziert mit der Höhe, ergibt dir 45.
> Das Reziproke ist 6, mit 45 multipliziert ergibt 4,30.
> Um 4,30 erhöhe, dies macht 9. So ist die Berechnung.

Auffällig ist hier, dass der Rechengang keinerlei Einheiten mehr enthält. Die notwendigen Konstanten zur Umrechnung zwischen den Einheiten scheinen daher
vorgegeben, vermutlich in einer metrologischen Tafel. Die Aufgabe wird daher von Bernard[58] u. a. als mathematisches Übungsmaterial auf einem gehobenen Niveau betrachtet.

Die Grundfläche ist $5 \times 1; 30 = 7; 30$ (*sar*), das Volumen des Grabens $V = 7; 30 \times 6$
$= 45$ (*gin*). Das Verhältnis Volumen zu Tagespensum beträgt in *gin* :

$$\frac{45}{10} = 45 \times 6 = 4{,}30 \Rightarrow 4{,}30 \times 2 = 9{,}0$$

Die Berechnung verwendet hier die Formel:

$$\text{Gesamtausgaben} \; = \; \text{Tagesverdienst} \times \frac{V}{\text{Tagespensum}}$$

Die Frage nach der Anzahl der Arbeiter wird nicht beantwortet.

YBC 4663 #8

„Ein Graben für 9 *Schekel* Silber. Die Länge übertrifft die Breite um 3;30 *gar (Ruten).*
Die Tiefe ist 1/2 *gar,* das Arbeitspensum 10(?), der Tagesverdienst 6 *gran.* Was ist Länge
und Breite?"

> Wie du vorgehst: Finde das Reziproke des Tagesverdienstes, multipliziere mit 0;09, dem Sil-
> ber, ergibt 4,30. Multipliziere 4;30 mit dem Arbeitslohn, macht 45. Finde das Reziproke für
> 1/2, multipliziere mit 45, ergibt 7;30.
>   Halbiere das, was die Länge die Breite übersteigt, ergibt 1;45. Multipliziere mit 1;45,
> macht 3;03,45. Addiere 7;30 dazu, macht 10;33,45. Nimm die Wurzel, ergibt 3;15. Schreibe
> 3;15 zweimal hin. Addiere zum ersten 1;45, macht 5; nimm 1;45 vom zweiten, ergibt 1;30.
> Das ist Länge und Breite.

Zuerst wird die Anzahl der Arbeitstage ermittelt:

$$0; 09 \, mina \div 0; 00{,}02 \, \frac{mina}{Tag} = 4{,}30$$

---

[58]Bernard, A., Proust, Chr., Ross, M.: Mathematics Education in Antiquity. In: Sammelband: Karp,
A., Schubring, G.: Handbook on the History of Mathematics Education, S. 35. Springer (2014).

Das Produkt der Arbeitstage mit dem Tagespensum (0;10 *sar/Tag*) liefert das Gesamt-volumen 45 (Raum-)s*ar*. Division des Volumens durch die Tiefe (6 *Ellen*) liefert die (Querschnitts-)Fläche 7; 30 *sar.* Daraus resultiert das System:

$$xy = 7; 30 \therefore x - y = 3; 30$$

Dies ist eine Normalform II mit der Lösung:

$$x = \frac{3; 30}{2} + \sqrt{\left(\frac{3; 30}{2}\right)^2 + 7; 30} = 5 \therefore y = x - 3; 30 = 1; 30$$

Länge und Breite sind 5 bzw. 1; 30 *gar.*

Der Schwierigkeitsgrad der Umrechnung von Längen-, Raum- und Geldeinheiten ist hier deutlich erhöht.

3.8.5   YBC 4669

Die Tafel (Neugebauer MKT I, 514) enthält recto 13 Probleme mit zylinderförmigen Volumina; verso 11 Probleme, eines davon ist überraschend ein Zinsproblem:

YBC 4669 verso #3:

Für 1 Mine bezahlt er 12 [Schekel] als Zins

im dritten Jahr ging ich und erhielt 1 Schekel Silber

Das Kapital (in Silber) war was?

Es war 34,43,20.

Da eine Mine gleich 60 Schekel ist, stellen 12 Schekel den Zinssatz p = 0; 12 dar. Nach 3 Jahren betrug die Rückzahlung 1 Schekel. Gesucht ist das Kapital K.

Nach der Zinsformel gilt:

$$K \cdot 1; 12^3 = 1 \Rightarrow K = \left(1; 12^{-1}\right)^3 = 0; 50^3 = 0; 34,43,20$$

Das Kapital betrug 0; 34,43,20. Der hier angegebene Zinssatz wird auch auf andere Pro-bleme angewandt, wie AO 6770 #2 oder VAT 8528 #1 (siehe dort).

3.8.6   YBC 4675

In diesem Tablett wird das Viereck mit den Seiten $a = 17; c = 7; b = 4,50; d = 5,10$ und $A_1 = A_2 = 30,0 \, sar$ behandelt. Bei Vogel handelt es sich um ein Viereck, bei Rob-son um ein Trapez (Abb. 3.54).

Die angegebene Gesamtfläche erklärt sich aus der Landvermesser-Formel:

$$A = \frac{17 + 7}{2} \frac{4,50 + 5,10}{2} = 12 \cdot 5,0 = 1,0,0$$

Abb. 3.54 Zur Tafel YBC
4675

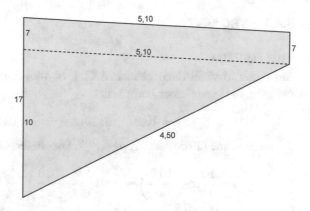

Das Tablett berechnet die Flächenhalbierende nicht über das quadratische Mittel:

$$x = \sqrt{\frac{a^2 + c^2}{2}} = \sqrt{\frac{17^2 + 7^2}{2}} = \sqrt{2,49} = 13$$

Es wird vielmehr folgende unbekannte Formel ausgewertet:

$$x^2 = a^2 - \frac{2A}{b+d}(a - c) = 4,49 - \frac{2,0,0}{10,0} \cdot 10 = 2,29 \Rightarrow x = 13$$

Versucht man aber, das Viereck zu zeichnen, so stellt man fest, es existiert *nicht!* Beim Eintragen einer Parallele im Abstand $c = 7$ (zur Seite $d = 5,10$) entsteht ein „Dreieck" mit den Seiten (10|4,50|5,10), das die Dreiecksungleichung *nicht* erfüllt:

$$4,50 + 10 < 5,10$$

P. Damerow[59] (2001) nennt diese Aufgabe *sheer nonsense!*

   Die Zahlenwerte sind hier offenbar so gewählt, dass die Gleichung der Flächen-halbierenden erfüllt ist, ohne zu prüfen, ob dies geometrisch möglich ist:

$$a^2 + c^2 = 2x^2$$

Das ist keine Geometrie, sondern reine Zahlentheorie! Das Tripel (7; 13; 17) ist eine Lösung der diophantischen Gleichung; solche werden *Trapezzahlentripel* genannt.

---

[59]Damerow, P.: Kannten die Babylonier den Satz des Pythagoras? S. 219–310. In: Sammelband Høyrup, Damerow.

3.8.7   YBC 4697

YBC 4697 #D3

Auf dieser Tontafel (Neugebauer MKT I, S. 486) findet sich, neben gleichartigen, eine
Aufgabe, die in moderner Form lautet:

$$xy = 10{,}0 \; \therefore \; 0; 20(x + y) - 0; 01(x - y)^2 = 15$$

Die moderne Lösung ersetzt $y \to \frac{10{,}0}{x}$. Dies liefert eine quartische Gleichung

$$\frac{1}{3}\left(x + \frac{10{,}0}{x}\right) - 0; 01\left(x - \frac{10{,}0}{x}\right)^2 = 15$$

$$\Rightarrow \frac{1}{3}\left(x^3 + 10{,}0x\right) - 0; 01\left(x^4 - 20{,}0x^2 + 10{,}0^2\right) = 15x^2$$

Vereinfachung zeigt:

$$-\frac{1}{60}x^4 + \frac{1}{3}x^3 + 5x^2 + 200x - 6000 = 0$$

Das Polynom kann in zwei Faktoren zerfällt werden:

$$\left(x^2 + 10{,}0 - 50x\right)\left(-\frac{1}{60}x^2 - \frac{1}{2}x + 5\right) = 0$$

Der erste Faktor ergibt die Lösung ($x = 30; y = 20$).

Van der Waerden löst dies babylonisch mittels Substitution. Mit dem Mittelwert a und
der Halbdifferenz e folgt:

$$\frac{x + y}{2} = a \; \therefore \; \frac{x - y}{2} = e \Rightarrow x = a + e \; \therefore \; y = a - e$$

Die Substitution ergibt:

$$(a + e)(a - e) = a^2 - e^2 = 10{,}0 \Rightarrow e^2 = a^2 - 10{,}0$$

$$0; 20 \cdot 2a - 0; 01 \cdot 4e^2 = 15$$

Einsetzen von e^2 liefert eine quadratische Gleichung:

$$0; 40a - 0; 04\left(a^2 - 10{,}0\right) = 15 \Rightarrow 0; 40a + 25 = 0; 04a^2 \Rightarrow a = 25; e = 5$$

Lösung ($x = 30; y = 20$) wie oben; diese scheint die Standardlösung zu sein im Fall der
Angabe $xy = 10{,}0$.

YBC 4697 #D2

In moderner Form lautet die Angabe:

$$xy = 10{,}0 \therefore 0; 20(x + y) + 0; 01(x - y)^2 = 18{,}20$$

Auch hier ergibt sich die angegebene Standardlösung, wie auch im folgenden Problem.

YBC 4697 #D5

In moderner Form lautet die Angabe:

$$xy = 10{,}0 \therefore \frac{1}{8}\left[x - \frac{1}{3}(x - y)\right] = \frac{1}{5}\left[y - \frac{1}{3}(x - y)\right]$$

Die zweite Gleichung vereinfacht sich zu $y = \frac{2}{3}x$. Damit gilt:

$$\frac{2}{3}x^2 = 10{,}0 \Rightarrow x^2 = 15{,}0 \Rightarrow x = 30$$

3.8.8   YBC 4698

Die Tontafel YBC 4698 enthält eine interessante Zusammenschau ökonomischer Probleme der altbabylonischen Mathematik; sie stammt aus dem 18. bis 17. Jahrhundert v. Chr., vermutlich aus Sippar oder Kisch. Die Tafel enthält 17 Aufgaben; das Kolophon am Ende besagt, dass das Tablett das dritte einer Serie ist. Man kennt 20 solche Aufgabenserien von zusammengehörigen Tafeln.

Neugebauer (MKT III, S. 42 ff.) konnte anfangs nur für die ersten zwei der 17 Aufgaben eine Transliteration erstellen, da die Tafel vollständig sumerisch geschrieben ist und der rein ökonomische Wortschatz bis dato unbekannt war. Er schrieb in MCT (S. 106): „the published mathematical texts concerning prices are badly preserved or obscure for other reasons." Erst Thureau-Dangin und Waschow konnten weitere Hinweise geben, Friberg (2005) konnte einige Verbesserungen anbringen, aber die ungewöhnliche Terminologie machte den Text schwierig. In einem neuen Anlauf verbesserte Friberg 2007 die Übersetzung und ermöglichte damit eine Interpretation der Probleme 3, 6–10; er nannte den Problemtyp *combined market rate*. Erst R. Midekke-Conlin -und Chr. Proust gelang eine befriedigende Interpretation aller 17 Probleme. Sie gliederten den Text in 6 Abschnitte:

- #1–#2 Einfache Zinsprobleme
- #3–#5 Ökonomische Probleme
- #6–#11 Drei lineare Systeme
- #12–#14 Ökonomische Probleme mit nichtregulären Zahlen
- #15–#16 Drei Gewinnberechnungen
- #17 Lineare Gleichungen für Gewichtssteine

Alle Aufgaben enthalten eine Lösung, aber keinen Rechenweg!

Hier eine Auswahl von 4 Aufgaben:

YBC 4698 #1

„Für 1 *gur* Getreide 1 *bariga* Getreide Zins bezahlt. Was ist der Zins?"

Hier gilt altbabylonisch: 1 *gur* = 5 *bariga*. Der Zinssatz beträgt also 1/5 oder 20 %.

YBC 4698 #2

„Für 1 *gur* Getreide 1 *bariga* 4 *ban* Getreide Zins bezahlt. Was ist der Zins?"

Hier gilt: 1 *bariga* = 6 *ban*. Der Zinssatz beträgt also 1/3 oder 33,3 %.

Die sich hier ergebenden Zinssätze entsprechen genau dem Codex Hammurabi:

§ 66a Wenn ein Händler hat Getreide oder Silber gegen Zinsen geliehen, so wird er für je 1 *gur* den Zins 1 *bariga* 3 *ban* Getreide nehmen.

§ 66b Wenn er Silber gegen Zinsen geliehen hat, so wird er für je 1 *Schekel* Silber ein 1/6 *Schekel* und 6 *gran* Zins nehmen.

Zu §66a: Da 1 *gur* gleich 5 *bariga* ist, ergibt sich der Zinssatz 1/3.

Zu §66b: Da ein Schekel gleich 180 *gran* ist, ergeben 1/6 Schekel 6 *gran* insgesamt 36 *gran*, dies ist 1/5 Schekel (Zinssatz 1/5).

YBC 4698 #3

3 *sila* gutes Öl, 3 *ban* 3 *sila* (=12 *sila*) einfaches Öl (je *Schekel*)
1 *Schekel* Silber gegeben
einfaches und gutes Öl mache gleich und kaufe.

Gesucht ist also das gemeinsame Gewicht *x* beider Öle, sodass die Preissumme genau 1 Silberschekel ausmacht. Der Einkaufspreis beträgt 1/12 *sila/Schekel* für einfaches Öl bzw. 1/3 *sila/Schekel* für gutes. Damit erhält man in moderner Form den Ansatz:

$$\frac{1}{3}x + \frac{1}{12}x = 1 \Rightarrow (20+5)x = 1{,}00 \Rightarrow x = 2; 24$$

Die Tafel nennt die Mengen 2 1/3 *sila* 4 *gin*. Die Einkaufspreise betragen 2; 24 × $\frac{1}{3}$ = 0; 48 *(Schekel)* für das gute Öl bzw. den Rest 1 − 0; 48 = 0; 12 *(Schekel)* für das normale Öl. Die genannten Autoren haben zur Auflösung folgendes Schema angegeben:

Spalte	I (Rate)	II (Kehrwert)	Silber	Menge
Gutes Öl	3	20	48	2,24
Einfaches Öl	12	5	12	2,24
Summe		25	1	

Diese Tabelle diente sogar als Plakat für die „58th Rencontre Assyriologique Internationale, Leiden July/15–20/2012".

YBC 4698 #6

30 *gur* Korn
Je *gur* Korn bezahlte ich 1 *gin*
Je 4 *bariga* Korn erhielt ich 1 *gin*
Was ist der Profit?
7½ *gin* (in Silber) ist es.

In moderner Form erhält man den Ansatz

$$\frac{1}{4}x - \frac{1}{5}x = 7;30 \Rightarrow (15-12)x = 7,30 \Rightarrow x = 2,30$$

Die Autoren lösen die Aufgabe mit folgendem Schema:

Spalte	I	II (Kehrwert)	III	IV
Einkauf	4	15	37,30	2,30
Verkauf Öl	5	12	30	2,30
Differenz			7,30	

Spalte II wird mit Spalte IV multipliziert, ergibt Spalte III.

3.8.9 YBC 4709

Die Tafel (aus der Kassitenzeit) enthält eine Serie von 55 Aufgaben, die in verdichteter Form in 15 Paragrafen dargestellt werden. Diese finden sich bei Neugebauer (MKT I, S. 418).

YBC 4709 §2

4) Die Länge mit 3 hast du vervielfacht, die Breite mit 2 hast du vervielfacht, addiert und quadriert, die Fläche der Länge addiert, macht 4,56,40
5) Die Fläche der Länge mit 2 hast du vervielfacht, addiert macht 5,11,40
6) Die Fläche der Länge subtrahiert, macht 4,26,40
7) Mit 2 hast du vervielfacht, subtrahiert, macht 4,11,40.

Mit der zusätzlichen Bedingung $xy = 10,0$ sind diese Angaben wie folgt zu verstehen:

$$(3x + 2y)^2 + x^2 = 4,56,40$$
$$(3x + 2y)^2 + 2x^2 = 5,11,40$$
$$(3x + 2y)^2 - x^2 = 4,26,40$$
$$(3x + 2y)^2 - 2x^2 = 4,11,40$$

Bemerkenswert ist die extrem komprimierte Sprache, die fast an eine algebraische Ausdrucksweise heranreicht. Die Tafel ist eine aus einer Serie von 11 Tabletts; sie liefert also eine Sammlung von ca. 600 analogen Aufgaben, die alle nach einem bestimmten Schema (Systeme mit 2 Unbekannten) gelöst werden können!

Alle diese Gleichungen haben die Standardlösung ($x = 30$; $y = 20$). Nach Neugebauer können diese Gleichungen als biquadratische gelöst werden. Als Beispiel sei das dritte gewählt:

$$(3x + 2y)^2 - x^2 = 4{,}26{,}40 \quad \therefore \quad xy = 10{,}0$$

Vereinfachen zeigt:

$$2x^2 + 3xy + y^2 = 1{,}6{,}40 \Rightarrow 2x^2 + y^2 = 36{,}40$$

Substitution von $y = \frac{10{,}0}{x}$ liefert die biquadratische Gleichung:

$$x^4 + 50{,}0{,}0 = 18{,}20x^2$$

Lösung zeigt $\left(x^2 = 15{,}0\right)$ oder $\left(x^2 = 3{,}20\right)$. Gewählt wird $\{x = 30; y = 20\}$.

3.8.10 YBC 4714

Nach Høyrup sind die Tafeln BM 13901 und YBC 4714 das „Herzstück der babylonischen Mathematik". Die Yale-Tafel enthält 39 Aufgaben zur *algebraischen Geometrie*. Eine Besonderheit des Yale-Tabletts ist, dass sofort die Lösung ohne Rechenweg angegeben wird. Friberg ist hier der Meinung, dass im Gegensatz zu anderen Lehrtexten, die verwendeten Methoden nicht erläutert werden. Aber das Ergebnis helfe bei einigen Zweifelsfällen weiter.

Sparsam fallen auch die Kommentare der Interpreten aus: Hilfreich sind die von Neugebauer (MKT I, S. 492); sparsam die von Friberg (LWS, S. 111 ff.).

YBC 4714 #2 „Eine Fläche. 4 Quadrate addiert: 1,30,0. 4 Quadrate [=Seiten] addiert: 2,20. Was sind die Seiten?"

Verwirrend ist hier, dass auch die Seiten „Quadrate" genannt werden. Das Gleichungssystem ist zunächst unbestimmt. Wie man der Lösung entnimmt, sollen die Seiten eine arithmetische Folge bilden, damit wird das System bestimmt. In moderner Schreibweise ist gegeben:

$$x^2 + y^2 + z^2 + w^2 = 1{,}30{,}0 \quad \therefore \quad x + y + z + w = 2{,}20$$

$$x - y = y - z = z - w$$

Setzt man die konstante Differenz gleich d, so erhält man den Ansatz:

$$x = w + 3d \quad \therefore \quad y = w + 2d \quad \therefore \quad z = w + d$$

$$\Rightarrow x + y + z + w = 4w + 6d = 2{,}20 \Rightarrow w = 35 - \frac{3}{2}d$$

Einsetzen in die quadratische Form liefert:

$$(w+3d)^2 + (w+2d)^2 + (w+d)^2 + w^2 = 1,30,00 \Rightarrow 2w^2 + 6dw + 7d^2 = 45,00$$

Einsetzen von w ergibt die rein quadratische Gleichung:

$$\frac{5}{2}\left(d^2 + 16,20\right) = 45,00 \Rightarrow d = 10 \Rightarrow w = 20$$

Lösung ist (50, 40, 30, 20).

YBC 4714 #3 „Eine Fläche von 6 Quadraten addiert: 1,52,55. 6 Quadrate(!) addiert: 3,15. Was sind die Seiten?"

Analog zu #2 folgt die Lösung: (45, 40, 35, 30, 25, 20).

YBC 4714 #4 „Ich habe die Flächen von 3 Quadraten addiert: 30,50. 1/7 der ersten Seite plus 15 ist die zweite. Die Hälfte der zweiten plus 5 ist die dritte."

Lösung: (35, 20, 15). Die moderne Form ist:

$$x^2 + y^2 + z^2 = 30,50 \;\therefore\; \frac{1}{7}x + 15 = y \;\therefore\; \frac{1}{2}y + 5 = z$$

YBC 4714 #7 „Ich habe die Flächen von 3 Quadraten addiert: 1,17,30. Die zweite Seite ist 1/11 der ersten plus 30. Die dritte Seite ist 1/7 der zweiten vermehrt um 15."

Lösung: (55, 35, 20). Die moderne Form ist:

$$x^2 + y^2 + z^2 = 1,17,30 \;\therefore\; \frac{1}{11}x + 30 = y \;\therefore\; \frac{1}{7}y + 15 = z$$

YBC 4714 #8 Ich habe die Flächen von 4 Quadraten addiert: 2,23,20. Um 1/3 des kleinsten „Quadrats" übersteigt eine Seite die andere.

Lösung:(1,0; 50; 40; 30). In moderner Schreibweise gilt:

$$x^2 + y^2 + z^2 + w^2 = 2,23,20 \;\therefore\; x - y = y - z = x - w = \frac{1}{3}w$$

YBC 4714 #25 „Ich habe die Flächen von 4 Quadraten: 52,30. Um 1/5 der dritten Seite übersteigt eine Seite die andere. Was sind die Seiten?"

Lösung ist (35, 30, 25, 20).

YBC 4714 #26 „Ich habe die Flächen von 4 Quadraten und ihre Seiten und addiert: 54,20. Um 1/5 der dritten Seite übersteigt eine Seite die andere. Was sind die Seiten?"

Lösung: (35, 30, 25, 20). Der moderne Ansatz ist hier

$$x^2 + y^2 + z^2 + w^2 + x + y + z + w = 54,20$$
$$x - y = y - z = z - w = 0; 12z$$

Setzt man z als Parameter, so folgt $x = 1; 24z, y = 1; 12z, w = 0; 48z$. Die Summen der Seiten bzw. der Quadrate ergeben sich zu:

$$x + y + z + w = 4; 24z \therefore x^2 + y^2 + z^2 + w^2 = 5; 02,24z^2$$

Einsetzen liefert die quadratische Gleichung mit der oben angegebenen Lösung:

$$5; 02,24z^2 + 4; 24z = 54,20 \Rightarrow z = 25$$

YBC 4714 #27 „Ich habe die Flächen von 4 Quadraten addiert: 52,30. Um die Hälfte des dritten Teils der zweiten Seite übersteigt eine Seite die andere. Was sind die Seiten?"
   Lösung: (35, 30, 25, 20)

YBC 4714 #28 „Ich habe die Flächen von 4 Quadraten und ihre Seiten addiert: 54,20. Um die Hälfte des dritten Teils der zweiten Seite übersteigt eine Seite die andere. Was sind die Seiten?"
   Lösung: (35, 30, 25, 20).

3.8.11 YBC 6967

„Eine Zahl übersteigt ihr Reziprokes um 7. Wie groß ist Zahl und Reziprokes?"

Nimm die 7, um die das Reziproke überschritten wird. Brich 7 in zwei gleiche Teile, ergibt 3;30. Multipliziere 3;30 mit sich selbst, Ergebnis 12;15. Füge die Fläche hinzu, macht 1,12;15. Was ist die Wurzel von 1,12;25? es ist 8;30. Entferne 3;30 von 8;30, du erhältst 5. Addiere 3;30 zur Fläche, du erhältst 12. 12 ist die Zahl, 5 das Reziproke.

In moderner Schreibweise ist zu lösen:

$$x \cdot x^{-1} = 1,0 \therefore x - x^{-1} = 7$$

Verwendet wird hier die binomische Formel:

$$\left(\frac{x+y}{2}\right)^2 = \left(\frac{x-y}{2}\right)^2 + xy$$

Damit erhält man:

$$\left(\frac{x+x^{-1}}{2}\right)^2 = \left(\frac{x-x^{-1}}{2}\right)^2 + x \cdot x^{-1} = 3; 30^2 + 1,0 = 72; 15;$$

$$\Rightarrow \frac{x+x^{-1}}{2} = 8; 30$$

$$x^{-1} = \left(\frac{x+x^{-1}}{2}\right) - \left(\frac{x-x^{-1}}{2}\right) = 8; 30 - 3; 30 = 5$$

$$x = x^{-1} + 7 = 12$$

Die gesuchte Zahl ist ($x = 12$).

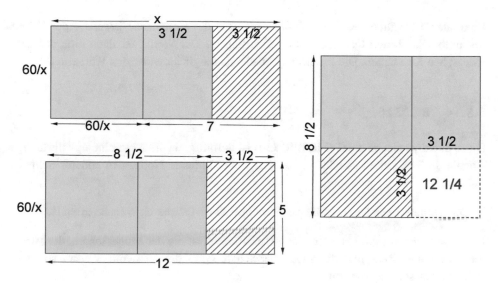

Abb. 3.55 Zur Tafel YBC 6967

Nach Høyrup ist der Lösungsweg geometrisch zu interpretieren (Abb. 3.55). Das Rechteck $\left(x, \frac{60}{x}\right)$ hat die Fläche 1,0 oder 60. An der Breite wird die Überschusslänge 7 angetragen, das Rechteck $\left(7, \frac{60}{x}\right)$ wird halbiert. Die eine Hälfte der Fläche $\left(3\frac{1}{2}, \frac{60}{x}\right)$ (schraffiert) wird abgetrennt und an das Quadrat unten angehängt. Es entsteht ein Winkelhaken, der durch Einfügen eines Quadrats der Seite 3½ zu einem großen Quadrat der Fläche 72¼ zusammengefügt werden kann. Die zugehörige Seite ist dann 8 ½. Das abgetrennte Rechteck $\left(3\frac{1}{2}, \frac{60}{x}\right)$ wird wieder angefügt. Das so entstehende Rechteck hat die Länge 12 und Breite 5; dies sind die gesuchten Größen.

3.8.12 YBC 7289

Dies ist das berühmte Wurzel-Tablett, besprochen in Abschn. 3.4.

3.8.13 YBC 7302

Die genannte Tafel zeigt einen Kreis (gezeichnet mittels Doppellinie), die Beschriftung zeigt außen „3" bzw. „9", innen „45". Neugebauer interpretiert die „3" als Umfang U. Die Kreisfläche ergibt sich nach babylonischer Näherung zu:

$$A = \frac{1}{12}U^2 = 0;05U^2 = 0;45$$

Eine andere Deutung der Inschrift 0; 45 ist, dass die Kreisfläche jeweils $\frac{3}{4}$ der Fläche des umbeschriebenen Quadrats $A = \frac{3}{4}d^2$ ausmacht. Der Wert $\frac{3}{4}$ ist dann eine der geometrischen Konstanten. Die Inschrift „9" bedeutet möglicherweise den Wert von U^2.

3.8.14 YBC 7326

Diese altbabylonische Tafel (MCT, S. 130) ist auffällig, da sie recto eine unvollständige Angabe in 3 ½ Zeilen enthält, verso dazu weiterführende Notizen in anderer Schreibrichtung.

„**Zwei Schafherden:** Eine übertrifft die andere um 8,20, die Lämmer die der anderen um 10,50."

Es handelt sich um zwei Herden, die erste Differenz ist die der Mutterschafe, die zweite die der Lämmer. Setzt man die Anzahl der Schafe x_1, x_2, die der Lämmer y_1, y_2, so ergibt sich das unbestimmte System:

$$x_1 - x_2 = 8{,}20 \;\therefore\; y_1 - y_2 = 10{,}50$$

Neugebauer weist darauf hin, dass die rückseitigen Notizen erst verständlich werden bei Kenntnis von **YBC 4667 #8.** Dort sind in einer ähnlichen Aufgabe 4 Parameter gegeben, die wie folgt interpretiert werden:

Eine Herde von 1,40 Schafen hat 1,20 Lämmer, die zweite Herde von 1,40 Schafen hat 1,10 Lämmer.

Damit erhält man folgende Geburtenrate der Lämmer, bezogen je auf $\alpha = 1{,}40$ Schafe:

$$\beta_1 = 1{,}20 \;\therefore\; \beta_2 = 1{,}10$$

Setzt man die gleichen Geburtsraten in YBC 7326 an, so ergeben sich die Proportionen:

$$\frac{y_1}{x_1} = \frac{\beta_1}{\alpha} = 0; 48 \;\therefore\; \frac{y_2}{x_2} = \frac{\beta_2}{\alpha} = 0; 42$$

Damit hat man genügend Bedingungen, um obiges System zu lösen:

$$x_1 - x_2 = 8{,}20 \;\therefore\; 0; 48x_1 - 0; 42x_2 = 10{,}50$$

Es folgt:

$$x_1 = 50{,}0 \;\therefore\; x_2 = 41{,}40 \;\therefore\; y_1 = 40{,}0 \;\therefore\; y_2 = 29{,}10$$

Die beiden Herden haben also 50,0 bzw. 41,40 Mutterschafe und 40,0 bzw. 29,10 Lämmer.

Die Parameterübernahme scheint gerechtfertigt, da sich die Geburtszahlen $\alpha = 1{,}40 \;\therefore\; \beta = 1{,}20$ auch auf der Tontafel VAT 8522 finden, wie Neugebauer mitteilt.

3.8.15 YBC 7359

Diese Tontafel enthält recto und verso die Skizzen zweier konzentrischer Quadrate, die mit mehreren Ziffern beschriftet sind, vermutlich eine Lehrer- und Schülerarbeit. Der Ziffernblock 1,31 steht zwischen den Quadraten, der Block 3,30 unterhalb des inneren Quadrats.

Friberg (RC, S. 213) vermutet die Zahl $A = 1{,}31$ als Flächendifferenz bzw. $d = 3{,}30$ als Abstand der Quadrate. Gesucht sind vermutlich die Seiten p, q und Flächen der Quadrate.

Die Fläche zwischen zwei konzentrischen Quadraten p^2, q^2 kann man zerlegen in 4 kongruente Rechtecke $\left(\frac{p+q}{2}, \frac{p-q}{2}\right)$ mit der Fläche (Abb. 3.56):

$$A = 4\frac{p+q}{2}\frac{p-q}{2} = p^2 - q^2 = 1{,}31$$

Für den Abstand der Quadrate gilt: $d = \frac{p-q}{2} = 3; 30$. Damit lässt sich das Mittel der Seiten bestimmen:

$$\frac{p+q}{2} = \frac{A}{2(p-q)} = \frac{A}{4}\frac{1}{d} = \frac{22; 45}{3; 30} = 6; 30$$

Auch die Zahl $\frac{A}{4} = 22; 45$ erscheint auf dem Tablett. Die gesuchten Quadratseiten ergeben sich wieder aus Mittelwert und Halbdifferenz:

$$p = \frac{p+q}{2} + \frac{p-q}{2} = 6; 30 + 3; 30 = 10$$

$$q = \frac{p+q}{2} - \frac{p-q}{2} = 6; 30 - 3; 30 = 3$$

Abb. 3.56 Zur Tafel YBC 7359

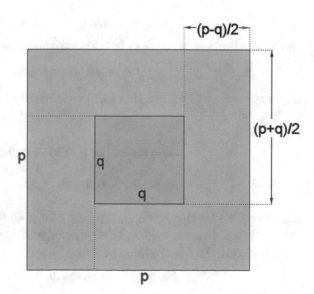

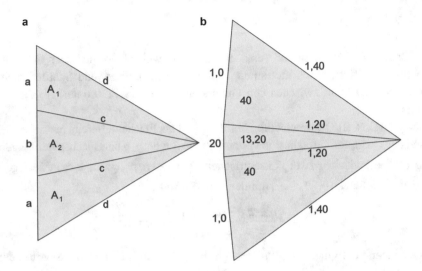

Abb. 3.57   Zur Tafel YBC 8633

3.8.16 YBC 8633

YBC 8633 #1
Die Tafel zeigt das Diagramm von Abb. 3.57a. Dabei sind explizit gegeben die Schenkel d und die Basis B des gleichschenkligen Dreiecks.

$$d = 1{,}40 \ \therefore \ B = 2a + b = 2{,}20$$

Aus der Skizze lassen sich noch die Angaben herauslesen:

$$a = 1{,}0; \, b = 20; \, c = 1{,}20$$

Das äußere Dreieck$(a, c, d) = (1{,}0; \, 1{,}20; \, 1{,}40)$ lautet dezimal:

$$(a, c, d) = (60, 80, 100) = 20 \cdot (3, 4, 5)$$

Die beiden äußeren Dreiecke sind somit rechtwinklig, die korrekte Skizze ist daher Abb. 3.57b. Es gilt daher:

$$A_1 = A_3 = \frac{1}{2}ac = 0{,}30 \cdot 1{,}0 \cdot 1{,}20 = 40{,}0$$

$$A_2 \approx \frac{1}{2}ac = 0{,}30 \cdot 20 \cdot 1{,}20 = 13{,}20$$

Damit sind die im Diagramm enthaltenen Zahlen 40 bzw. 13,20 als Flächen bestätigt. Beim Flächeninhalt des inneren Dreiecks wurde die Seite c näherungsweise gleich der Höhe h gesetzt. Die Gesamtfläche ist damit:

$$A_{ges} = 2 \cdot A_1 + A_2 = 2 \cdot 40{,}0 + 13{,}20 = 1{,}33{,}20$$

Unklar ist, warum in der Tafel nach der „inneren Seite" c gefragt wird. Die Seite a hätte auch über B ermittelt werden können: $a = \frac{1}{2}(B - b) = 0; 30(2,20 - 20) = 1,0$.

Das Verhältnis der Flächen ist gegeben:

$$A_1{:}A_2{:}A_3 = 40{:}13{,}20{:}40 = 3{:}1{:}3$$

Somit hat A_2 ein Siebentel der Gesamtfläche.

Nach Friberg ist das Tablett ein misslungener Ansatz zum Satz des Pythagoras. Man könnte hier auch den Versuch sehen, die Höhe h des inneren Dreiecks zu berechnen; hier würde man ein rechtwinkliges Dreieck mit der Kathete (dezimal) 70 und Hypotenuse 100 erhalten:

$$h^2 + 70^2 = 100^2 \Rightarrow h = 10\sqrt{51} \approx 10\left(7\frac{2}{7}\right) = 72\frac{6}{7}$$

3.8.17   YBC 9856

Die altbabylonische Tafel wurde von Neugebauer (MCT, S. 100) herausgegeben.

YBC 9856 #1

Aufgabe 1 ist nur teilweise lesbar. Es handelt sich um drei Größen, die – wie aus der Lösung ersichtlich – die Summe 1 ergeben. Ihr Verhältnis ist gegeben durch 1:2:1/3.

In moderner Schreibweise gilt:

$$x_1 + x_2 + x_3 = 1{,}0 \; \therefore \; x_1{:}x_2{:}x_3 = 1{:}2{:}\frac{1}{3}$$

Die Tafel liefert $x_1 = 18; x_2 = 36; x_3 = 6$. Möglich sind auch $x_1 = 0; 18; x_2 = 0; 36; x_3 = 0; 06$, wenn man die Summe 1;0 setzt.

Vermutlich wurde die Aufgabe mit falschem Ansatz gelöst. Mit $x_1 = 1$ folgt die Summe 3; 20. Der Skalierungsfaktor beträgt damit $f = \frac{60}{3;20} = 18$.

YBC 9856 #2

1 *mana* Silber soll unter 5 Brüdern so aufgeteilt werden, dass die Differenz der Anteile gleich ist dem kleinsten [1 *mana* = 60 *gin*].

Der Ansatz einer arithmetischen Reihe liefert mit $d = a_1$:

$$a_1 + (a_1 + d) + (a_1 + 2d) + (a_1 + 3d) + (a_1 + 4d) = 15a_1 = 60 \Rightarrow a_1 = 4$$

Die Anteile in (*gin*) sind damit {4; 8; 12; 16; 20}.

3.9   Tafeln aus dem Louvre (AO)

3.9.1   AO 6484

Die Tafel aus der Seleukidenzeit (um 200 v. Chr.) hat eine besondere Bedeutung: Bei ihrer Übersetzung erkannte A. Schuster nämlich, dass die Babylonier quadratische Gleichungen gelöst haben. Außerdem enthält sie eine Summation einer (endlichen) geometrischen Reihe und der ersten 10 Quadrate.

Høyrup[60] nennt dieses Tablett (wie auch BM 34569) daher *innovativ*. Insbesondere erregte sie das Interesse des Informatikers D. Knuth, der darin viele algorithmische Ansätze erkannte. In Aufgabe #1 erkennt er hier beispielsweise den Vorläufer einer FOR-Schleife. In der Übersetzung von Neugebauer (MKT I, S. 99) lautet diese:

AO 6484 #1

> Gewidmet An(u) und Antu, möge es gut gehen:
> Von 1 bis 10 setze; lasse je mit 2 überschreiten (und) addiere. Und 8 [32 (ist das letzte Glied). 1 von 8,32 subtrahiere.] es bleibt zurück 8,31. 8,31 und 8,32 addiere. 17,3 gibt es.

Die Tafel verdoppelt bis (dezimal) 512 erreicht ist, vermindert dies um 1 und addiert wieder 512:

$$2^9 + \left(2^9 - 1\right) = 512 + 511 = 1023$$

Allgemein gilt:

$$\sum\nolimits_{k=1}^{n} 2^k = 2^n + \left(2^n - 1\right)$$

Wie sind die Babylonier darauf gekommen? Es wäre ein Leichtes, auf die moderne Formel zu verweisen:

$$\sum\nolimits_{k=0}^{n} a^k = \frac{1}{a-1}\left(a^{n+1} - 1\right)$$

Für $(a = 2)$ erhält man direkt:

$$\sum\nolimits_{k=0}^{n} 2^k = \frac{1}{2-1}\left(2^{n+1} - 1\right) = 2 \times 2^n - 1 = 2^n + \left(2^n - 1\right)$$

---

[60]Høyrup, J.: Seleucid Innovations in the Babylonian „Algebraic" Tradition, S. 13. In: Sammelband: Dold-Samplonius.

Wie schon E. M. Bruins, erklärt Friberg (2005, S. 11) die historische Lösung aus einem rekursiven Schema:

$$S = 1 + 2 + \cdots + 4; 16 + 8; 32$$

$$2S = 2 + 4 + \cdots + 8; 32 + 17; 04 = S - 1 + 17; 04$$

$$\Rightarrow S = 17; 04 - 1 = 8; 31 + 8; 32 = 17; 03$$

Ähnlich wird auf dieser Tafel die Summe der Quadrate ermittelt:

AO 6484 #2 „Die Quadrate von 1×1 bis $10 \times 10 = 1{,}40$; was ist ihre Summe?"

Die Tafel rechnet nacheinander: 1×0; $20 = 0$; 20, ebenso 10×0; $40 = 6$; 40. Addition von 0; 20und 6; 40, ergibt 7. Das Produkt von 7 mit 55 [= Summe von 1 bis 10], macht 6,25. Dies ist die gesuchte Summe der Quadrate.

Nach D. Knuth[61] lässt sich dies allgemein darstellen als:

$$\sum_{k=1}^{n} k^2 = \left(\frac{1}{3} + \frac{2}{3}n \right) \sum_{k=1}^{n} k$$

Speziell für $n = 10$ folgt:

$$\sum_{k=1}^{10} k^2 = \left(\frac{1}{3} + \frac{20}{3} \right) \sum_{k=1}^{10} k = 6{,}25$$

Neubauer war aufgefallen, dass die Rechenschritte der Tafel (wegen des Faktors 1/3) nicht zu dieser Form führen:

$$1^2 + 2^2 + 3^2 + \cdots + n^2 = \left(\frac{1}{3} + \frac{2n}{3} \right)(1 + 2 + 3 + \cdots + n)$$

Er untersuchte daher die Umformung:

$$3 \cdot \left(1^2 + 2^2 + 3^2 + \cdots + n^2 \right) = (1 + 2n)(1 + 2 + 3 + \cdots + n)$$

Da das Produkt der rechten Seite als Fläche eines Rechtecks angesehen werden kann, suchte er – analog zur Figurenbildung der Griechen – die Fläche zu dreiteilen, was nicht befriedigend gelang.

AO 6484 #6 „Länge, Breite und Diagonale sind 40, Fläche ist 2,00. Was ist Länge?"

Der Rechengang ist nicht gegeben; vermutlich wurde die Formel aus BM 34568 #18 verwendet:

$$d = \frac{1}{2} \frac{(a + b + d)^2 - 2A}{a + b + d} = \frac{40^2 - 4{,}00}{2 \cdot 40} = 17$$

---

[61]Knuth, D. E.: Ancient Babylonian Algorithm, Communications of the ACM 7 (15), 675 (1972).

Summe und Differenz der Seiten ergeben sich dann aus:

$$a + b = (a + b + d) - d = 23$$

$$a - b = \sqrt{(a+b)^2 - 4A} = \sqrt{23^2 - 8{,}00} = 7$$

Die Seiten sind damit:

$$b = \frac{1}{2}[(a+b) - (a-b)] = 8 \; \therefore \; a = (a+b) - b = 15$$

AO 6484 #8 „Die Diagonale eines Quadrats ist 10 Ellen. Was ist die Seite?"

Multipliziere 10 mit 0; 42,30, dies gibt die Seite 7; 05. Multipliziere 7; 05 mit 1; 25, gibt die Diagonale 10; 25.

Die Konstante 0; 42,30 ist hier ein Näherungswert für $\frac{1}{\sqrt{2}}$; eine bessere Näherung kennt man aus YBC 7289: $\left(\sqrt{2}\right)^{-1} = 0; 42{,}25{,}35$. Die erhaltene Probe 10; 25 zeigt, dass die Tatsache der Näherung bekannt war.

Die Aufgaben #14 bis #17 geben jeweils die Summe einer Zahl und ihres Reziproken. Herausgegriffen sei #17.

AO 6484 #17 „Eine Zahl und ihr Reziprokes ist 2,00,15."

In moderner Schreibweise ist gegeben mit $y = x^{-1}$:

$$xy = 1 \; \therefore \; x + y = 2; 00{,}15$$

Die Tafel rechnet nach der binomischen Formel:

$$\left(\frac{x-y}{2}\right)^2 = \left(\frac{x+y}{2}\right)^2 - xy = (1; 00{,}07{,}30)^2 - 1 = 0; 00{,}15{,}00{,}56{,}15$$

$$\Rightarrow \left(\frac{x-y}{2}\right) = \sqrt{0; 00{,}15{,}00{,}56{,}15} = 0; 03{,}52{,}30$$

Die gesuchten Werte ergeben sich aus:

$$x = \left(\frac{x+y}{2}\right) + \left(\frac{x-y}{2}\right) = 1; 00{,}07{,}30 + 0; 03{,}52{,}30 \; \therefore \; y = (x+y) - x$$

Lösung ist $\left(x = 1; 04 \; \therefore \; y = x^{-1} = 0; 56{,}15\right)$.

Das Tablett endet mit dem Namen des Schreibers: „Anu-aba-uter, Schreiber des Enuma Anu Elil, [Sohn des Anu-belschunu, Nachfahre des Sîn-leqi-unninni]."

Hinweis Enuma Anu Elil ist ein babylonisches Werk zur Deutung von Himmels-phänomenen; dies weist den Verfasser als Priester-Astronomen aus.

3.9.2   AO 6770

Die Tafel (MKT III, S. 39) aus Larsa ist eine derjenigen, die in den neuen Übersetzungen nach Neugebauer eine erweiterte Interpretation erfahren haben. Die Tafel verwendet veraltete akkadische Bezeichnungen und war deswegen schwer zu verstehen.

AO 6770 #1

> Länge und Breite; soviel wie die Fläche ist, möge es gleich sein.
> Du bei deinem Verfahren: Das Produkt machst Du zu seinem zweifachen. Davon ziehst du 1 ab. Den Unterschied grenzt du ab. Mit dem Produkt, das du gemacht hast, multiplizierst du und die Breite gibt es dir.

Es scheint, als sei die Breite gefragt. Mit der Länge x und Breite y gelte: $p = x + y = xy$. Liest man das Vorgehen der Tafel, so bieten sich folgende 3 Terme an:

$$ y = (2p - 1)2p \ \therefore\ y = (2p - 1)p \ \therefore\ y = \left(2p^2 - 1\right)p $$

Gleichsetzen mit einer Fläche könnte auch ein Quadrieren beinhalten. Keiner dieser Terme ergibt mathematisch einen Sinn.

Es gibt mehrere Interpretationen dieses Problems:

a) In der Interpretation von van der Waerden[62] und K. Vogel (VG II, S. 62), die einen Vorschlag von H. Freudenthal aufnehmen, ist dies ein unbestimmtes System: Zu lösen ist: $x + y = xy$. Zunächst wird die Länge um 1 vermindert und davon der Kehrwert gebildet $x \rightarrow (x - 1) \rightarrow \left(\frac{1}{x-1}\right)$. Die gesuchte Breite y ist dann:

$$ x + y = xy \Rightarrow y = \frac{x}{x - 1}; x \neq 1 $$

Dies ist die allgemeine Lösung (im Sinne von van der Waerden). Eine Lösung dieser Art ist zweifach problematisch. Zum einen hatten die Babylonier keinen Variablenbegriff, zum anderen haben sie bei unbestimmten Gleichungen stets eine spezielle Lösung angegeben.

b) Hier die Übersetzung von Thureau-Dangin:

> Eine Seite und eine Front ergeben ein Rechteck gleich 1 *iku*,
> es sollen Quadrate sein,
> du bei deiner Rechnung, du nimmst das Produkt zweifach,
> du addierst 1,0

---

[62]Waerden van der B. L.: Erwachende Wissenschaft, S. 118. Springer (1956).

Du trennst das Inverse.
Mit dem Produkt, das du gebildet hast,
multiplizierst du: das gibt dir die Front.

Hier die Interpretation von Caveing: Es wird die Gleichheit auch auch der geometrische
Form gefordert; beide sollen also Quadrate sein. Er setzt das Produkt auf $pq = 1,40$, da
1 *iku* = 100 *nindas*^{2} sind. Da beide Quadrate sein sollen, muss gelten $p = m^2$; $q = n^2$.
Zunächst wird 1 subtrahiert und mit dem Reziproken multipliziert:

$$1,40 - 1,0 = 40 \quad \therefore \quad 1,40 \times \frac{1}{40} = 2; 30$$

Für $q = 2; 30$ folgt $p = 40$. Diese Zahlen sind jedoch keine Quadrate; man wählt sie
daher als Anfangswerte:

$$p_1 = 2; 30 \quad \therefore \quad q_1 = 40 \quad \therefore \quad p_1 q_1 = pq = m^2 n^2$$

Man erkennt sofort, dass 1/10 von q_1 ein Quadrat ist, wie auch das 10-fache von p_1:

$$q = \frac{q_1}{10} = 4 \quad \therefore \quad p = p_1 \times 10 = 25 \Rightarrow 1; 40 = 2^2 \times 5^2$$

Das Rechteck nach Caveing ist (25×4) *nindas.*

c) Hier die Interpretation von Høyrup (LWS, S. 179–181):
    Betrachtet wird das Rechteck (x, y). Markiert man auf dem Rechteck die Streifen $(x \times 1)$
bzw. $(y \times 1)$, so wird das Rechteck viergeteilt. Mit der Bezeichnungsweise von Abb. 3.58 gilt:

$$xy = P + Q + R + S \quad \therefore \quad x \cdot 1 = P + Q \quad \therefore \quad y \cdot 1 = P + R$$

Damit folgt:

$$P + Q + R + S = xy = x \cdot 1 + y \cdot 1 = P + Q + P + R$$
$$\Rightarrow P = S$$

Abb. 3.58 Zur Aufgabe AO
6770 #1

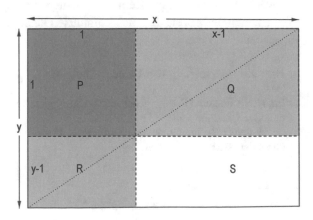

Ferner ergibt sich:

$$x \cdot 1 + y \cdot 1 = xy \Rightarrow x \cdot 1 = xy - y \cdot 1 = y(x-1) \Rightarrow y = \frac{x \cdot 1}{x-1}$$

Friberg (RC, S. 329) schreibt, der Text sei fast einzigartig im altbabylonischen, mathematischen Textkorpus. Denn er sei keine mathematische Übung, sondern eine allgemeine mit Worten formulierte Regel ohne numerisches Beispiel.

AO 6770 #2

> 1 *gur* auf (Zinses-)Zins hat er gegeben.
> Für wie viele Jahre soll es gleich sein?
> Du, bei deinem Verfahren: Für das 4-te Jahr erweitere
> dieses für 2 *gur*, was ist überschüssig?
> Was für das, worum es für das 3-te Jahr erhöht ist, setzt er?
> Was vom 4-ten Jahr für 2 *gur* abgezogen ist,
> 0;2,33,20 gibt es und
> vom 4-ten Jahr 0;2,33,20 ist abgezogen.
> Die vollen Jahre und Tage gibt es.

Gefragt ist also: Nach wie vielen Jahren verdoppelt sich ein Kapital von 1 *gur* bei 1/5 Zins? Die Zinsformel zeigt

$$(1 + 0;12)^x = 2$$

Wie die ausführliche Diskussion zu VAT 8528 #2 oder YBC 4698 #2 ergibt, ist der Zinssatz pro Jahr 0;12 Standard. Die Tafel rechnet das Anwachsen des Kapitals vermutlich mittels einer Tafel für Potenzen:

0	1
1	1; 12
2	1; 26,24
3	1; 43,40,48
4	2; 4,24,57,34

Die gesuchte Frist liegt also zwischen 3 und 4 Jahren. Der Rechenweg der Tafel ist unklar, vermutlich wurde linear interpoliert zwischen zwei Tabellenwerten. Der Differenz von 0; 12,46,40 $\approx \frac{179}{840}$ Jahren entsprechen fast genau 2; 33,20 Monate, wenn man das babylonische Jahr in 12 gleiche Monate einteilt. Für die Tafel besagt dies, dass 2; 33,20 Monate von 4 Jahren abgezogen werden müssen; das Tablett liefert somit den Wert:

$$x = 4 - 0; 2,33,20 = 3; 57,26,40$$

Die lineare Interpolation zeigt hier dezimal:

$$x = 3 + \frac{2 - 1{,}2^3}{1{,}2^4 - 1{,}2^3}(4 - 3) = 3{,}78703\ldots$$

Dies ist sexagesimal gleich 3; 47,0,13,18 Jahre. Das Tablett liefert das Ergebnis 3 Jahre und $9\frac{4}{9}$ Monate. Die moderne Lösung zeigt dezimal bzw. sexagesimal:

$$x = \frac{\ln 2}{\ln 1{,}2} = 3{,}80178\ldots = 3; 48{,}6{,}25{,}20$$

AO 6770 #3

„Ich habe einen Stein genommen, ich kenne sein Gewicht nicht. Davon wird zuerst 1/7 und 0; 25 *gìn* weggenommen und dann wieder 1/11 des Weggenommenen und 0; 50 *gìn* hinzugefügt. Damit ist das alte Gewicht wiederhergestellt."

Die Gewichteinheiten sind hier bereinigt. In moderner Form ist die Gleichung zu lösen:

$$\left(\frac{x}{7} + 0; 25\right) = \frac{1}{11}\left(\frac{x}{7} + 0; 25\right) + 0; 50$$

Der historische Rechengang ist nach Neugebauer unklar (MKT III, S. 64):

> Von 7 nehme ich weg [die 1], subtrahiere von 11, füge 1 hinzu
> Ich multipliziere den Rest mit 0;50, ich füge 0;50 hinzu (?)
> Ich vermindere das Ganze um 0;25.
> Multipliziert mit 7 ergibt das Gewicht des Steins.

Vogel (VG II, S. 46) löst wie folgt: Mit der Substitution $x_1 = \frac{x}{7} + 0; 25$ ergibt sich nach Vereinfachen:

$$x_1 = \frac{1}{11}x_1 + 0; 50 \Rightarrow x_1 = 0; 55$$

Rücksubstitution zeigt:

$$\frac{x}{7} = x_1 - 0; 25 = 0; 30 \Rightarrow x = 3; 30$$

Der Stein wiegt also 3; 30 *gìn*.

Im Tafeltext findet sich ein Rechengang, der zu dem Term $(11 + 1) - (7 - 1) = 6$ führt. Maurice Caveing[63] berichtet, dass Thureau-Dangin bei der Übersetzung Probleme hatte, den Rechengang zu verstehen. Er zitiert letzteren:

> Der Schreiber erhält zwar das exakte Resultat, aber auf eine Weise, die mathematisch nicht zu rechtfertigen ist *(Le scribe obtient un résultat exact, mais par une voie mathématiquement injustifiable)*.

---

[63]Caveing, M.: Essai sur le Savoir Mathématique dans la Mésopotamie et l'Egypte anciennes, S. 115. Presses Universitaires de Lille (1997).

Caveing schlägt folgende Erklärung vor:

$$x_1 = \frac{11}{10}0; 50 = 1 \cdot 0; 50 + \frac{1}{10}0; 50$$

Mit dem Reziproken $10^{-1} = 6$ und 6 als Differenz $(11 + 1) - (7 - 1)$, erklärt sich der Faktor 1/10

$$\frac{(11 + 1) - (7 - 1)}{60} = \frac{6}{60} = \frac{1}{10}$$

Damit folgt wie oben:

$$x_1 = 0; 50 + \frac{1}{10}0; 50 = 0; 55 \Rightarrow x = 3; 30$$

AO 6770 #5

Hier die Übersetzung der Schilfrohr-Aufgabe *(broken reed problem)* nach Neugebauer:

„Ich habe ein Schilfrohr genommen, Länge kenne ich nicht. 1 Finger fällt jeweils weg. Wenn sie ist erschöpft: 4 Ellen. Die Länge meines Rohrs war was?"

Übersetzung nach Thureau-Dangin:

Die Länge meines Rohrs war ½ Elle.
Das Reziproke der Konstante für 1 Finger suche ich,
auf 4 Ellen vervielfache ich es,
damit wiederhole ich zweimal
1, die Erweiterung breche ich in die Hälfte: 1/2
Seine Quadratseite addiere ich zu doppelten.

Friberg (RC, S. 247) erläutert dies: Ein Schilfrohr unbekannter Länge wird mit unbekannter Anzahl auf der Strecke 4 Ellen angelegt. Bei jeder Anwendung wird die Rohrlänge um 1 Finger gekürzt. Was war die ursprüngliche Länge?

Ungewöhnlich ist hier, dass die Tafel eine (unvollständige) Beschreibung des Algorithmus gibt:

Sei n die Anzahl der Anwendungen:
Dann gilt ½ (n+1)n Finger = 4 Ellen = 0; 20 *ninda*
Da 1 Finger = 0; 00,10 *ninda* und 1 *ninda* = 6,00 *Finger* ist,
gilt: 4 *Ellen* = 0; 20 *ninda* = 0; 20 · 6,00 *Finger* = 2,00 *Finger*
Somit gilt:

$$\frac{1}{2}(n + 1)n = 2,00 \Rightarrow n^2 + 1 \cdot n = 2 \cdot 2,00 = 4,00$$

Ergänzung zum Quadrat liefert:

$$\left(n + \frac{1}{2}\right)^2 = \left(\frac{1}{2}\right)^2 + 4{,}00 = 4{,}00; \ 15 = \left(15\frac{1}{2}\right)^2$$

Die Quadratseite ist $n + \frac{1}{2} = 15\frac{1}{2}$, somit ist die Anfangslänge 15 *Finger* $= \frac{1}{2}$ *Elle*.
Ein analoges Problem findet sich in Str 362 #5.

3.9.3 AO 8862

Die altbabylonische Tafel (MKT I, S. 118) vermutlich aus Larsa, hat eine besondere
Form; sie umfasst die Mantelfläche eines 4-seitigen Prismas, ähnlich die analoge Tafel
AO 8865, die auf einem regulären 6-seitigen Prisma zu finden ist. Die ersten drei der vier
Aufgaben von AO 8862 enthalten eine Lösung ohne Rechenweg.

Die von Otto Neugebauer geäußerte Vermutung, dass die Babylonier die quadratische Auflösungsformel mit Doppelvorzeichen gekannt haben, konnte Kurt Vogel[64, 65]
anhand der Beispiele von diesem Tablett zurückweisen. Tatsächlich führt die Methode
Auflösungsformel schließlich auf dieselbe Formel wie die Methode *Mittelwert und Halbdifferenz,* enthält aber keine Zweideutigkeit aufgrund des Doppelvorzeichens:

$$\left.\begin{array}{r} x + y = a \\ xy = b \end{array}\right\} \Leftrightarrow x = \frac{a}{2} + \sqrt{\left(\frac{a}{2}\right)^2 - b} \ \therefore \ y = a - x$$

Die Tafel enthält drei Textblöcke, deren Aufgaben nahtlos ineinander übergehen. Die
Nummerierung erfolgt nach Zeilen:

- Block I, Zeile 1–29 →#1
- Block I, Zeile 30 bis Block II, Zeile 32 →#2
- Block II, Zeile 33 bis Block III, Zeile 20 →#3
- Block III, Zeile 21–26 →#4

AO 8862 #1

Heil Nisaba! Länge und Breite habe ich multipliziert und die Fläche gemacht. Was wiederum die Länge über die Breite hinausgeht, zur Fläche habe ich addiert, ergibt 3,3. Wiederum
Länge und Breite addiert, gibt 27. Länge und Breite ist was?

---

[64]Vogel, K.: Zur Berechnung der quadratischen Gleichungen bei den Babyloniern, Unterrichtsblätter für Mathematik und Naturwissenschaften 39, 76-81.
[65]Vogel, K.: Zur Berechnung der quadratischen Gleichungen bei den Babyloniern. In: Sammelband
Christianidis, S. 265–273 (2004).

In moderner Schreibweise ergibt sich das System:

$$x + y = 27 \; \therefore \; xy + x - y = 3{,}03$$

Historischer Rechengang:

27 zu [3,03] addiert, macht 3,30.
2 zu 27 addiert, ergibt 29, die Hälfte 14,30
quadriert 3,30;15, davon 3,30 subtrahiert
macht 0;15, quadriert 0;30.
0;30 zu 14;30 addiert, macht 15 (als Länge)
0;30 von 14;30 subtrahiert, macht 14 (als Breite)
2, das zu 27 addiert hast, von 14 subtrahierst du,
ergibt 12 als endgültige Breite.
Länge 15, Breite 12 habe ich multipliziert, macht 3,0 Fläche,
15 über 12, was ragt es heraus? um **3,**
dies zu Fläche addiere, gibt 3,3 das Resultat.

Es werden also beide Gleichungen addiert, ferner wird die erste um 2 vermehrt:

$$xy + 2x = x(y + 2) = 3{,}30$$
$$x + (y + 2) = 29$$

Mit der Substitution $y_1 = y + 2$ erhält man die Normalform I:

$$x + y_1 = 29 \; \therefore \; xy_1 = 3{,}30$$

Lösung hier ist:

$$x = 14;\, 30 + \sqrt{(14;\, 30)^2 - 3{,}30} = 14;\, 30 + \sqrt{3{,}30;\, 15 - 3{,}30} = 15$$

Damit folgt $y_1 = 14;\, 30 - 0;\, 30 = 14$. Die Rücksubstitution zeigt $y = 12$. Die Tafel liefert ($x = 15;\, y_1 = 14$). Da die Normalform I symmetrisch in den Variablen ist, stellt ($x = 14;\, y_1 = 15$) bzw. ($x = 14;\, y = 13$) eine zweite Lösung dar. Die Substitution ($y_1 = y + 2$) enthüllt hier eine Symmetrie des Systems.

AO 8862 #2

Das zugehörige Gleichungssystem lautet:

$$x + y = 7 \; \therefore \; xy + \frac{x}{2} + \frac{y}{3} = 15$$

Vogel vermutet folgenden Rechengang: Umformen liefert:

$$\frac{x}{2} + \frac{y}{2} = 3;\, 30 \; \therefore \; xy + \frac{x}{2} + \frac{y}{3} - 3;\, 30 = 11;\, 30$$

Einsetzen in die zweite Gleichung zeigt:

$$xy + \frac{x}{2} + \frac{y}{3} - \left(\frac{x}{2} + \frac{y}{2} \right) = 11;\, 30 \Rightarrow y(x - 0;\, 10) = 11;\, 30$$

Die Substitution $x_1 = x - 0; 10$ ergibt die Normalform I:

$$x_1 + y = 6; 50 \ \therefore \ x_1 y = 11; 30$$

Die Methode Mittelwert und Halbdifferenz liefert hier:

$$x_1 = 3; 25 + \sqrt{3; 25^2 - 11; 30} = 3; 25 + 0; 25 = 3; 50 \Rightarrow x = 4$$

Die Tafel zeigt $(x = 4; y = 3)$.

AO 8862 #3

> „Ich habe Länge und Breite multipliziert und so die Fläche gebildet. Ferner habe ich das, was die Länge über die Breite hinausgeht mit der Summe aus Länge und Breite multipliziert; ich habe es zur Fläche addiert, es ist 1,13,20. Schließlich habe ich Länge und Breite addiert, es war 1,40."

Das zugehörige System lautet:

$$xy + (x + y)(x - y) = 1,13,20 \ \therefore \ x + y = 1,40$$

Quadrieren der zweiten Gleichung gibt $(x + y)^2 = 2,46,40$. Subtrahieren der ersten Gleichung liefert:

$$(x + y)^2 - \left(xy + x^2 - y^2\right) = 2y^2 + xy = 2,46,40 - 1,13,20 = 1,33,20$$

Die Formel $xy + \left(\frac{x-y}{2}\right)^2 = \left(\frac{x+y}{2}\right)^2$ kann hier nicht angewandt werden. Daher wird das arithmetische Mittel bestimmt:

$$\frac{x + y}{2} = 50 \Rightarrow \left(\frac{x + y}{2}\right)^2 = 41,40$$

Addition zur letzten Gleichung zeigt den Trick:

$$2y^2 + xy + \left(\frac{x + y}{2}\right)^2 = \left(\frac{x + 3y}{2}\right)^2 = 1,33,20 + 41,40 = 2,15,0$$

Wurzelziehen ergibt:

$$\frac{x + 3y}{2} = \sqrt{2,15,0} = 1,30$$

Damit lässt sich die halbe Differenz ermitteln:

$$\frac{x - y}{2} = x + y - \frac{x + 3y}{2} = 1,40 - 1,30 = 10$$

Die Unbekannten sind schließlich:

$$x = \frac{x+y}{2} + \frac{x-y}{2} = 50 + 10 = 1,0 \ \therefore \ y = \frac{x+y}{2} - \frac{x-y}{2} = 50 - 10 = 40$$

Die Tafel liefert $(x = 1,0; \ y = 40)$.

AO 8862 #4
Thureau-Dangin liest ab (in moderner Form):

$$xy = x + y \ \therefore \ x + y + xy = 9$$

Ein Lösungsweg ist nicht erhalten. Einsetzen der ersten Gleichung liefert sofort die Normalform I:

$$x + y = 4; 30 \ \therefore \ xy = 4; 30$$

Die auf der Tafel fehlende Lösung ist damit:

$$x = \frac{4; 30}{2} + \sqrt{\left(\frac{4; 30}{2}\right)^2 - 4; 30} = 2; 15 + 0; 45 = 3$$

$$y = 4; 30 - x = 1; 30$$

3.10   Die Tafeln aus Susa (TMS)

Die altbabylonischen Tafeln aus Susa wurden 1961 von Evert Marie Bruins[66] heraus-gegeben in Zusammenarbeit mit der Kuratorin des Louvre M. Rutten. Sie werden mit den Buchstaben TMS *(Textes mathématiques de Suse)* bezeichnet. Die Tafeln sind inner-halb des mathematischen Corpus einzigartig und haben daher das besondere Interesse der Mathematikhistoriker gefunden.

Vorbemerkung E. M. Bruins, 1909 in Holland geboren, war gelernter Physiker und hatte über den Strahlengürtel der Erde promoviert, der später unter dem Namen Van-Allen-Strahlengürtel bekannt wurde. 1953 bis 1956 wurde er zu mathematischen Vor-lesungen an der Universität Bagdad eingeladen, wo er sich für die Mathematik der Antike begeisterte. Aufgrund seiner Sprachbegabung konnte er auf Dänisch, Deutsch, Russisch, Französisch und Englisch publizieren. Sein historisches Interesse war breit gefächert: Neben der Publikation der mathematischen Texte aus Susa (1961) veröffent-lichte er auch den bedeutsamen *Codex Constantinopolitanus* (1964), der als *einziges* Manuskript die Werke Herons von Alexandria komplett enthält. In der Literatur wird

---

[66]Bruins, E. M., Rutten, M.: Textes Mathématiques de la Mission de Suse, Mémoires de la Mission Archéologique française en Iran 34, Paul Geuthner Paris (1961).

Bruins kritisch gesehen, da es oft nicht möglich war, seine Übersetzungen von zweiter Hand zu überprüfen. Entweder weigerte er sich, Fotografien der gefundenen Keilschriften zu veröffentlichen oder er gab nur unzureichende Informationen. Hinzu kam noch ein Missgeschick: Die Tafeln der Ausgrabungskampagne von 1936 wurden kurz vor dem Ausbruch des 2. Weltkriegs überhastet ausgelagert, sodass einige Tafeln unbrauchbar wurden. Friberg (AT, S. 88) gibt eine Reihe von Übersetzungsfehlern an.

Die Nummerierung der folgenden Aufgaben ist teilweise unsicher, da Bruins die Probleme willkürlich durchgezählt hat nach dem Schema $\{1, 2, 3, \ldots, 9, A, B, C, \ldots\}$.

3.10.1 TMS I,

Die Tafel zeigt ein gleichschenkliges Dreieck mit der Basis 1,0 und den Schenkel 50 mit eingezeichnetem Umkreis (Abb. 3.59b). Die Fragestellung ist unklar, lesbar sind die Zahlen 31; 15 und 8; 45.

Bezeichnet man die Basis mit s, den Radius mit $\frac{d}{2}$ bzw. die Differenz aus Höhe und Radius als $\frac{b}{2}$, so gilt im kleinen Dreieck (siehe Abb. 3.59a):

$$\left(\frac{d}{2}\right)^2 - \left(\frac{b}{2}\right)^2 = \left(\frac{s}{2}\right)^2 = 30^2 = 15,0; 0 \therefore \frac{d}{2} + \frac{b}{2} = 40$$

Damit gilt:

$$\frac{d}{2} - \frac{b}{2} = \frac{1}{\frac{d}{2} + \frac{b}{2}}\left[\left(\frac{d}{2}\right)^2 - \left(\frac{b}{2}\right)^2\right] = \frac{15,0; 0}{40} = 15 \times 1; 30 = 22; 30$$

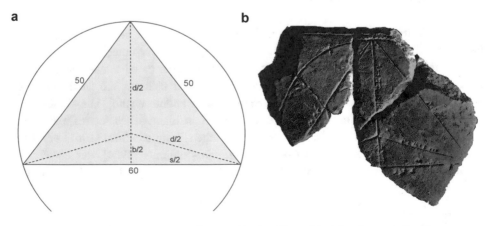

Abb. 3.59 Gleichseitiges Dreieck aus TMS I. (Bruins: Textes Mathématiques de Suse)

Dies liefert den gesuchten Radius und die Differenz zur Höhe:

$$\frac{d}{2} = \frac{1}{2}\left[\left(\frac{d}{2}+\frac{b}{2}\right)+\left(\frac{d}{2}-\frac{b}{2}\right)\right] = \frac{40+22;30}{2} = 31;15$$

$$\frac{b}{2} = \frac{40-22;30}{2} = 8;45$$

Die in der Zeichnung gegebenen Werte sind somit der Radius $\frac{d}{2}$ und der Höhenabschnitt $\frac{b}{2}$.

3.10.2 TMS II

TMS II recto Die Tafel SB 13088 wurde im Sommer 1933 von dem (adligen) französischen Archäologen Roland de Mecquenem zusammen mit 25 weiteren im königlichen Palast von Susa ausgegraben. Sie enthält recto die Skizze eines regulären Sechsecks, babylonisch *Sechs-Seit* genannt, mit der Beschriftung 30 und 6,33,45 (Abb. 3.60a).

Setzt man die Seite $s = 30$, so folgt für die Fläche eines Teildreiecks:

$$A = \frac{1}{4}s^2\sqrt{3} = 15^2 \cdot 1;45 = 6,33;45$$

Mit der üblichen Wurzelnäherung $\sqrt{3} \approx 1;45$ erhält man die Dreieckshöhe:

$$h = \sqrt{30^2-15^2} = \sqrt{675} = 15\sqrt{3} = 15 \cdot 1;45 = 26,15$$

Eine Teilfläche folgt damit zu:

$$A = \frac{1}{2}sh = 15 \cdot 26,15 = 6,33;45$$

Abb. 3.60 **a** Sechs- und **b** Siebeneck aus TMS II (koloriert vom Autor). (Bruins: Textes Mathématiques de Suse)

Damit ist auch dieser Wert erklärt. Die direkt berechnete Gesamtfläche beträgt somit:

$$A_6 = 6 \cdot 6,33; 45 = 39,22; 30$$

Mit der Konstante BR 27 des Sechsecks kann die Gesamtfläche bestätigt werden:

$$A_6 = 2,37,30 \cdot 30^2 = 39,22; 30$$

TMS II verso

Auf der Rückseite der Tafel findet sich eine Skizze eines (regulären) Siebenecks (Abb. 3.60b) mit der Beschriftung „35" und der Inschrift:

Für das 7-Seit, multipliziere die Seite mit 4 und subtrahiere 1/12 [dies gibt die Fläche].

Die Konstante BR 28 des Siebenecks 3; 41 wurde hier abgerundet:

$$\left(4 - \frac{1}{12}\right) = 3\frac{2}{3} = 3; 40$$

Setzt man den Umkreisradius 35, so wird die Seite 30. Die gesuchte Fläche ist mit der Konstanten BR 28 gleich:

$$A_7 = 3; 41 \cdot 30^2 = 55,15$$

Die Rechnung liefert für das Siebeneck mit der Näherung $\sqrt{10} \approx 3\frac{1}{6} = 3; 10$

$$A_7 = 7 \cdot \frac{1}{2} \cdot 30 \cdot 10\sqrt{10} = 55,25$$

3.10.3 TMS III

Die Tafel, in der Literatur meist BR (nach Bruins und Rutten) genannt, ist von exemplarischer Bedeutung, da sie eine Tabelle der wichtigsten geometrischen Konstanten enthält.

BR 2–4	Kreis
BR 7–9	Halbkreis
BR 10–12	Bogenfeld
BR 13–15	Raute
BR 16-18	Gerstenkorn
BR 19–21	Ochsenauge
BR 22-24	Apsamikkum (4-spitzig)
BR 25	Apsamikkum (3-spitzig)
BR 26–28	Reguläres 5-,6-,7-Eck
BR 29	Gleichseitiges Dreieck
BR 30	SAR-Feld
BR 31	Diagonale im Quadrat
BR 32	Diagonale im Rechteck 3:4

Zu den Zeilen 2–4 Man findet neben der 3 die Konstanten 5 und 57,36.

Die erste Zahl lautet 5, gelesen als 0; 05, ist gleich $\frac{1}{12}$. Gleichsetzen mit $\frac{1}{4\pi}$ ergibt die grobe Näherung $\pi \approx 3$. Für den Durchmesser d und die Fläche A eines Kreises vom Umfang U gilt damit:

$$d = \frac{U}{\pi} = 0; 20 \cdot U \quad \therefore \quad A = \frac{U^2}{4\pi} = 0; 05 \cdot U^2$$

Für den Umfang 1 oder 1,00, so ergibt sich die Fläche zu 0; 05 oder 5.

Die zweite Zahl ist 57,36, gelesen als 0; 57,36 $\left(\text{dezimal } \frac{24}{25}\right)$. Fasst man sie nach Bruins als Verhältnis aus Umfang des Sechsecks zum Kreisumfang auf, so ergibt sich die Näherung:

$$\frac{24}{25} = \frac{6r}{2\pi r} \Rightarrow \pi \approx \frac{75}{24} = 3\frac{1}{8}$$

Zu den Zeilen 7–9 Für den Halbkreis erhält man die Konstanten:

$$A = 15 \quad \therefore \quad d = 40 \quad \therefore \quad r = 20$$

Hier gilt für den Bogen $a = \frac{U}{2} \Rightarrow U = 2a$. Einsetzen in die halbe Kreisfläche liefert:

$$A = \frac{1}{24}U^2 = \frac{1}{24}(2a)(3d) = \frac{1}{4}ad = 0; 15ad$$

Für den Durchmesser und Radius folgt:

$$d = \frac{U}{3} = \frac{2}{3}a = 0; 40a \Rightarrow r = 0; 20a$$

Die Herleitung der Flächenkonstante 15 ist unbefriedigend, da der Parameter d selbst von a abhängig ist.

Die Zeilen 10–12 enthalten die Konstanten des Bogenfelds (Abb. 3.61):

$$A = 6,33,45 \quad \therefore \quad d = 52,30 \quad \therefore \quad p = 15$$

Man kann sich vorstellen, wie schwierig es für Friberg war, zu diesem Parametersatz eine zugehörige Fläche zu finden. Die Kurve, Bogenlinie genannt, besteht aus einem

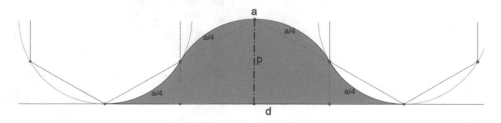

Abb. 3.61 Bogenfeld aus TMS III

Drittel des Kreisumfangs in der Mitte und je aus einem Sechstel des Umfangs der äußeren Kreise (vom gleichen Radius). Hat die Bogenlinie die Länge a, so gilt:

$$a = \frac{U}{3} + 2 \cdot \frac{U}{6} = \frac{2}{3}U \Rightarrow U = 6r = \frac{3}{2}a \Rightarrow r = \frac{1}{4}a$$

Im Kreis ist die Seitenlänge des einbeschriebenen Sechsecks gleich dem Radius, hier also $\frac{1}{4}a$. Die „längste" Diagonale d der Bogenfläche ist die Basis eines (gleichschenkligen) Dreiecks mit den Schenkeln $\frac{1}{2}a$. Die Dreieckshöhe p ist gleich dem Radius: $p = \frac{1}{4}a = 0; 15a$. Der Pythagoras-Satz liefert die Basis:

$$\left(\frac{d}{2}\right)^2 = \left(\frac{a}{2}\right)^2 - \left(\frac{a}{4}\right)^2 \Rightarrow d = \frac{1}{2}\sqrt{3}a \approx \frac{7}{8}a = 0; 52{,}30a$$

Infolge der Punktsymmetrie ist die Fläche des Dreiecks gleich der gesuchten Fläche des Bogenfelds:

$$A = \frac{1}{2}dp = \frac{1}{2} \cdot \frac{7}{8}a \cdot \frac{1}{4}a = \frac{7}{64}a^2 = 0; 06{,}33{,}45a^2$$

Damit sind die drei Parameter der Bogenfläche bestätigt.

Die Zeilen 13–15 enthalten die Konstanten der Raute in Form eines doppelten gleichseitigen Dreiecks (Abb. 3.62).

Ist $\frac{a}{2}$ die Seite des Dreiecks, so gilt für die Nebendiagonale bzw. „Querlinie" $p = \frac{a}{2} = 0; 30a$. Die Diagonale ist das Doppelte der Dreieckshöhe:

$$d = \sqrt{3} \cdot \frac{a}{2} \approx \frac{7}{8}a = 0; 52{,}30a$$

Abb. 3.62 Raute aus TMS III

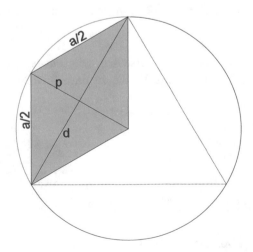

Die Fläche ist damit:

$$A = \frac{1}{2}pd = \frac{a}{4} \cdot \sqrt{3} \cdot \frac{a}{2} = \frac{7}{32}a^2 = 0; 13,07,03a^2.$$

Die Zeilen 16–21 enthalten nach Bruins die Konstanten für Kreiszweiecke, die aus zwei symmetrischen Kreissegmenten bestehen. Das Kreiszweieck, das als Sehne s die eingeschriebene Quadrat- bzw. Dreiecksseite hat, heißt im Babylonischen *Gerstenkorn* (Abb. 3.63a) bzw. *Ochsenauge* (Abb. 3.63b). Die Tabelle lautet:

BR 16	13,20	Gerstenkorn	Fläche
BR 17	56,40		Sehne
BR 18	23,20		Segmenthöhe
BR 19	16,52,30	Ochsenauge	Fläche
BR 20	52,30		Sehne
BR 21	30		Segmenthöhe

Die Sehne s des *Gerstenkorns* schließt mit dem Kreismittelpunkt ein rechtwinkliges Dreieck ein, der zugehörige Kreisbogen a ist ein Viertelkreis. Somit gilt mit der Näherung $\sqrt{2} \approx \frac{17}{12}$

$$a = \frac{U}{4} = \frac{6r}{4} \Rightarrow r = \frac{2}{3}a \ \therefore \ s = \sqrt{2}r \approx \frac{17}{12} \cdot \frac{2}{3}a = \frac{17}{18}a = 0; 56,40a$$

Damit folgt die „Querlinie" des Kreiszweiecks zu:

$$p = 2\left(r - \frac{s}{2}\right) = \frac{4}{3}a - \frac{17}{18}a = \frac{7}{18}a = 0; 23,20a^2$$

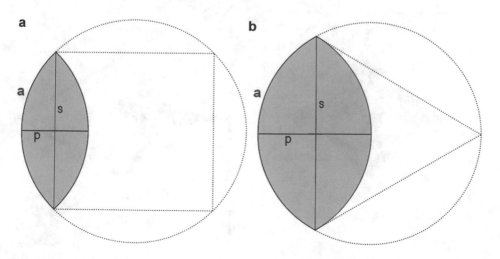

Abb. 3.63 Kreiszweiecke aus TMS III

Die Fläche des Gerstenkorns folgt

$$A_G = 2\left(A_{Viertelkreis} - A_{Quadrat}\right) = \frac{1}{24}(4a)^2 - \frac{1}{2}r^2 = \frac{2}{9}a^2 = 0; 13,20a^2$$

Die Parameter des Gerstenkorns sind somit

$$A = 13,20 \,\therefore\, s = 56,40 \,\therefore\, p = 23,20$$

Der zugehörige Kreisbogen a des Ochsenauges ist ein Drittelkreis, die „Querlinie" p gleich dem Radius:

$$a = \frac{U}{3} = \frac{6r}{3} \Rightarrow r = \frac{1}{2}a \,\therefore\, p = r = \frac{1}{2}a = 0; 30a$$

Die Sehne s des Kreiszweiecks ist: $s = \sqrt{3}r = \frac{7}{8}a = 0; 52,30a$.
   Die Fläche des Ochsenauges folgt aus:

$$A_O = 2(A_{Drittelkreis} - A_{Rechteck}) = \frac{1}{24}(3a)^2 - \frac{s}{2}\frac{p}{2} = \frac{9}{32}a^2 = 0; 16,52,30a^2$$

Die Parameter des Ochsenauges sind somit:

$$A = 16,52,30 \,\therefore\, s = 52,30 \,\therefore\, p = 30$$

Damit sind die Zeilen 16 bis 21 erklärt.

Die Zeilen 22–25 enthalten die Konstanten des *Apsamikkum* (mit 3 bzw. 4 Spitzen), im Englischen *concave square* bzw. *triangle* genannt (Abb. 3.64a, b).

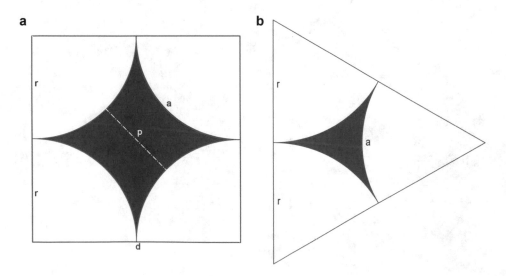

Abb. 3.64 **a** 3- und **b** 4-spitziges Apsamikkum aus TMS III

Der Bogen a des Apsamikkums ist ein Viertelkreis. Für Radius und Durchmesser folgt:

$$a = \frac{6r}{4} \Rightarrow r = \frac{2}{3}a \Rightarrow d = 2r = \frac{4}{3}a$$

Der „kleinste" Durchmesser p ergänzt um zwei Radien ergibt die Diagonale des Quadrats:

$$p + d = \sqrt{2}d \Rightarrow p = \left(\sqrt{2} - 1\right)d = \left(\frac{17}{12} - 1\right)\frac{4}{3}a = \frac{5}{9}a$$

Die Fläche des Apsamikkums ist die des Quadrats vermindert um die Kreisfläche zum Radius r:

$$A = (2r)^2 - 3r^2 = \frac{4}{9}a^2 = 0;26,40a^2$$

Die Parameter des Apsamikkums sind somit:

$$A = 26,40 \therefore d = 1,20 \therefore p = 33,20$$

Beim 3-spitzigen Apsamikkum ergibt sich nur ein Konstante, nämlich die Fläche A in Abhängigkeit vom Parameter a gleich Bogenlänge. Dieser Bogen gehört zu einem Sechstel eines Kreises:

$$a = \frac{U}{6} = \frac{6r}{6} = r$$

Die Fläche des 3-spitzigen Apsamikkums ergibt sich aus der Fläche des (gleichseitigen) Dreiecks vermindert um die halbe Kreisfläche zum Radius a:

$$A = \frac{1}{4}\sqrt{3}(2r)^2 - \frac{1}{2} \cdot 3a^2 = \left(\frac{7}{4} - \frac{3}{2}\right)a^2 = \frac{1}{4}a^2 = 0;15a^2$$

Bruins konnte die Konstanten der regulären Vielecke erklären, die Interpretation von BR 30 stammt wieder von Vaiman:

BR 26	1,40	Reguläres Fünfeck
BR 27	2,37,30	Reguläres Sechseck
BR 28	3,41	Reguläres Siebeneck
BR 29	52,30	Gleichseitiges Dreieck
BR 30	57,30	*Sar*-Feld
BR 31	1,25	Diagonale im Quadrat
BR 32	1,15	Diagonale im Rechteck

Bei den ersten drei Zeilen handelt es sich je um die Fläche eines regulären Vielecks, wenn eine Polygonseite s_n die Länge 1 bzw. 1,00 hat.

Es sei R_n, r_n Umkreis- und Inkreisradius des Polygons, A_n der Flächeninhalt. Vogel (VG II, S. 70) erklärt die Einträge für reguläre Vielecke wie folgt:

Setzt man den Umfang U_n des n-Ecks gleich dem Kreisumfang (bzw. dem des Sechsecks), so gilt:

$$U_n = n s_n = 6 R_n \Rightarrow R_n = \frac{1}{6} n s_n$$

Mit $r_n = \sqrt{R_n^2 - \frac{1}{4} s_n^2}$ folgt der Flächeninhalt zu $A_n = \frac{1}{2} n R_n r_n$. Für $s_n = 1$ erhält man die Tabelle:

n	R_n	r_n	A_n	
5	$R_5 = 0; 50$	$r_5 = 0; 40$	$A_5 = 1; 40$	BR 26
6	$R_6 = 1$	$r_6 = 0; 52,30 \left(= \frac{1}{2}\sqrt{3}\right)$	$A_6 = 2; 37,30$	BR 27
7	$R_7 = 1; 10$	$r_7 = 1; 3,20 \left(= \frac{1}{3}\sqrt{10}\right)$	$A_7 = 3; 41,40$	BR 28

Der Wert A_7 wurde offensichtlich gerundet. Für die Seite $s_6 = 30$ findet man $A_6 = 2; 37,30 \cdot 30^2 = 39,22,30$, ein Ergebnis, das schon beim Sechseck erhalten wurde.

Die hier behandelten Konstanten des regulären Fünf- bis Siebenecks finden sich auch bei Heron von Alexandria wieder (*Metrica* XVII-XX).

Die verwendeten Seitenverhältnisse der Teildreiecke sind in Abb. 3.65 (a–c) dargestellt:

Zeile 29 der Tafel liefert nach Bruins die Höhe des gleichseitigen Dreiecks. Für die Seite $s = 1$ ergibt sich die Höhe nach Robson (MM, S. 41) zu

$$h = 1 - \frac{1}{2} 0; 30^2 = 1 - 0; 07,30 = 0; 52,30$$

Hier steckt (wie oben) die Näherung für $\sqrt{3} \approx \frac{7}{4}$ dahinter: $h = \frac{1}{2}\sqrt{3} = 0; 52,30$. Für die Fläche liefert dies die Konstante $A = \frac{1}{2} h \cdot 1 = 0; 26,15$.

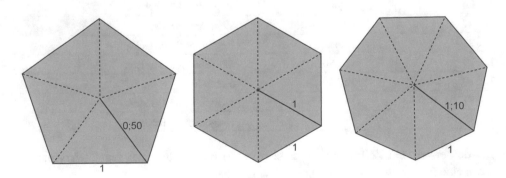

Abb. 3.65 a Fünf-, b Sechs- und c Siebeneck aus TMS III

Abb. 3.66 Zu Zeile 30 in
TMS III

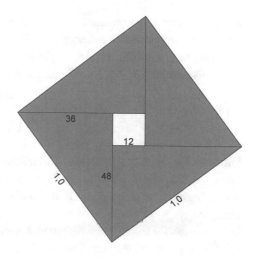

Zeile 30 nach Bruins liefert die Zahl $0; 57{,}36 = \frac{24}{25}$ als Konstante der verbesserten Kreisformel. Er interpretiert dies als Zusammenhang zwischen dem Umfang U_6 des regulären Sechsecks und des zugehörigen Kreises U_K:

$$U_6 = 0; 57{,}36\, U_K$$

Der Quotient der beiden Umfänge zeigt:

$$\frac{U_6}{U_K} = \frac{3d}{\pi d} = \frac{3}{\pi} = \frac{24}{25} \Rightarrow \pi \approx 3\frac{1}{8}$$

Die Konstante liefert hier eine verbesserte Kreisfläche im Vergleich zu $\pi \approx 3$. Diese Interpretation wurde von Neugebauer letztlich akzeptiert (*Sciences in Antiquity*, S. 47), ist aber nicht unumstritten.

Zeile 30 nach Vaiman Friberg weist darauf hin, dass Vaiman[67] eine ganz andere Erklärung vorgeschlagen hat: das *Sar*-Feld. Es enthält 4 rechtwinklige Dreiecke, die so angeordnet werden, dass sie die Fläche zwischen zwei konzentrischen Quadraten ausfüllen. Ein zum Dreieck (3; 4; 5) ähnliches mit der Hypotenuse 1 ist (36; 48; 1,0). Zeichnet man in ein Einheitsquadrat vier solcher Dreiecke „ringförmig" ein (Abb. 3.66), so ist die Fläche dieses „Rings" gleich $A = 4 \cdot \frac{1}{2} \cdot 36 \cdot 48 = 57{,}36; 0$. Die Fläche ergibt sich auch aus der Differenz der Quadrate $1{,}0; 0^2 - 12^2 = 1{,}0{,}0; 0 - 2{,}24; 0 = 57{,}36; 0$.

Zeile 31 enthält (vermutlich) den Wert der Diagonale im Einheitsquadrat. 1,25 wäre dann eine schlechte Näherung für $\sqrt{2}$ im Vergleich zur Tafel YBC 322.

---

[67]Vaiman, A. A.: (Interpretation of the geometric constants in the cuneiform table text TMS I from Susa, russisch), Vestnik drevni istorii I 83, 75–86 (1973).

Zeile 32 zeigt die Konstante einer Rechteckdiagonale. Da nach dem Satz des Thales über jeden Durchmesser beliebig viele Rechtecke gezeichnet werden können, muss hier eine Auswahl getroffen werden. Friberg plädiert hier für das „bevorzugte" Rechteck mit dem Seitenverhältnis 3:4. Nach Pythagoras ergibt sich hier:

$$d = \sqrt{1^2 + \left(\frac{3}{4}\right)^2} = \frac{5}{4} = 1; 15$$

Hinweis Es gibt 12 maßgebliche Tafeln, die die wichtigsten mathematischen Konstanten enthalten. Für sie wurde eine eigene Nomenklatur erfunden (Axx – Mzz), die hier nicht wiedergegeben werden kann; die Aufzählung bei Robson allein umfasst 5 Seiten. Manche Autoren, wie Friberg, verwenden eine eigene Bezeichnungsweise. Das Standardwerk für die etwa 200 technischen Konstanten stammt von E. Robson (MM). Diese bestimmen nicht nur geometrische Größen, sondern auch die Umrechnungen von Metallwerten, Arbeitsleistungen bei Grabungen und Volumina bestimmter Ziegelsorten. Nach Høyrup verbesserte die Kenntnis dieser Konstanten-Listen das Verständnis der mathematischen Texte ganz wesentlich!

Ergänzend hier noch eine alternative Raute (zu BR 13–15) nach Robson (S. 43):

Die Raute besteht aus 4 kongruenten Teildreiecken, jedes ähnlich zum Dreieck (3; 4; 5). Normierung der Hypotenuse liefert das Teildreieck (0; 36|0; 48|1) mit der Fläche:

$$A_1 = \frac{1}{2}0; 36 \times 0; 48 = 0; 14,24$$

Die Raute mit Seite 1 hat damit die Diagonalen $d = 1; 36$ bzw. $p = 1; 12$; die Fläche ist damit:

$$A = 4A_1 = \frac{1}{2}dp = 0; 57,36$$

Die Konstanten dieser Raute sind somit:

$$d = 1,36$$
$$p = 1,12$$
$$A = 57,36$$

Die letzte Fläche stimmt natürlich mit dem Inhalt des Sar-Felds überein (Zeile 30).

3.10.4 TMS V

Die Tafel wird in 7 umfangreiche Paragrafen unterteilt, der (etwas komplizierten) Unterteilung folgt Friberg (NM, S.409 ff.). Die Aufgaben beinhalten in §1 bis 6 mehrere elementare Kombinationen von Quadraten und Seiten. Hier eine Auswahl von 6 Aufgaben.

TMS V §3b Eine Quadratseite ist $p = 4{,}05$, die zweite das $2 \times \frac{1}{7} \times \frac{1}{7}$-Fache der ersten. Die Summe der Quadratflächen ist:

$$D = p^2 + q^2 = 4{,}05^2 + \left(\frac{4}{49}4{,}05\right)^2 = 16{,}40{,}25 + 1{,}40 = 16{,}42{,}05$$

TMS V §3c Eine Quadratseite ist $p = 4{,}05$, die zweite das $2 \times \frac{1}{7} \times \frac{1}{7}$-fache der ersten. Mit $q = \frac{4}{49}p$ ist die Fläche zwischen den Quadraten:

$$D = p^2 - q^2 = 4{,}05^2 - \left(\frac{4}{49}4{,}05\right)^2 = 16{,}40{,}25 - 1{,}40 = 16{,}38{,}45$$

Die Quadratseiten sind 4,05 und 10. Die Tafel zeigt hier fälschlicherweise das Ergebnis von §3b (s. oben).

TMS V §4a Eine Seite ist $p = 35$. Was ergibt die Fläche und das $7\frac{1}{7}$-fache der Seite? Es folgt:

$$p^2 + 1\frac{2}{3}p = 20{,}25 + 4{,}10 = 24{,}35$$

TMS V §4b Eine Seite ist $p = 30$. Was ergibt die Fläche vermindert um das $1\frac{2}{3}$-Fache der Seite? Es folgt:

$$p^2 + 1\frac{2}{3}p = 15{,}00 - 50 = 14{,}10$$

TMS V §6a Eine Quadratseite ist $p = 35$, die zweite Fläche das $\frac{1}{7}$-fache der ersten. Die Fläche zwischen den Quadraten ist:

$$D = p^2 - q^2 = 35^2 - \frac{1}{7}35^2 = 20{,}25 - 2{,}55 = 17{,}30$$

Die Quadratseiten sind 35 und 13; 13,51.

TMS V §6b Eine Quadratseite ist $p = 35$, die zweite Fläche das $\frac{1}{7} \times \frac{1}{7}$-fache der ersten. Die Fläche zwischen den Quadraten ist:

$$D = p^2 - q^2 = 35^2 - \frac{1}{49}35^2 = 20{,}25 - 25 = 20{,}0$$

Die Quadratseiten sind 35 und 5.

In §7 werden verschiedene konzentrische Quadrate addiert und subtrahiert. Die Seiten werden als parallel und im gleichen Abstand liegend vorausgesetzt (Abb. 3.67a, b).

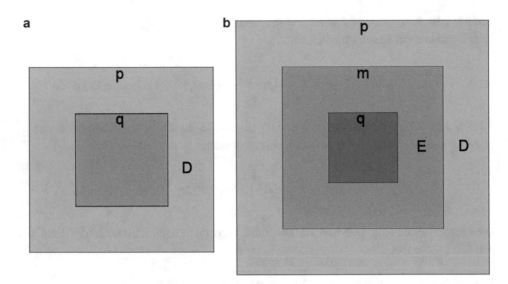

Abb. 3.67 Konzentrische Quadrate aus TMS VI

TMS V §7a' Die Flächendifferenz D beträgt 8,20; der halbe Abstand 5.
   Gegeben ist:

$$D = p^2 - q^2 = 8{,}20 \; \therefore \; \frac{p-q}{2} = 5$$

Damit gilt:

$$\frac{p^2 - q^2}{p - q} = p + q = \frac{8{,}20}{10} = 50$$

Die Quadratseiten sind {30; 20}.

TMS V §7b' Die Zwischenfläche ist $D = 20{,}0$; die innere Quadratseite ist 1/7 der äußeren.
   Mit $p = 7q$ ergibt sich:

$$(7q)^2 - q^2 = 20{,}0 \Rightarrow 48q^2 = 20{,}0 \Rightarrow q^2 = 25$$

Die Quadratseiten sind damit {35; 5}.

TMS V §7c' Die Zwischenfläche ist $D = 14{,}60{,}0$; die innere Quadratseite ist $\frac{1}{7} \times \frac{1}{7}$ der
äußeren. Mit $p = 49q$ ergibt sich:

$$(49q)^2 - q^2 = 14{,}60{,}0 \Rightarrow 40{,}0q^2 = 14{,}60{,}0 \Rightarrow q^2 = 25$$

Die Quadratseiten sind damit {4,05; 5}.

Ab hier werden 3 konzentrische Quadrate mit parallelen Seiten betrachtet. Die Seite des mittleren Quadrats sei m, die Fläche $E = m^2 - q^2$.

TMS V §7d' Die innere Seite ist $q = 10$; die äußere $p = 30$.
   Es gilt: $m = \frac{1}{2}(p + q) = 20$. Die Zwischenfläche beträgt $E = m^2 - q^2 = 5{,}0$.

TMS V §7e' Die Zwischenfläche beträgt $E = 5{,}0$. Die äußere Seite $p = 30$, die Summe der 3 Seiten 1,00.
   Es gilt $m + q = (p + m + q) - p = 30$. Damit folgt:

$$m - q = \frac{E}{m + q} = \frac{5{,}0}{30} = 10$$

Die Quadratseiten sind hier {30; 20; 10}.

TMS V §7f' Die Zwischenfläche beträgt $E = 5{,}0$ und die Differenz $m - q = 10$.
   Es gilt:

$$m + q = \frac{E}{m - q} = \frac{5{,}0}{10} = 30$$

Die mittlere Seite ist $m = 20$; die innere $q = 10$.
   A. Goetze, der dieses Kapitel im Buch von Friberg verfasst hat, ist der Meinung, dass der Schreiber hier zwei verschiedene Vorlagen zusammengefasst hat. Goetze hat auch 8 Paragrafen zu Neugebauers Werk MCT beigesteuert.

3.10.5 TMS VII

TMS VII #1 „Den 4. Teil der Breite habe ich zur Länge addiert, seinen 7. Teil bis 10 bin ich gegangen, so viel wie die Länge und Breite."
   Diese scheinbar einfache Gleichung konnte erst 1993 durch eine geniale Interpretation von J. Høyrup[68] erklärt und gelöst werden. Es geht hier um eine unbestimmte Gleichung, die von Bruins nicht als solches erkannt wurde:

$$\frac{1}{7}\left(x + \frac{1}{4}y\right) \cdot 10 = x + y$$

Zunächst wird mit 4 multipliziert:

$$\frac{1}{7}(4x + y) \cdot 10 = 4(x + y)$$

---

[68]Høyrup, J.: Mathematical Susa Texts VII and VIII, A Reinterpretation, Altorientalische Forschungen (AoF) 20, 245–260 (1993).

Die Summe in der linken Klammer wird zerlegt und die Gleichung mit 7 erweitert:

$$\frac{1}{7}\left[3x + (x+y)\right] \cdot 10 = 4(x+y) \Rightarrow 3x \cdot 10 + (x+y) \cdot 10 = 28(x+y)$$

Durch diesen Trick können die Terme $(x+y)$ zusammengefasst werden, sodass eine Produktform auftritt.

$$3x \cdot 10 = 18(x+y) \Rightarrow x \cdot 10 = 6(x+y)$$

Wie soll nun diese unbestimmte Gleichung gelöst werden? *Eine* Lösung lässt sich sofort durch Vergleich der Koeffizienten bestimmen:

$$x = 6 \therefore x + y = 10 \Rightarrow y = 4$$

Dies ist aber nicht die historische Lösung. Da die allgemeine Lösung einen Parameter enthalten muss, setzt man $x = 6t$. Damit folgt:

$$x + y = 10t \Rightarrow y = 4t$$

$t = \frac{1}{12}$ liefert die Lösung des Tabletts zu $(x = 0; 30 \therefore y = 0; 20)$.

Die zum Ziel führende Idee war hier, mittels Zerlegung einer Summe ein Produkt zu formen, das ein Koeffizientenvergleich erlaubt. Prinzipiell kann eine Gleichung der Form $ax = by + c; b \neq 0$ mittels der Substitution $\left(y_1 = y + \frac{c}{b}\right)$ in Produktform verwandelt werden:

$$ax = by + c \Leftrightarrow ax = by_1$$

Høyrup versucht ferner zu erklären, warum die Tafel nicht reduziert wird auf $x \cdot 5 = 3(x+y)$.

TMS VII #2 „Den 4. Teil der Breite habe ich zur Länge addiert, seinen 7. Teil bis 11 bin ich gegangen, so viel wie die Summe aus Länge und Breite vermehrt um 0; 05."

In moderner Schreibweise folgt:

$$\frac{1}{7}\left(x + \frac{1}{4}y\right) \cdot 11 = x + y + 0; 05$$

Zunächst wird mit 4 multipliziert und die linke Klammer zerlegt:

$$\frac{1}{7}(4x + y) \cdot 11 = 4(x + y + 0; 05)$$

$$\Rightarrow \frac{1}{7}\left[3x - 0; 05 + (x + y + 0; 05)\right] \cdot 11 = 4(x + y + 0; 05)$$

Erweitern mit 7 liefert:

$$\left[3(x - \frac{1}{3}0; 05)\right] \cdot 11 + (x + y + 0; 05) \cdot 11 = 28(x + y + 0; 05)$$

Vereinfachen zeigt:

$$(x - 0; 1,40) \cdot 11 = 5; 40(x + y + 0; 05)$$

An dieser Stelle wird bereits $5; 40$ als Länge betrachtet; dies ist aber die Länge $x_1 = x - 0; 1,40$. Der Subtrahend wird als das „Hinzuzufügende" bezeichnet, wie Høyrup auf *Deutsch* anmerkt. Gleichzeitig entspricht beim Koeffizientenvergleich 11 der Klammer $(x + y + 0; 5)$. Beim Herausziehen von $5; 40$ für x_1, verbleibt $5; 20$ für eine (geänderte) Breite y_1. Dafür findet sich:

$$y_1 = (x + y + 0; 5) - x_1 = y + (0; 5 + 0; 1,40) = y + 0; 6,40$$

Eine Lösung ist nun $x_1 = 5; 40 \therefore y_1 = 5; 20$. Da die Gleichung unbestimmt ist, darf mit 0,5 erweitert werden. Dies führt zu $x_1 = 0; 28,20 \therefore y_1 = 0; 26,40$. Rücksubstitution ergibt schließlich die endgültige Lösung:

$$x = x_1 + 0; 1,40 = 0; 30 \therefore y = y_1 - 0; 6,40 = 0; 20$$

Auch hier findet man ein trickreiches Vorgehen; falls dieses dem historischen Rechengang entspricht, ist zu fragen, ob man hier noch von Präalgebra sprechen kann.

3.10.6 TMS VIII

TMS VIII #1 „Die Fläche 10. Ein 1/4 der Länge habe ich zur Länge addiert, bis 3 bin ich gegangen. Es überschreitet die Breite um 5."

In moderner Schreibweise gilt:

$$x + 3 \cdot \frac{1}{4}x = y + 0; 05 \therefore xy = 0; 10$$

Vereinfachen der ersten Gleichung zeigt:

$$\frac{7}{4}x - y = 0; 05 \Rightarrow 7x - 4y = 0; 20$$

Um zu einer Normalform II zu gelangen, transformiert man die Variablen $(x, y) \rightarrow (7x; 4y)$.

$$7x - 4y = 0; 20 \therefore (7x)(4y) = 4; 40$$

Auflösung ergibt:

$$7x = \frac{0; 20}{2} + \sqrt{\left(\frac{0; 20}{2}\right)^2 + 4; 40} = 2; 20 \Rightarrow x = 0; 20$$

$$4y = 7x - 0; 20 = 2 \Rightarrow y = 0; 30$$

Man findet hier die Standardlösung ($x = 0; 30 \therefore y = 0; 20$).

TMS VIII #2 „Die Fläche 10. Ein 1/4 der Länge habe ich zur Länge addiert, 13-mal bin ich gegangen. Es fehlt zur Breite 5."

In moderner Form geschrieben ergibt:

$$x + 1 \cdot \frac{1}{4}x = y - 0;05 \;\; \therefore \;\; xy = 0;10$$

Dieses System wird analog zu #1 gelöst; wie zuvor ergibt sich die Standardlösung.

3.10.7 TMS IX

TMS IX #1

> Zur Fläche wurde Länge addiert 40, 30 die Länge, 20 die Breite.
> Als 1 Länge (?) zur Fläche 10 zugefügt
> Als 1 Basis (?) zur Breite 20 zugefügt.

Friberg liest aus Zeile 2 die Flächenangabe 0;10 heraus. Damit erhält man modern geschrieben das System:

$$xy + x = 0;40 \;\; \therefore \;\; xy = 0;10$$

Einsetzen liefert sofort:

$$0;10 + x = 0;40 \Rightarrow x = 0;30$$

Auch folgt gibt die Standardlösung ($x = 0;30 \;\; \therefore \;\; y = 0;20$).

TMS IX #2

> Fläche, Länge und Breite addiert, ergibt 1.
> Nach der akkadischen Methode:
> 1 zur Länge addiere, 1 zur Breite addiere.
> 1 zur Länge und Breite gefügt, macht die Fläche 1,
> zur (ersten) Fläche addiert, ergibt 2.
> Zur Breite 20 addiere 1, macht 1,20.
> Zur Länge 30 addiere 1, macht 1,30.
> Die Fläche der Breite 1,20, der Länge 1,30 zusammen mit (erster) Fläche 2.
> Dies ist die akkadische Methode.

Der Sachverhalt lässt sich wie folgt in einem Diagramm veranschaulichen (Abb. 3.68):

Modern geschrieben erhält man die Gleichung: $xy + x + y = 1$. Interpretiert man dies als Flächensumme und addiert das Einheitsquadrat, so folgt

$$xy + 1 \cdot x + 1 \cdot y \underset{+1}{=} 1 \Rightarrow xy + 1 \cdot x + 1 \cdot y + 1 = (x+1)(y+1) = 2$$

Abb. 3.68 Zur Aufgabe TMS
IX #2

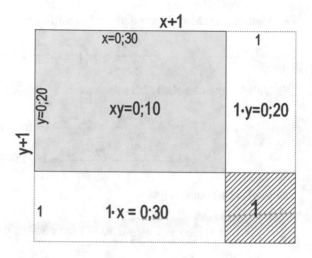

Aus der Abb. 3.68 ist die Standardlösung ($x = 0; 30 \therefore y = 0; 20$) ersichtlich, die Flächensumme beträgt $0; 10 + 0; 20 + 0; 30 + 1 = 2$. Die in der Tafel erwähnte „akkadische Methode" scheint hier eine Ergänzung auf ein Quadrat zu sein, ähnlich der quadratischen Ergänzung einer Gleichung. Høyrup nennt dieses Vorgehen auf Englisch *slightly untypical variant,* auf Französisch *légèrment atypique* (eine leicht untypische Variante).

TMS IX #3

Fläche, Länge und Breite habe ich addiert, 1 ist diese Summe. Dreimal die Länge und viermal die Breite, davon den 17. Teil habe ich zur Breite addiert, ergibt 30.

Die Angabe lautet in moderner Schreibweise:

$$xy + x + y = 1 \quad \therefore \quad \frac{1}{17}(3x + 4y) + y = 0; 30$$

Historische Lösung Die zweite Gleichung wird zunächst mit 17 vervielfacht, dies liefert: $3x + 21y = 8; 30$. Die Tafel setzt nun „die Fläche" gleich 2. Dahinter steht die Substitution: $x_1 = x + 1; y_1 = y + 1$. Umformung ergibt das System:

$$x_1 y_1 = (x + 1)(y + 1) = xy + x + y + 1 = 2$$

$$3x_1 + 21y_1 = 3(x + 1) + 21(y + 1) = 3x + 21y + 24 = 32; 30$$

Die weitere Substitution $x_2 = 3(x + 1); y_2 = 21(y + 1)$ führt zu dem System:

$$x_2 + y_2 = 3x + 21y + 24 = 32; 30$$
$$x_2 y_2 = 1{,}3(xy + x + y + 1) = 1{,}3 \cdot 2 = 2{,}6$$

Damit ist die Normalform I erreicht:

$$x_2 + y_2 = 32; 30 \quad \therefore \quad x_2 y_2 = 2{,}6$$

Die Methode des Mittelwerts und der Halbdifferenz zeigt hier:

$$\frac{y_2 - x_2}{2} = \sqrt{16; 15^2 - 2{,}6} = 11; 45$$

Die Unbekannten ergeben sich sukzessive:

$$y_2 = \frac{y_2 + x_2}{2} + \frac{y_2 - x_2}{2} = 16; 15 + 11; 45 = 28$$

$$x_2 = \frac{y_2 + x_2}{2} - \frac{y_2 - x_2}{2} = 16; 15 - 11; 45 = 4; 30$$

Die Rücksubstitution zeigt:

$$x = \frac{1}{3}x_2 - 1 = \frac{1}{3}4; 30 - 1 = 0; 30 \;\; \therefore \;\; y = \frac{1}{21}y_2 - 1 = 0; 20$$

Man erhält die Standardlösung wie oben; auch hier ist die Lösung aufwändig.

3.10.8 TMS XIII

TMS XIII #1

„2 *gur* 2 *barig* 5 *ban* feines Öl habe ich gekauft. Beim Kauf für 1 *Schekel* Silber habe ich 4 *sila* Öl entfernt (?). 2/3 *Minen* Silber habe ich als Gewinn erzielt. Zu welcher Rate habe ich eingekauft und verkauft?"

Es gilt die Umrechnung: 1 *gur* = 300 sila, 1 *barig* = 60 sila, 1 *ban* = 10 sila, also ist die Einkaufsmenge *12,50 sila*, der Gewinn 2/3 *Minen* = 40 *Schekel*.

Es sei M die Ölmenge, p bzw. s sind die Kehrwerte des Einkaufs- bzw. des Verkaufspreises. Dann gilt $p - s = 4$. Die Differenz aus Verkaufs- und Einkaufspreis ist der Gewinn:

$$\frac{M}{s} - \frac{M}{p} = 40 \Rightarrow ps = \frac{(p - s)M}{40} = 1{,}17$$

Damit ist eine Normalform II erreicht: $p - s = 4 \;\; \therefore \;\; ps = 1{,}17$. Lösung ist:

$$p = \frac{4}{2} + \sqrt{\left(\frac{4}{2}\right)^2 + 1{,}17} = 11 \Rightarrow s = p - (p - s) = 7$$

Sein Einkaufspreis beträgt $\frac{M}{p} = \frac{12{,}50}{11} = 70$ *Schekel*, der Verkaufspreis $\frac{M}{s} = \frac{12{,}50}{7} = 110$ *Schekel*. Die Tafel liefert ebenfalls dieses Ergebnis.

3.10.9 TMS XIV

Die Tafel behandelt einen keilförmigen Körper in Form eines Walmdachs, den Friberg unsachgemäß eine „Pyramide" nennt. Gegeben ist die Höhe $h = 3$ *(ninda)* und das Volumen $V = 14{,}14$ *sar*. Das Volumen kann umgerechnet werden in $1{,}12$ *(ninda)³*. Die Neigung des Dachs ist nicht gegeben; Friberg übernimmt den Wert 1 aus **BM 85194** #28. Dem Rechengang entnimmt man, dass die Breite gleich der doppelten Höhe ist: $b = 2h$. Die Länge des Walmdachs beträgt damit $a = f + 2h$ (Abb. 3.69).

Das Walmdach kann zerlegt werden in ein dreiseitiges Prisma (in der Mitte) und außen in zwei kongruente (schiefe) vierseitige Pyramiden. Das Prismenvolumen beträgt bei der Firstlänge f:

$$V_{pri} = fh^2$$

Mit dem Pyramidenvolumen $V_{pyr} = \frac{2}{3}h^3$ ergibt sich das ganze Volumen zu:

$$V = fh^2 + \frac{4}{3}h^3 = \frac{1}{3}h^2(3f + 4h)$$

Dies ist die allgemeine Walmdachformel für speziell $a = f + 2h$; $b = 2h$:

$$V = \frac{1}{6}hb(2a + f)$$

Der Text berechnet das Pyramidenvolumen separat, was man am Auftauchen des Terms $\frac{2}{3}h^3 = 18$ erkennt. Das Prismenvolumen wird ermittelt aus der Differenz des Gesamtvolumens und den beiden Pyramidenvolumina. Die gesuchte Firstlänge (in *ninda*) ergibt sich zu:

$$f = \frac{1}{h^2}\left(V - \frac{4}{3}h^3\right) = \frac{1}{9}(1{,}12 - 36) = 4$$

Die gesuchte Länge und Breite sind $a = 10$; $b = 6$.

Zur Berechnung der Kapazität wird wieder eine technische Konstante benötigt. Die Kapazitätskonstante c ist hier „8", genauer $c = 8{,}0{,}0$ *sila/sar*. Die Kapazität des Getreidespeichers beträgt also:

$$K = cV = 8{,}0{,}0\frac{sila}{sar} \cdot 14{,}14\,sar = 1{,}55{,}12{,}0{,}0\,sila = 23{,}02{,}24\,gur$$

Abb. 3.69 Walmdach nach TMS XIV

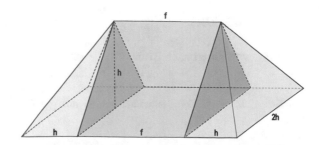

3.10.10 TMS XVI

TMS XVI #1

Ein Viertel der Breite wird von Länge und Breite genommen, 45.

In moderner Schreibweise ergibt sich die unbestimmte Gleichung:

$$(x + y) - \frac{1}{4}y = 0; 45$$

Umformung ergibt;

$$x + \frac{3}{4}y = \frac{3}{4}$$

Setzt man $y = \frac{1}{3}$, so folgt:

$$x = \frac{3}{4}(1 - y) = \frac{3}{4}\left(1 - \frac{1}{3}\right) = \frac{1}{2}.$$

Da die Gleichung unbestimmt ist, kann auch ein beliebiges Vielfaches genommen werden. Die Tafel liefert hier die Standardlösung ($x = 0; 30 \therefore y = 0; 20$).

3.10.11 TMS XVII

„Eine Größe [Getreideanlage] hat den Anfangswert 1,31,58,48 *še*. Die Zinsen von 3,30 betragen im Jahr 1,30. Gesucht ist der Endwert, wenn jedes Jahr 1 *še* entnommen wird.“
    Die Tafel ermittelt den Zinsfuß zu $\frac{1}{2}\left(1 - \frac{1}{7}\right) = \frac{3}{7}$. Mit dem Zins nach dem ersten Jahr ergibt sich:

$$(1,31,58,48) + (0,39,25,12) = (2,11,24)$$

Nach der Entnahme von 1 *še* bleibt (1,11,24). Mit dem Zins des zweiten Jahrs addiert sich dies zu:

$$(1,11,24) + (0,30,36) = 1,42$$

Es verbleibt 42. Mit dem Zins des dritten Jahres folgt 42+18= 1 [*še*].

3.10.12 TMS XIX

Die Tafel wird zitiert nach Bruins[69].

---

[69]Bruins, E. M.: Proc. Kon. Nederlandse Akademie van Wetenschappen, Amsterdam 53, 1025–1033 (1950).

TMS XIX #A In einem Rechteck ist die Diagonale 40, die Breite gleich ¾ der Länge.

Der Text setzt gemäß der Regula falsi die Länge auf $x_1 = 60$, die Breite wird zu $y_1 = 45$. Die resultierende Diagonale ist $d = \sqrt{x_1^2 + y_1^2} = \sqrt{1{,}0^2 + 45^2} = 1{,}15$. Es gilt also die Proportion

$$\frac{x}{60} = \frac{40}{1{,}15} \Rightarrow x = 40 \times \frac{1{,}0}{1{,}15} = 40 \times 0; 48 = 32$$

Die gesuchte Länge ist $x = 32$. Die Regula falsi darf hier angewendet werden, da die Diagonale durch die Nebenbedingung eine lineare Funktion wird:

$$d = \sqrt{x^2 + y^2} = \sqrt{x^2 + \frac{9}{16}x^2} = \sqrt{\frac{25}{16}x^2} = \frac{5}{4}x$$

Die moderne Lösung ist damit:

$$d = \frac{5}{4}x \Rightarrow x = \frac{4}{5}d = \frac{160}{5} = 32; y = \frac{3}{4}x = 24$$

TMS XIX #B

„Die Fläche ist 20. Die Länge, multipliziert mit ihrem Quadrat und der Diagonalen ist (14, 48, 53, 20). Was ist Länge?"

Nach Angabe folgt:

$$A = xy = 20 \ \therefore \ x^3 d = x^3 \sqrt{x^2 + y^2} = (14{,}48{,}53{,}20) = B$$

Durch Quadrieren erhält man eine Gleichung 8. Grades:

$$B^2 = x^6 d^2 = x^6 \left(x^2 + y^2\right) = x^8 + x^6 y^2 = x^8 + x^4 A^2$$

Die Gleichung ist biquadratisch in der Variablen $\left(x^4\right)$:

$$\left(x^4\right)^2 + x^4 A^2 = B^2 \Rightarrow x^4 = -\frac{1}{2}A^2 + \sqrt{\left(-\frac{1}{2}A^2\right)^2 + B^2}$$

Das Tablett rechnet schrittweise:

$$A^2 = 20^2 = 6{,}40 \ \therefore \ B^2 = (14{,}48{,}53{,}20)^2 = (3{,}39{,}28{,}43{,}27{,}24{,}26{,}40)$$

$$\frac{1}{2}A^2 = 3{,}20 \ \therefore \ \left(-\frac{1}{2}A^2\right)^2 = 11{,}06{,}40 \ \therefore \ \left(-\frac{1}{2}A^2\right)^2 + B^2 = (3{,}50{,}36{,}43{,}34{,}26{,}40)$$

Die korrekte Summe wäre $(3{,}50{,}35{,}23{,}27{,}24{,}26{,}40)$. Der Rechenfehler wird wieder korrigiert beim (angenäherten) Wurzelziehen: Quadrieren zeigt nämlich:

$$(15{,}11{,}06{,}40)^2 = (3{,}50{,}35{,}23{,}27{,}24{,}26{,}40)$$

Weiter folgt:

$$(15,11,06,40) - 3,20 = (11,51,06,40) \therefore \sqrt[4]{(11,51,06,40)} = \sqrt{26,40} = 40$$

Friberg (AT, S. 402) vermutet, dass das Wurzelziehen mittels Faktorisierung erfolgt ist:

$$(3,50,35,23,27,24,26,40)^2 = 20^2 \cdot 20^2 \cdot 20^2 \cdot 10^2 \cdot 41^2 \Leftrightarrow 15,11,06,40 = 20 \cdot 20 \cdot 20 \cdot 10 \cdot 41$$

Die moderne Lösung führt auf die Gleichung 8. Grades:

$$(x^4)^2 + 20{,}0^2 \cdot x^4 = (14{,}48{,}53{,}20)^2 \Rightarrow x^4 = 11{,}51{,}6{,}40 \Rightarrow x = 40; y = 30$$

3.10.13 TMS XXI

TMS XXI #A

Die Tafel enthält im Inneren eines Quadrats ein konkaves Kreisbogenviereck, baby-lonisch *Apsamikkum* genannt (Abb. 3.70). Die Fläche außerhalb des Spitzvierecks ist gegeben durch $B = 35{,}00$ (*ninda*^{2}). Ist a die Länge eines Viertelkreises, so ist die Diagonale und Fläche des Vierecks nach der Tabelle (Zeilen 22–23) von TMS III gegeben als:

$$d = 1; 20a \therefore A = 0; 26{,}40a^2$$

Für die Seite und Fläche des äußeren Quadrats gilt:

$$s = d + 10 = 1; 20a + 10 \therefore s^2 = A + B = 0; 26{,}40a^2 + 35{,}00$$

Dies liefert die quadratische Gleichung:

$$(1; 20a + 10)^2 = 0; 26{,}40a^2 + 35{,}00 \Rightarrow a^2 + 20a = 25{,}00$$

Abb. 3.70 4-spitziges
Apsamikkum im Quadrat

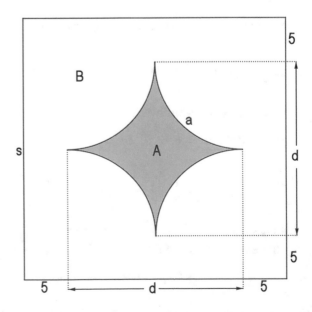

Mit der Lösung ($a = 30$) ergeben sich die gesuchten Größen zu (in *ninda* bzw. *ninda²*):

$$d = 40 \ \therefore \ s = 50 \ \therefore \ A = 41{,}40$$

TMS XXI #B

„Die Fläche zwischen zwei konzentrischen Quadraten ist $D = 1{,}31$, der Abstand der Quadrate beträgt $d = 3; 30$. Was sind die Quadratseiten?"

Setzt man die Quadrate als parallel und konzentrisch voraus, so gilt (vgl. TMS V):

$$p^2 - q^2 = D = 1{,}31 \ \therefore \ p - q = 2d = 7$$

Es folgt:

$$p + q = \frac{D}{2d} = \frac{1{,}31}{7} = 13$$

Addition bzw. Subtraktion liefert $p = 10; q = 7$.

3.10.14 TMS XX

Für ein Apsamikkum (s. TMS XXI) ist gegeben:

$$A + a + d = B = 1{,}16{,}40$$

Mit den Konstanten aus TMS XXI für Diagonale und Fläche folgt:

$$26{,}40a^2 + a(1 + 1{,}20) = B = 1{,}16{,}40$$

Friberg gibt an, dass für den Rechengang die Wurzel von folgendem Term zu bestimmen ist:

$$26{,}40B + \frac{1}{2}(1 + 1{,}20)^2 = 1{,}55{,}44{,}26{,}40$$

Die gesuchte Wurzel ist $\sqrt{1{,}55{,}44{,}26{,}40} = 1{,}23{,}20$. Das Wurzelziehen erklärt Friberg durch Faktorisierung:

$$1{,}55{,}44{,}26{,}40 = 20^2 \cdot 4{,}10^2 \Leftrightarrow 20 \cdot 4{,}10 = 1{,}23{,}20$$

3.10.15 TMS XXII

Die Lesung der Tafel nach Friberg (NM, S.426) ist etwas verwirrend: Nach einem Doppelstrich am Ende folgt der Anfang der Aufgabe! Es geht um eine Anleihe in Form von Getreide.

Die jährliche Zinsrate ist 1,30 *(gur)* für 3,30 *(gur)* Getreide. Mit dieser Zinsrate und einer jährlichen Zinszahlung von 1 *bariga* als Annuität wird das Darlehen innerhalb von 3 Jahren zurückgezahlt.

Die Berechnung der Zinsrate ist ungewohnt: Wenn man 1/7 der Anleihe wegnimmt und der Rest halbiert wird, so erhält man den Jahreszins. Dies zeigt den Rechenweg:

$$\frac{1;30}{3;30} = \frac{6}{14} = \frac{7-1}{7}\frac{1}{2} = \left(1 - \frac{1}{7}\right)\frac{1}{2}$$

Der Rechengang ist nicht gegeben, kann aber teilweise aus der Überprüfung des Ergebnisses erschlossen werden. Es sei K das „Kapital" am Anfang, K_1 das am Beginn des zweiten Jahres, entsprechend K_2 das am Anfang des dritten Jahres. Dann ergibt sich die Folge:

$$K + K\left(1 - \frac{1}{7}\right)\frac{1}{2} = 1 + K_1$$

$$K_1 + K_1\left(1 - \frac{1}{7}\right)\frac{1}{2} = 1 + K_2$$

$$K_2 + K_2\left(1 - \frac{1}{7}\right)\frac{1}{2} = 1$$

Multiplikation mit 7 zeigt mit $2^{-1} = 30$:

$$7K + K \cdot 6 \cdot 30 = 7(1 + K_1) \Rightarrow 10\,K = 7(1 + K_1)$$

$$7K_1 + K_1 \cdot 6 \cdot 30 = 7(1 + K_2) \Rightarrow 10\,K_1 = 7(1 + K_2)$$

$$7K_2 + K_2 \cdot 6 \cdot 30 = 7 \Rightarrow 10\,K_2 = 7$$

Rückwärtsrechnen liefert:

$$K = 7 \cdot 10^{-1} = 7 \cdot 6 = 42$$

$$K_1 = 7 \cdot 6(1 + K_2) = 7 \cdot 6 \cdot 1{,}42 = 1{,}11{,}24$$

$$K_2 = 7 \cdot 6(1 + K_1) = 7 \cdot 6 \cdot 2{,}11{,}42 = 1{,}31{,}58{,}48$$

Das Sexagesimalkomma wird festgelegt durch die Getreideeinheiten:

$$K = 1{,}31; 58{,}48 \, sila \approx 1 \, bariga \, 3 \, ban \, 1\frac{5}{6} \, sila \, 26\frac{1}{2} \, gran$$

$$K_1 = 1; 11{,}24 \, sila = 1 \, bariga \, 1 \, ban \, 1\frac{1}{3} \, sila \, 12 \, gran$$

$$K_2 = 42 \, sila = 4 \, ban \, 2 \, sila$$

3.10.16 TMS XXIII

Gegeben ist ein (allgemeines) Viereck mit den Seiten $s_1 = 1{,}45$; $s_2 = 15$; $u_1 = 1{,}25$; $u_2 = 35$.

  Berechnet man die Fläche des Vierecks nach der Landvermesser-Formel, so sieht man, die Zahlen sind so ausgewählt, dass sich die Fläche 1,0,0 ergibt:

$$A = \frac{1}{2}(s_1 + s_2)\frac{1}{2}(u_1 + u_2) = \frac{1}{2}(1{,}45 + 15)\frac{1}{2}(1{,}25 + 35) = 1{,}0 \cdot 1{,}0 = 1{,}0{,}0$$

Friberg (AT, S. 301) zerlegt die Aufgabe in zwei Teile, er betrachtet zunächst das erste Trapez mit den Seiten (s_1, s_2). Dieses Trapez wird durch die Flächenhalbierende in zwei Teiltrapeze geteilt; deren Transversalen (d_1, d_2) sein sollen. Die Frage lautet nun: Ist es möglich, dass das entstehende mittlere Trapez mit den Parallelseiten (d_1, d_2) durch die Flächenhalbierende d wiederum halbiert wird? Mit der Bezeichnungsweise von Abb. 3.71 soll also gelten:

$$(B_1 + C_1 = B_2 + C_2) \cdot (B_1 = B_2) \Rightarrow C_1 = C_2$$

Friberg nennt diese Art der Aufgabe *confluent trapezoid bisection*. Die Flächenhalbierende d des großen Trapezes ergibt sich aus dem quadratischen Mittel:

$$d = \sqrt{\frac{1}{2}\left(s_1^2 + s_2^2\right)} = \sqrt{\frac{1{,}45^2 + 15^2}{2}} = 1{,}15$$

Die Transversalen d_1 bzw. d_1 des linken bzw. rechten Trapezes werden von der Tafel mit folgendem Linearsystem berechnet:

$$d_1 = 0; 48s_1 + 0; 36s_2 = 1{,}24 + 9 = 1{,}33$$
$$d_2 = 0; 36s_1 - 0; 48s_2 = 1{,}03 - 12 = 51$$

Interessanterweise ist diese Abbildung flächentreu; dies folgt aus der Determinante:

$$D = \begin{vmatrix} 0; 48 & 0; 36 \\ 0; 36 & -0; 48 \end{vmatrix} = -(0; 38{,}24 + 0; 21{,}36) = -1$$

Wie man prüft, hat das Trapez (d_1, d_2) tatsächlich die Transversale d als Flächenhalbierende:

$$\sqrt{\frac{1}{2}\left(d_1^2 + d_2^2\right)} = \sqrt{\frac{1{,}33^2 + 51^2}{2}} = 75 = d$$

Der Beweis, dass obiges Linearsystem für die Paare (d_1, d_2) korrekt ist, erfordert bei Friberg zwei Druckseiten.

Abb. 3.71 Zerlegung eines Trapezes

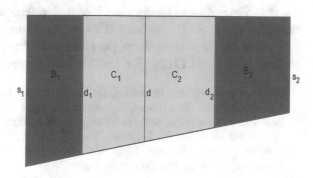

3.11   Tafeln der Martin Schøyen Collection (MS)

Die Martin Schøyen Collection ist die größte private Sammlung von Manuskripten der Welt. Bemerkenswert ist nicht nur die große Anzahl der Objekte (über 20.000), sondern auch die Breite und Vielfalt der Dokumente, die Zeugnisse aus der gesamten Menschheitsgeschichte umfassen. Die Schøyen Collection, die in den Städten Oslo und London aufbewahrt wird, enthält Dokumente, die bis zu 5300 Jahre alt sind. Die Objekte stammen aus 134 verschiedenen Ländern und sind in 120 verschiedenen Sprachen geschrieben.

Der norwegische Ingenieur Martin Olsen Schøyen (1896–1962) war schon immer fasziniert von alten Urkunden und Antiquitäten. Um 1920 begann er Manuskripte aus Norwegen zu sammeln, sowie Bände aus alter Literatur, Geschichte, Wissenschaft und Philosophie. Die Sammlung von ca. 1000 Objekten wurde an seinen Sohn Martin vererbt. Der Sohn war ein noch eifrigerer Sammler als sein Vater und konnte eine Vielzahl von Neuerwerbungen beschaffen.

Für Mathematikhistoriker ist die Sammlung bekannt geworden durch das Buch von Jöran Friberg *A Remarkable Collection of Babylonian Mathematical Texts* (RC, 2007), ein Buch im Großformat mit ca. 500 Seiten. Hier wurden zum ersten Mal mathematische Tafeln der Schøyen-Sammlung publiziert, die eine neue Ära „nach Neugebauer" bestimmen. Im Vorwort (S. XI) des Buchs nennt Martin Schøyen die 16 Sammlungen, die vor dem Jahr 2000 erworben wurden. Darunter befindet sich die Lord-Amherst-Sammlung, die Cumberland- Sammlung (Bournemouth) und die Kevorkian Collection (New York), die wiederum ältere Sammlungen übernommen haben. Von den 30.000 Tontafeln aus Lagasch, die 1893/1894 versteigert wurden, kaufte allein die Sammlung Amherst mehrere hundert auf.

Im Laufe der Zeit hat sich eine Priorität der Schøyen-Kollektion ergeben, nämlich das Sammeln von antiken Schriftdokumenten auf Papyrus bzw. Tontafeln. Besonderes Interesse fanden Papyrusfragmente der frühchristlichen koptischen Gemeinden, die Texte enthalten, die später nicht in die Bibel übernommen wurden. Das Sammelmotto war: *Die Bibel ist das einflussreichste und wichtigste Buch, das je geschrieben wurde.* Weitere wertvolle Objekte konnten erworben werden: ein aramäisches Palimpsest aus dem berühmten St.-Katharina-Kloster auf dem Sinai, die einzige karolingische Bibel (St. Cecilia) aus Privathand, 15 Rollen (mit 60 Fragmenten) aus den Höhlen des Toten Meeres, eine Vielzahl von Oxyrhynchus-Papyri, den (koptischen) Papyrus mit dem ältesten Matthäusevangelium (1. Jahrhundert n. Chr.) und Tontafeln aus Mesopotamien, darunter Fragmente des Gilgamesch-Epos, der Gesetzestafel von Ur-Nammu und das sogenannte Kushim-Tablett (MS 1717). Hier das Zitat der Schøyen-Sammlung von 2016:

> Die Einzigartigkeit und Bedeutung der Materialien in der Schøyen-Kollektion gehen weit über den Rahmen einer Privatsammlung hinaus, sogar einer nationalen öffentlichen Sammlung. Diese Manuskripte sind das Welterbe, das Gedächtnis der Welt. Sie sind nicht gedacht als privates Eigentum des Besitzers. Wer soll der privilegierte Wächter sein? Sie gehören *nicht* bestimmten Nationen, Menschen, Religionen oder Kulturen, sondern der ganzen Menschheit, als Eigentum der ganzen Welt.

Doch es gab auch massive Kritik von vorderasiatischen Ländern. Besonders Ägypten, Afghanistan und Irak erhoben schwere Vorwürfe: Die Collection kaufe gestohlene, illegal exportierte Manuskripte oder Objekte aus Raubgrabungen auf und raube so den Ländern wichtiges nationales Kulturgut. Die Collection verweigerte zwar die Rückgabe dieser Papyri bzw. Handschriften, beschloss aber keine weiteren Objekte aus dem afro-asiatischen Raum mehr zu erwerben. Martin Schøyen ist der Meinung, dass ein Staat, in dem Terror und Vandalismus herrscht, kein sicherer Ort ist für kostbare Manuskripte ist. Er schreibt:

> Ich habe eine Sammlung zusammengestellt, die alle Religionen und Kulturen der Welt umfasst, um Verständnis über alle Grenzen hinweg zu schaffen. Langfristig kann man nie wissen, was in den muslimischen Staaten passieren wird.

3.11.1 MS 2107

Die Tafel zeigt ein Trapez mit den Inschriften 30 bzw. 15 an den Parallelseiten, 3,30 an einem Schenkel und 1,18,45 im Inneren.

Interpretiert man 3,30 als Höhe h, so ergibt sich die Trapezfläche zu:

$$A = \frac{1}{2}(a+b)h = \frac{30+15}{2} \cdot 3{,}30 = 22{,}30 \cdot 3{,}30 = 1{,}18{,}45$$

Misst man die Längen in *ninda*, so ist die Fläche 1,18,45 *ninda*^{2} oder 2 *bur* 1 *ese* 5 ¼ *iku*. Friberg (RC, S. 192) findet folgende Faktorisierung:

$$A = 22{,}30 \cdot 3{,}30 = \left(1 + \frac{1}{8}\right) \cdot 20 \cdot \left(1 + \frac{1}{6}\right) \cdot 3{,}00 = \left(1 + \frac{1}{8}\right)\left(1 + \frac{1}{6}\right) \cdot 1{,}00{,}00$$

Dies ist nahe an der Ganzzahl 1,00,00 (*ninda*^{2}), auch in den anderen Einheiten ergibt sich gerundet eine Ganzzahl:

$$A = 2\,bur\,1\,ese\,5\frac{1}{4}iku = 2\,bur\,2\,ese\, -\frac{3}{4}iku \approx 2\,bur\,2\,ese\, = 1{,}20{,}00\,ninda^2$$

3.11.2 MS 2192

Die Tafel der Schøyen Collection enthält folgende bemerkenswerte Aufgabe: Gegeben sind zwei konzentrische, gleichseitige Dreiecke, in deren Zwischenfläche 3 kongruente Trapeze einbeschrieben sind (Abb. 3.72). Die beiden Dreiecke sind beschriftet mit „10" und „1,00"; außerhalb ist die Zahl „35" zu lesen.

Eine mögliche Fragestellung ist: Wie viel mal größer ist das große Dreieck im Vergleich zum kleinen?

Setzt man die Schenkel eines Trapezes gleich a, so beträgt eine Parallelseite je $10 + a$, die andere $10 + 2a$. Damit ist die Schenkellänge a bestimmt:

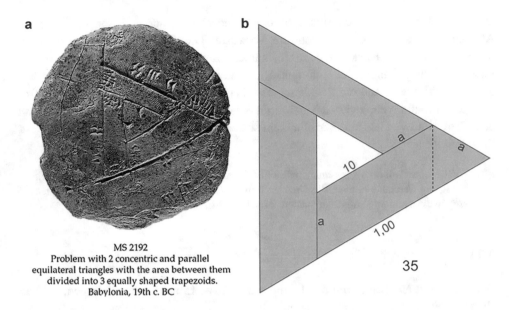

a

b

MS 2192
Problem with 2 concentric and parallel
equilateral triangles with the area between them
divided into 3 equally shaped trapezoids.
Babylonia, 19th c. BC

Abb. 3.72   Zur Tafel MS 2192. (The Schøyen Collection Oslo-London)

$$10 + 2a = 43{,}20 = 43\frac{1}{3} \Rightarrow a = 16\frac{2}{3}$$

Die große Dreiecksseite ist damit $10 + 3a = 60$. Da sich die Dreiecksseiten verhalten wie 1:6, erfüllen ihre Flächen die Proportion 1:36. Das große Dreieck hat also einen 35-mal größeren Inhalt als das kleine; dies ist wohl die Zahl, die am Rand der Tafel steht.

Friberg hat noch weitere Erklärungen für den Wert 35 gefunden. Es ist dies zum einen die Länge der Mittellinie eines der 3 Trapeze:

$$\frac{1}{2}[(10 + a) + (10 + 2a)] = 10 + \frac{3}{2}a = 10 + \frac{3}{2} \cdot 16\frac{2}{3} = 35$$

Er ist aber auch mit der Differenz der Quadrate der Dreiecksseiten verknüpft:

$$\frac{(10 + 3a)^2 - 10^2}{10^2} = 35$$

3.11.3 MS 2985

Die Tontafel zeigt einen (wenig exakten) Kreis im Inneren eines Quadrats, der von allen Seiten gleichen Abstand $b = 15$ hat (Abb. 3.73). Die Fragestellung ist nicht bekannt. In der Interpretation von Friberg ist bei gegebener Fläche B (=Quadrat ohne Kreisfläche A) der Umfang a des Kreises und die Seite s des Quadrats gesucht. Mit den üblichen Näherungen gilt für den Durchmesser d und der Kreisfläche A:

Abb. 3.73 Zur Tafel MS
2985

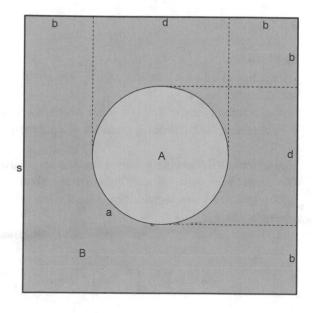

$$d = 0;\, 20a \;\therefore\; A = 0;\, 05a^2$$

Die Quadratseite folgt damit zu:

$$s = d + 2b = 0;\, 20a + 2b$$

Für die Differenzfläche B folgt:

$$B = s^2 - A = (0;\, 20a + 2b)^2 - 0;\, 05a^2 = \left(0;\, 20^2 - 0;\, 05\right)a^2 + 1;\, 20ab + 4b^2$$

Vereinfachen und Einsetzen von $b = 15$ zeigt:

$$B = (0;\, 10a)^2 + 20a + 15;\, 00 \Rightarrow (0;\, 10a + 1;\, 00)^2 = B + 45;\, 00$$

Da die Fläche B nicht gegeben ist, hat Friberg die am Rande stehende Zahl $s = 52;\, 30$ als Quadratseite aufgefasst. Durch Rückwärtsrechnen konnte er die zugehörige Größe von B ermitteln: $B = 39{,}36;\, 33{,}45$. Damit folgt:

$$(0;\, 10a + 1;\, 00)^2 = 1{,}24{,}36;\, 33{,}45 = 1{,}11;\, 15^2$$

Insgesamt ergibt sich damit Umfang $a = 1{,}07;\, 30$. Die Quadratfläche beträgt $s^2 = 45{,}56;\, 15$, diese Zahl befindet sich nahe dem Zentrum der Skizze.

Bemerkung Unbefriedigend bei dieser Interpretation ist, dass sie das Vorhandensein der am Rande stehenden Zahlen (25), (3, 20), (2, 16, 45), (2, 13, 45) über der Zahl (45, 56, 15) nicht erklären kann. Es könnte sich hier um Daten eines andern Problems handeln.

3.11.4 MS 3049

MS 3049 §1a

„Einen Bogen habe ich gemacht, 20 die Transversale und 2 ging ich hinunter. Was ist die untere Transversale?"

Gesucht ist hier die Sehne s eines Segments, wenn der Durchmesser des Kreises $d = 20$ ist und die Höhe des Segments $h = 2$ gegeben ist (Abb. 3.74).

Historischer Rechengang Der Durchmesser wird halbiert und quadriert 1,40. Die Höhe wird vom halben Durchmesser subtrahiert, die Differenz quadriert 1,04. $1{,}40 - 1{,}04 = 36$, die Wurzel daraus ist 6. Dies wird verdoppelt zu 12 und liefert die gesuchte Sehne.

Die Tafel berechnet s offensichtlich nach Pythagoras:

$$\left(\frac{s}{2}\right)^2 = \left(\frac{d}{2}\right)^2 + \left(\frac{d}{2} - h\right)^2 \Rightarrow s = 2\sqrt{\left(\frac{d}{2}\right)^2 - \left(\frac{d}{2} - h\right)^2} = 12$$

MS 3049 §1b Die nächste Aufgabe ist schwer lesbar, sie stellt vermutlich die Umkehrung dar: Gegeben ist die Sehne $s = 12$ und die Höhe des Segments $h = 2$. Gesucht ist der Kreisdurchmesser d.

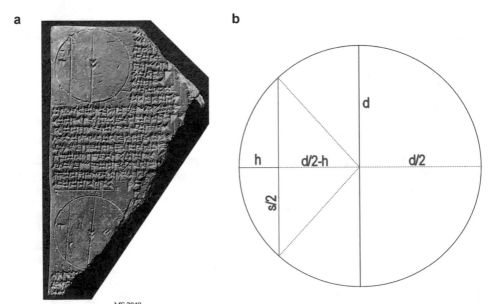

MS 3049
Properties of chords of circles, in the Sumerian sexagesimal system.
Babylonia, ca. 17th c. BC

Abb. 3.74 Zur Aufgabe MS 3049 §1a. (The Schøyen Collection Oslo-London)

Naheliegend ist hier wieder der Ansatz nach Pythagoras:

$$\left(\frac{d}{2} - h\right)^2 + \left(\frac{s}{2}\right)^2 = \left(\frac{d}{2}\right)^2 \Rightarrow d = h + \frac{s^2}{4h} = 20$$

Freiberg (S. 299) kommentiert hier: Es ist nicht offensichtlich, wie dieser Ansatz mit den lesbaren Resten der Tafel in Einklang zu bringen ist. Ein ähnliches Problem stellt sich bei BM 85194 #21.

MS 3049 §5

Nach Friberg enthält dieses Tablett, vermutlich aus der Kassitenzeit stammend, verso „eine totale Überraschung" *(totally unexpected surprise)*. Es ist hier die Rede von einem quaderförmigen Stadttor, dessen „innere Diagonale" gesucht ist, gemeint ist die Raum-diagonale d (Abb. 3.75).

Die Höhe des Tors ist $h = 5\frac{1}{3}$ Ellen $= 0; 26,40$ *Ruten*, die Breite $x = 0; 08,53,20$ *Ruten*, die Länge $y = 0; 06,40$ *Ruten*, die Diagonale der Grundfläche $d_1 = 0; 08,53,20$ *Ruten*.

Die Tontafel rechnet gemäß des „räumlichen" Pythagoras-Satzes:

$$d^2 = h^2 + x^2 + y^2$$
$$d^2 = 0; 11,51,06,40 + 0; 01,19,00,44,26,40 + 0; 0044,26,40$$
$$\Rightarrow d^2 = 0; 13,54,34,14,26,40 \Rightarrow d = 0; 28,53,20$$

Abb. 3.75 Zur Aufgabe MS
3049 §5

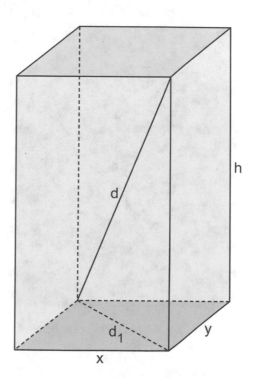

Die Angabe von d_1 deutet darauf hin, dass der „räumliche" Pythagoras" aus dem „flächenhaften" zusammengesetzt wurde:

$$d_1^2 = x^2 + y^2 \;\therefore\; d^2 = h^2 + d_1^2 \Rightarrow d^2 = h^2 + x^2 + y^2$$

Dies lässt sich zeigen anhand der verwendeten Pythagoras-Tripel. Umrechnen in Dezimalbrüche zeigt, dass alle Größen den Nenner 27 haben:

$$(d, h, x, y) = \frac{1}{27}(13, 12, 4, 3)$$

Es ergeben sich folgende Tripel:

$$(d_1, h, d) = \frac{1}{27}(5, 12, 13) \;\therefore\; (y, x, d_1) = \frac{1}{27}(3, 4, 5)$$

Es besteht hier Ähnlichkeit zu den rechtwinkligen Dreiecken: $(5, 12, 13)$ bzw. $(3, 4, 5)$.

3.11.5 MS 3050

Die runde Tontafel zeigt recto ein in einem Kreis einbeschriebenes Quadrat (Abb. 3.76), verso mehrere Zahlen, viele davon mehrfach. Es ist keine Fragestellung gegeben. Die Tafel ist beschriftet mit den Zahlen $\{45; 26; 22{,}30; 16{,}40; 16{,}15; 11{,}15\}$.

Friberg (NM, S. 397) setzt den Umfang $U = 1{,}00$, damit ergibt sich der Durchmesser:

$$d = \frac{U}{3} = 20$$

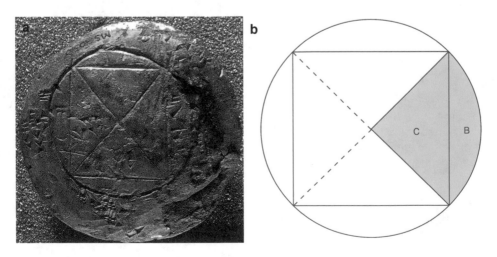

Abb. 3.76 Zur Tafel MS 3050. (The Schøyen Collection Oslo-London)

Für die Quadratseite folgt sofort:

$$s = 10\sqrt{2} \approx 10 \cdot 1; 25 = 14; 10$$

Dies liefert die Segmenthöhe:

$$h = \frac{20 - 14; 10}{2} = 2; 55$$

Die Fläche des Viertelquadrats beträgt:

$$4C = s^2 = \left(10\sqrt{2}\right)^2 = 3,20 \Rightarrow C = 50$$

Die Kreisfläche in babylonischer Näherung ergibt sich zu:

$$A \approx \frac{1}{12}U^2 = 0; 5 \cdot 1,0,0 = 5,00$$

Die Fläche B des Kreissegments ist die Differenz aus Viertelkreis und Viertelquadrat:

$$B = \frac{A}{4} - C = 1,15 - 50 = 25$$

Keiner der so bestimmten Werte finden sich auf der Tafel. Im Buch (RC, S. 211) hat Friberg daher den Ansatz geändert und den Durchmesser $d = 1,00$ gesetzt, der zugleich Diagonale des Quadrats ist. Die Fläche des Viertelquadrats beträgt damit:

$$C = \frac{1}{2}30^2 = 7,30$$

Mit der babylonischen Näherung gilt für Umfang und Fläche:

$$U \approx 3d = 3,00 \therefore A \approx \frac{1}{12}U^2 = 0; 5 \cdot 9,0,0 = 45,00$$

Die Fläche des Viertelkreises folgt zu 11,15. Die Fläche B des Kreissegments ist die Differenz aus Viertelkreis und Viertelquadrat.

Folgende Zahlen der Rückseite sind damit verifiziert:

$$4(B + C) = 45,00$$
$$2(B + C) = 22,30$$
$$B + C = 11,15$$
$$C = 7,30$$
$$2C = 15,00$$
$$B = 11,15 - 7,30 = 3,45$$

Unklar bleibt die Bedeutung der drei Zahlen {26; 16,40; 16}.

3.11.6 MS 3051

MS 3051 #1 Das Tablett zeigt ein gleichseitiges Dreieck mit Umkreis, der aus 3 Kreis-
bögen je der Länge 20 besteht. Ferner ist eine Dreiecksseite beschriftet mit den Ziffern
15, das Innere des Dreiecks mit 1,52,30, eines Segments mit 1,02,30 (Abb. 3.77).

Der Durchmesser ist nach babylonischer Näherung $d = \frac{U}{3} = 20$. Es sei b die halbe
Seite, a der Abschnitt, der den Radius zur Höhe ergänzt. Mit den bekannten Formeln
ergibt sich Umfang U und Kreisfläche A_1 zu:

$$U = 3d = 1{,}00 \;\therefore\; A_1 = 0; 05 \, U^2 = 5{,}00$$

Mittels Ähnlichkeit und Pythagoras erhält man:

$$\frac{a}{d} = \frac{b}{2b} \Rightarrow a = \frac{10}{2} = 5 \;\therefore\; b = \sqrt{10^2 - a^2} = 5\sqrt{3} \approx 8; 45$$

Die Dreieckshöhe $h = a + \frac{d}{2} = 15$ liefert die Dreiecksfläche:

$$A_2 = bh = 8; 45 \cdot 15 = 2{,}11; 15$$

Das Dreieck schneidet aus dem Kreis 3 kongruente Kreissegmente B aus, deren Fläche
folgt zu:

$$B = \frac{1}{3}(A_1 - A_2) = \frac{2{,}48; 45}{3} = 56; 15$$

Diese Ergebnisse A_2, B stimmen nicht mit den Inschriften überein. Eine mögliche
Erklärung dürfte die Beschriftung 15 einer Seite sein. Friberg (UL, S. 130) vermutet hier,
dass der Schüler hier Höhe und Seite verwechselt hat und so die Seite fälschlich gleich
15 setzt. Dies würde die in der Tafel gegebenen Ergebnisse erklären:

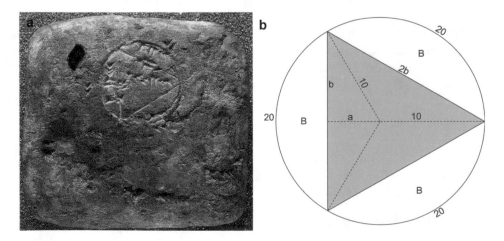

Abb. 3.77 Zur Tafel MS 3051. (The Schøyen Collection Oslo-London)

$$A_1 = 1{,}52; 30 = 15 \cdot \frac{15}{2} \quad \therefore \quad B = 1{,}02; 30 = \frac{1}{3}(5{,}00 - 1{,}52; 30)$$

Friberg (RC, S. 208) schreibt, dass es keine vergleichbare babylonische Tafel gebe: „there are no parallels to MS 3051 in the known corpus of Babylonian mathematics." Er erwähnt aber die von Bruins herausgegebene altbabylonische Tafel TMS I aus Susa, die ein *gleichschenkliges* Dreieck mit Umkreis zeigt. Ebenfalls berichtet er vom demotischen Papyrus Kairo, der mit der Tafel MS 3051 vergleichbar ist.

3.11.7 MS 3052

Die Tafel enthält verso vier geometrische Aufgaben zum Mauer- oder Dammbau.

MS 3052 #1

In einem Damm mit trapezförmigem Querschnitt ist eine Lücke der Länge p entstanden. Diese Lücke soll gefüllt werden aus dem Material der Dammkrone der Länge *u* (Abb. 3.78).

Nach Friberg (RC, S. 259) gelten die Werte $s_1 = \frac{1}{3}$ *Elle*, $s_2 = 3$ *Ellen*, h = 1/2 *ninda*, u = 3,00 *ninda*, p = 20 *ninda*. Zur Vereinfachung rechnen wir alle Größen in Ellen. Die Querschnittsfläche ergibt sich zu:

$$A = \frac{1}{2}(s_1 + s_2)h = \frac{1}{2}\left(3 + \frac{1}{3}\right)6 = 10$$

Der reduzierte Querschnitt A_2 wird über das Dammvolumen V ermittelt:

$$V = Au = 21600\,Ellen^3 = A_2(u + p) \Rightarrow A_2 = \frac{V}{u + p} = \frac{21600}{2400} = 9$$

Ein Maß für die Neigung des Damms ist:

$$f = \frac{s_2 - s_1}{2h} = \frac{3 - \frac{1}{3}}{12} = \frac{2}{9}$$

Abb. 3.78 Zur Tafel MS 3052

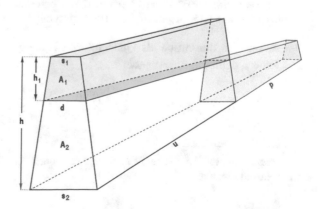

Infolge der Ähnlichkeit gilt hier auch:

$$f = \frac{s_2 - d}{2(h - h_1)} \Rightarrow s_2 - d = 2f(h - h_1)$$

Umformen liefert die neue obere Breite d des Damms:

$$s_2^2 - d^2 = (s_2 - d)(s_2 + d) = f(h - h_1)(s_2 + d) = 4A_2 f \Rightarrow d = \sqrt{s_2^2 - 4A_2 f} = 1$$

Aus der Ähnlichkeit ergibt sich wieder die Höhe der Dammkrone zu:

$$h_1 = \frac{d - s_1}{f} = \frac{\frac{2}{3}}{\frac{4}{9}} = \frac{3}{2}$$

Die Dammkrone muss in der Höhe 1 1/2 Ellen abgetragen werden.

3.11.8 MS 3299

Diese Tafel[70] ist eine der sechs altbabylonischen Mathematiktafeln der *Schøyen Collection*, die Friberg nicht in seinem Sammelwerk *RC* veröffentlicht hat; sie wurden nachträglich publiziert. Eine Besonderheit dieser Tafel stellte sich erst später heraus: Mehrere Fragmente einer fremden Tafel waren angefügt worden, um das Tablett wertvoller erscheinen zu lassen. Kurioserweise enthielten diese Fragmente Teile des Gilgamesch-Epos! Mit der Inventarnummer MS 3263 wurden sie von Andrew George publiziert in *Babylonian Literary Texts in the Schøyen Collection*.

MS 3299 #1

„Der Rauminhalt einer ausgehobenen Grube war 7 ½ *sar*, die Länge war 1/5 der Breite, die Tiefe war 6 *Ellen*. Was war Breite und Länge?"

Beim Rechnen beachte „die Länge ist 1/5 der Breite". Notiere 1 und 1, macht 2, berechne das Reziproke von der Tiefe und multipliziere es mit 7,30, dem Volumen. Es ergibt 1,15. Du multiplizierst 1 und 12, ergibt 12. Du berechnest das Reziproke von 12, du multiplizierst es mit 1,15, es gibt dir 6,15. Du nimmst die Wurzel von 6,15, ergibt 2,30.

Betrachtet man die Grube als Quader (nach Friberg ein Prisma) mit Länge x, Breite y und Tiefe z, dann gilt die Angabe:

$$xyz = V = 7;30 \quad \therefore \quad y = \frac{x}{5} \quad \therefore \quad z = 6$$

---

[70]Friberg J., George A.: Six more mathematical cuneiform Texts in the Schøyen Collection. In: Sammelband Pintaudi.

Zunächst wird die Querschnittfläche A ermittelt: $A = \frac{V}{z} = \frac{1}{6} \cdot 7; 30 = 1; 15 \ (ninda^2)$. Es wird nun die Länge normalisiert auf $x_1 = 1 \Rightarrow y_1 = \frac{x_1}{5} = 0; 12 \ (ninda)$. Der zugehörige Flächeninhalt ist damit:

$$A_1 = x_1 \cdot y_1 = 1 \cdot 0; 12 = 0; 12$$

Das Verhältnis der Querschnitte ergibt sich zu:

$$\frac{A}{A_1} = A_1^{-1} \cdot A = 5 \cdot 1; 15 = 6; 15$$

Der Skalierungsfaktor beträgt damit $f = \sqrt{6; 15} = 2; 30$. Die Seiten des Querschnitts (in *ninda*) sind:

$$x = f \cdot x_1 = 2; 30 \cdot 1 = 2; 30 \ \therefore \ y = f \cdot y_1 = 2; 30 \cdot 0; 12 = 0,30$$

Die Probe bestätigt:

$$xyz = 2; 30 \ (nindan) \cdot 0; 30 \ (nindan) \cdot 6 \ (Ellen) = 7; 30 \left(nindan^2 \right) \cdot 1 \ (Elle) = 7; 30 \, sar$$

Auch die Länge und Breite ist korrekt: $\frac{x}{5} = \frac{2;30}{5} = 0; 30 = y$.

MS 3299 #2

„Auf der Fläche 15 *Schekel* [=1/4 *musar*] entfernte ich 1½ *musar* Erdvolumen. Die ausgehobene Grube war so tief wie breit und lang. Wie groß war das Quadrat und wie tief die Grube?"

Beim Rechnen bedenke, die Fläche ist quadratisch. Merke dir 1 und 12. Bestimme das Reziproke der 15 Schekel der Grundfläche, multipliziere es mit 1,30, dem Volumen, es ergibt 6. Du multiplizierst die (gemerkten) 1 und 12, macht 12. Bestimme das Reziproke von 12 und multipliziere es mit 6, macht 30. Multiplizieren mit 12 ergibt die (Quadrat-)Seite und damit die Tiefe.

Gegeben sind die Fläche $A = 15$ (Flächen-) *Schekel* $= 0,15$ (Flächen-) *sar*, das Volumen $V = 1\frac{1}{2}$ (Volumen-) *sar*. Die Grube ist würfelförmig $x = y = z$. Gesucht ist die Tiefe z. Die Umrechnung in *ninda* ist: 1 (Flächen-) *sar* $= 1 \ ninda^2$, ferner gilt 1 (Volumen-) *sar* $= ninda^2 \cdot Elle$. Die Tiefe ist:

$$z = A^{-1} \cdot V = (0; 15)^{-1} \cdot 1; 30 = 4 \cdot 1; 30 = 6 \ (Ellen)$$

Nach Friberg wird hier ein Referenzwürfel mit der Seite $x_1 = 1$ ninda $= 12$ Ellen betrachtet. Er hat die Tiefe $z_1 = 12$ Ellen, die Fläche 1 *ninda²* und das Volumen $V_1 = 12$ *ninda²* 1 *Elle*. Das Verhältnis der Tiefen der Würfel ist

$$z_1^{-1} \cdot z = \frac{1}{12} \cdot 6 = 0,30$$

Dies ist zugleich der Skalierungsfaktor $f = 0; 30$. Damit erhält man:

$$x = f \cdot x_1 = 0; 30 \cdot 1 \ (nindan) \ \therefore \ z = f \cdot z_1 = 0; 30 \cdot 12 \ (Ellen)$$

Dieses Ergebnis hätte man einfacher haben können, da die Grube als Würfelform vorgegeben war, also gilt: $x = y = z = 6 \, Ellen = \frac{1}{2} nindan$. Offensichtlich ging es dem Schreiber hier um eine Demonstration des Einheitenrechnens mithilfe einer Referenzfigur. Einfacher ist die Erklärung mittels Regula falsi: Die Seite wird auf den Probewert 1 gesetzt und die sich ergebende Größe (Fläche oder Volumen) entsprechend skaliert.

Die Tafel ist an der Stelle von Aufgabe 3) beschädigt; jedoch lässt sich die Fragestellung aus dem Rechengang rekonstruieren, wobei allerdings nicht alles klar wird.

MS 3299 #3

„Ich berechnete die Fläche des ersten Quadrats, brach sie in 2 (Teile?), addierte die Fläche des zweiten hinzu, dies ergab 2,05. Wie groß war Seite und Fläche?"

Wenn du berechnest, da die 2 (?) gegeben, merke 1 und 30. Multipliziere 30 mit 30, macht 15. Addiere 1 zu 15, ergibt 1,15. Bestimme das Reziproke zu 1,15, du wirst 48 sehen. Multipliziere dies mit 2,05, es gibt dir 1,40. Ziehe die Wurzel, ergibt 10. Multipliziere mit 1 und du erhältst die Seite.

Gesucht ist die Seite x eines Quadrats, die halbiert wird. Das Quadrat über der halbierten Seite wird zur großen Fläche addiert, Summe ist 2,05. Im modernen Sinne ist zu lösen:

$$x^2 + \left(\frac{x}{2}\right)^2 = 2{,}05 \Rightarrow x^2 \left(1 + \frac{1}{4}\right) = 2{,}05$$

Die Seite wird $x_1 = 1$ gesetzt, $\frac{x_1}{2}$ ist dann 0;30, Letzteres quadriert ergibt 0;15. Die Flächen werden dann addiert: $x_1^2 + \left(\frac{x_1}{2}\right)^2 = 1; 15$. Damit die Flächensumme 2,05 wird, muss skaliert werden $x = f \cdot x_1$:

$$x^2 \cdot 1{,}15 = f^2 \cdot \underbrace{x_1^2}_{1} \cdot 1{,}15 = 2{,}05 \Rightarrow f^2 = 0; 48 \times 2{,}05 = 1{,}40 \Rightarrow f = \sqrt{1{,}40} = 10$$

Die gesuchte Seite ist $x = 10 \cdot 1 = 10$.

Die Wiederherstellung von Problem #4 ergibt folgende Fragestellung:

MS 3299 #4

„Ich habe die Seite meines Quadrats in 2 Teile zerbrochen und die Fläche berechnet. Die Fläche war 1 *iku*. Wie groß war die Seite?"

Betrachtet im modernen Sinn wird die Gleichung $\left(\frac{x}{2}\right)^2 = 1 \, iku = 1{,}40 \, ninda^2$. Diese rein quadratische Gleichung könnte direkt gelöst werden:

$$\left(\frac{x}{2}\right)^2 = 1{,}40 \Rightarrow \frac{x}{2} = 10 \Rightarrow x = 20$$

Hier wird aber normiert:

$$x_1 = 1 \Rightarrow \frac{x_1}{2} = 0; 30 \Rightarrow \left(\frac{x_1}{2}\right)^2 = 0; 15$$

Damit die gesuchte Fläche 1,40 ergibt, muss sie skaliert werden $x = f \cdot x_1$

$$\left(\frac{x}{2}\right)^2 = f^2 \cdot \left(\frac{x_1}{2}\right)^2 = f^2 \cdot 0,15 = 1,40 \Rightarrow f^2 = \frac{1,40}{0;15} = 1,40 \cdot 4 = 6,40 \Rightarrow f = 20 \Rightarrow x = 20$$

Die gesuchte Seite ist 20 *ninda*. Es existieren weitere sumerische Tafeln, die ebenfalls Normierung und Skalierung verwenden.

3.11.9 MS 3971

Die Tafel der Schøyen-Kollektion enthält fünf Angaben zu reziproken Zahlenpaaren $\left(x; \frac{1}{x}\right)$, die – wie schon erwähnt – die Seiten eines rechtwinkligen Dreiecks liefern.

MS 3971 #3e
„Eine Größe ist 1,12, ihr Inverses 50. Was ist die Seite?"

> Addiere Zahl und Inverses, ergibt 2,02. Teile in 2 Hälften, macht 1,01. Multipliziere 1,01 mit sich selbst, liefert 1,02,01. Nimm 1 weg, ergibt 2,01. Mache 2,01 gleichseitig [= ziehe Wurzel], bringt 11. Dies ist die gesuchte Seite.

Die Tafel rechnet: Die Größe $x = 1,12$ und ihr Inverses $\frac{1}{x} = 50$ ergeben die Summe $x + \frac{1}{x} = 2,02$. Halbierung zeigt $\frac{1}{2}\left(x + \frac{1}{x}\right) = 1,01$. Quadrieren ergibt $\left[\frac{1}{2}\left(x + \frac{1}{x}\right)\right]^2 = 1,02,01$. Subtrahieren von 1,0,0 zeigt 2,01, Wurzelziehen 11; dies ist die gesuchte Seite.

Es wird hier ein Pythagoras-Tripel erzeugt, gemäß der Formel:

$$(a; b; c) = \left\{\frac{1}{2}\left(x - \frac{1}{x}\right); 1; \frac{1}{2}\left(x + \frac{1}{x}\right)\right\}$$

Damit gilt:

$$c + a = x \therefore c - a = \frac{1}{x} \therefore c^2 - a^2 = x \cdot \frac{1}{x} = 1$$

Abb. 3.79 ist eines der beiden Diagramme, mit denen Friberg diese Formeln veranschaulicht.

Die Abbildung zeigt den Höhensatz (Euklid II, 14). Dieser geometrischen Interpretation Fribergs kann man sich nur schwer anschließen, da sich die Satzgruppe des Pythagoras (Höhen- und Kathetensatz) in den babylonischen Schriften nirgends findet. Das Wissen von pythagoreischen Zahlentripeln impliziert keinesfalls die Kenntnis des Höhen- und Katheten-Satzes.

Abb. 3.79 Zur Aufgabe MS
3971 #3e

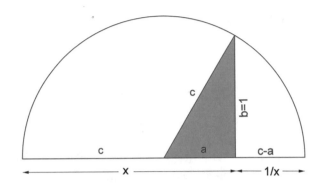

3.11.10 MS 3976

Diese Tafel der Schøyen-Kollektion ist eine weitere der sechs altbabylonischen Tafeln, die erst nach dem Manuskriptschluss für Fribergs Sammelband RC entdeckt wurden.

„Mein Kornvorrat war am Marktplatz gespeichert, jemand nahm 1/10 davon, ich nahm 1/3 davon. Nachwiegen ergab, dass der Rest genau 1 *bariga* war. Was war die Menge am Anfang?"

> Wegen der Zehntel und Drittel, merke 10 und 3.
> Du bestimmst das Reziproke von 10, multiplizierst es mit 1, deinem Vorrat, du siehst 6.
> Du verminderst 1 um 6, du wirst sehen 54.
> Du bestimmst das Reziproke von 3, dein drittes: du wirst sehen 20.
> Du multiplizierst 20 mit 54, du wirst sehen 18.
> Du verminderst 54 um 18, du wirst sehen 36.
> Du bestimmst das Reziproke von 36, multiplizierst es mit 1, deinem restlichen Vorrat,
> Du wirst sehen 1 *bariga* 4 *ban*, dies ist die Menge an Korn.

Es gilt 1 *bariga* = 1,00 *sila*. Ist x die Anfangsmenge, so ergibt sich in moderner Schreibweise (in *sila*):

$$x - \frac{x}{10} - \frac{1}{3}\left(x - \frac{x}{10}\right) = 1{,}00$$

Ausklammern zeigt:

$$x\left(1 - \frac{1}{10}\right)\left(1 - \frac{1}{3}\right) = 1{,}00$$

Die lineare Gleichung wird mittels Regula falsi gelöst. Die Tafel setzt $x = 1{,}00$. Dies ergibt $1{,}00 - 1{,}00 \cdot \frac{1}{10} = 1{,}00 - 6 = 54$, im nächsten Schritt $54 - 54 \cdot \frac{1}{3} = 54 - 18 = 36$. Dieser Rest soll 1,00, nicht 36 sein. Der Wert muss um den Faktor $\frac{1{,}00}{36} = 1{,}00 \cdot 36^{-1} = 1{,}00 \cdot 1; 40 = 1{,}40$ (*sila*) skaliert werden. Umrechnen bestätigt das Ergebnis des Tabletts 1 *bariga* 4 *ban*.

Bemerkenswert nach Friberg ist, dass der Text aus Larsa viele mathematische Fachwörter aus dem Akkadischen enthält; unter anderen je zwei verschiedene Bezeichnungen für Subtraktion und Multiplikation.

3.11.11 MS 5112

Die altbabylonische Tafel enthält 13 Paragrafen, die teilweise mehrere neuartige Aufgaben enthalten. Es wurden einige typische Probleme ausgewählt.

MS 5112 §1

„Ein Feld und 2 gleiche Längen hinzufügt, ergibt 2. Was ist das Feld und die gleiche Länge?"

> Du und dein Vorgehen:
> Zur Summe 2, 1 hinzugefügt macht 2,01
> Wurzel davon ist 11
> Von 11 nimm die Erweiterung 1
> 10 *ninda* ist die Seite.

Hier liegt eine geometrische Interpretation nahe: An einem Quadrat (x^2) sollen zwei kongruente Rechtecke ($x, 1$) angefügt werden, wobei eine Seite des Rechtecks und Quadrats übereinstimmt. In moderner Schreibweise ist also gegeben:

$$x^2 + 2x = 2{,}00$$

Addition eines Einheitsquadrats ergibt das Quadrat der Seite ($x + 1$):

$$(x + 1)^2 = 2{,}01 \Rightarrow x + 1 = 11 \Rightarrow x = 10$$

Das ursprüngliche Quadrat hat die Seite 10.

MS 5112 §2a

„Die Flächen zweier Quadrate zusammen ergeben 21,40. Das erste Quadrat 30 jede Seite. Fläche des zweiten ist was?"

> Du und dein Vorgehen:
> 30 jede Seite ist dir gesagt
> quadriert macht 15
> Von 21,40 subtrahiert, bleibt 6,40
> Wurzel daraus ist 20, dies die zweite Seite.

In moderner Schreibweise ist das System gegeben:

$$x^2 + y^2 = 21{,}40 \quad \therefore \quad y = 30$$

Die Tafel rechnet dann:

$$x^2 = 21,40 - 15,0 = 6,40 \Rightarrow x = 20$$

MS 5112 §2b

„Die Flächen zweier Quadrate zusammen ergeben 21,40, die Seiten zusammen 50. Die Seiten sind was?"

> Du und dein Vorgehen:
> In die Hälfte du zerbrichst 21,40, macht 10,50, merke dies.
> In die Hälfte du zerbrichst 50, ergibt 25
> Quadriert macht 10,25.
> Von 10,50 nimmst du weg, bleibt 25
> Wurzel daraus ist 5.
> Zu 25 addiert, gibt 30
> Von 25 subtrahiert, gibt 20.
> dies sind die Seiten.

In moderner Schreibweise ist das System gegeben:

$$x^2 + y^2 = 21,40 \; \therefore \; x + y = 50$$

Die Tafel rechnet gemäß der binomischen Formel:

$$\left(\frac{x-y}{2}\right)^2 = \frac{x^2+y^2}{2} - \left(\frac{x+y}{2}\right)^2 = 10,50 - 10,25 = 25 \Rightarrow \frac{x-y}{2} = 5$$

Ergebnis ist somit:

$$x = \frac{x+y}{2} + \frac{x-y}{2} = 25 + 5 = 30$$
$$y = (x+y) - x = 50 - 30 = 20$$

MS 5112 §2c

„Die Fläche zweier Quadrate zusammen ergeben 21,40, das Produkt der Seiten 10. Die Seiten sind was?"

In moderner Schreibweise ist das System gegeben:

$$x^2 + y^2 = 21,40 \; \therefore \; xy = 10,00$$

Der Schreiber rechnet hier nach;

$$(x-y)^2 = x^2 + y^2 - 2xy = 21,40 - 20,00 = 1,40 \Rightarrow x - y = 10$$

Damit ist eine Normalform II erreicht. Auflösen gibt:

$$x = \frac{10}{2} + \sqrt{\left(\frac{10}{2}\right)^2 - 10} = 5 + 25 = 30$$
$$y = x - (x - y) = 30 - 10 = 20$$

Friberg fasst MS 5112 §2b als Fortsetzung von MS 5112 §2c auf.

MS 5112 §3

„Die Fläche dreier Quadrate zusammen ergeben 21,40, die Summe der Seiten zusammen 1. Die Seiten sind was?"

In moderner Form geschrieben ergibt sich das (noch unterbestimmte) System:

$$x^2 + y^2 + z^2 = 21,40 \therefore x + y + z = 1,00$$

Ähnlich wie in TMS VIII setzt man die 3 Quadrate als konzentrisch und mit gleichem Abstand d voraus. Damit gewinnt man eine weitere Bedingung:

$$d = x - y = y - z \Rightarrow x + y + z = (y - d) + y + (y + d) = 3y$$

Für die Flächensumme gilt dann:

$$x^2 + y^2 + z^2 = (y - d)^2 + y^2 + (y + d)^2 = 3y^2 + 2d^2$$

Damit ist das System bestimmt, nach Angabe gilt:

$$3y = 1,00 \therefore 3y^2 + 2d^2 = 21,40$$

Einsetzen liefert mit $y = \frac{1}{3} 1,00 = 20$

$$20,00 + 2d^2 = 23,20 \Rightarrow 2d^2 = 3,20 \Rightarrow d = 10$$

Die 3 Quadrate haben die Seiten $\{30, 20, 10\}$.

MS 5112 §4

„Mit einer Seite machte ich ein Quadrat. Der Seite entnahm ich die Länge 4, davon 1/16 ergibt mit der Fläche 7,40."

Ein moderner Ansatz wäre:

$$x^2 + \frac{1}{16}(x - 4) = 7,40(!)$$

Nach Friberg ist hier dem Schreiber ein kurioser Rechenfehler unterlaufen: Offensichtlich hatte er die (Standard-)Lösung $x = 20$ im Sinn. Bei der Addition von 1 rechnete er fälschlicherweise $6,40 + 1 = 7,40$, statt $6,41$. Korrekt muss die Aufgabe daher heißen:

$$x^2 + \frac{1}{16}(x - 4) = 6,41$$

Erweitern liefert:

$$16x^2 + x = 1,46,56 + 4 = 1,47,00$$

Nochmaliges Erweitern mit 16 zeigt:

$$(16x)^2 + 16x = 28,32,00$$

Quadratisches Ergänzen führt zu:

$$(16x + 0; 30)^2 = 28,32,00 + 0; 15 = 28,32,00; 15 \Rightarrow 16x + 0; 30 = 5,20; 30$$

Die Lösung ist, wie angestrebt ($x = 5,20 \div 16 = 5,20 \times 3,45 = 20$).

MS 5112 §8

„Länge und Breite zusammen, gleich einem Feld. Feld und Länge zusammen zur Front addiert, 10,40. Länge und Breite sind was?"

> 10,40 in der Hälfte zerbrochen, 5,20.
> 5,20 in der Hälfte zerbrochen, 2,40
> Produkt von 2,40 mit sich, 7,06,40
> Nimm 5,20 von 7,06,40, bleibt 1,46,40,
> Wurzel gezogen macht 1,20.
> Addiere 1,20 zum ersten 2,40, dann 4 die Länge
> Subtrahiere 1,20 vom zweiten 2,40, bleibt 1,20 die Front.

In moderner Schreibweise soll gelten:

$$xy + x + y = 10; 40 \quad \therefore \quad xy = x + y$$

Es folgt sofort:

$$xy = x + y \Rightarrow \begin{cases} xy = 5; 20 \\ x + y = 5; 20 \end{cases}$$

Damit ist die Normalform I hergestellt:

$$x = 2; 40 + \sqrt{2; 40^2 - 5; 20} = 2; 40 + 1; 20 = 4$$
$$y = 5; 20 - x = 1; 20$$

Wie man sieht, entspricht der historische Rechengang dem modernen Vorgehen. Die gesuchten Seiten sind $\{x = 4; y = 1; 20\}$.

3.12   Straßburger Keilschrifttexte (Str)

Die insgesamt 50 Tontafeln wurden 1912 von der deutschen Universitätsbibliothek Straßburg angekauft und sollten von Carl Frank[71] publiziert werden. Die Herausgabe wurde jedoch durch den Ausbruch des 1. Weltkriegs unterbrochen. Da Straßburg als Kriegsfolge unter französische Verwaltung kam, wurde die Wissenschaftliche Gesellschaft nach Heidelberg verlegt. Die Verwaltung des Elsass gewährte Frank erst 1925

[71]Frank, C.: Straßburger Keilschrifttexte, Schriften der Straßburger Wissenschaftsgesellschaft Heidelberg 9, Berlin, Leipzig (1928).

Zugang zu seinen Papieren. Fünf der Tontafeln, in der Nummerierung von Frank die Texte SKT VI bis XI, enthalten 13 mathematische Aufgaben, die nur teilweise verstanden wurden. Hier ein Beispiel:

SKT VI A)

Thureau-Dangin gelang es, diese Aufgabe zu rekonstruieren. In moderner Form lautet sie:

$$x + y = xy \;\therefore\; x + y + xy = 9$$

Setzt man den Parameter $x + y = s$, so folgt sofort:

$$x + y = xy = s = 4; 30.$$

Damit liegt die Normalform I vor, Lösung ist:

$$x = \frac{s}{2} + \sqrt{\frac{s^2}{4} - s} = 2; 15 + 0; 45 = 3 \;\therefore\; y = s - x = 1; 30$$

Dasselbe Problem findet sich auch bei AO 68862 #4; ein ähnliches bei MS 5112 §8.

Durch die Einbeziehung weiterer Straßburger Tontafeln wurde die Bezeichnungsweise geändert in **Str** für Straßburg.

3.12.1 Str 343

Str 343 #3

Die Angabe lautet in moderner Schreibweise:

$$x^2 + y^2 = 52{,}5 \;\therefore\; x = u + 20 \;\therefore\; y = 0; 40u + 5$$

Einsetzen ergibt:

$$1; 26{,}40\, u^2 + 46{,}40\, u = 45$$

Quadratische Ergänzung liefert:

$$(1; 26{,}40u + 23{,}20)^2 = 81{,}40 \Rightarrow 1; 26{,}40u = 43{,}20 \Rightarrow u = 30$$

Lösung ist damit ($x = 50$; $y = 25$). Das quadratische Ergänzen findet sich im babylonischen Rechnen nur selten. Bei Diophantos erscheint die Methode erst im Buch VI, 6. Er ergänzt wie folgt:

$$6x^2 + 3x = 7 \Rightarrow \left(6x + \frac{3}{2}\right)^2 = 44\frac{1}{4}$$

Diophantos bricht hier allerdings ab, da die rechte Seite kein (rationales) Quadrat ist.

3.12.2 Str 362

Die altbabylonische Tafel (vermutlich aus Uruk) wurde von Neugebauer übersetzt (MKT I, S. 239ff.); sie enthält 6 Probleme.

Str 362 #1

„10 Brüder, $1\frac{2}{3}$ Minen Silber. Bruder hat sich über Brüder [hinsichtlich seines Anteils] erhoben. Um wie viel weiß ich nicht. Der Anteil des achten ist 6 Schekel. Bruder über Bruder, um wie viel hat er sich erhoben?"

> Historische Lösung Das Reziproke von 10, bilde es, du erhältst 0;6. 0;6 mit $1\frac{2}{3}$ multipliziert, 0;10 ergibt es. 0;10, verdopple es, ergibt 0;20. 0;60 den Anteil des Achten verdopple zu 0;12. 0;12 von 0;20 subtrahiert 0;8 ergibt es. Behalte dies im Kopf. 1 und 1, addiert 2 ergibt es. 2 verdopple 4 gibt es, zu 1 fügst du 4 hinzu ergibt 5. 5 von 10, der Anzahl [der Leute] subtrahiert und 5 gibt es. Das Reziproke bilde von 5 bilde, 0;12 ergibt es. 0;12 mit 0;8 multipliziert 0;01,36 ergibt es. 0;01,36 ist das, was Bruder über den Bruder erhoben hat.

Erklärung nach M. Caveing: Es seien S die Summe der Anteile, n die Anzahl der Leute und $a_i (1 \leq i \leq n)$ die jeweiligen Anteile. Dann ergibt sich für den Rechengang des Tabletts die Tabelle:

Bilde Reziprokes 0,6 von 10	$1/n$
Multipliziere mit 1 2/3	S/n
Verdopple die 10	$2S/n$
Verdopple die 6	$2a_8$
Subtrahiere 12 von 20	$2S/n - 2a_8$
Halbiere die 10	$n/2$
Bilde das Reziproke	$2/n$
Multipliziere dies mit 8	$\frac{2}{n}\left(2\frac{S}{n} - 2a_8\right)$

Damit ist die gesuchte Differenz der arithmetischen Reihe:

$$d = \frac{2}{n}\left(2\frac{S}{n} - 2a_8\right) = \frac{4}{10}\left(\frac{S}{n} - a_8\right) = \frac{1}{5}\left(2\frac{S}{n} - 2a_8\right)$$

Dieses Ergebnis wird verifiziert durch eine moderne Rechnung: Einsetzen von $a_1 = a_8 + 7d$ in die Summenformel liefert:

$$S = [2a_1 - (n-1)d]\frac{n}{2} = [2(a_8 + 7d) - (n-1)d]\frac{n}{2}$$

Umformen zeigt:

$$2\frac{S}{n} = 2a_8 + 14d - nd + d \Rightarrow 2\frac{S}{n} - 2a_8 = d\underbrace{(15 - n)}_{5}$$

Auflösen nach d bestätigt das oben erhaltene Ergebnis:

$$d = \frac{1}{5}\left(2\frac{S}{n} - 2a_8\right)$$

Neugebauer (S. 174) interpretiert die Rechnung so: Die Differenz aus mittlerem Anteil a_m und dem achten Anteil a_8 wird verdoppelt: $2(a_m - a_8)$, dies ist aus Symmetriegründen gleich $2(a_3 - a_m)$. Die halbe Differenz liefert dividiert durch die zugehörige Intervallzahl die gesuchte Differenz.

Moderne Lösung: $1\frac{2}{3}$ Minen entsprechen 100 *Schekel*. Mit dem Ansatz einer arithmetischen Reihe $a_i = a + i \cdot d\,(0 \leq i \leq 9)$ folgt für die Summe und das achte Element (im Dezimalsystem):

$$s = \sum_{i=0}^{9} a_i = \frac{10}{2}[2a + 9 \cdot d] = 10a + 45d = 100 \,\therefore\, a_8 = a + 7 \cdot d = 6$$

Subtrahieren liefert:

$$s - 10a_8 = 45d - 70d = 100 - 60 \Rightarrow d = -\frac{8}{5} \Rightarrow a = \frac{86}{5}$$

Die 10 Anteile der Brüder sind damit $\left(17\frac{1}{5}; 15\frac{3}{5}; 14; 12\frac{2}{5}; 10\frac{4}{5}; 9\frac{1}{5}; 7\frac{3}{5}; 6; 4\frac{2}{5}; 2\frac{4}{5}\right)$ *Schekel*.

Die gesuchte Differenz ist $d = \frac{8}{5}$ *(Schekel)* $= \frac{2}{75}$ *(Minen)* $= 0; 01,36$.

Str 362 #3

„Ein Siebtel der Länge, ein Siebtel der Breite und ein Siebtel der Fläche addiert gibt 2. Länge und Breite addiert ist 5,50. Länge und Breite ist was?"

Die Tafel gibt (ohne Rechengang) die Lösung: 3; 30 ist die Länge, 2; 20 die Breite.

In moderner Form ergibt sich das System:

$$\frac{x}{7} + \frac{y}{7} + \frac{xy}{7} = 2 \,\therefore\, x + y = 5; 50$$

Das Siebenfache der ersten Gleichung liefert zusammen mit der zweiten:

$$x + y + xy = 14 \Rightarrow xy = 8; 10$$

Mit der binomischen Formel folgt:

$$(x - y)^2 = (x + y)^2 - 4xy = 34; 1,40 - 32; 40 = 1; 21,40 \Rightarrow (x - y) = 1; 10$$

Dies zeigt schließlich:

$$x = \frac{1}{2}[(x + y) + (x - y)] = \frac{1}{2}[5; 50 + 1; 10] = 3; 30$$

$$y = \frac{1}{2}[(x + y) - (x - y)] = \frac{1}{2}[5; 50 - 1; 10] = 2; 20$$

Der Schreiber hat hier keinerlei Bedenken, Längen und Flächen zu addieren.

Str 362 #4

„Ein Siebtel der Länge und die Fläche addiert gibt 27. 0,30 ist die Breite. Länge und Fläche ist was?"

In moderner Form ergibt sich das System:

$$\frac{x}{7} + xy = 27 \;\therefore\; y = 0{,}30$$

Das System kann linear gemacht werden:

$$x\left(\frac{1}{7} + 0; 30\right) = 27 \Rightarrow x = 27 \cdot \frac{14}{9} = 42$$

Lösung ist $\left(x = 42 \;\therefore\; y = \frac{1}{2}\right)$, Neugebauer schreibt $(y = 21)$.

Str 362 #5

„Ein Rohr. Je 1 Elle 1 Finger bis zur vollen Summe verdoppelst (?) du. Bis zu welcher
Länge bin ich gegangen? 1 *gar* 3 ½ *Ellen* bin ich gegangen [1 *gar* = 12 *Ellen* = 360 Fin-
ger]."

Bei Neugebauer (MKT I, S. 243) wird die Rohrlänge $a = 1$; 2 *Ellen* in geometrischer
Folge verdoppelt, bis sich die Summe 1 Gar 3½ *Ellen* = 15; 30 *Ellen* ergibt. Ergebnis:

$$1; 2(1 + 2 + 4 + 8) = 15; 30$$

Es sind vier Glieder der geometrischen Reihe.

Vogel (1959, S. 36) rechnet mit der Einheit 1 Finger = 1/30 *Elle* in geometrischer
Reihe. Wegen 1 Gar 3½ *Ellen* = 465 Finger erhält er dezimal:

$$31 \times (1 + 2 + 4 + 8) = 465$$

In moderner Schreibweise ergibt sich ebenfalls:

$$31 \times \left(2^n - 1\right) = 465 \Rightarrow 2^n = 16 \Rightarrow n = 4$$

Da der Rechengang der Tafel fehlt, gibt Friberg folgende Lösung:

$$(30 + 29 + 28 + \cdots + 1)\, Finger = \frac{1}{2} \cdot 31 \cdot 30\, Finger = 7{,}45\, Finger$$

$$7{,}45\, Finger = 7{,}45 \cdot 0; 00{,}10\, ninda = 1; 17{,}30\, ninda = 1\, gar\, 3\frac{1}{2}\, Ellen$$

Str 362 #6

„Eine Rampe. 10 *(ninda)* die Länge 1 1/2 *(ninda)* die Breite. 3 Offiziere. 3 *ninda* 4 *Ellen*
macht [jede Truppe]. Erste Truppe hat 60 Soldaten, die zweite 1,20, die dritte 1,40. Die
Erde aus der Entfernung 5 *ninda* herbeigeschafft werden. Wie hoch ist die Rampe, wie-
viel muss transportiert werden?"

Neugebauer (MKT I, S. 242) kann sich keinen Reim darauf machen. Friberg (RC, S. 293) gelingt eine Deutung des Problems mithilfe zweier technischer Konstanten, die er ähnlichen Tontafeln entnimmt:

Die Gesamtlänge der Rampe ist damit $3 \times 3; 20 = 10$ (*ninda*). Die erste Bautrupp verrichtet 1,00 Mann-Tage, die zweite 1,20, die dritte 1,40. Nach MS 2792 #1 bis #2 bzw. MS 2221 sind die technischen Konstanten:

a) für die Rampenarbeit: 0; 2 Volumen-*sar* je Mann-Tag
b) für den Erdtransport: 1; 40 Volumen-*sar* je Mann-Tag

Letzteres ist gleich 0;20 Volumen-*sar* $\times$ 5 *ninda* je Mann-Tag. Rechnet man 3 Tage für den Transport und 3 Tage für die Erdarbeiten, so ist der Arbeitsaufwand 6 Mann-Tage je Volumen-*sar*. Die Tafel rechnet mit $1,00 + 1,20 + 1,40 = 4,00$ Mann-Tage. Daraus lässt sich das Erdvolumen V ermitteln:

$$V = 4,00\, MannTage \times 0; 10 \frac{VolumenSar}{MannTag} = 40\, VolumenSar$$

Da die Länge und Breite der Rampe vorgegeben sind, lässt sich die Höhe h berechnen, Konstanz vorausgesetzt:

$$h = \frac{V}{xy} = \frac{40}{10 \cdot \frac{3}{2}} = 2,40$$

Die Einheiten des Bruchs sind hier $(ninda)^2 \cdot Ellen/(ninda)^2 = Ellen$.

3.12.3 Str 363

Str 363 #1

„Die Fläche von 2 Quadraten addiert ist 16,40. Die Seite des einen ist 2/3 der Seite des anderen. Ich habe 10 von Seite des kleineren subtrahiert. Was sind die Seiten?"

In moderner Schreibweise ist das System gegeben:

$$x^2 + y^2 = 16,40 \; \therefore \; y = 0; 40x - 10$$

Die Tafel rechnet sukzessive:

$10^2 = 1,40 \; \therefore \; 16,40 - 1,40 = 15,0 \; \therefore \; 1,0^2 = 1,0,0 \; \therefore \; 40^2 = 26,40$

$1,0,0 + 26,40 = 1,26,40 \; \therefore \; 15,0 \times 1,26,40 = 21,40,0,0 \; \therefore \; 40 \times 10 = 6,40$

$6,40^2 = 44,26,40 \; \therefore \; 21,40,0,0 + 44,26,40 = 22,24,26,40 \; \therefore \; \sqrt{22,24,26,40} = 36,40$

$36,40 + 6,40 = 43,20 \; \therefore \; 43,20 \div 1,26,40 = 0; 30 \; \therefore \; 0; 30 \times 1,0 = 30$

Die Quadratseiten sind ($x = 30; y = 10$).

Die historische Lösung ist nahe am modernen Verfahren:

$$x^2 + 0;\, 40^2 x^2 - 2 \cdot 0;\, 40x \cdot 10 + 1{,}40 = 16{,}40$$

$$\Rightarrow \left(1 + 0;\, 40^2\right) x^2 - 2 \cdot 40 \cdot 10x = 15{,}0$$

$$\Rightarrow (1{,}26{,}40x - 6{,}40)^2 = 22{,}24{,}26{,}40$$

$$\Rightarrow 1{,}26{,}40x - 6{,}40 = \sqrt{22{,}24{,}26{,}40}$$

$$\Rightarrow 1{,}26{,}40x = 43{,}20 \Rightarrow x = 30;\, y = 10$$

Str 363 #2

„Die Fläche von 2 Quadraten addiert ist 37,5. Die Seite des einen ist 2/3 der Seite des anderen. Ich habe 10 zur großen Quadratseite addiert, 5 zur kleineren. Was sind die Seiten?"

In moderner Schreibweise ist das System gegeben:

$$x^2 + y^2 = 37{,}05 \,\therefore\, x = z + 10 \,\therefore\, y = 0;\, 40z + 5$$

Lösung (analog zu #3) ist $(x = 40;\, y = 25;\, z = 30)$.

Str 363 #3

„Die Fläche von 2 Quadraten addiert ist 52,5. Die Seite des einen ist 2/3 der Seite des anderen. Ich habe 20 zur großen Quadratseite addiert, 5 zur kleineren. Was sind die Seiten?"

Das System lautet in moderner Form:

$$x^2 + y^2 = 52{,}05 \,\therefore\, x = z + 20 \,\therefore\, y = 0;\, 40z + 5$$

Einsetzen in die quadratische Summe liefert:

$$1;\, 26{,}40z^2 + 46;\, 40z + 7{,}05 = 52{,}05$$

Multiplikation mit 9 und Auflösen führt zu:

$$13z^2 + 7{,}0z = 6{,}45{,}00 \Rightarrow z = \frac{1}{26}\left(-7{,}0 + \sqrt{7{,}0^2 + 351{,}0{,}0}\right)$$

Dies zeigt $(x = 50;\, y = 25;\, z = 30)$.

3.12.4 Str 364

Die Tafel enthält die Aufgaben von Franks Keilschrifttext SKT VIII. Die geometrischen Probleme behandeln Dreiecke, deren Fläche durch eine oder mehrere Parallelen zu einer Seite geteilt sind. Hier zwei Beispiele:

Str 364 #7

„Ein Dreieck, Länge und obere Breite weiß ich nicht. 1 *bur* 2 *gan* die Fläche. Von der oberen Breite 33,20 bin ich herabgegangen und 40 [ist] die Trennungslinie. Länge und Breite ist was?"

Zur Vereinfachung wird das Dreieck als rechtwinklig angenommen; es wird durch eine Parallele in zwei Teilflächen zerlegt (Abb. 3.80). Gegeben sind die Abschnitte: $h_1 = 33; 20 \therefore b_2 = 40$ und die Gesamtfläche

$$A = 1\,bur + 2\,gan = 18\,iku + 12\,iku = 50{,}0\,sar.$$

Mit der Flächenformel und Ähnlichkeit ergibt sich:

$$\frac{1}{2}b_1 h = 50{,}0 \quad \therefore \quad \frac{b_1}{h} = \frac{b_1 - 40}{33; 20}$$

Auflösen nach h und Einsetzen liefert die quadratische Gleichung:

$$33; 20b_1^2 = 1{,}40{,}0(b_1 - 40)$$

Lösung ist hier ($b_1 = 1{,}00; h = 1{,}40$) bzw. ($b_1 = 2{,}00; h = 50$). Da die Tafel weder Rechenweg noch Ergebnis zeigt, ist unklar, welches Resultat der Schreiber (mit seiner Methode) erzielt hat.

Str 364 #8

Hier sind gegeben: $b_1 = 30 \therefore h_1 - h_2 = 10 \therefore A_2 = 4{,}30$.

Es ergibt sich hier ein System mit drei Unbekannten:

$$h_1 - h_2 = 10 \quad \therefore \quad b_2 h_2 = 9{,}0 \quad \therefore \quad \frac{b_2}{h_2} = \frac{30}{h_1 + h_2}$$

Dies liefert die quadratische Gleichung:

$$h_1^2 = 16 h_1 + 1{,}20$$

Abb. 3.80 Zur Tafel Str 364

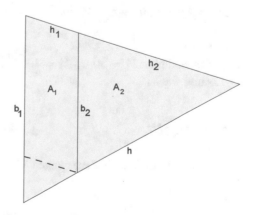

Lösung ist hier bzw. ($h_1 = 20$ ∴ $h_2 = 1,40$ ∴ $b_2 = 18$). Daraus folgen die Flächen $A_1 = 8,0 \Rightarrow A = 12,30$.

Str 364 #9

Hier sind gegeben: $b_1 = 30$ ∴ $h_2 - h_1 = 10$ ∴ $A_1 = 8,00$.

Analog zur vorhergehenden Aufgabe resultiert die quadratische Gleichung:

$$h_1^2 = 14; 40h_1 + 1,46; 40$$

Lösung wie zuvor.

Str 364 #10

Hier sind gegeben: $b_1 = 30$ ∴ $h_2 - h_1 = 10$ ∴ $A_2 = 2,00$.

Analog zu #8 resultiert Lösung ($h_1 = 30$ ∴ $h_2 = 20$ ∴ $b_2 = 12$). Damit sind die Flächen $A_1 = 10,30 \Rightarrow A = 12,30$.

Str 364 #11

Hier sind gegeben: $b_1 = 30$ ∴ $h_1 - h_2 = 10$ ∴ $A_1 = 10,30$.

Analog zu #10 folgt die Lösung ($h_1 = 30$ ∴ $h_2 = 20$ ∴ $b_2 = 12$). Damit sind die Flächen $A_2 = 2,00 \Rightarrow A = 12,30$.

Str 364 #12

Hier sind gegeben: $b_1 = 30$ ∴ $h_2 = 30$ ∴ $A_1 = 8,00$.

Der moderne Ansatz führt auf:

$$(30 + b_2)h_1 = 16,0 \quad \therefore \quad \frac{b_2}{30} = \frac{30 - b_2}{h_1}$$

Dieses System liefert die quadratische Gleichung

$$h_1^2 + 28h_1 = 16,00$$

Analog zu #8 folgt die Lösung ($h_1 = 20$ ∴ $h_2 = 30$ ∴ $b_2 = 18$). Damit sind die Flächen $A_1 = 8,00 \Rightarrow A = 12,30$.

Str 364 #13

Gegeben sind hier: $b_1 = 30$ ∴ $h_1 = 20$ ∴ $A_2 = 4,30$.

Lösung wie #12.

3.12.5 Str 367

Auch diese Tafel enthält Zerlegungen von Dreiecksflächen mittels Parallelen zu einer Seite.

Str 367 #1

„Ein Trapez, darinnen 2 Streifen. 13,3 die obere Fläche, 22,57 die zweite. Der dritte Teil der unteren Länge für die obere Länge. Was die obere Breite über die Trennungslinie hinausgeht, ergibt addiert [36]."

Gegeben ist ein Trapez, das durch eine Transversale (parallel zur Grundlinie AD) in zwei Teilflächen $A_1 = 13{,}3; A_2 = 22{,}57$ zerlegt wird. Gegeben ist $h_1{:}h_2 = 1{:}3$ und $|AG| = 36$.

Vogel (VG II, S. 74) schlägt folgenden Ansatz vor: Das Trapez FBCE wird gedrittelt, die Strecke AG halbiert. Mit den Bezeichnungen der Abb. 3.81a gilt damit:

$$|AN| = |NG| \ \therefore \ |IJ| = \frac{1}{3}|IB|.$$

Aus der Ähnlichkeit der Dreiecke $\triangle ABG$ bzw. $\triangle FBI$ folgt:

$$|IF| = \frac{3}{4}|AG| = 27$$

Wegen der Drittelung von A_2 gilt für die Trapezfläche $FJLE = \frac{1}{3}A_2 = 7; 39$. Aus Symmetriegründen ist das Trapez $FEDG$ flächengleich. Der Inhalt A_3 des Dreiecks $\triangle AFG$ wird durch die Flächendifferenz bestimmt:

$$A_3 = A_1 - \frac{1}{3}A_2 = 13{,}3 - 7{,}39 = 5{,}24$$

Daraus ergibt sich für die Höhe h_1:

$$A_3 = \frac{1}{2}|AG| \cdot h_1 = 5{,}24 \Rightarrow h_1 = \frac{2A_3}{|AG|} = \frac{10{,}48}{36} = 18$$

Wegen $|NG| = \frac{1}{2}|AG| = 18$ und $|GB| = 4h_1 = 1{,}12$ sind auch $\triangle ABG$ und Rechteck $MNBG$ flächengleich. Letztere Fläche A_4 ist somit:

$$A_4 = \frac{1}{2}|AG| \cdot |GB| = 21{,}36$$

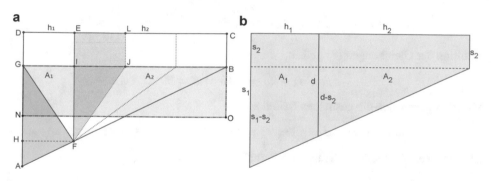

Abb. 3.81 Zur Aufgabe Str 367 #1

Die Fläche des Rechtecks $GBCD$ ist damit $A_1 + A_2 - A_4 = 14{,}24$. Daraus ergibt sich

$$|GD| = \frac{14{,}24}{|GB|} = 12$$

Die drei gesuchten Seiten sind damit: $|AD| = 48$; $|EF| = 39$; $|CB| = 12$.
   Friberg (AT, S. 278) schlägt hier eine andere Lösung vor:

> ... Wähle einen falschen Ansatz für die Teillängen im gegebenen Verhältnis 1:3 und berechne mit diesen Werten die falsche Trapezfläche auf zweierlei Arten.

Hier eine ähnliche Lösung: Mit den Bezeichnungen der Abb. 3.81b gilt:

$$A_1 = 13{,}03; A_2 = 22{,}57; s_1 - s_2 = 36; h_1 : h_2 = 1:3$$

Die Gesamtfläche ist damit $A_{ges} = 36{,}0$. Gesucht sind die Seiten des Trapezes und die Transversale d. Mit dem Skalierungsfaktor f lässt sich schreiben: $h_1 = f$; $h_2 = 3f$. Die Trapezflächenformel liefert:

$$A_1 = \frac{1}{2}(s_1 + d)h_1 = 13{,}03 \Rightarrow (s_1 + d) \cdot f = 26{,}06$$

$$A_2 = \frac{1}{2}(s_2 + d)h_2 = 22{,}57 \Rightarrow (s_2 + d) \cdot f = 15{,}18$$

Subtraktion der Gleichungen ergibt:

$$(s_1 - s_2)f = 10{,}48 \Rightarrow f = \frac{10{,}48}{36} = 18$$

Damit sind die Höhen und ihre Summe bestimmt: $h_1 = 18$; $h_2 = 54 \Rightarrow h = 1{,}12$. Einsetzen zeigt:

$$s_1 + d = \frac{26{,}06}{18} = 1{,}27 \therefore s_2 + d = \frac{15{,}18}{18} = 51 (*)$$

Das Trapez wird nun zerlegt in das Rechteck $(s_2 \times h)$ und in das Dreieck mit den Katheten $(s_1 - s_2, h)$:

$$A_{ges} = s_2 \cdot h + \frac{1}{2}(s_1 - s_2)h \Rightarrow s_1 + s_2 = \frac{2A_{ges}}{h} = \frac{72{,}0}{72} = 1{,}0$$

Addition der Gleichungen (*) liefert:

$$s_1 + s_2 + 2d = 2{,}18 \Rightarrow d = 39$$

Mit (*) ergeben sich die gesuchten Seiten zu:

$$s_1 = (s_1 + d) - d = 48 \Rightarrow s_2 = (s_1 + s_2) - s_1 = 1{,}0 - 48 = 12$$

Die Transversale d teilt das Trapez im Verhältnis $A_1 : A_2 = 29{:}51$.

3.12.6 Str 368

Die Tafel hat eine besondere Bedeutung, sie liefert nämlich eine Interpretation der Tafeln VAT 7532 und VAT 7535. Sie enthält eine abgespeckte Version des „Schilfrohr"-Problems, das erst verstanden wurde, als man dieses Straßburger Tablett übersetzt hatte.

„Ich schnitt ein Schilfrohr ab, seine Länge wusste ich nicht. Ich brach 1 Elle Länge ab, 60 Längen eines Feldes habe ich damit durchschritten. Das Stück, das ich abgebrochen hatte, habe ich wieder zugefügt und seine Länge 30 durchschritten. 6,15 war die Fläche des Feldes. Was war die ursprüngliche Länge des Rohrs?"

Du, in deiner Rechnung, nimm 1 und 30. Für die Länge des Rohrs nimm 1. Multipliziere mit 1, seinem 60, die du durchschritten hast, und 1 ist die Länge. Multipliziere dies mit 30, 30 wird die falsche Breite sein. Multipliziere mit der falschen Länge 1, ergibt die falsche Fläche 30. Multipliziere 30 mit 6,15, die wahre Fläche ergibt sich zu 3,07,30. Multipliziere die [Länge] 5, die abgebrochen war, mit der falschen Länge, macht 5. Multipliziere 5 mit der falschen Breite, ergibt 2,30. Brich 2,30 in zwei Hälften, ergibt 1,15. Quadriere 1,15, macht 1,33,45. Addiere dies zu 3,07,30, ergibt 3,09,03,45. Was ist seine Wurzel? Es ist 13,45. addiere dazu die 1,15, die du quadriert hast, macht 15. Such das Inverse zu 30, ist 2. Multipliziere 2 mit 15, macht 30. Dies ist die ursprüngliche Länge des Rohrs.

Sind A, B die Schrittzahlen und x die Rohrlänge, so gibt Neugebauer (MKT I, S. 312) die Rechteckseiten an als

$$a = 2Ax \quad \therefore \quad b = \frac{1}{2}B(x - \bar{\mu})$$

$\bar{\mu} = 0; 05$ ist hier der Kehrwert von $\mu = 12$, dem Umrechnungsfaktor Elle $\leftrightarrow$ *gar*. Mit $A = 1,0$ bzw. $B = 30$ folgt

$$a = 2 \times 1,0 \times 0; 30 = 1,0$$

$$b = 0; 30 \times 30 \times (0; 30 - 0; 05) = 6; 15$$

Die Fläche ist damit, wie angegeben: $ab = 1,0 \times 6; 15 = 6,15$. In dezimaler Form ergibt sich hier die quadratische Gleichung:

$$(60x - 5) \cdot 30x = 375 \Rightarrow 24x^2 - 2x - 5 = 0 \Rightarrow x = \frac{1}{2}$$

Vogel (VG II, S. 49) interpretiert die quadratische Gleichung geometrisch (Abb. 3.82):

Von der „falschen" Fläche $60x \times 30x = 30,0x^2$ muss das schraffierte Rechteck abgezogen werden, um die „wahre" Fläche 6,15 zu erreichen. Die schraffierte Fläche ist: $30x \times 5 = 2,30x$. Damit erhält man eine gleichwertige quadratische Gleichung mit dem Ergebnis von oben:

$$30,0x^2 - 2,30x = 6,15 \Rightarrow x = 0; 30$$

Abb. 3.82   Zur Tafel Str 368

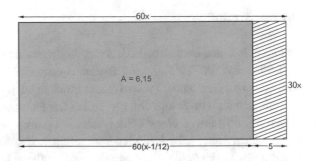

3.13   Tafeln aus dem Irak-Museum Bagdad (IM)

Das Irakische Nationalmuseum wurde 1926 als archäologisches Museum gegründet; es beherbergte über 1.000.000 Fundstücke von unschätzbarem Wert aus 5000 Jahren Kulturgeschichte Mesopotamiens, u. a. den Goldschatz von Nimrud. Während des Irak-Kriegs (Beginn 20. März 2003) und auch danach wurde das Museum geplündert und ausgeraubt. Da auch Tausende von Schmuckstücken, Amuletten und Rollsiegel aus den unterirdischen Tresoren verschwunden sind, besteht der Verdacht, dass auch Angestellte des Museums am Raub beteiligt waren. Ferner ist unklar, in welchem Umfang wertvolle Stücke unmittelbar vor dem Kriegsausbruch „entfernt" wurden. Das Museum gibt einen Verlust von 15.000 Stücken an, wovon etwa 4000 zurückgegeben wurden. Es wurde im Februar 2015 offiziell wiedereröffnet. Der Irak hat außer den Museumsplünderungen auch wertvolles Kulturgut durch zahlreiche illegale Raubgrabungen unwiederbringlich verloren.

3.13.1 IM 43996

Die Tafel zeigt ein durch 2 Parallelen zur Basis dreigeteiltes Dreieck. Friberg (RC, S. 198) gibt für diesen Fall an, dass 9 Parameter benötigt werden; davon seien 4 frei wählbar. 5 Werte seien bestimmt durch 3 Flächengleichungen und zwei Ähnlichkeitsbeziehungen. Angenommen wird ein rechtwinkliges Dreieck, so dass die Kathetenabschnitte gleichzeitig Höhen sind.

Nach Meinung von Friberg habe der Lehrer folgende Absicht gehabt: Die linke und rechte Teilfläche soll jeweils die Hälfte der mittleren sein, ferner soll der Kathetenabschnitt (an der Basis) gleich 30, die Basis gleich 20 [*ninda*] sein.

Mit der Bezeichnungsweise von Abb. 3.83 gilt: $A = C$; $B = 2C$; $a = 20$ und $h_1 = 30$. Mithilfe der Ähnlichkeit und der Angabe lässt sich folgendes Gleichungssystem aufstellen:

$$\frac{h_3}{c} = \frac{h_2 + h_3}{b} = \frac{h_1 + h_2 + h_3}{a}$$
$$\frac{1}{2}(a+b)h_1 = \frac{1}{2}ch_3 \ \therefore \ ch_3 = \frac{1}{2}(b+c)h_2$$

Abb. 3.83 Zur Tafel IM 43996

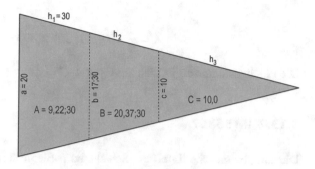

Da $\{a, h_1\}$ bekannt sind, hat man hier vier Gleichungen für die Unbekannten $\{b, c, h_2, h_3\}$.

Sehr viel eleganter ist der Ansatz von Friberg. Da sich die Flächen ähnlicher Figuren verhalten wie die Quadrate entsprechender Seiten, gilt für die Transversalen:

$$b^2 - c^2 = 2c^2 \ \therefore \ a^2 - b^2 = c^2$$

Daraus folgt sofort: $b^2 = 3c^2 \ \therefore \ a^2 = 4c^2$. Mit dem Wert der Basis $a = 20$ ergibt sich:

$$c = \frac{1}{2}a = 10 \ \therefore \ b = \sqrt{3}c = 10\sqrt{3} \approx 10 \cdot 1; 45 = 17; 30$$

Es gilt $a:b:c = 8:7:4$. Aus der Länge $h_1 = 30$ folgt der Ähnlichkeitsfaktor f zu:

$$f = \frac{20 - 17; 30}{30} = 0; 05$$

Der Mittelteil des Schenkels folgt zu:

$$h_2 = \frac{17; 30 - 10}{f} = 7; 30 \times 12 = 1,30$$

Für die Länge s der Kathete gilt:

$$s = h_1 + h_2 + h_3 = \frac{a}{f} = 20 \times 12 = 4,00$$

Der rechte Abschnitt der Kathete ist damit

$$h_3 = s - h_1 - h_2 = 4,00 - 30 - 1,30 = 2,00$$

Die Abschnitte verhalten sich somit wie $h_1:h_2:h_3 = 1:3:4$. Berechnung der mittleren Fläche liefert:

$$B = \frac{1}{2}(17; 30 + 10) \times 1,30 = 20,37; 30$$

Die Fläche B sollte wohl 20,0 sein; die Abweichung resultiert aus der Näherung für $\sqrt{3}$. Damit gilt für die rechte Fläche $C = \frac{1}{2}B = \frac{1}{2}ch_3 = 10,0$. Für die linke Fläche folgt:

$$A = \frac{1}{2}(20 + 17; 30) \times 30 = 9{,}22; 30$$

Die Flächensumme ergibt sich zu $A + B + C = \frac{1}{2}as = 40{,}0$.

3.13.2 IM 55357

Die altbabylonische Tafel aus Schaduppum (heute Tell Harmal) wird von Friberg als Musterbeispiel für die Anwendung der Ähnlichkeitslehre geschildert.

„Ein Dreieck. Die Länge ist 1, die große Länge 1,15, die obere Breite 0,45, die (gesamte) Fläche 22,30. Innerhalb der Fläche ist die obere 8,06, die nächste 5,11,02,24, die dritte 3,19,03,56,09,36, die untere Fläche 5,53,53,39,50,24. Was ist die obere, mittlere, untere Länge und die Vertikale?"

Das rechtwinklige Dreieck (a, b, c) wird durch Einzeichnen von Höhen in kleiner werdende, ähnliche Dreiecke zerlegt (Abb. 3.84). Gegeben ist das rechtwinklige Dreieck mit den Seiten $a = 45, b = 1{,}00, c = 1{,}15$; dies ist ähnlich zu 15 (3; 4; 5).

Die Flächen der Teildreiecke sind beschriftet mit: $(B|C|D|E) = (8{,}06|\ 5{,}11{,}02{,}24|$ $3{,}19{,}03{,}56{,}09{,}36|\ 5{,}53{,}53{,}39{,}50{,}24)$. Es ist zu vermuten, dass die Höhen (h_1, h_2, h_3) und die Seitenabschnitte (s_1, s_2, s_3) gesucht sind. Die Dreiecksfläche ist:

$$A = \frac{1}{2}ab = \frac{1}{2} \cdot 45 \cdot 1{,}00 = 22{,}30$$

Die Fläche B des ersten Teildreiecks ist:

$$B = \left(\frac{a}{c}\right)^2 \cdot A = \left(\frac{45}{1{,}15}\right)^2 \cdot 22{,}30 = (0; 36)^2 \cdot 22{,}30 = 0; 36 \cdot 13{,}30 = 8{,}06$$

Die Restfläche beträgt dann $A - B = 22{,}30 - 8{,}06 = 14{,}24$. Die Fläche C des zweiten Teildreiecks ist:

Abb. 3.84 Zur Tafel IM 55357

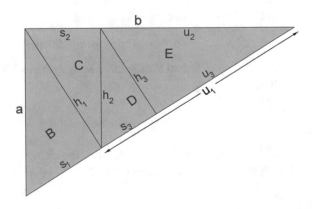

$$C = \left(\frac{a}{c}\right)^2 \cdot (A - B) = (0;36)^2 \cdot 14{,}24 = 0;36 \cdot 8{,}33; 24 = 5{,}11; 02{,}24.$$

Die Restfläche ist nun $A - B - C = 14{,}24 - 5{,}11; 02{,}24 = 9{,}12; 57{,}36$. Für die Fläche D ergibt sich dann:

$$D = \left(\frac{a}{c}\right)^2 \cdot (A - B - C) = (0;36)^2 \cdot 9{,}12; 57{,}36 = 3{,}19; 03{,}56{,}09{,}36$$

Die Restfläche E ist damit bestimmt durch:

$$E = (A - B - C) - D = 9{,}12; 57{,}36 - 3{,}19; 03{,}56{,}09{,}36 = 5{,}53; 53{,}39{,}50{,}24$$

Eine Kontrollrechnung bestätigt das Ergebnis:

$$E = A - B - C - D = \left(\frac{b}{c}\right)^2 \cdot (A - B - C) = 0;48 \cdot 9{,}12; 57{,}36 = 5{,}53; 53{,}39{,}50{,}24$$

Bei der Ermittlung der Abschnitte s_1, h_1 werden die oben angegebenen Ähnlichkeitsfaktoren verwendet:

$$h_1 = \frac{b}{a} s_1 \Rightarrow B = \frac{1}{2} s_1 h_1 \Rightarrow s_1^2 = 2\frac{a}{b} B \Rightarrow s_1 = \sqrt{2\frac{a}{b} \cdot B} = \sqrt{1;30 \cdot 8{,}06} = 27$$

$$h_1 = \frac{B}{\frac{s_1}{2}} = \frac{8{,}06}{13;30} = 36$$

Analog werden die Abschnitte s_2, h_2 berechnet mit $u_1 = c - s_1 = 48$:

$$s_2^2 = 2\frac{h_1}{u_1} C \Rightarrow s_2 = \sqrt{2\frac{h_1}{u_1} \cdot C} = \sqrt{1;30 \cdot 5{,}11; 02{,}24} = 21;36$$

$$h_2 = \frac{C}{\frac{s_2}{2}} = \frac{5{,}11; 02{,}24}{10;48} = 28;48$$

An dieser Stelle bricht die Tontafel ab, da kein weiterer Platz vorhanden ist. Möglicherweise wollte der Schreiber die Partitionierung des Dreiecks durch fortgesetztes Einschreiben von Höhen fortführen. Die Flächen der so entstehenden Dreiecke bilden eine geometrische Reihe.

3.13.3 IM 58045

Das altakkadische Tablett stammt aus Nippur und wurde in einem Gebäude gefunden, das in die Regierungszeit des Königs Šarkallišarri (um 2250 v. Chr.) datiert werden kann.

Gegeben ist ein gleichschenkliges Trapez mit den Schenkeln 2 $gi = 12$ *Ellen* und den Parallelseiten $a = 3\,gi - 1\,kus = (18 - 1) = 17$ *Ellen* und $c = 1\,gi + 1\,kus = 7$ *Ellen*. Ferner ist eine Parallele eingezeichnet, die vermutlich die Flächenhalbierende x sein soll.

Gemäß der schon besprochenen Halbierungsformel für Trapeze gilt:

$$x = \sqrt{\frac{a^2 + c^2}{2}} = \sqrt{\frac{17^2 + 7^2}{2}} = 13$$

Friberg nennt sie *(trapezoid) transversal equation*. Das verwendete Trapez-Tripel ist (17; 13; 7).

3.13.4 IM 67118 = Db$_2$ 146

„Die Fläche ist $A = 0{,}45$, die Diagonale $d = 1{,}15$. Was sind die Seiten?"

Die altbabylonische Tafel aus Eshnunna ist erst 1962 gefunden worden, sie wurde datiert auf die Zeit des Ibal-Piel II (1779–1763 v. Chr.). Nach Høyrup wurde die Aufgabe aus dem Akkadischen übernommen, er erkennt darin eine Ähnlichkeit mit BM 13901 #23. Der historische Rechengang wird tabellarisch angezeigt:

$2 \cdot 0;45 = 1;30$
$1;15 \times 1;15 = 1;33{,}45$
$1;33{,}45 - 1;30 = 0;03{,}45$
$\sqrt{0;03{,}45} = 0;15$
$0;15/2 = 0;07{,}30$
$0;03{,}45/4 = 0;0{,}56{,}15$
$0;45 + 0;0{,}56{,}15 = 0;45{,}56{,}15$
$\sqrt{0;45{,}56{,}15} = 0;52{,}30$
$0;52{,}30 + 0;07{,}30 = 1$
$0;52{,}30 - 0;07{,}30 = 0;45$

Die gesuchten Rechteckseiten sind somit ($a = 1$; $b = 0;45$). Dem Rechengang liegen folgende Formeln zugrunde:

$$d^2 = 2A + (a - b)^2 = 2ab + (a - b)^2$$
$$\frac{1}{4}(a + b)^2 = ab + \frac{1}{4}(a - b)^2$$

Eine analoge Lösung bietet die bemerkenswerte babylonische Formel:

$$a \pm b = \sqrt{d^2 \pm 2A}$$

Sie liefert Summe und Differenz:

$$a + b = \sqrt{1; 33,45 + 2 \times 0; 45} = 1; 45 \Rightarrow a - b = \sqrt{1; 33,45 - 2 \times 0; 45} = 0; 15$$

Damit folgt:

$$a = \left(\frac{a+b}{2}\right) + \left(\frac{a-b}{2}\right) = \frac{1; 45}{2} + \frac{0; 15}{2} = 1$$

$$b = \left(\frac{a+b}{2}\right) - \left(\frac{a-b}{2}\right) = \frac{1; 45}{2} - \frac{0; 15}{2} = 0; 45$$

Die gesuchten Seiten sind $\{a = 1; b = 0; 45\}$.

3.13.5 TSS 50 und TSS 671

M. A. Powell[72] entdeckte 1976 zwei altsumerische Tafeln aus Shuruppak (frühe IIIa Dynastie), die beide dieselbe Aufgabe enthalten:

TSS 50
„Ein Kornspeicher, 7 *sila* erhält jeder Mann. Die Männer 45, 42, 15. 3 *sila* ist der Rest."

TSS 671
„Ein Kornspeicher, 7 *sila* erhält jeder Mann. Die Männer 45, 36, 0."

Der Vorrat eines Kornspeichers soll auf mehrere Leute aufgeteilt werden, sodass jeder 7 *sila* erhält. Gesucht ist die Anzahl der Leute, unter der Annahme, es handelt sich um denselben Speicher.

Powell erkennt hier Reste eines sumerischen Stellenwertsystems, das ein gemischtes Dezimal- und Sexagesimalsystem darstellt. TSS 50 liefert hier 45 *sar*, 42 (Sechziger), 51 *sila*. Dies ergibt (dezimal geschrieben) ohne den Rest:

$$4 \times 36000 + 5 \times 3600 + 4 \times 600 + 2 \times 60 + 51 = 164.571$$

TSS 671 zeigt hier 45 *sar*, 36 (Sechziger), das ist (dezimal) 164.160. Was ist nun richtig?

J. Høyrup[73] nimmt den Wert von TSS 50 als korrekt an und berechnet die fehlende Angabe des Getreidevorrats zu (dezimal) $164571 \times 7 + 3 = 1272000$ *sila;* dies entspricht

---

[72]Powell, M. A.: The Antecedents of old Babylonian place notation and the History of Babylonian Mathematics, Historia Mathematica 3, 417–439 (1976).

[73]Høyrup. J.: Investigations of an early Sumerian Division Problem, Historia Mathematica 9, 19–36 (1982).

2400 *gur*, wenn man 1 *gur* = 480 *sila* setzt. Das Ergebnis von TSS 671 ist dann fehlerhaft, vermutlich eine Schülerübung. Der Gesamtvorrat, sumerisch geschrieben, ist:

$$45,42,51 \times 7 + 3 = 5,19,59,57 + 3 = 5,20,0,0$$

Division durch 7 liefert die Anzahl der Leute:

$$5,20,0,0 \times 7^{-1} = 5,20,0,0 \times 0; 8,34,17,8 = 45,42,51; 22,40$$

Der Rundungsfehler 0;22,40 zeigt hier, dass die Zahl 7 kein exaktes Inverses hat. In TSS 671 hat der Schüler vermutlich die schlechte Näherung $7^{-1} \approx 0; 8,33$ verwendet; dieser Wert liefert genau das Ergebnis von TSS 671:

$$5,20,0,0 \times 0; 8,33 = 45,36$$

Das riesige Volumen von 1.272.000 *sila* lässt vermuten, dass hier kein reales Problem vorliegt, vielmehr eine abstrakte Divisionsaufgabe.

3.13.6 Eine Tafel aus Schaduppum

Die altbabylonische Tafel wurde 1949 bei Schaduppum (heute Tell Harmal) geborgen und von Taha Baqir 1951 übersetzt. Eine Aufgabe lautet:
„Wenn dich jemand fragt: Wenn ich 2/3 von 2/3 meines Vorrats 1,40 *qa* addiere, ergibt sich die ursprüngliche Menge."
Die Tafel rechnet:

0,40 × 0,40 = 0,26,40
1 − 0, 26, 40 = 0,33,20
Reziprokes von 0,33,20 ist 1,48
1,48 × 1,40 = 30
Die gesuchte Menge ist 3,0 (*qa*).

Das Vorgehen des Schreibers entspricht genau dem modernen Lösungsweg einer linearen Gleichung:

$$\left(\frac{2}{3} \cdot \frac{2}{3} \right) x + 1,40 = x \Rightarrow x = 3,0$$

Es gab bei altbabylonischen Tafeln bereits Ansätze für algebraisches Umformen von Gleichungen.

3.14 Weitere Tontafeln aus anderen Sammlungen

Hier noch einige Tontafeln zu ergänzenden Themen (u. a. Tabellenwerte, Faktorisierung einer Langzahl und geometrische Aufgaben).

3.14.1 A 24194

Die Tafel (Neugebauer MCT, S. 116) stellt eine Megaaufgabe dar, denn sie umfasst 7 Hauptprobleme mit insgesamt 240 Variationen, alle in der Form:

$$xy = 10,0 \quad \therefore \quad x + f(x,y) = A$$

Sicher lesbar sind folgende Aufgaben:

A 24194 #42
$xy = 10,0 \quad \therefore \quad x + f(x,y) = 32$ mit

$$f(x,y) = \frac{1}{7} \cdot \frac{1}{11} \left[\frac{1}{14}(x+y) + 2(x-y) + 2,29 \right]$$

Hier soll gelten $f(30,20) = 2$.

A 24194 #139 $xy = 10,0 \quad \therefore \quad x + f(x,y) = 32$ mit

$$f(x,y) = \frac{1}{11} \left[\frac{1}{7} \left(\frac{x}{2} - \frac{1}{3}\frac{x}{2} + 25 \right) + 17 \right]$$

Hier soll gelten $f(30,20) = 2$.

A 24194 #197
$xy = 10,0 \therefore x + f(x,y) = 34$ mit

$$f(x,y) = \frac{1}{8} \left\{ \frac{1}{11} \left[\frac{1}{8} \left[x + (x-y) + \frac{1}{4}(x + (x-y)) + 6 \right] \right] + 15 \right] + x \right\}$$

Hier soll gelten $f(30,20) = 4$.

Hier können nicht alle möglichen Varianten aufgezählt werden. Die ersten Spielarten von #42 sind:

1	$x + f = 32$	11	$y - 2f = 16$
2	$x + 2f = 34$	12	$10f = y$
3	$x - f = 28$	13	$15f = y + 10$
4	$x - 2f = 26$	14	$x + y + f = 52$
5	$15f = x$	15	$x + y + 2f = 54$
6	$20f = x + 10$	16	$x + y - f = 48$
7	$10f = x - 10$	17	$x + y - 2f = 46$
8	$y + f = 22$	18	$25f = x + y$
9	$y + 2f = 24$	19	$30f = x + y + 10$
10	$y - f = 18$	20	$20f = x + y - 10$

3.14.2 Ash 1922.168

Während die untere Hälfte der Tafel gelöscht ist, enthält die obere Hälfte ein sauber beschriftetes Trapez, das in drei Parallelstreifen geteilt ist. Es ist unklar, ob die Teilflächen oder die Transversalen gesucht sind.

Es werden hier die Teilflächen nach der Trapezformel berechnet (vgl. Abb. 3.85):

$$A_1 = \frac{1}{2}(15 + 13; 36{,}40) \cdot 1 = 14; 18{,}20$$

$$A_2 = \frac{1}{2}(13; 36{,}40 + 10; 50) \cdot 2 = 24; 26{,}40$$

$$A_3 = \frac{1}{2}(10; 50 + 6; 40) \cdot 3 = 26; 15$$

Damit sind die Ergebnisse der Tafel bestätigt; die Strecken $\{1; 2; 3\}$ sind somit die Höhen. Die Gesamtfläche $A = 1{,}05$ ist nicht verlangt.

3.14.3 Ash 1924.796

Die Tafel aus dem Ashmolean Museum Oxford ist eine der wenigen vollständigen Quadrattabellen $(n \to n^2)$ mit $n \in \left[1; \ldots; 59\frac{1}{2}\right]$ mit Schrittweite $\frac{1}{2}$. Gleichzeitig kann sie auch als Wurzeltabelle $(n^2 \to n)$ gelesen werden. Die dreispaltige Tafel stammt aus Kisch um 600 v. Chr.; sie verwendet bereits ein Zeichen für Leerstellen. Bei Neugebauer (MKT II) heißt die Tafel W 1931–1938.

Die Tafel ist hier als Musterbeispiel einer Tabelle wiedergegeben; aus solche Tabellenwerken besteht ein Großteil aller mesopotamischen Mathematik-Tabletts.

Abb. 3.85 Zur Tafel Ash 1922.168

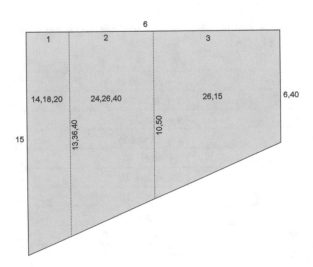

1	mal 1	1	Seite ist 1
1,3	mal 1,3	2,15	Seite ist 1,30
2	mal 2	4	Seite ist 2
2,3	mal 2,3	6,15	Seite ist 2,30
3	mal 3	9	Seite ist 3
3,3	mal 3,3	12,15	Seite ist 3,30
4	mal 4	16	Seite ist 4
4,3	mal 4,3	20,15	Seite ist 4,30
5	mal 5	25	Seite ist 5
5,3	mal 5,3	30,15	Seite ist 5,30
6	mal 6	36	Seite ist 6
6,3	mal 6,3	42,15	Seite ist 6,30
7	mal 7	49	Seite ist 7
7,3	mal 7,3	56,15	Seite ist 7,30
8	mal 8	1,04	Seite ist 8
8,3	mal 8,3	1,12,15	Seite ist 8,30
9	mal 9	1,21	Seite ist 9
9,3	mal 9,3	1,30,15	Seite ist 9,30
10	mal 10	1,4	Seite ist 10
10,3	mal 10,3	1,50,15	Seite ist 10,30
11	mal 11	2,01	Seite ist 11
11,3	mal 11,3	2,12,15	Seite ist 11,30
12	mal 12	2,24	Seite ist 12
12,3	mal 12,3	2,36,15	Seite ist 12,30
13	mal 13	2,49	Seite ist 13
13,3	mal 13,3	3,02,15	Seite ist 13,30
14	mal 14	3,16	Seite ist 14
14,3	mal 14,3	3,30,15	Seite ist 14,30
15	mal 15	3,45	Seite ist 15
15,3	mal 15,3	4,00,15	Seite ist 15,30
16	mal 16	4,16	Seite ist 16
16,3	mal 16,3	4,32,15	Seite ist 16,30
17	mal 17	4,49	Seite ist 17
17,3	mal 17,3	5,06,15	Seite ist 17,30
18	mal 18	5,24	Seite ist 18
18,3	mal 18,3	5,42,15	Seite ist 18,30
19	mal 19	6,01	Seite ist 19

19,3	mal 19,3	6,20,15	Seite ist 19,30
20	mal 20	6,4	Seite ist 20
20,3	mal 20,3	7,00,15	Seite ist 20,30
21	mal 21	7,21	Seite ist 21
21,3	mal 21,3	7,42,15	Seite ist 21,30
22	mal 22	8,04	Seite ist 22
22,3	mal 22,3	8,26,15	Seite ist 22,30
23	mal 23	8,49	Seite ist 23
23,3	mal 23,3	9,12,15	Seite ist 23,30
24	mal 24	9,36	Seite ist 24
24,3	mal 24,3	10,00,15	Seite ist 24,30
25	mal 25	10,25	Seite ist 25
25,3	mal 25,3	10,50,15	Seite ist 25,30
26	mal 26	11,16	Seite ist 26
26,3	mal 26,3	11,42,15	Seite ist 26,30
27	mal 27	12,09	Seite ist 27
27,3	mal 27,3	12,36,15	Seite ist 27,30
28	mal 28	13,04	Seite ist 28
28,3	mal 28,3	13,32,15	Seite ist 28,30
29	mal 29	14,01	Seite ist 29
29,3	mal 29,3	14,30,15	Seite ist 29,30
30	mal 30	15	Seite ist 30
30,3	mal 30,3	15,30,15	Seite ist 30,30
31	mal 31	16,01	Seite ist 31
31,3	mal 31,3	16,32,15	Seite ist 31,30
32	mal 32	17,04	Seite ist 32
32,3	mal 32,3	17,36,15	Seite ist 32,30
33	mal 33	18,09	Seite ist 33
33,3	mal 33,3	18,42,15	Seite ist 33,30
34	mal 34	19,16	Seite ist 34
34,3	mal 34,3	19,50,15	Seite ist 34,30
35	mal 35	20,25	Seite ist 35
35,3	mal 35,3	21,00,15	Seite ist 35,30
36	mal 36	21,36	Seite ist 36
36,3	mal 36,3	22,12,15	Seite ist 36,30
37	mal 37	22,49	Seite ist 37
37,3	mal 37,3	23,26,15	Seite ist 37,30

38	mal 38	24,04	Seite ist 38
38,3	mal 38,3	24,42,15	Seite ist 38,30
39	mal 39	25,21	Seite ist 39
39,3	mal 39,3	26,00,15	Seite ist 39,30
40	mal 40	26,4	Seite ist 40
40,3	mal 40,3	27,20,15	Seite ist 40,30
41	mal 41	28,01	Seite ist 41
41,3	mal 41,3	28,42,15	Seite ist 41,30
42	mal 42	29,24	Seite ist 42
42,3	mal 42,3	30,06,15	Seite ist 42,30
43	mal 43	30,49	Seite ist 43
43,3	mal 43,3	31,32,15	Seite ist 43,30
44	mal 44	32,16	Seite ist 44
44,3	mal 44,3	33,00,15	Seite ist 44,30
45	mal 45	33,45	Seite ist 45
45,3	mal 45,3	34,30,15	Seite ist 45,30
46	mal 46	35,16	Seite ist 46
46,3	mal 46,3	36,02,15	Seite ist 46,30
47	mal 47	36,49	Seite ist 47
47,3	mal 47,3	37,36,15	Seite ist 47,30
48	mal 48	38,24	Seite ist 48
48,3	mal 48,3	39,12,15	Seite ist 48,30
49	mal 49	40,01	Seite ist 49
49,3	mal 49,3	40,50,15	Seite ist 49,30
50	mal 50	41,4	Seite ist 50
50,3	mal 50,3	42,30,15	Seite ist 50,30
51	mal 51	43,21	Seite ist 51
51,3	mal 51,3	44,12,15	Seite ist 51,30
52	mal 52	45,04	Seite ist 52
52,3	mal 52,30	45,56,15	Seite ist 52,30
53	mal 53	46,49	Seite ist 53
53,3	mal 53,3	47,42,15	Seite ist 53,30
54	mal 54	48,36	Seite ist 54
54,3	mal 54,3	49,30,15	Seite ist 54,30
55	mal 55	50,25	Seite ist 55
55,3	mal 55,3	51,20,15	Seite ist 55,30
56	mal 56	52,16	Seite ist 56

56,3	mal 56,3	53,12,15	Seite ist 56,30
57	mal 57	54,09	Seite ist 57
57,3	mal 57,3	55,06,15	Seite ist 57,30
58	mal 58	56,04	Seite ist 58
58,3	mal 58,3	57,02,15	Seite ist 58,30
59	mal 59	58,01	Seite ist 59
59,3	mal 59,3	59,00,15	Seite ist 59,30

Ablesebeispiele zum Quadrieren (mit Sexagesimalkomma) ist:

$$37,30,0^2 = 23,26,15,0,0,0$$

$$37,30^2 = 23,26,15,0$$

$$37; 30^2 = 23,26; 15$$

$$0; 37,30^2 = 0; 23,26,15$$

Beispiele zum Quadratwurzel-Ziehen sind:

$$\sqrt{36,02,15,0,0,0} = 46,30,0$$

$$\sqrt{36,02,15,0} = 46,30$$

$$\sqrt{36,02; 15} = 46; 30$$

$$\sqrt{0; 36,02,15} = 0; 46,30$$

3.14.4 Böhl 1821

Die Tafel aus der späten altbabylonischer Zeit stammt vermutlich aus Sippar und wurde erst 1951 von Leemans[74] publiziert, die mathematische Bearbeitung erfolgte durch E. M. Bruins. Nach Friberg (NM, S. 373) war die Edition unbefriedigend, da Leemans in der Transliteration alle sumerischen Silben akkadisch schrieb. Auch der Mathematikteil gefällt Friberg nicht, da Bruins einen ganz anderen Rechenweg wählte als üblich, nämlich mithilfe von Radien statt Durchmesser.

> Eine Stadt, einen Kreis habe ich gebaut, den Umfang weiß ich nicht.
> Meine Siedlung ist zu klein geworden, eine neue hinzugefügt
> Von der alten Stadt ging ich 5 hinaus in alle Richtungen
> In der neuen Stadt einen Kreisumfang habe ich gebaut;
> 6,15 war die Fläche des Zwischenraums.
> Umfang der ersten und zweiten Stadt ist was?

---

[74]Leemans, M., Bruins, E. M.: Un texte vieux-babylonien concernant des cercles concentriques Compte Rendu de la Seconde, Rencontre Assyriologique Internationale, 31–35 (1951).

Es sind also zwei konzentrische Kreise gegeben; der äußere hat überall den Abstand 5 zur inneren. Das Kreisband hat die Fläche 6,15. Gesucht ist der Umfang beider Kreise (Abb. 3.86).

Hier der Rechengang von Bruins: Ist R, r der neue bzw. alte Radius, so ergibt sich die Fläche des Kreisrings mit $\pi \approx 3$ zu.

$$A = \pi R^2 - \pi r^2 = 3(R + r)\underbrace{(R - r)}_{5}$$

Einsetzen der Angabe liefert:

$$6{,}15 = 3 \cdot 5 \cdot (R + r) \Rightarrow R + r = 6{,}15 \cdot 15^{-1} = 6{,}15 \cdot 4 = 25$$

Für die Durchmesser ergibt sich:

$$2R = (R + r) + (R - r) = 25 + 5 = 30$$
$$2r = (R + r) - (R - r) = 25 - 5 = 20$$

Historische Lösung

Multipliziere den Zuwachs 5 mit 3, du erhältst 15. Nimm den Kehrwert von 15 und vervielfache mit 6,15, der eingeschlossenen Fläche, du erhältst 25. Schreibe die 25 zweimal auf. Addiere den Zuwachs 5 um das Ergebnis zu erhalten, ebenso subtrahiere 5. Du findest 30 für die neue Stadt und 20 für die alte.

Denkt man sich den Kreisring „aufgeschnitten", so ist seine Fläche gleich dem Produkt aus mittlerem Durchmesser und Abstand e der Kreise. Sind d bzw. d_1 der innere bzw. äußere Durchmesser, so gelten die Bedingungen:

Abb. 3.86   Zur Tafel Böhl 1821

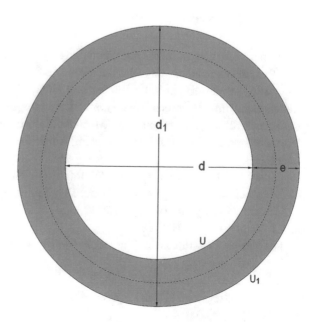

$$A = 3\frac{d_1 + d}{2}e \Rightarrow \frac{d_1 + d}{2} = \frac{A}{3e} \;\therefore\; \frac{d_1 - d}{2} = e$$

Durch Addition bzw. Subtraktion folgt:

$$d_1 = \frac{A}{3e} + e \;\therefore\; d = \frac{A}{3e} - e$$

Einsetzen zeigt:

$$d_1 = \frac{A}{3e} + e = \frac{6,15}{15} + 5 = 6,15 \cdot 4 + 5 = 30,0 \;\therefore\; d = \frac{A}{3e} - e = 6,15 \cdot 4 - 5 = 20,0$$

Die gesuchten Umfänge sind $U_1 = 3d_1 = 90,0$ bzw. $U = 3d = 60,0$; die Tafel berechnet nur die Durchmesser.

Das Ergebnis bleibt erhalten, wenn man die Kreisflächen explizit berechnet; für die Differenz gilt:

$$A = \frac{3}{4}d_1^2 - \frac{3}{4}d^2 = \frac{3}{4}\left[d_1^2 - d^2\right] = 3\frac{d_1 + d}{2}\frac{d_1 - d}{2} = 3\frac{d_1 + d}{2} \cdot e$$

Umformen zeigt den mittleren Durchmesser (wie zuvor):

$$\frac{d_1 + d}{2} = \frac{A}{3e}$$

Die einzelnen Durchmesser ergeben sich wie oben.

3.14.5 MLC 1670

J. Pierpont *Morgan* startete seine Sammlung in New York zunächst als Gemäldegalerie von Renaissancewerken. Als Morgan 1909 die Sammlung von Charles Fairfax Murray aufkaufte, konnte er wertvolle Bücher und Handschriften aus dem Mittelalter und der Renaissance hinzuerwerben. Heute umfasst die *Morgan Library Collection* (MLC) babylonische Keilschriften, Inkunabeln, Musikhandschriften, eine Grafiksammlung und vieles andere mehr. Ein Teil seiner Sammlung wurde der *Yale Babylonian Collection* (YBC) übergeben.

Albert T. Clay[75]. hat insgesamt 58 Tafeln der Keilschriftsammlung herausgegeben, darunter befinden sich 7 mathematische. Das Tablett MLC 1670 bietet eine Tabelle der Kehrwerte von regulären Zahlen aus {2, 3, 4, 5, ..., (1,21)}. Die erste Zeile lautet: 2/3 von 1 ergibt 40, seine Hälfte 30.

Die Reziproken-Tafel wird hier tabellarisch dargestellt:

---

[75]Clay, A. T. (Hrsg.): Babylonian Epics, Hymns, Omens and other Texts,, S. 45. Wipf & Stock Publisher, Eugene (2005).

n	n^{-1}	n	n^{-1}
2	30	24	2,30
3	20	25	2,24
4	15	27	2,13,20
5	12	30	2
6	10	32	1,52,30
8	7,30	36	1,40
9	6,40	40	1,30
10	6	45	1,20
12	5	48	1,15
15	4	50	1,12
16	3,45	54	1,06,40
18	3,20	1,00	1
20	3	1,04	56,15
		1,21	44,26,40

Ablesebeispiele sind:

$$1,21,0^{-1} = 0; 0,0,44,26,40$$

$$1,21^{-1} = 0; 0,44,26,40$$

$$1; 21^{-1} = 0; 44,26,40$$

$$0; 01,21^{-1} = 44; 26,40$$

3.14.6 W 23021 = SpTU 5, 316

Die spätbabylonische Tafel zeigt hier eine erstaunliche Faktorisierung einer fünfstelligen Zahl. Diese wird zunächst fünfmal durch 12, dann einmal durch 6 und schließlich zwei-mal durch 3 dividiert. Diese Divisionen werden als Multiplikation mit den Reziproken $12^{-1} = 5$ bzw. $30^{-1} = 2$ und $3^{-1} = 20$ durchgeführt, bis sich eine Einheit 60^k ergibt.

1,02,12,28,48	÷12	×5
5,11,02,24	÷12	×5
25,55,02,24	÷12	×5
2,09,36	÷12	×5
10,48	÷12	×5
54	÷6	×10
9	÷3	×20
3	÷3	×20
1		

Aus diesem Produkt findet man sofort die Faktorisierung der Zahl:

$$1,02,12,28,48 = 12^5 \cdot 6 \cdot 3^2 = 2^{11} \cdot 3^8$$

Damit lässt sich das Reziproke sofort angeben:

$$(1,02,12,28,48)^{-1} = 2^5 \cdot 5^8 = (57,52,13,20)$$

Zum Vergleich hier die Faktorisierung im Dezimalsystem:

13.436.928	$\div 12$
1.119.744	$\div 12$
93.312	$\div 12$
7.776	$\div 12$
648	$\div 12$
54	$\div 6$
9	$\div 3$
3	$\div 3$
1	

3.14.7 W 23291

W 23291 §1g

„Ein Feld der Fläche 1 *barig* und 4 innere Kreise im Abstand von 1 *ninda*. Was sind die Umfänge der Kreise vom ersten bis zum letzten?" (Abb. 3.87).

Die Umrechnung *barig* ↔ *ninda* ist in der Tafel nicht gegeben, Friberg entnimmt sie der ähnlichen Aufgabe W 23291 §1c. Mit der Umrechnungskonstanten *c* soll gelten:

$$A = c \cdot 0;05U^2 = 1barig \Rightarrow c = 48barig/(60ninda)^2$$

Der Umfang U und Durchmesser d des äußersten Kreises sind damit (in *ninda*):

$$U = \sqrt{\frac{12A}{c}} = \sqrt{15,00} = 30 \Rightarrow d = 0;20U = 10$$

Wenn die Breite der Kreisringe je 1 *ninda* betragen soll, unterscheiden sich die Durchmesser um je 2, die Umfänge um je 6 ($\pi \approx 3$). Die Tafel rechnet sukzessive:

$$30 - 6 = 24$$
$$24 - 6 = 18$$
$$18 - 6 = 12$$
$$12 - 6 = 6$$

Abb. 3.87   Zur Tafel W 23291

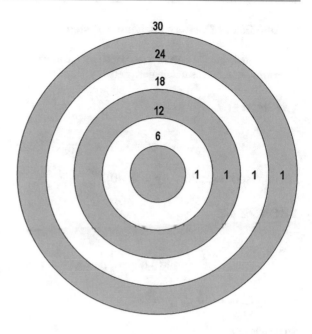

Die gesuchten Umfänge der Kreise sind {30; 24; 18; 12; 6}. Wegen der Einfachheit vermutet Friberg, dass ein Teil der ursprünglichen Aufgabe fehlt.

Epilog

a) **Würdigung der babylonischen Mathematik** von Wolfram von Soden:

Als geistesgeschichtliches Phänomen ist die babylonische Mathematik in ihren Leistungen und ihren zum Teil engen Grenzen unwiederholbar einmalig und alles andere als eine notwendige Zwischenstufe auf dem Wege von primitiven Rechenmethoden zu einer wissenschaftlichen Mathematik in unserem Sinn. Der Weg der griechischen Mathematik war ein ganz anderer. Schon früh, als ihre Leistungsfähigkeit in der Lösung von Aufgaben im Vergleich mit der in Babylonien erreichten recht gering war, haben die Griechen die vorhandenen Einsichten in Sätze zu fassen versucht und sich um deren logische Verknüpfung bemüht. Die euklidische Geometrie wurde so bei allen ihren Mängeln zu einem System, an das man später anknüpfen konnte, um zu ganz neuen Erkenntnissen durchzustoßen. An die babylonische Mathematik hätte man höchstens in Einzelfragen und -methoden anknüpfen können, obwohl sie vor allem in der Algebra oft wesentlich weitergekommen war als selbst Diophantos. Eben diese innere Unausgeglichenheit der babylonischen Mathematik war wahrscheinlich der Hauptgrund dafür, dass sie nach der altbabylonischen Zeit unproduktiv wurde und später nur noch in den der Astronomie dienenden Rechnungsarten Fortschritte erzielte.

b) **Würdigung** von Israel Kleiner (Mathematics Magazine Vol. 64 (5) 1991):

Die Babylonier haben die Mathematik auf einen Stand gebracht, bei dem zwei grundlegende Prinzipien der griechischen Mathematik darauf warteten, entdeckt zu werden – das Prinzip des Lehrsatzes und des Beweises.

C) Ausblick auf weitere Gleichungssysteme

Hier noch eine Auswahl von weiteren nichtlinearen Gleichungssystemen (in moderner Form), zum Eigenstudium geeignet:

VAT 8520 #1

$$xy = 1 \;\; \therefore \;\; x - \frac{1}{13}(x+y) \cdot 6 = 0; 30$$

Lösung ist $(x = 1; 30 \;\; \therefore \;\; y = 0; 40)$.

YBC 4668 #45

$$xy = 10{,}0 \;\; \therefore \;\; \frac{1}{5}(x+y)^2 - 1{,}0(x-y) + 1{,}40 = 0$$

Lösung ist $(x = 30 \;\; \therefore \;\; y = 20)$.

YBC 6504 #1

$$x - y = 10{,}0 \;\; \therefore \;\; xy - (x-y)^2 = 8{,}20$$

Lösung ist $(x = 30 \;\; \therefore \;\; y = 20)$.

YBC 4709 #55

$$xy = 10{,}0 \;\; \therefore \;\; \left[3y + (x-y)\right]^2 + \left(x^2 + y^2\right) = 1{,}43{,}20$$

Lösung ist $(x = 30 \;\; \therefore \;\; y = 20)$.

MS 3971 §2 Die Diagonale eines Rechtecks ist 1,15, die Fläche 45,00. Was sind die Seiten?

Lösung ist $(x = 1{,}00 \;\; \therefore \;\; y = 45)$.

A 24194

$$xy = 10{,}0 \;\; \therefore \;\; x + \left(\left[\left\{\frac{5}{4}[x + (x-y)] + 6\right\}\frac{1}{8} + 15\right]\frac{1}{11} + x\right)\frac{1}{8} = 34$$

Lösung ist $(x = 30 \;\; \therefore \;\; y = 20)$.

IM 121613 #7 Fläche und die Quadrate der Seiten summiert macht 31,40. Länge ist 2/3 der Breite.

Lösung ist $(x = 30 \;\; \therefore \;\; y = 20)$.

d) Was bleibt vom Mythos Babel oder Babylon?

Vielfältig erscheint der Name Babylon oder Babel (hebräisch) im heutigen Sprachgebrauch.

Der *Turmbau zu Babel und* die *Mauern von Babylon* galten seit der Beschreibung von Herodot als monumentale Werke der Baukunst, vergleichbar einem der späteren 7 Weltwunder. Der Bau des Zikkurats *Etemenanki* (=Haus und Fundament von Himmel und Erde) wird von der Bibel und Thora in *Genesis/Bereschit* 11, 1–9 beschrieben; beide Schriften deuten den Bau als Gotteslästerung und als Zeichen der Hybris der Menschen, Gott gleichkommen zu wollen. Zur Bestrafung tritt die *babylonische Sprachverwirrung* ein und verhindert so die Fertigstellung des Babelturms – im Gegensatz zum vollendeten *Etemenanki*.

Die *babylonische Gefangenschaft* der Hebräer (597–539 v. Chr.) findet einen Widerhall in dem berühmten Vers von *Psalm* 137, 1 *(An den Wassern zu Babel saßen wir und weinten...* bzw. *By the Rivers of Babylon, there we sat down...)*; die Gefangenschaft ist zum Symbol für die Unterdrückung eines ganzen Volkes geworden. Entsprechend negativ fällt die Beschreibung Babylons als *Hure* in *Hesekiel* 23, 17 aus. Diese alttestamentliche Interpretation wird von Johannes im Buch der „Offenbarung" umgedeutet auf Rom als Machtzentrum der Verderbnis; ein Sprachgebrauch, der von Flugblättern der Reformationszeit über das Papsttum übernommen wird.

Von den Tafeln der berühmten *Stadtbeschreibung* berichtet Eva Cancik-Kirschbaum in ihrer Publikation: Babylon – Dimensionen einer Stadt (Freie Universität Berlin 10.06.2009). Die „Stadtbeschreibung von Babylon", nach ihrem sumerischen Anfangswort Tintir genannt, ist ein kommentiertes Inventar der zentralen Anlagen Babylons. Sie zählt zu den wichtigsten Zeugnissen über die antike Stadt. Der Text liegt in Keilschrift auf Tontafeln vor und dürfte ursprünglich auf das 12. Jahrhundert v. Chr. zurückgehen [...].

Dieser wird eingeleitet durch eine Folge von Lobpreisungen:

Babylon – Sitz des Lebens!
Babylon – Macht der Himmel!
Babylon – Licht der Himmel!
Babylon – von den Himmeln ins Dasein gerufen!
Babylon – Stadt des Königs der Götter!
Babylon – Stadt von Wahrheit und Gerechtigkeit!
Babylon – Stadt des Überflusses!
Babylon – Schöpferin von Gott und Mensch!
Babylon – Stadt, deren Bewohner beständig feiern!
Babylon – Band der Länder!

Das folgende „Inventarverzeichnis" liefert eine konkrete Stadtbeschreibung; sie beginnt mit:

43 Kultzentren der großen Götter in Babylon, 55 Kultsockel des Marduk, 2 umschließende Mauern, 3 Flüsse, 8 Stadttore, 24 Straßen von Babylon; [...] *Babylon ist der Ort der Erschaffung der großen Götter!* [...]; (das Quartier) vom Markt-Tor zum Großen Tor heißt Eridu; das vom Markt-Tor zum Urasch-Tor heißt Schuanna (das sind die) 4 Stadtteile auf dem Westufer. (Insgesamt) 10 Stadt(-bezirke), die Überfluss hervorbringen [...]"

Babylon wurde also geografisch als Mittelpunkt des Universums betrachtet; die bekannte Tontafel (BM 92687) aus dem 6. Jahrhundert v. Chr. zeigt Babylon in der Mitte – vom Ur-Ozean umgeben – und bezeichnet es als *Königtum der vier Weltgegenden*. Unter religiösem Aspekt gesehen, war Babylon nicht nur der Sitz der mächtigsten Götter, sondern auch ihr Ursprung. Das Schöpfungs-Epos *Enuma elisch* erzählt, wie der Götterherr Marduk Himmel und Erde neu schafft und Babylon in den Mittelpunkt des Kosmos setzt:

> Erbaut Babylon, die Aufgabe, die ihr gesucht habt. Lasst Ziegel dafür geformt werden und errichtet das Heiligtum!" Die Anunna-Götter schwangen die Hacke. Ein Jahr lang strichen sie die nötigen Ziegel. Als das zweite Jahr herankam, errichteten sie Esagil …. und erbauten den hohen Tempelturm.

Ein Blick an den klaren Himmel zeigt noch immer die Gestirne Sonne, Mond und Venus, die die Personifizierung der Hauptgötter Babylons Shamash, Sin und Ishtar waren. Geblieben sind die babylonischen Tierkreiszeichen (Abb. 3.88). Ein weiteres Erbe von Babylon finden wir beim Blick auf die Uhr, wenn sie Minuten und Sekunden sexagesimal zählt.

Abb. 3.88 Babylonische Tierkreiszeichen. (Wussing: Mathematik in der Antike)

Literatur

Aaboe A.: Episodes from the Early History of Mathematics, Random House 1964

Abdulaziz A. Abdulrahman: The Plimpton 322 Tablet and the Babylonian Method of Generating Pythagorean Triples, [arXiv:1004.0025v1]

Amphora – Festschrift für H. Wussing: (Hrsg.) Demidov S., Folkerts M., Rowe D. E., Scriba C.: Birkhäuser 1992

Anderson M., Katz V., Wilson R (Hrsg.): Sherlock Holmes in Babylon, Math. Association of America 2004

Baqir T.: Tell Dhiba'i: New Mathematical Texts, Sumer 18 (1962), 11–14

Bakir S.T.: Compound Interest Doubling Time Rule: Extensions and Examples from Antiquities, Communications in Mathematical Finance, vol. 5, no. 2, 2016

Bär J.: Frühe Hochkulturen an Euphrat und Tigris, Theiss Verlag o. J.

Barnstone A., Barnstone W. (Hrsg.): A Book of Women Poets from Antiquity to Now, Shocken Books, New York 1992

Barthel G., Gutbrod K. (Hrsg.): Konnte Adam schreiben? – Weltgeschichte der Schrift, Deutscher Bücherbund 1972

Bernard A., Proust Chr., Ross M.: Mathematics Education in Antiquity, im Sammelband Karp

Bertman S.: Handbook to Life in Ancient Mesopotamia, Facts on File 2003

Black, Jeremy A.: Rezension zu: J.S. Cooper, The Return of Ninurta to Nippur, (Analecta Orientalia 52), Altorientalische Forschungen 27 (1980)

Bruins E. M., Rutten M.: Textes Mathématiques de la Mission de Suse, Mémoires de la Mission Archéologique française en Iran, 34, Paul Geuthner Paris 1961

Bruins E. M.: On Plimpton 322, Pythagorean numbers in Babylonian mathematics, Koninklijke Nederlandse Akademie van Wetenschappen Proceedings, 52 (1949)

Bruins E. M.: Proc. Kon. Nederlandse Akademie van Wetenschappen, Amsterdam 53,1950

Bruins, E. M.: Pythagorean triads in Babylonian mathematics, *The Mathematical Gazette*, 41, 1957

Buck, R.C.: Sherlock Holmes in Babylon. In: Sammelband Anderson u. Katz (2004)

Cajori F.: A History of Mathematics, Reprint American Mathematical Society 2000

Calinger R.: A conceptual history of mathematics, Upper Straddle River 1999

Cancik-Kirschbaum E., van Ess M., Marzahn J. (Hrsg.): Babylon – Wissenskultur in Orient und Okzident, de Gruyter 2011

Cancik-Kirschbaum E., Kahl J.: Erste Philologien, Mohr Siebeck 2018

Cantor M.: Vorlesungen über Geschichte der Mathematik, Erster Band, Teubner Leipzig 1907

Caveing M.: Essai sur le Savoir Mathématique dans la Mésopotamie et l'Egypte anciennes, Presses Universitaires de Lille 1997

Chace A.B., Archibald R.C.: The Rhind Mathematical Papyrus British Museum 10057/58, MAA 1927

Clay A. T. (Hrsg.): Babylonian Epics, Hymns, Omens and other Texts, Wipf & Stock Publisher, Eugene 2005

Cooke R. L.: The History of Mathematics, A Brief Course, Wiley^3 2013

Couchoud S.: Mathématiques egyptiennes: recherches sur les connaissances mathématiques de l'Egypte pharaonique, Le Leopard d'Or, Paris 1993

Christianidis J.: Classics in the History of Greek Mathematics, Dordrecht, Kluwer Academic Publishers 2004

Damerow P.: Kannten die Babylonier den Satz des Pythagoras? In: Sammelband Høyrup u. Damerow

Delitzsch F.: Babel und Bibel, Erster Vortrag[5], Hinrichs Leipzig 1905

Dold-Samplonius Y., Dauben J.W., Folkerts M., van Dalen B. (Hrsg.): From China to Paris: 2000 Years of Transmission of Mathematical Ideas, Franz Steiner 2002

Edzard D.-O.: Geschichte Mesopotamiens, C.H. Beck 2004

Eves H.: Introduction to the History of Mathematics, Holt, Rinehart& Winston 1976

Fowler D., Robson E: Square root approximations in Old Babylonian mathematics: YBC 7289 in context, Historia Mathematica 25 (1998)

Frahm E.: Geschichte des alten Mesopotamiens, Reclam 2013

Frank C.: Straßburger Keilschrifttexte in sumerischer und babylonischer Sprache, de Gruyter 1928

Friberg J., Al-Rawi F.: New Mathematical Cuneiform Texts, Springer 2016

Friberg J., George A.: Six more mathematical cuneiform Texts in the Schøyen Collection. In: Sammelband Pintaudi

Friberg J.: A remarkable Collection of Babylonian mathematical texts, Notices of the AMS 55: 9

Friberg J.: A geometric algorithm with solutions to quadratic equations in a Sumerian juridical document from Ur III Umma Cuneiform Digital Library Journal 2009:3

Friberg J.: A Remarkable Collection of Babylonian Mathematical Texts, Springer 2007

Friberg J.: Amazing Traces of a Babylonian Origin in Greek Mathematics, World Scientific Publishing 2007

Friberg J.: Methods and Traditions of Babylonian Mathematics, Historia Mathematica 8, 1981

Friberg J.: The Early Roots of Babylonian Mathematics I, II, Göteborg 1978, 1979

Friberg J.: Unexpected Links between Egyptian and Babylonian Mathematics World Scientific, Singapore 2005

Gadd C.J.: Forms and Colours, Revue d'Assyriologie 19 (1922)

Gardiner A. H.: Egyptian Grammar. Being an Introduction to the Study of Hieroglyphs, Oxford[3] 1994

Gardner M.: An ancient Egyptian problem and its innovative arithmetic solution, [www.researchgate.net/publication/264954066] (22.01.2018)

Gardner M.: http://planetmath.org/RMP47AndTheHekat [12.01.2018]

George A. R.: The Babylonian Gilgamesh Epic – Introduction, Critical Edition and Cuneiform Texts, University Press Oxford 2003

Goetsch H.: Die Algebra der Babylonier, Archives for History of Exact Sciences 5 (1968/69)

Green M.W., Nissen H.J. (Hrsg.): Archaische Texte aus Uruk, Band 2, Mann-Verlag Berlin 1987

Grcar J. F.: How Ordinary Elimination Became Gaussian Elimination, [arXiv:0907.239v4]

Haarmann H.: Universalgeschichte der Schrift, Campus 1990

Haarmann H.: Weltgeschichte der Zahlen, C.H. Beck 2008

Hodgkin L.: A History of Mathematics, Oxford University Press 2005

Høyrup J.: A note on Old Babylonian computational techniques, Historia Mathematica 29, S. 193–198

Høyrup J.: Algebra and Naive Geometry. An Investigation of Some Basic Aspects of Old Babylonian Mathematical Thought, Altorientalische Forschungen 17 (1990)

Høyrup J.: Algebra in Cuneiform, Max Planck Research Library 2017

Høyrup J.: Changing Trends in the Historiography of Mesopotamian Mathematics: An Insider's View. History of Science 34 (1996)

Høyrup J.: In Measure, Number and Weight, State University of New York 1994

Høyrup J.: Investigations of an Early Sumerian Division Problem, Historia Mathematica 9 (1982)

Høyrup J.: L'Algèbre au Temps de Babylone, Vuibert / Adapt-Snes o. J.

Høyrup J.: Lengths, Widths, Surface, Springer 2002

Høyrup J.: Mathematical Susa Texts VII and VIII, A Reinterpretation, Altorientalische Forschungen (AoF) 20 (1993)

Høyrup J.: Mesopotamian Mathematics, Seen "from the Inside" (by Assyriologists) and "from the Outside" (by Historians of Mathematics). In: Sammelband Remmert u. Schneider (2004)

Høyrup J.: Old Babylonian "Algebra", and What It Teaches Us about Possible Kinds of Mathematics, Contribution to the ICM Satellite Conference Mathematics in Ancient Times, Kerala School of Mathematics, Preprint Sept 2010

Høyrup J.: Old Babylonian Mathematical Procedure Texts – A Selection of "Algebraic" and Related Problems with Concise Analysis. Max-Planck-Institut für Wissenschaftsgeschichte, Preprint 3 (1994)

Høyrup J.: Seleucid Innovations in the Babylonian "Algebraic" Tradition, im Sammelband: Dold-Samplonius

Høyrup J.: Seleucid, Demotic and Mediterranean Mathematics versus Chapters 8 and 9 of the Nine Chapters: accidental or significant similarities? Mathematical Texts in East Asia Mathematical History, Tsinghua Sanya International Mathematics Forum, March 11–15, 2016

Høyrup J.: The Babylonian Cellar Text BM 85200 + VAT 6599, S. 315–358. In: Sammelband Amphora

Høyrup J.: The old Babylonian square texts BM 13901 and YBC 4714, Retranslation and Analysis. In: Sammelband Høyrup & Damerow

Høyrup J.: What Is "Geometric Algebra", and What Has It Been in Historiography? AIMS Mathematics 2 (2017)

Høyrup J., Damerow P. (Hrsg.): Changing Views On Ancient Near Eastern Mathematics, Dietrich Reimer, 2001

Hrouda B.: Mesopotamien, C. H. Beck 1997

Huber P.: Zu einem mathematischen Keilschrifttext (VAT 8512), Isis 46, No. 2 (Jun. 1955)

Ifrah G.: Universalgeschichte der Zahlen, Campus 1987

Imhausen A.: Mathematics in Ancient Egypt, Princeton University Press 2016

Joseph G. G.: The Crest of the Peacock, Non-European Roots of Mathematics, Penguin Books 1994

Joyce D. E.: Plimpton 322 (Clark University, 1995), http://aleph0.clarku.edu/~djoyce/mathhist/plimpnote.html

Kaniewski D, Van Campo E, Van Lerberghe K, Boiy T, Vansteenhuyse K, et al. (2011) The Sea Peoples, from Cuneiform Tablets to Carbon Dating, PLoS ONE 6(6): e20232

Karp A., Schubring G.: Handbook on the History of Mathematics Education, Springer 2014

Katz V. (Hrsg.): The Mathematics of Egypt, Mesopotamia, China, India and Islam, Princeton University 2007

Katz V.J.: A History of Mathematics, Addison Wesley Longman 1998

Kemp B. J.: Ancient Egypt, Routledge 1989

Knuth D. E.: Ancient Babylonian Algorithm, Communications of the ACM 7 (15), 1972

Kramer S.N.: The Sumerians, Their History, Culture and Character, University of Chicago Press, 1963

Kramer S.N.: Die Geschichte begann mit Sumer, München 1959

Kuckenberg M.: … Und sprachen das erste Wort, Econ^2 1998

Leemans, M. and Bruins, E. M. (1951) Un texte vieux-babylonien concernant des cercles concentriques Compte Rendu de la Seconde, Rencontre Assyriologique Internationale

Lehmann J.: So rechnen die Ägypter und Babylonier, Urania 1994

Lepsius C.R. (Hrsg.): Denkmaeler aus Aegypten und Aethiopien, Tafelwerk I–II, Nicolaische Buchhandlung o. J.

Lepsius C.R. (Hrsg.): Denkmaeler aus Aegypten und Aethiopien, Textband I–IV (Handschrift) o. J.

Lichtheim M.: Ancient Egyptian Literature, Volume I, II, III, University of California Press 1975–1980

MacGregor N.(Hrsg.): Eine Geschichte der Welt in 100 Objekten, C. H. Beck 2011

Manitius K. (Hrsg.): Des Claudius Ptolemäus Handbuch der Astronomie, Band 1, Teubner 1912

Mansfield D. F., Wildberger N.J.: Plimpton 322 is Babylonian exact sexagesimal trigonometry, Historia Mathematica 4 (44)

Maul M. S.: Das Gilgamesch-Epos, C. H. Beck 2017

Melville D. J.: The Area and the Side I added: Some old Babylonian Geometry, Revue d'histoire des mathématiques, 11 (2005)

Melville D. J.: Weighing Stones in Ancient Mesopotamia, Historia Mathematica 29 (2002)

Miatello L.: The difference 5 1/2 in a problem of rations from the Rhind mathematical papyrus, Historia Mathematica 35 (2008)

Midekke-Conlin R., Proust Chr.: Interest, Price and Profit: An Overview of mathematical Economics in YBC 4689, Cuneiform Digital Library Journal 2014:3

Mieroop van der M.: A History of the Ancient Near East[2], Blackwell Publishing[2] 2007

Mordell L. J.: Diophantine Equations, Academic Press, 1969

Muroi K.: The Origin of the Mystical Number Seven in Mesopotamian Culture: Division by Seven in the Sexagesimal Number System, [arXiv:1407.6246v1]

Nemet-Nejat K. R.: Daily Life in Ancient Mesopotamia, Greenwood Press 1998

Neugebauer O., Sachs A. (Hrsg.): Mathematical Cuneiform Texts, American Oriental Society 1945

Neugebauer O.: Mathematische Keilschrifttexte I, Springer Verlag 1935

Neugebauer O.: The Exact Sciences in Antiquity, Dover Publications Reprint 1969

Neugebauer O.: Vorgriechische Mathematik, Springer 1934

Newman J.: The Rhind Papyrus, Scientific American August 1952

Nissen H.J., Damerow P., Englund R.K.: Frühe Schrift und Techniken der Wirtschaftsverwaltung im alten Vorderen Orient, Verlag franzbecker 1990

Nunn A.: Der Alte Orient, Wissenschaftliche Buchgesellschaft 2012

Parker R.: Demotic mathematical papyri, Braun University Providence 1972

Pearce L.: The Scribes and Scholars of Ancient Mesopotamia, im Sammelband Sasson

Peet E. T.: Mathematics in Ancient Egypt, Bulletin of the John Rylands Library, Vol. 15(2), Manchester 1931

Pintaudi R. (Ed.): Graecae Schøyen, Edition Gonnelli Florence, 2010

Powell M. A.: The Antecedents of old Babylonian place notation and the History of Babylonian Mathematics, Historia Mathematica 3 (1976)

Price, D. J. de S. (1964) The Babylonian 'Pythagorean triangle' tablet, *Centaurus*, 10, 1–13

Proust Chr.: Hoyrup (2002), Présentation et critique de Lengths, Widths, Surfaces avec notamment l'étude par Høyrup du problème 1 de la tablette BM 13901, Éducmath, 2007

Proust Chr. (Hrsg.): Tablettes mathématiques de la Collection Hilprecht, Harrassowitz 2008

Radner K.: Mesopotamien C. H. Beck 2017

Radner K., Robson E. (Eds.), The Oxford Handbook of Cuneiform Culture, Oxford University Press, 2011

Remmert V.R., Schneider M.R., Sørensen H.K.: Historiography of Mathematics in the 19th and 20th Centuries, Birkhäuser 2016

Resnikoff H.L., Wells R.O.: Mathematics in Civilisation, Dover Publications[3] 2015

Robbins F. E.: P.Mich. 620: A Series of arithmetical Problems, Classical Philology 24

Robson E., Stedall J. (Hrsg.): The Oxford Handbook of the History of Mathematics, Oxford University Press 2008

Robson E.: Mathematics education in an Old Babylonian scribal school. In: Sammelband Robson u. Stedall

Robson E.: Mathematics in Ancient Iraq, Princeton University Press 2008

Robson E.: Mesopotamian Mathematics 2100–1600 BC: Technical Constants in Bureaucracy and Education[2], Clarendon Press, Oxford 2006

Robson E.: Mesopotamian Mathematics, im Sammelband Katz

Robson E.: Neither Sherlock Holmes nor Babylon: a Reassessment of Plimpton 322. In: Sammelband Anderson

Robson E.: The Tablet House: A Scribal School in old Babylonian Nippur, Revue d'Assuriologie et d'Archéologie orientales, 2001/1 (Vol. 93)

Robson E.: Words and Pictures; New Light on Plimpton 322, American Mathematical Monthly, Mathematical Association of America, **109**(2), 2002

Roth M. T.: Law Collections from Mesopotamia and Asia Minor², Scholars Press Atlanta

Rowe D.E.: Otto Neugebauer's Vision for Rewriting the History of Ancient Mathematics, im Sammelband Remmert u. Schneider

Rudman P. S.: The Babylonian Theorem, Prometheus Books Amherst 2010

Sachs A. J.: Babylonian mathematical texts II-III, Journal of Cuneiform Studies, 6 (1952)

Saggs H.W.F.: Civilization before Greece and Rome, Yale University Press 1989

Sallaberger W.: Das Gilgamesch-Epos, C. H. Beck 2008

Sasson J.M. (Ed.): Civilizations of the Ancient Near East, Vol. IV, Charles Scriber's Sons 1995

Schmidt, O. (1980) On Plimpton 322. Pythagorean numbers in Babylonian mathematics, *Centaurus*, 24, 4–13

Schuster H. S.; Neugebauer O.: Quellen und Studien zur Geschichte der Mathematik und Physik I (1931)

Sesiano J.: Sur le Papyrus graecus genevensis 259, Museum Helveticum, 56 (1999)

Shaw I. (Hrsg.): The Oxford History of Ancient Egypt, Oxford University Press 2000

Sialaros M., Christianidis J.: Situating the Debate on "Geometrical Algebra: within the Framework of Premodern Algebra. Science in Context 29 (2), 2016

Sternberg-el Hotabi H.: Der Kampf der Seevölker gegen Pharao Ramses III, Verlag Marie Leidorf 2012

Thureau-Dangin F.: Textes mathématiques babyloniens, Ex Oriente Lux Deel1, Brill Leiden 1938

Vaiman, A. A.: (Interpretation of the geometric constants in the cuneiform table text TMS I from Susa, russisch), Vestnik drevni istorii I: 83 (1973)

Van Koppen F.: The Scribe of the Flood Story and his Circle, 140–166, im Sammelband (Radner, Robson 2011)

Vogel K.: Kleinere Schriften zur Geschichte der Mathematik, 1. und 2. Halbband, Franz Steiner 1988

Vogel K.: Kubische Gleichungen bei den Babyloniern? im Sammelband Kleine Schriften 1

Vogel K.: Vorgriechische Mathematik Teil I und II, Herman Schroedel 1959

Vogel K.: Zur Berechnung der quadratischen Gleichungen bei den Babyloniern, Unterrichtsblätter für Mathematik und Naturwissenschaften (39)

Vogel K.: Zur Berechnung der quadratischen Gleichungen bei den Babyloniern, im Sammelband Christianidis

Volk K. (Hrsg.): Erzählungen aus dem Land Sumer, Harrassowitz 2015

Vymazalova H.: The wooden tablets from Cairo: The Use of the grain unit *hqat* in ancient Egypt, Archiv Orientální Vol. 70 (2002)

Waerden van der B. L.: Erwachende Wissenschaft, Birkhäuser 1966

Waschkies H.-J.: Anfänge der Arithmetik im alten Orient und bei den Griechen, Verlag B. R. Grüner 1989

Wilkinson T.: Aufstieg und Fall des Alten Ägyptens, Pantheon 2015

Wilkinson T.: Writings from Ancient Egypt, Penguin Books Classics 2016

Wussing H.: Mathematik in der Antike, Teubner Leipzig² 1965

Zauzich K.: Hieroglyphs without Mystery: An Introduction to Ancient Egyptian Writing, University of Texas Press, 1992

Literatur

Aaboe A.: Episodes from the Early History of Mathematics, Random House 1964

Abdulaziz A. Abdulrahman: The Plimpton 322 Tablet and the Babylonian Method of Generating Pythagorean Triples [arXiv:1004.0025v1]

Anderson M., Katz V., Wilson R (Eds.): Sherlock Holmes in Babylon, Math. Association of America 2004

Baillet J.: Le papyrus mathématique d'Akhmim, Ernest Leroux Paris 1892

Bakir S. T.: Compound Interest Doubling Time Rule: Extensions and Examples from Antiquities, Communications in Mathematical Finance, vol. 5, no. 2, 2016

Bär J.: Frühe Hochkulturen an Euphrat und Tigris, Theiss Verlag o. J.

Bard K. A.: An Introduction to the Archaeology of Ancient Egypt, Blackwell Publishing 2008

Barnstone A., Barnstone W. (Eds): A Book of Women Poets from Antiquity to Now, Shocken Books, New York 1992

Barthel G., Gutbrod K. (Hrsg.): Konnte Adam schreiben? — Weltgeschichte der Schrift, Deutscher Bücherbund 1972

Beckh T., Neunert G.: Die Entdeckung Ägyptens, Philipp von Zabern 2014

Bernal M.: Black Athena, New Brunswig 1987

Bernard A., Proust Chr., Ross M.: Mathematics Education in Antiquity, Im Sammelband Karp

Bertman S.: Handbook to Life in Ancient Mesopotamia, Facts on File 2003

Bichler R., Rollinger R.: Herodot, Hildesheim 2000

Black, Jeremy A.: Rezension zu: J.S. Cooper, The Return of Ninurta to Nippur, (Analecta Orientalia 52), Altorientalische Forschungen 27 (1980)

Boardman J.: Greek Art, Thames & Hudson World of Art[5] 2016

Boardman J.: Greek Art, World of Art, Thames & Hudson, 2016[V]

Bommes M.: Das alte Ägypten, Wissenschaftliche Buchgesellschaft 2012

Borchardt L.: Besoldungsverhältnisse von Priestern im mittleren Reich, Zeitschrift für ägyptische Geschichte und Altertumskunde 40 (1902/03)

Borchardt L.: Der zweite Papyrusfund von Kahun und die zeitliche Festlegung des mittleren Reiches der ägyptischen Geschichte, Zeitschrift für ägyptische Sprache und Altertumskunde 37 (1899)

Borchardt L.: Ein Rechnungsbuch des königlichen Hofes aus dem mittleren Reich, Zeitschrift für ägyptische Sprache, 28 (1890)

Bretschneider C. A.: Geometrie und die Geometer vor Euklid, Teubner Leipzig 1870

Bruins E. M., Rutten M.: Textes Mathématiques de la Mission de Suse, Mémoires de la Mission Archéologique française en Iran, 34, Paul Geuthner Paris 1961

Bruins E. M.: On Plimpton 322, Pythagorean numbers in Babylonian mathematics, Koninklijke Nederlandse Akademie van Wetenschappen Proceedings, **52** (1949)

© Springer-Verlag GmbH Deutschland, ein Teil von Springer Nature 2019
D. Herrmann, *Mathematik im Vorderen Orient,*
https://doi.org/10.1007/978-3-662-56794-4

Bruins E. M.: Proc. Kon. Nederlandse Akademie van Wetenschappen, Amsterdam 53,1950

Bruins, E. M.: Pythagorean triads in Babylonian mathematics, *The Mathematical Gazette*, 41,1957

Brunner H.: Die Weisheitsbücher der Ägypter, Artemis & Winkler 1998

Brunner H.: Grundzüge einer Geschichte der altägyptischen Literatur, Wissenschaftliche Buchgesellschaft[4] 1986

Buck, R.C.: Sherlock Holmes in Babylon, im Sammelband Anderson

Budge E. A.W.: The Egyptian Book of the Dead (The Papyrus of Ani), Dover Publications Reprint 1967

Burkard G., Thissen H. J.: Einführung in die Altägyptische Literaturgeschichte I und+ II, LIT Verlag 2003

Burkard: Schule und Schulausbildung im Alten Ägypten, Festschrift zum 375-jährigen Bestehen des Jesuitenkollegs Humanistisches Gymnasium Kronberg-Gymnasium Aschaffenburg 1995

Burkert W.: Babylon – Memphis – Persepolis, Eastern Contexts of Greek Culture, Harvard University Press 2004

Burkert W.: Die Griechen und der Orient, C. H. Beck 2003

Burkert W.: The Orientalizing Revolution, Harvard University Press[3] 1997

Cajori F.: A History of Mathematics, Reprint American Mathematical Society 2000

Calinger R.: A conceptual history of mathematics, Upper Straddle River 1999

Cancik-Kirschbaum E., Kahl J. (Hrsg.): Erste Philologien, Mohr Siebeck 2018

Cancik-Kirschbaum E., van Ess M., Marzahn J. (Hrsg.): Babylon - Wissenskultur in Orient und Okzident, de Gruyter 2011

Cantor M.: Vorlesungen über Geschichte der Mathematik, Erster Band, Teubner Leipzig 1907

Caveing M.: Essai sur le Savoir Mathématique dans la Mésopotamie et l'Egypte anciennes, Presses Universitaires de Lille 1997

Chace A. B., Archibald R. C.: The Rhind Mathematical Papyrus British Museum 10057/58, MAA 1927

Christianidis J.: Classics in the History of Greek Mathematics, Dordrecht, Kluwer Academic Publishers 2004

Clagett M.: Ancient Egyptian Science, A Source Book. Volume 3: Ancient Egyptian Mathematics, American Philosophical Society 1999

Clagett M.: Ancient Egyptian Science: A Source Book, Vol. 3: Ancient Egyptian Mathematics, American Philosophical Society Philadelphia 1999

Clay A. T. (Hrsg.): Babylonian Epics, Hymns, Omens and other Texts, Wipf & Stock Publisher, Eugene 2005

Collier M., Manley B.: Hieroglyphen entziffern – lesen –verstehen, Reclam 2013

Collier M., Quirke St.: UCL Lahun Papyri, Vol. 1 – Vol. 3, British Archaeological Reports International Series 1083, Archaeopress Oxford, 2002–2006

Cooke R. L.: The History of Mathematics, A Brief Course, Wiley[3] 2013

Couchoud S.: Mathematiques egyptiennes: recherches sur les connaissances mathematiques de l'Egypte pharaonique, Le Leopard d'Or, Paris 1993

Damerow P.: Kannten die Babylonier den Satz des Pythagoras? Im Sammelband Høyrup & Damerow

Daressy G.: Cairo Museum des Antiquités Égyptiennes, Catalogue Général Ostraca (1901)

David R.: Handbook to Life in Ancient Egypt, Oxford University Press 1998

Delitzsch F.: Babel und Bibel, Erster Vortrag[5], Hinrichs Leipzig 1905

Demidov S., Folkerts M., Rowe D. E., Scriba C.: Amphora – Festschrift für H. Wussing, Birkhäuser 1992

Description de l'Égypte (Ausschnitte), Benedikt Taschen Verlag 1995

Diels H., Kranz H. (Hrsg.): Fragmente der Vorsokratiker Band 1, Weidmann'sche Verlagsbuch-handlung Reprint 1992

Diogenes Laertios: Leben und Lehre der Philosophen, Reclam Stuttgart 1998

Dold-Samplonius Y., Dauben J.W., Folkerts M., van Dalen B. (Eds.): From China to Paris: 2000 Years of Transmission of Mathematical Ideas, Franz Steiner 2002

Dreyer G.: Umm el-Qaab I: Das prädynastische Königsgrab U-j und seine frühen Schriftzeugnisse, Mainz 1998

Edzard D.-O.: Geschichte Mesopotamiens, C. H. Beck 2004

Eisenlohr A.: Ein Mathematisches Handbuch der Alten Ägypter, Hinrich's Buchhandlung Leipzig 1877

Engels H.: Quadrature of the Circle in ancient Egypt, Historia Mathematica 4 (1977)

Eves H.: Introduction to the History of Mathematics, Holt, Rinehart& Winston 1976

Fischer E.H.: Imhotep, S.10—35, Epochen der Weltgeschichte in Biographien Band 5, Fischer 1985

Fischer-Elfert H.-W.: Die satirische Streitschrift des Papyrus Anastasi I Band 1 und+ 2, Harrassowitz 1983, 1986

Fowler D. H.: The Mathematics of Plato's Academy, Clarendon Press Oxford 1987

Fowler D., Robson E: Square root approximations in Old Babylonian mathematics: YBC 7289 in context, Historia Mathematica 25 (1998)

Fowler D.H.: The Mathematics of Plato's Academy, Oxford University Press 1987

Frahm E.: Geschichte des alten Mesopotamiens, Reclam 2013

Frank C.: Straßburger Keilschrifttexte in sumerischer und babylonischer Sprache, de Gruyter 1928

Friberg J., Al-Rawi F.: New Mathematical Cuneiform Texts, Springer 2016

Friberg J., George A.: Six more mathematical cuneiform Texts in the Schøyen Collection., Im Sammelband Pintaudi

Friberg J.: A remarkable collection of Babylonian mathematical texts, Notices of the AMS 55: 9

Friberg J.: A geometric algorithm with solutions to quadratic equations in a Sumerian juridical document from Ur III Umma Cuneiform Digital Library Journal 2009:3

Friberg J.: A Remarkable Collection of Babylonian Mathematical Texts, Springer 2007

Friberg J.: Amazing Traces of a Babylonian Origin in Greek Mathematics, World Scientific Publishing 2007

Friberg J.: Methods and Traditions of Babylonian Mathematics, Historia Mathematica 8, 1981

Friberg J.: Unexpected Links between Egyptian and Babylonian Mathematics World Scientific, Singapore 2005

Gadd C.J.: Forms and Colours, Revue d'Assyriologie 19 (1922)

Gardiner A. H.: Egyptian Grammar. Being an Introduction to the Study of Hieroglyphs, Oxford[3] 1994

Gardner M.: An ancient Egyptian problem ansd its innovative arithmetic solution, [www.research-gate.net/publication/264954066] (22.01.2018)

Gardner M.: http://planetmath.org/RMP47AndTheHekat [12.01.2018]

George A. R.: The Babylonian Gilgames Epic – Introduction, Critical Edition and Cuneiform Texts, University Press Oxford 2003

Gerdes P.: Three alternative methods of obtaining the ancient Egyptian formula for the area of a circle, Historia Mathematica, 12 (1985)

Gillings R.J.: Mathematics in the Times of the Pharaohs, Dover Publications 1972

Glanville S. R.: The Mathematical Leather Roll in the British Museum, Journal of Egyptian Archaeology, Vol. 23 (1927)

Goetsch H.: Die Algebra der Babylonier, Archives for History of Exact Sciences 5 (1968/-69)

Grcar J. F.: How Ordinary Elimination Became Gaussian Elimination, [arXiv:0907.239v4]

Green M.W., Nissen H.J. (Hrsg.): Archaische Texte aus Uruk, Band 2, Mann-Verlag Berlin 1987

Griffith F. L.: The Petrie Papyri, Hieratic Papyri from Kahun and Gurob, Quaritch London 1898

Guy R.K.: Unsolved Problems in Number Theory, Springer-Verlag 1981

Haarmann H.: Rätsel der Donauzivilisation, C. H. Beck 2017

Haarmann H.: Universalgeschichte der Schrift, Campus-Verlag 1990

Haarmann H.: Weltgeschichte der Zahlen, C. H. Beck 2008

Haarmann H.: Wer zivilisierte die alten Griechen? Marix Verlag 2017

Haubold J.: Greece and Mesopotamia – Dialogues in Literature, Cambridge University Press 2013

Haubold J.: Greece and Mesopotamia, Dialogues in Literature, CHS Research Symposion, Durham University 30.April.2001

Heagy Th. C.: Who was Narmer? Archéo-Nil Nr. 24 (Januar 2014)

Heath T.: A History of Greek Mathematics, Dover Publications Reprint 1981

Heinen H.: Geschichte des Hellenismus, C. H. Beck 2003

Herodot: Neun Bücher zur Geschichte, Marix Verlag 2011

Hoffmann Fr.: Die Aufgabe 10 des Moskauer mathematischen Papyrus, Zeitschrift für ägyptische Sprache und Altertumskunde, 123 (1996)

Holzberg N.: Die Antike Fabel, Wissenschaftliche Buchgesellschaft[3] 2012

Homman-Wedeking E.: Das Archaische Griechenland, Lexikonreihe Kunst der Welt, Holle-Verlag 1975

Hooker J.: Early Balkan „Scripts" and the Ancestry of Linear A, Kadmos 31/1992

Hornung E.: Altägyptische Dichtung, Reclam 1996

Høyrup J., Damerow P. (Hrsg.): Changing Views on Ancient Near East Mathematics, Dietrich Reimer Verlag Berlin 2001

Høyrup J.: Algebra and Naive Geometry. An Investigation of Some Basic Aspects of Old Babylonian Mathematical Thought, Altorientalische Forschungen 17 (1990)

Høyrup J.: Algebra in Cuneiform, Edition Open Access 2017

Høyrup J.: Changing Trends in the Historiography of Mesopotamian Mathematics: An Insider's View". History of Science 34 (1996)

Høyrup J.: In Measure, Number and Weight, State University of New York 1994

Høyrup J.: Investigations of an early Sumerian Division Problem, Historia Mathematica 9 (1982)

Høyrup J.: L'Algèbre au Temps de Babylone, Vuibert Adapt-Snes o. J.

Høyrup J.: Lengths, Widths, Surface, Springer 2002

Høyrup J.: Mathematical Susa Texts VII and VIII, A Reinterpretation, Altorientalische Forschungen (AoF) **20** (1993)

Høyrup J.: Mesopotamian Mathematics, Seen "from the Inside" (by Assyriologists) and "from the Outside" (by Historians of Mathematics). Im Sammelband Remmert

Høyrup J.: Old Babylonian "Algebra", and What It Teaches Us about Possible Kinds of Mathematics, Contribution to the ICM Satellite Conference Mathematics in Ancient Times, Kerala School of Mathematics, Preprint Sept 2010

Høyrup J.: Old Babylonian Mathematical Procedure Texts – A Selection of "«Algebraic"» and Related Problems with Concise Analysis". Max-Planck-Institut für Wissenschaftsgeschichte, Preprint 3 (1994)

Høyrup J.: Seleucid Innovations in the Babylonian "Algebraic" Tradition. Im Sammelband: Dold-Samplonius

Høyrup J.: Seleucid, Demotic and Mediterranean Mathematics versus Chapters 8 and 9 of the Nine Chapters: accidental or significant similarities? Mathematical Texts in East Asia Mathematical History, Tsinghua Sanya International Mathematics Forum, March 11–15, 2016

Høyrup J.: The Babylonian Cellar Text BM 85200 und+ VAT 6599, S. 315–358, im Sammelband Amphora

Høyrup J.: The old Babylonian square texts BM 13901 and YBC 4714, Retranslation and Analysis, im Sammelband Høyrup & Damerow

Høyrup J.: What Is "Geometric Algebra", and What Has It Been in Historiography? AIMS Mathematics 2 (2017)

Høyrup J.: How to transfer the conceptual structure of Old Babylonian mathematics: Solutions and inherent problems, S. 395, im Sammelband Imhausen & Pommering (2011)

Hrouda B.: Mesopotamien, C. H. Beck 1997

Huber P.: Zu einem mathematischen Keilschrifttext (VAT 8512), Isis 46, No. 2 (Jun. 1955)

Ifrah G.: Universalgeschichte der Zahlen, Campus Verlag 1987

Imhausen A.: Ägyptische Algorithmen, Harrasowitz Wiesbaden 2003

Imhausen A.: Egyptian Mathematics, im Sammelband Katz

Imhausen A., Pommering T. (Eds.): Writings of Early Scholars in the Ancient Near East, Egypt, Rome, and Greece, de Gruyter 2011

Imhausen A.: Mathematics in Ancient Egypt, Princeton University Press 2016

James G. M.: Stolen Legacy, A & D Books Floyd 1954

Jesse M. Millek: Seevölker, Sturm im Wasserglas, spektrum.de/artikel/1431429

Joseph G. G.: The Crest of the Peacock, Non-European Roots of Mathematics, Penguin Books 1994

Joyce D. E.: Plimpton 322 (Clark University, 1995), http://aleph0.clarku.edu/~djoyce/mathhist/plimpnote.html

Kaniewski D, Van Campo E, Van Lerberghe K, Boiy T, Vansteenhuyse K, et al. (2011) The Sea Peoples, from Cuneiform Tablets to Carbon Dating, PLoS ONE 6(6): e20232

Karp A., Schubring G.: Handbook on the History of Mathematics Education, Springer 2014

Katz V. (Ed.): The Mathematics of Egypt, Mesopotamia, China, India and Islam, Princeton University 2007

Kemp B. J.: Ancient Egypt, Routledge 1989

Knorr W.: Techniques of Fractions in Ancient Egypt and Greece. Im Sammelband Christianidis

Knuth D. E.: Ancient Babylonian Algorithm, Communications of the ACM 7 (15), 1972

Kramer S.N.: The Sumerians, Their History, Culture and Character, University of Chicago Press, 1963

Kubisch S.: Das alte Ägypten, Theiss Verlag o. J.

Kubisch S.: Das alte Ägypten: Von 4000 v. Chr. bis 30 v. Chr., Marix 2017

Kuckenberg M.: ... Und sprachen das erste Wort, Econ Verlag[2] 1998

Leemans, M. and Bruins, E. M. (1951) Un texte vieux-babylonien concernant des cercles concentriques Compte Rendu de la Seconde, Rencontre Assyriologique Internationale

Lehmann J.: So rechnen die Ägypter und Babylonier, Urania 1994

Lepsius C.R. (Hrsg.): Denkmaeler aus Aegypten und Aethiopien, Tafelwerk I– II, Nicolaische Buchhandlung o. J.

Lepsius C.R. (Hrsg.): Denkmaeler aus Aegypten und Aethiopien, Textband I– IV (Handschrift) o. J.

Lichtheim M.: Ancient Egyptian Literature, Volume I, II, III, University of California Press 1975–1980

MacGregor N.(Hrsg.): Eine Geschichte der Welt in 100 Objekten, C. H. Beck-Verlag 2011

Manitius K. (Hrsg.): Des Claudius Ptolemäus Handbuch der Astronomie, Band 1, Teubner 1912

Mansfield D. F., Wildberger N. J.: Plimpton 322 is Babylonian exact sexagesimal trigonometry, Historia Mathematica 4 (44)

Maul M. S.: Das Gilgamesch-Epos, C. H. Beck 2017

Melville D. J.: The Area and the Side I added: Some old Babylonian Geometry, Revue d'histoire des mathématiques, 11 (2005)

Melville D. J.: Weighing Stones in Ancient Mesopotamia, Historia Mathematica 29 (2002)

Miatello L.: The difference 5 1/2 in a problem of rations from the Rhind mathematical papyrus, Historia Mathematica 35 (2008)

Midekke-Conlin R., Proust Chr.: Interest, Price and Profit: An Overview of mathematical Economics in YBC 4689, Cuneiform Digital Library Journal 2014:3

Mieroop van der M.: A History of the Ancient Near East[2], Blackwell Publishing[2] 2007

Mordell L. J.: Diophantine Equations, Academic Press, 1969

Muroi K.: The Origin of the Mystical Number Seven in Mesopotamian Culture: Division by Seven in the Sexagesimal Number System, [arXiv:1407.6246v1]

Nemet-Nejat K. R.: Daily Life in Ancient Mesopotamia, Greenwood Press 1998

Neugebauer O., Sachs A. (Eds.): Mathematical Cuneiform Texts, American Oriental Society 1945

Neugebauer O.: Astronomy and History, Selected Essays, Springer 1983

Neugebauer O.: Mathematische Keilschrifttexte I, Springer Verlag 1935

Neugebauer O.: The Exact Sciences in Antiquity, Dover Publications Reprint 1969

Neugebauer O.: Vorgriechische Mathematik, Springer 1934

Neugebauer O.: Zur ägyptischen Bruchrechnung, Quellen und Studien zur Geschichte der Mathematik, Part B, Springer 1937

Newman J.: The Rhind Papyrus, Scientific American August 1952

Nissen H.J., Damerow P., Englund R.K.: Frühe Schrift und Techniken der Wirtschaftsverwaltung im alten Vorderen Orient, Verlag franzbecker 1990

Nunn A.: Der Alte Orient, Wissenschaftliche Buchgesellschaft 2012

Parker R.: Demotic mathematical papyri, Braun University Providence 1972

Pearce L.: The Scribes and Scholars of Ancient Mesopotamia, im Sammelband Sasson

Peet E. T.: Mathematics in Ancient Egypt, Bulletin of the John Rylands Library, Vol. 15(2), Manchester 1931

Peet T. E.: A problem in Egyptian geometry, J. Egypt. Archeol. *17* (1931)

Peet T. E.: The Rhind Mathematical Papyrus, British Museum 10057 and 10058, London University Press Liverpool 1923

Perepelkin J. J.: Die Aufgabe Nr. 62 des mathematischen Papyrus Rhind, in Neugebauer (1929)

Pintaudi R. (Ed.): Graecae Schøyen, Edition Gonnelli Florence, 2010

Powell M. A.: The Antecedents of old Babylonian place notation and the History of Babylonian Mathematics, Historia Mathematica 3 (1976)

Price, D. J. de S. (1964) The Babylonian 'Pythagorean triangle' tablet, *Centaurus*, 10, 1–13

Proklos, Steck M. (Hrsg.): Euklid-Kommentar, Deutsche Akademie der Naturforscher Halle (1945)

Proust Chr. (Ed.): Tablettes mathématiques de la Collection Hilprecht, Harrassowitz 2008

Proust Chr.: Hoyrup (2002), Présentation et critique de Lengths, Widths, Surfaces avec notamment l'étude par Høyrup du problème 1 de la tablette BM 13901, Éducmath, 2007

Radner K.: Mesopotamien C. H. Beck 2017

Remmert V.R., Schneider M.R., Sørensen H.K.: Historiography of Mathematics in the 19th and 20th Centuries, Birkhäuser 2016

Rengakos A., Zimmermann B. (Hrsg.): Homer-Handbuch, Metzler Verlag 2011

Renger J.: Griechenland und der Orient - der Orient und Griechenland oder zur Frage von Ex Oriente Lux, Steiner 2008

Resnikoff H.L., Wells R.O.: Mathematics in Civilisation, Dover Publications[3] 2015

Robbins F. E.: P.Mich. 620: A Series of arithmetical Problems, Classical Philology 24

Robins G., Shute C.: The Rhind Mathematical Papyrus, British Museum Press 1987

Robson E., Stedall J. (Eds.): The Oxford Handbook of the History of Mathematics, Oxford University Press 2008

Robson E.: Mathematics education in an Old Babylonian scribal school, im Sammelband Robson

Robson E.: Mathematics in Ancient Iraq, Princeton University Press 2008

Robson E.: Mesopotamian Mathematics 2100–1600 BC: Technical Constants in Bureaucracy and Education[2], Clarendon Press, Oxford 2006

Robson E.: Mesopotamian Mathematics. Im Sammelband Katz

Robson E.: Neither Sherlock Holmes nor Babylon: a Reassessment of Plimpton 322. Im Sammelband Anderson

Robson E.: The Tablet House: A Scribal School in old Babylonian Nippur, Revue d'Assuriologie et d'Archéologie orientales, 2001/1 (Vol. 93)

Robson E.: Words and Pictures; New Light on Plimpton 322, American Mathematical Monthly, Mathematical Association of America, 109(2), 2002

Rollinger R.: Altorientalische Einflüsse auf homerische Epen. Im Sammelband Rengakos

Rossi C.: Architecture and Mathematics in Ancient Egypt, Cambridge University Press 2006[II]

Roth M. T.: Law Collections from Mesopotamia and Asia Minor[2], Scholars Press Atlanta

Rowe D.E.: Otto Neugebauer's Vision for Rewriting the History of Ancient Mathematics. Im Sammelband Remmert

Rudman P. S.: The Babylonian Theorem, Prometheus Books Amherst 2010

Sachs A. J.: Babylonian mathematical texts II-III, Journal of Cuneiform Studies, 6 (1952)

Saggs H.W.F.: Civilization before Greece and Rome, Yale University Press 1989

Sallaberger W.: Das Gilgamesch-Epos, C. H. Beck 2008

Sasson J.M.: Civilizations of the Ancient Near East, Vol. IV, Charles Scriber's Sons 1995

Schack-Schackenburg H.: Der Berliner Papyrus 6619, Zeitschrift f. Ägyptische Sprache, Vol. 38 (1900), S. 135-140 und Vol. 40 (1902)

Schlögl H.A.: Das alte Ägypten, C. H. Beck 2008

Schmidt, O. (1980) On Plimpton 322. Pythagorean numbers in Babylonian mathematics, *Centaurus*, 24, 4-13

Schuster H. S.; Neugebauer O.: Quellen und Studien zur Geschichte der Mathematik und Physik I (1931)

Sesiano J.: Sur le Papyrus graecus genevensis 259, Museum Helveticum, 56 (1999)

Shaw I. (Ed.): The Oxford History of Ancient Egypt, Oxford University Press 2000

Sialaros M., Christianidis J.: Situating the Debate on "Geometrical Algebra: within the Framework of Premodern Algebra. Science in Context 29 (2), 2016

Soden von W.: Sprache, Denken und Begriffsbildung im Alten Orient, Franz Steiner 1974

Sternberg-el Hotabi H.: Der Kampf der Seevölker gegen Pharao Ramses III, Verlag Marie Leidorf 2012

Struve W. W.: Mathematischer Papyrus des Museums in Moskau, Quellen-Studien zur Gesch. d. Math. [A] 1, 1930

Struwe W. W., Turajew B.: Mathematischer Papyrus des Staatlichen Museums der Schönen Künste in Moskau, Springer Berlin 1930

Vaiman, A. A.: (Interpretation of the geometric constants in the cuneiform table text TMS I from Susa, russisch), Vestnik drevni istorii I: 83 (1973)

Vogel K.: Die algebraischen Probleme des P. Mich. 620, S. 375 f. -376,Im Sammelband: Kleinere Schriften

Vogel K.: Erweitert die Lederrolle unsere Kenntnis ägyptischer Mathematik? Archiv für Geschichte der Mathematik, Vol. 2 (1929)

Vogel K.: Kleinere Schriften zur Geschichte der Mathematik, 1. und+ 2. Halbband, Franz Steiner 1988

Vogel K.: Kubische Gleichungen bei den Babyloniern? Im Sammelband Kleine Schriften 1

Vogel K.: Vorgriechische Mathematik Teil I + II, Herman Schroedel Verlag 1959

Vogel K.: Zur Berechnung der quadratischen Gleichungen bei den Babyloniern, Unterrichtsblätter für Mathematik und Naturwissenschaften (39)

Vogel K.: Zur Berechnung der quadratischen Gleichungen bei den Babyloniern. Im Sammelband
    Christianidis

Volk K. (Hrsg.): Erzählungen aus dem Land Sumer, Harrassowitz Verlag 2015

Vymazalova H.: The wooden tablets from Cairo: The Use of the grain unit *hqat* in ancient Egypt,
    Archiv Orientální Vol. 70 (2002)

Waerden van der B. L.: Erwachende Wissenschaft, Birkhäuser 1966

Waschkies H.-J.: Anfänge der Arithmetik im alten Orient und bei den Griechen, Verlag B. R. Grüner
    1989

Welwei K.-W.: Die griechische Frühzeit, C. H. Beck[2] 2007

West M. L.: Hesiod – Theogony, Oxford University Press 1966

Wilkinson T.: Aufstieg und Fall des Alten Ägyptens, Pantheon 2015

Wilkinson T.: Writings from Ancient Egypt, Penguin Books Classics 2016

Wussing H.: Mathematik in der Antike, Teubner, Leipzig[2] 1965

Zauzich K.: Hieroglyphs without Mystery: An Introduction to Ancient Egyptian Writing, University
    of Texas Press, 1992

Sachverzeichnis

© Springer-Verlag GmbH Deutschland, ein Teil von Springer Nature 2019
D. Herrmann, *Mathematik im Vorderen Orient,*
https://doi.org/10.1007/978-3-662-56794-4